普通高等教育信息技术类系列教材

计算机维护与管理实例教程

主　编　刘志国　王　胜

副主编　王春晖　葛湘巍

苏贵斌　王海龙

科学出版社

北　京

内 容 简 介

本书主要介绍计算机主要部件、计算机外部设备及计算机选购、计算机硬件组装与笔记本计算机维护、主板BIOS设置与虚拟机使用、操作系统安装与驱动程序管理、计算机软件管理与系统优化、计算机系统安全维护、机房建设与管理、计算机常见故障分析与处理，以帮助学生系统地获得计算机软硬件维护与管理的基本知识，掌握必要的基础理论和实践方法，提高学生维护和管理计算机的实际能力。

本书既可作为高等院校计算机及相近专业“计算机维护与管理”的教材，也可作为计算机爱好者学习计算机维护与管理的培训教材、参考读物和工具书。

图书在版编目(CIP)数据

计算机维护与管理实例教程/刘志国，王胜主编. 一北京：科学出版社，2022.6

（普通高等教育信息技术类系列教材）

ISBN 978-7-03-072399-4

Ⅰ. ①计… Ⅱ. ①刘… ②王… Ⅲ. ①计算机维护-高等学校-教材 Ⅳ. ①TP307

中国版本图书馆CIP数据核字（2022）第090102号

责任编辑：周春梅　宋　丽 / 责任校对：赵丽杰

责任印制：吕春珉 / 封面设计：东方人华平面设计部

科学出版社 出版

北京东黄城根北街16号

邮政编码：100717

http://www.sciencep.com

天津翔远印刷有限公司 印刷

科学出版社发行　各地新华书店经销

*

2022年6月第　一　版　开本：787×1092 1/16

2022年6月第一次印刷　印张：19 1/2

字数：462 000

定价：60.00元

（如有印装质量问题，我社负责调换〈翔远〉）

销售部电话 010-62136230　编辑部电话 010-62135927-2040

前　言

当今信息社会，计算机已经成为人们日常生活中不可或缺的一部分。然而，大多数人热衷于应用软件的使用，对于计算机的发展历史以及其软硬件基础知识知之甚少。计算机在使用过程中，难免会出现各种故障，如系统瘫痪、硬件破损、病毒侵蚀、文件丢失、数据破坏等，这些都将给使用者带来不必要的损失。因此，面对日新月异的信息化社会，了解一些计算机软硬件维护方面的知识，可以使广大计算机学习者进一步掌握计算机的维护方法，从而正确使用和维护计算机。

本书从应用技术型人才培养角度出发，结合编者多年从事计算机维护和机房管理工作的经验和教学实践编写而成。全书图文并茂，内容翔实，通俗易懂，紧跟计算机发展潮流，注重实践操作和理论知识相结合，在内蒙古师范大学网络教学平台上提供真实环境下的操作视频讲解，旨在培养学生分析问题和解决问题的能力。

本书是计算机维护与管理教学的探索性成果，由刘志国、王胜担任主编，由王春晖、葛湘巍、苏贵斌和王海龙担任副主编，具体编写分工如下：第 1、3 章由王胜编写，第 2 章由苏贵斌编写，第 4、9 章由刘志国编写，第 5 章由王春晖编写，第 6 章由王海龙编写，第 7、8 章由葛湘巍编写。

全部章节学习建议 54 课时，不同学习者可根据自身的需求选择不同章节进行学习。计算机专业学生建议学习第 1～8 章，掌握计算机硬件基础知识和计算机实践操作，同时了解机房的建设和管理；非计算机专业的学生或者计算机爱好者可重点学习第 1 章和第 3～7 章的内容，了解计算机硬件基础知识，重点掌握个人计算机的维护；计算机机房维护人员可以重点学习第 3 章和第 5～9 章的内容，熟悉机房的建设和管理，提高机房日常维护能力。

由于计算机技术发展迅速，加之编者水平有限，书中难免会有不当之处，恳请读者批评指正（E-mail：cieclzg@imnu.edu.cn），以便进一步修改和完善。

目　　录

第 1 章　计算机主要部件

随着计算机技术的不断发展和变化，计算机已成为人们生活、学习和工作必不可少的工具，这就需要读者能够充分了解和认识计算机组成的各个部件，并且熟练地掌握和使用计算机。

本章主要从 CPU、内存及总线结构出发介绍与微机体系结构有关的技术发展和演变。通过本章的学习和实践操作，读者能够熟悉计算机的主要部件，熟练认知和选择计算机各部件，为不同用户提供专业选购计算机设备的支持。

1.1　计算机硬件基础

近年来，由于微电子技术的飞速发展，以往在中小型机甚至大型机体系结构中出现的先进设计思想和技术在微机中得以实现。硬件结构的不断更新和进步，使微机的整体性能不断提升，现代高性能微机同传统的小型机甚至中型机之间的界限已经越来越模糊。因此，计算机硬件是不断发展变化的，我们学习计算机硬件也要以发展的眼光去学习。

1.1.1　个人计算机

个人计算机（personal computer，PC），是指在性能、体积大小和购买价格等方面适用于个人使用的多用途计算机。台式计算机、笔记本计算机和平板计算机等都属于个人计算机。图 1-1～图 1-3 所示分别为台式计算机、笔记本计算机（可变平板式）、平板计算机（可带电子笔）。

图 1-1　台式计算机

图 1-2　笔记本计算机

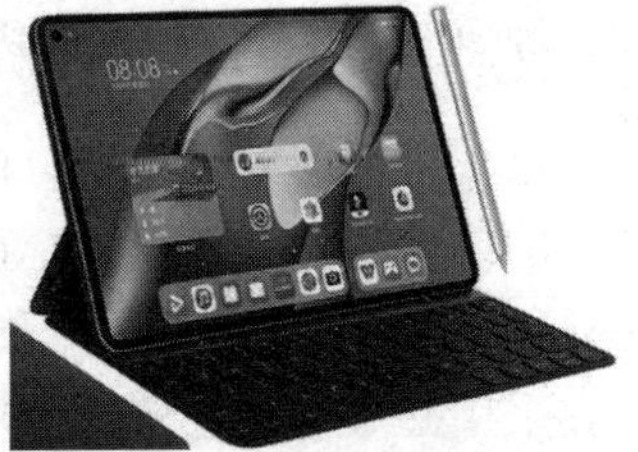

图 1-3　平板计算机

1.1.2　计算机的发展

计算机的发展主要按照构成计算机的电子元器件来划分，共分为四个阶段，即电子管阶段、晶体管阶段、集成电路阶段、大规模和超大规模集成电路阶段，相应地，计算机也分为四代。

1. 第一代计算机（1946—1958 年）——电子管计算机

世界上第一台电子管计算机——ENIAC（图 1-4），使用的主要逻辑元件是电子管，主存储器（简称主存）采用磁鼓、磁芯，外存储器使用磁带。软件方面，用机器语言和汇编语言编写程序。这个时期计算机的特点是：体积庞大、运算速度低（一般每秒几千次到几万次）、成本高、可靠性差、内存容量小。图 1-5 所示为电子管器件。

图 1-4 电子管计算机 ENIAC

图 1-5 电子管器件

2. 第二代计算机（1959—1964 年）——晶体管计算机

第一台晶体管计算机 TRADIC（图 1-6）是由美国贝尔实验室研制成功的，具有代表性的晶体管计算机是国际商业机器公司（International Business Machines Corporation，IBM）生产的 IBM 7090（图 1-7）。第二代计算机使用的主要逻辑元件是晶体管，主存储器采用磁芯，外存储器使用磁带和磁盘。图 1-8 所示为晶体管器件。软件方面开始使用管理程序，后期使用操作系统并出现了高级程序设计语言。这个时期，计算机的应用扩展到数据处理、自动控制等方面。计算机的运行速度提高到每秒几十万次，体积已大大减小，可靠性和内存容量也有了较大的提高。

图 1-6　晶体管计算机 TRADIC

图 1-7　晶体管计算机 IBM 7090

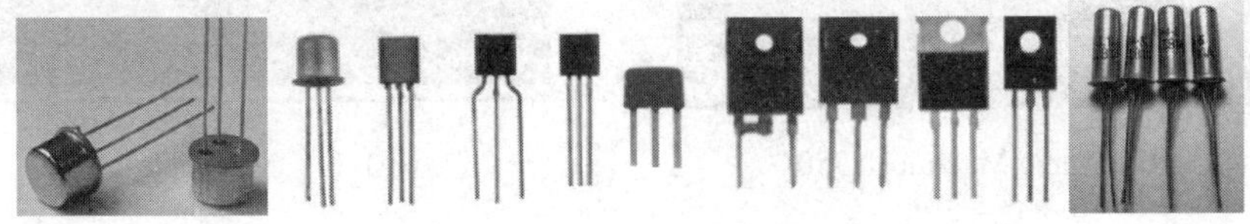

图 1-8　晶体管器件

3. 第三代计算机（1965—1970 年）——中小规模集成电路计算机

中小规模集成电路计算机如图 1-9 所示。这个时期的计算机用中小规模集成电路代替分立元件，用半导体存储器代替磁芯存储器，外存储器使用磁盘。软件方面，操作系统进一步完善，高级语言数量增多。计算机的运行速度也提高到每秒几十万次到几百万次，可靠性和存储容量进一步提高，外部设备（简称外设）种类繁多。计算机和通信密切结合起来，广泛地应用于科学计算、数据处理、事务管理、工业控制等领域。

图 1-9　中小规模集成电路计算机

4. 第四代计算机（1971 年以后）——大规模和超大规模集成电路计算机

这个时期的计算机主要逻辑元件是大规模和超大规模集成电路。存储器采用半导体存储器，外存储器采用大容量的软、硬磁盘，并开始引入光盘。软件方面，操作系统不断发展和完善。计算机的发展进入了以计算机网络为特征的时代。计算机的运行速度可达到每秒上千万次到万亿次，计算机的存储容量和可靠性又有了很大提高，功能更加完备。这个时期，计算机的类型除小型机、中型机、大型机外，开始向巨型机和微型机（个人计算机）两个方面发展，使计算机开始进入人类社会各个领域。图 1-10 和图 1-11 所示分别为第四代计算机 Apple Macintosh 950 和 Macbook Pro。

图 1-10 Apple Macintosh 950

图 1-11 Macbook Pro

1.1.3 个人计算机的发展

个人计算机的发展基本可以分为三个阶段。

1. 第一阶段（大约从有个人计算机开始到 1984 年）

最先使用个人计算机的是一些业余的爱好者。他们大都是工程师，了解计算机硬件，也会使用软件。开始使用个人计算机时最大的特点是使生产力显著提高，以前需要人工去做的事，由个人计算机代替，而且做得更快。在这个阶段，可供选择的品种很少，机器也比较粗糙；用户要很了解计算机才能使用；需要用计算机的人很多，但供应跟不上。IBM 推出个人计算机后，受到广大用户的欢迎，为个人计算机的发展建立了稳固的基础。

具有代表性的产品有苹果个人计算机和 IBM 个人计算机。苹果个人计算机是当时深受用户欢迎的产品。Apple II 是 8 位计算机，如图 1-12 所示。IBM 个人计算机对确立个人计算机的发展前途起了决定性的作用。图 1-13 所示为 IBM PC 16 位计算机。

图 1-12 Apple II 计算机

图 1-13 IBM 个人计算机

2. 第二阶段（大约从 1984 年开始到 1987 年）

在这个阶段，使用个人计算机的人越来越多。由于有利可图，厂商纷纷推出不同品牌、不同功能的产品。一时之间，市场上出现的个人计算机品种繁多，令人眼花缭乱，且供过于求。这个阶段的计算机技术没有明确的方向，操作系统不同，网络设计不同，使得个人计算机不容易相互连接，很多程序也无法兼容。这时，很多公司开始重新考虑个人计算机的发展策略，有远见的厂商开始提出建立个人计算机的工业标准。这种标准使得不同型号的个人计算机能够兼容，从而为计算机的发展和推广提供了保证。这就是当时产生的公共计算机设计标准。

3. 第三阶段（1987 年至今）

局域网的出现使个人计算机能够通过网络互相连接。以太网的标准化（IEEE 802.3）是计算机互联的一个里程碑，个人计算机可以通过交换机或集线器建立起连接。局域网在各大机构和企业的网络建设中是很重要的一环，而局域网本身也早已扩展成全球范围内的互联网。

电子邮件的出现给当时的通信业带来了一场革命。由于电子邮件使用方便、快捷、安全，有很大的吸引力，因此普及很快。这个阶段的个人计算机的功能越来越强，在图像处理方面得到了充分的发挥，大大地促进了图像处理行业的发展，如彩色印刷。基于这个阶段的计算机功能的发挥，出现了功能更强的应用软件，如电子出版应用软件、多媒体处理软件，使个人计算机应用发生了巨大变化并获得飞速发展。

此阶段的计算机基本上就是我们现在所使用的计算机。

1.1.4 计算机硬件组成及结构

从大的方面来讲，计算机硬件主要由主机和外设（如显示器、键盘、鼠标、多媒体音箱和打印机等）构成。图 1-14 所示为计算机硬件部件。

图 1-14 计算机硬件部件

主机内部有主板、CPU、内存、电源、硬盘、光盘驱动器以及插在主板上的各种功能卡等，它们通过系统总线有机地连接成一个整体，构成计算机的硬件系统。

尽管计算机设备种类繁多、品牌纷繁复杂，但主机的基本结构大致相同。

1.2 中央处理器

中央处理器（CPU）作为计算机系统的运算和控制核心，是信息处理、程序运行的最终执行单元（execution unit，EU）。CPU 自产生以来，在逻辑结构、运行效率以及功能上取得了飞速发展。

1.2.1 中央处理器的体系结构

中央处理器（CPU）是计算机中负责读取指令、对指令译码并执行指令的核心部件，其功能主要是解释计算机指令以及处理计算机软件中的数据，即处理指令、执行操作、控制时间、处理数据。CPU 主要包括两个部分，即控制器和运算器，其中还包括高速缓冲存储器及实现它们之间联系的数据、控制的总线。计算机的三大核心部件是 CPU、内部存储器、输入/输出设备。

在计算机体系结构中，CPU 是对计算机的所有硬件资源（如存储器、输入/输出单元）进行控制调配、执行通用运算的核心硬件单元。CPU 是计算机的运算和控制核心。计算机系统中所有软件层的操作，最终都将通过指令集映射为 CPU 的操作。

冯·诺依曼体系结构（图 1-15）是现代计算机的基础。在该体系结构下，程序和数据统一存储，指令和数据需要从存储空间存取，经由总线传输，无法重叠执行。根据冯·诺依曼体系，CPU 的工作分为以下五个阶段：取指令阶段、指令译码阶段、执行指令阶段、访存取数阶段和结果写回阶段。

1）取指令阶段（instruction fetch，IF），即将一条指令从主存储器中取到指令寄存器的过程。程序计数器中的数值用来指示当前指令在主存中的位置。当一条指令被取出后，程序计数器中的数值将根据指令字长度自动递增。

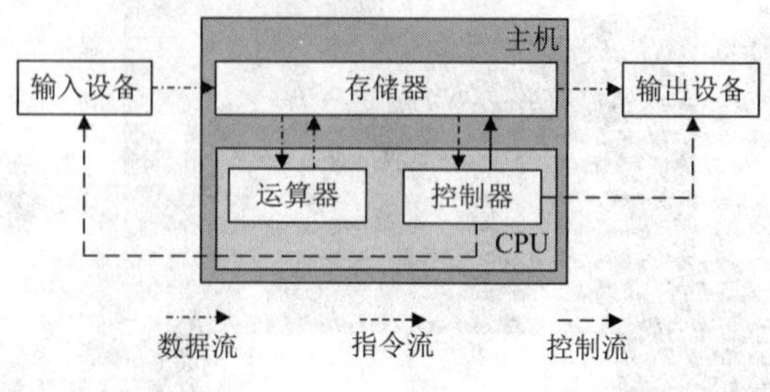

图 1-15 冯·诺依曼体系结构

2）指令译码阶段（instruction decode，ID）。取出指令后，指令译码器按照预定的指令格式，对取回的指令进行拆分和解释，识别区分出不同的指令类别以及各种获取操作数的方法。现代 CISC 处理器会将指令拆分以提高并行率和效率。

3）执行指令阶段（execute，EX）。具体实现指令的功能。CPU 的不同部分被连接起来，以执行所需的操作。

4）访存取数阶段（memory，MEM）。根据指令需要访问主存、读取操作数，CPU得到操作数在主存中的地址，并从主存中读取该操作数用于运算。部分指令不需要访问主存，可以跳过该阶段。

5）结果写回阶段（write back，WB）。作为最后一个阶段，结果写回阶段把执行指令阶段的运行结果数据“写回”到某种存储形式。结果数据一般会被写到CPU的内部寄存器中，以便被后续的指令快速地存取；程序中的指令在执行过程中，能够改变状态寄存器中标志位的状态，这些标志位可显示出不同的操作结果，可被用来影响程序的动作。

在指令执行完毕、结果数据写回之后，若无意外事件（如结果溢出等）发生，计算机就从程序计数器中取得下一条指令地址，开始新一轮的循环，下一个指令周期将顺序取出下一条指令。

1.2.2 个人计算机中央处理器的发展

个人计算机 CPU 出现于大规模集成电路时代，处理器架构设计的迭代更新以及集成电路工艺的不断提升促使其不断发展完善。从最初专用于数学计算到广泛应用于通用计算，从4位到8位、16位、32位处理器，最后到64位处理器，从各厂商互不兼容到不同指令集架构规范的出现，CPU 自诞生以来一直在飞速发展。个人计算机 CPU 发展已经有50多年的历史了，通常将其分成六个阶段。

1. 第一阶段（1971—1973年）

这是4位和8位低档微处理器时代，代表产品是Intel 4004 CPU。

1971年，Intel（英特尔）公司生产的4004微处理器将运算器和控制器集成在一个芯片上，标志着个人计算机CPU的诞生。图1-16所示为Intel 4004 CPU。

图1-16 Intel 4004 CPU

2. 第二阶段（1974—1977年）

这是8位中高档微处理器时代，代表产品是Intel 8080 CPU，此时指令系统已经比较完善。图1-17所示为Intel 8080 CPU。

图 1-17 Intel 8080 CPU

3. 第三阶段（1978—1984 年）

这是 16 位微处理器的时代，代表产品是 Intel 8086 CPU 和 Intel 8088 CPU，它们已经比较成熟了，包括同期提高性能和计算能力的 Intel 8087 协处理器。随后发展出的 Intel 80286 CPU 更加成熟和高性能。图 1-18～图 1-22 所示分别为 Intel 8086 CPU、Intel 8088 CPU、Intel 8087 协处理器、Intel 80286 CPU 和 AMD（Advanced Micro Devices）公司生产的 AMD 80286 CPU。

图 1-18 Intel 8086 CPU

图 1-19 Intel 8088 CPU

图 1-20 Intel 8087 协处理器

图 1-21 Intel 80286 CPU

图 1-22 AMD 80286 CPU

4. 第四阶段（1985—1992 年）

这是 32 位微处理器时代，代表产品是 Intel 80386 CPU。此时的 CPU 已经可以胜任多任务、多用户的作业。1989 年发布的 Intel 80486 CPU 实现了 5 级标量流水线，标志着 CPU 的初步成熟，也标志着传统处理器发展阶段的结束。图 1-23 和图 1-24 所示分别为 Intel 80386 CPU 和 Intel 80486 CPU。

图 1-23 Intel 80386 CPU

图 1-24 Intel 80486 CPU

5. 第五阶段（1993—2005 年）

这是奔腾（Pentium）系列微处理器的时代。Intel 在 1995 年 11 月发布了 Pentium 处理器，该处理器首次采用超标量流水线结构，引入指令的乱序执行和分支预测技术，大大提高了处理器的性能，因此，超标量流水线结构一直被后续出现的现代处理器，如 AMD 的锐龙、Intel 的酷睿系列等所采用。图 1-25～图 1-27 所示分别为 Intel 的奔腾 CPU、酷睿 CPU 和 AMD 的锐龙 CPU。

图 1-25 Intel 的奔腾 CPU

图 1-26 Intel 的酷睿 CPU

图 1-27 AMD 的锐龙 CPU

6. 第六阶段（2005 年至今）

处理器逐渐向更多核心、更高并行度发展，典型的代表有 Intel 的酷睿系列处理器和 AMD 的锐龙系列处理器。图 1-28 所示为 Intel 多核 i9-12900K 和 i5-12600K CPU（16 核心/24 线程），图 1-29 所示为 AMD 多核 CPU（64 核心/128 线程）。

为了满足操作系统的工作需求，现代处理器进一步引入了并行化、多核化、虚拟化以及远程管理系统等功能，不断推动着信息系统向前发展和壮大。

图 1-28　Intel 多核 CPU

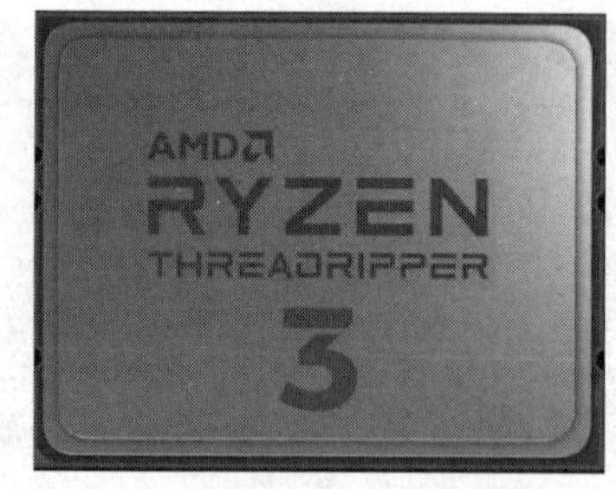

图 1-29　AMD 多核 CPU

1.2.3　中央处理器技术参数

CPU 的性能可以反映出它所配置计算机的性能，因此 CPU 的性能指标十分重要。CPU 的性能主要取决于其主频和工作效率。

1. CPU 的主频

主频也叫时钟频率，单位是 MHz（或 GHz），用来表示 CPU 的运算、处理数据的速度。CPU 的主频=外频×倍频系数。CPU 的主频决定着 CPU 的运行速度。CPU 的主频和实际的运算速度两者之间的数值关系，即使是两大处理器厂家 Intel 和 AMD，在这点上也存在很大的争议。从 Intel 的产品的发展趋势可以看出，Intel 很注重加强自身主频的发展。但是主频不能代表 CPU 的真实能力，要综合来看。

CPU 的主频与 CPU 实际的运算能力没有直接关系，主频表示在 CPU 内数字脉冲信号振荡的速度。在 Intel 的处理器产品中，也可以看到这样的例子：1GHz Itanium（安腾）芯片表现得差不多跟 2.66GHz 至强（Xeon）/Opteron 一样快，或是 1.5GHz Itanium 2 大约跟 4GHz Xeon/Opteron 一样快。CPU 的运算速度还要看 CPU 的流水线、总线等各方面的性能指标。CPU 的主频的实际速度参看图 1-30 中的“核心速度”参数。

图 1-30　CPU-Z 检测

主频和实际的运算速度有关，主频仅仅是CPU性能表现的一个方面，而不代表CPU的整体性能。

2. CPU的外频

CPU的外频也称总线速度。外频是CPU的基准频率，单位是MHz。CPU的外频速度决定整块主板的运行速度。通俗地说，在台式计算机中，超频都是超CPU的外频（当然，一般情况下，CPU的倍频都是被锁住的）。对服务器CPU来讲，超频是绝对不允许的。前面说到CPU的外频速度决定主板的运行速度，两者是同步运行的，如果把服务器CPU超频了，改变了外频，会产生异步运行（台式计算机有很多主板支持异步运行），这样会造成整个服务器系统不稳定。

绝大部分计算机系统中外频的速度与主板前端总线的速度不同步，而外频与前端总线频率也是不一样的。CPU的实际外频就是图1-30中的“总线速度”。

3. 前端总线频率

北桥芯片是负责联系内存、显卡等数据吞吐量最大的部件，与南桥芯片连接。CPU就是通过前端总线连接到北桥芯片，进而通过北桥芯片和内存、显卡交换数据。前端总线是CPU和外界交换数据的主要通道，因此前端总线的数据传输能力对计算机整体性能影响很大，如果没有足够快的前端总线，再强的CPU也不能明显提高计算机整体速度。数据传输最大带宽取决于所有同时传输的数据的宽度和传输频率，即数据带宽＝总线频率×（数据位宽÷8）。个人计算机上所能达到的前端总线频率有266MHz、333MHz、400MHz、533MHz、800MHz、1066MHz、1333MHz、1600MHz、2000MHz几种，前端总线频率越大，代表CPU与北桥芯片之间的数据传输能力越大，越能充分发挥CPU的功能。

前端总线的速度指的是CPU和北桥芯片间总线的速度，它更能表示CPU和外界数据传输的速度。外频的概念是建立在数字脉冲信号振荡速度基础之上的，也就是说，100MHz外频特指数字脉冲信号在每秒钟振荡一万万次，它更多地影响PCI（peripheral component interconnect，外设部件互连）总线及其他总线的频率。之所以前端总线与外频这两个概念容易混淆，主要是因为在以前很长一段时间里（主要是在Pentium 4出现之前和刚出现Pentium 4时），前端总线频率与外频是相同的，因此往往直接称前端总线为外频。随着计算机技术的发展，人们发现对前端总线频率的需要高于外频，因此采用QDR（quad data rate，四倍数据速率）技术，或者其他类似的技术实现这个目的。这些技术的原理类似于AGP（accelerated graphics port，加速图像处理端口）的2X或者4X，它们使得前端总线的频率成为外频的2倍、4倍甚至更高。前端总线是特定时期的产物。

4. 位和字长

位：在数字电路和计算机技术中采用二进制，代码只有“0”和“1”，其中无论是“0”还是“1”，在CPU中都是1“位”。

字长：计算机技术中对 CPU 在单位时间内（同一时间）能一次处理的二进制数的位数称为字长。因此，能处理字长为 8 位数据的 CPU 通常就叫 8 位的 CPU。同理，32 位的 CPU 能在单位时间内处理字长为 32 位的二进制数据。

字节和字长的区别：由于常用的英文字符用 8 位二进制就可以表示，所以通常将 8 位称为 1 字节。字长的长度是不固定的，对于不同的 CPU，字长的长度也不一样。8 位的 CPU 一次只能处理 1 字节，而 32 位的 CPU 一次能处理 4 字节。同理，字长为 64 位的 CPU 一次可以处理 8 字节。

5. 倍频

倍频也称倍频系数，是指 CPU 主频与外频之间的相对比例关系。在相同的外频下，倍频越高，CPU 的频率也越高。但实际上，在相同外频的前提下，高倍频的 CPU 本身意义并不大。这是因为 CPU 与系统之间的数据传输速率是有限的，一味追求高倍频而得到高主频的 CPU 就会出现明显的“瓶颈”效应——CPU 从系统中得到数据的极限速度不能够满足 CPU 运算的速度。一般工程测试版的 Intel 的 CPU 是锁了倍频的，少量的如 Intel 酷睿 2 核心的 Pentium 双核 E6500K 和一些至尊版的 CPU 不锁倍频，而 AMD 的 CPU 之前都没有锁倍频，AMD 推出的黑盒版 CPU 是不锁倍频版本，可以调节倍频，调节倍频的超频方式比调节外频稳定得多。

6. 缓存

缓存（cache）大小也是 CPU 的重要指标之一，而且缓存的结构和大小对 CPU 速度的影响非常大，CPU 内缓存的运行频率极高，一般是和处理器同频运作，工作效率远远大于系统内存和硬盘。实际工作时，CPU 往往需要重复读取同样的数据块，而缓存容量的增大，可以大幅提升 CPU 内部读取数据的命中率，而不用再到内存或者硬盘上寻找，以此提高系统性能。但是出于 CPU 芯片面积和成本的因素考虑，缓存都很小。图 1-31 所示为 Intel i7-4710M 的缓存。

缓存

一级 数据	4 x 32 KBytes	8-way
一级 指令	4 x 32 KBytes	8-way
二级	4 x 256 KBytes	8-way
三级	6 MBytes	12-way

图 1-31 Intel i7-4710M 的缓存

L1 cache（一级缓存）是 CPU 的第一层高速缓存，分为数据缓存和指令缓存。内置的 L1 cache 的容量和结构对 CPU 的性能影响较大，不过高速缓存器均由静态 RAM（random access memory，随机存取存储器）组成，结构较复杂，在 CPU 管芯面积不能太大的情况下，L1 cache 的容量不可能做得太大。一般服务器 CPU 的 L1 cache 的容量通常在 32～256KB。

L2 cache（二级缓存）是 CPU 的第二层高速缓存，分内部和外部两种芯片。内部芯片的二级缓存运行速度与主频相同，而外部芯片的二级缓存则只有主频的一半。L2 cache 容量也会影响 CPU 的性能，原则是越大越好。以前家庭用 CPU 容量最大的是 512KB，笔记本计算机可以达到 2MB，而服务器和工作站上用 CPU 的 L2 cache 更高，可以达到 8MB 以上。

L3 cache（三级缓存）分为外置和内置两种。L3 cache 可以进一步降低内存延迟，同时提升大数据量计算时处理器的性能。降低内存延迟和提升大数据量计算能力对游戏很有帮助，而在服务器领域，增加 L3 cache 在性能方面仍然有显著的提升。具有较大 L3 cache 的处理器能够提供更有效的文件系统缓存行为及较短消息和处理器队列长度。

最早的 L3 cache 被应用在 AMD 发布的 K6-3 处理器上，当时的 L3 cache 受限于制造工艺，并没有被集成进芯片内部，而是集成在主板上，只能够和系统总线频率同步的 L3 cache 其实和主内存差不了多少。后来使用 L3 cache 的是 Intel 为服务器市场所推出的 Itanium 处理器。后期的所有 Intel 和 AMD 的 CPU 都使用 L3 cache 集成在 CPU 内部，且在技术允许的情况下越做越大，因为高速缓存的使用在一定程度上提高了 CPU 整体的性能。

7. CPU 指令集

CPU 依靠指令来计算和控制系统，每款 CPU 在设计时就规定了一系列与其硬件电路相匹配的指令系统。指令的强弱也是 CPU 的重要指标，指令集是提高微处理器效率的最有效工具之一。从现阶段的主流体系结构讲，指令集可分为复杂指令集和精简指令集两部分，而从具体运用看，如 Intel 的 MMX、SSE、SSE2、SSE3、SSE4 和 AMD 的 3DNow!等都是 CPU 的扩展指令集，它们可增强 CPU 的多媒体、图形、图像和网络等的处理能力。通常把 CPU 的扩展指令集称为“CPU 的指令集”。SSE3 指令集曾是规模最小的指令集，此前 MMX 包含 57 条命令，SSE 包含 50 条命令，SSE2 包含 144 条命令，SSE3 包含 13 条命令。目前 SSE4 是较为先进的指令集，英特尔酷睿系列处理器已经支持 SSE4 指令集，AMD 在双核心处理器当中加入对 SSE4 指令集的支持。随着 CPU 技术的发展变化和提高，现在的指令集也在不断增强和发展。“指令集”参数参见图 1-32。

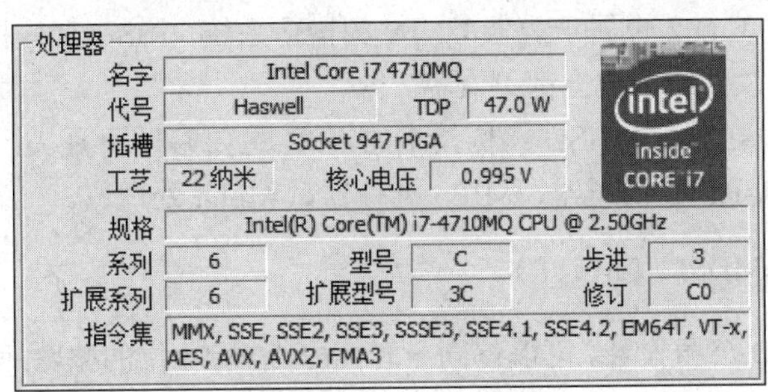

图 1-32 CPU 的“指令集”、内核“代号”、“核心电压”和“工艺”参数

8. 内核和电压

从 586CPU 开始，CPU 的工作电压分为内核电压和 I/O（input/output，输入/输出）电压两种，通常 CPU 的核心电压小于等于 I/O 电压。内核电压的大小根据 CPU 的生产制作工艺而定，一般生产制作工艺越高级，内核工作电压越低；I/O 电压一般为 1.6～5V。低电压能解决耗电过大和发热过高的问题。现在的 CPU 核心电压有 1.3V、1.35V 和 1.4V 等。内核“代号”和“核心电压”参数参见图 1-32。

9. 制造工艺

制造工艺的微米或纳米是指集成电路（integrated circuit，IC）内电路与电路之间的距离。制造工艺的趋势是向密集度更高的方向发展。密度更高的集成电路，意味着在同样大小面积的集成电路中，拥有密度更高、功能更复杂的电路。主要的制造工艺有 90nm、65nm、45nm、14nm、10nm、7nm 和 5nm 等。“工艺”参数参见图 1-32。

10. 复杂指令集计算机和精简指令集计算机

复杂指令集计算机（complex instruction set computer，CISC）的各条指令是按顺序串行执行的，每条指令中的各个操作也是按顺序串行执行的。顺序执行的优点是控制简单，但计算机各部分的利用率不高，执行速度慢。其实 CISC 架构技术是 Intel 生产的 x86 系列（也就是 IA-32 架构）CPU 及其兼容 CPU。

精简指令集计算机（reduced instruction set computer，RISC）是在 CISC 指令系统基础上发展起来的。对 CISC 的测试表明，各种指令的使用频度相当悬殊，最常使用的是一些比较简单的指令，它们仅占指令总数的 20%，但在程序中出现的频度却占 80%。复杂的指令系统必然增加微处理器的复杂性，使处理器的研制时间长、成本高，并且复杂指令需要复杂的操作，必然会降低计算机的速度。基于上述原因，20 世纪 80 年代 RISC 架构技术的 CPU 诞生了。相对于 CISC 架构技术的 CPU，RISC 架构技术的 CPU 不仅精简了指令系统，还采用了超标量和超流水线结构，大大提高了并行处理能力。RISC 架构技术是高性能 CPU 的发展方向。相比而言，RISC 架构技术的指令格式统一，种类比较少，寻址方式也比 CISC 少，处理速度提高很多。RISC 架构技术更加适合高档服务器的操作系统 UNIX，Linux 也属于类似 UNIX 的操作系统。RISC 架构技术的 CPU 与 Intel 和 AMD 的 CPU 在软件和硬件上都不兼容。

在中高档服务器中采用 RISC 架构技术的 CPU 主要有以下几类：PowerPC 处理器、SPARC 处理器、PA-RISC 处理器、MIPS 处理器、Alpha 处理器。

11. x86-64（AMD64 / EM64T）

x86-64 由 AMD 公司设计，可以在同一时间内处理 64 位的整数运算，并兼容 x86-32 架构。支持 64 位逻辑定址，同时提供转换为 32 位定址选项；但数据操作指令默认为 32 位和 8 位，提供转换成 64 位和 16 位的选项；支持常规用途寄存器，如果是 32 位运算操作，就要将结果扩展成完整的 64 位。这样，指令中有直接执行和转换执行的区别，其指令字段是 8 位或 32 位，可以避免字段过长。

x86-64 的产生也并非空穴来风。x86 处理器的 32 位寻址空间限制在 4GB 内存，而 IA-64 的处理器又不能兼容 x86。AMD 充分考虑用户的需求，加强 x86 指令集的功能，使这套指令集可同时支持 64 位的运算模式，因此 AMD 把它们的结构称为 x86-64。在技术上，AMD 在 x86-64 架构中为了进行 64 位运算，新增了 R8-R15 通用寄存器作为原有 x86 处理器寄存器的扩充，但在 32 位环境下并不完全使用到这些寄存器。原来的寄存器如 EAX、EBX 也由 32 位扩展至 64 位。在 SSE 单元中新加入了 8 个新寄存器以提供对 SSE2 的支持。寄存器数量的增加带来性能的提升。为了同时支持 32 和 64 位代码及寄存器，x86-64 架构允许处理器工作在以下两种模式：long mode（长模式）和 legacy mode（传统模式）。长模式又分为两种子模式：64 位模式和 compatibility mode 兼容模式。该标准已经被引进在 AMD 服务器处理器中的 Opteron 处理器中。

12. 超标量和超流水线

超标量是通过内置多条流水线来同时执行多个处理器，其实质是以空间换取时间。超流水线是通过细化流水、提高主频，使得在一个机器周期内完成一个甚至多个操作，其实质是以时间换取空间。例如，Pentium 4 的流水线就长达 20 级。流水线设计的步（级）越长，其完成一条指令的速度越快，能适应的 CPU 的工作主频越高。但是流水线过长也会带来一定的副作用，很可能会出现主频较高的 CPU 实际运算速度较低的现象，Intel 的 Pentium 4 就出现了这种情况，虽然它的主频可以高达 1.4GHz 以上，但其运算性能却远远比不上 AMD 1.2GHz 的速龙甚至 Pentium 3。因此，主频不是衡量 CPU 实际性能的标准。

13. 封装形式

CPU 封装是采用特定的材料将 CPU 芯片或 CPU 模块固化以防损坏的保护措施，一般 CPU 必须在封装后才能交付用户使用。CPU 的封装方式取决于 CPU 的安装形式和器件集成设计，通常采用 Socket 插座进行安装的 CPU 使用针脚栅格阵列（pin grid array，PGA）方式封装，Intel 处理器采用触点式插座（图 1-33），AMD 采用针脚式插座（图 1-34）。现在 Intel 的 CPU 主要使用 LGA 封装，AMD 的 CPU 主要使用 Socket 插针。

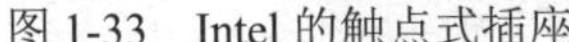

图 1-33 Intel 的触点式插座

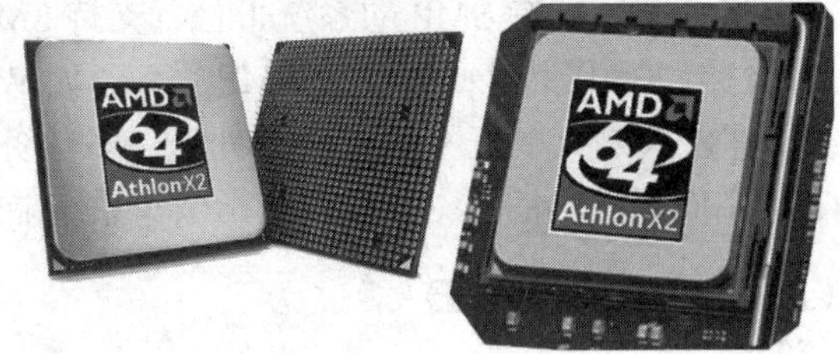

图 1-34 AMD 的针脚式插座

14. 多线程

同时多线程（simultaneous multi-threading，SMT）可通过复制处理器上的结构状态，让同一个处理器上的多个线程同步执行并共享处理器的执行资源，可最大限度地实现宽发射、乱序的超标量处理，提高处理器运算部件的利用率，缓和由于数据相关或 cache 未命中带来的访问内存延时。当没有多个线程可用时，SMT 处理器几乎和传统的宽发射超标量处理器一样。SMT 最具吸引力的是只需小规模改变处理器核心的设计，几乎不用增加额外的成本就可以显著地提升效能。多线程技术可以为高速的运算核心准备更多的待处理数据，减少运算核心的闲置时间，这对于桌面低端系统来说无疑十分具有吸引力。

15. 多核心

多核心，也指单芯片多处理器（chip multiprocessors，CMP）。CMP 是由美国斯坦福大学提出的，其思想是将大规模并行处理器中的多处理器使用对称的结构集成到同一芯片内，各个处理器并行执行不同的进程。与 CMP 比较，SMT 处理器结构的灵活性比较突出。但是，当半导体工艺进入 0.18μm 以后，线延时已经超过了门延迟，要求微处理器的设计通过划分许多规模更小、局部性更好的基本单元结构来进行。相比之下，由于 CMP 结构已经被划分成多个处理器内核来设计，每个内核都比较简单，有利于优化设计，因此更有发展前途。IBM 的 Power 4 芯片和 Sun 公司（已被 Oracle 公司收购）的 MAJC5200 芯片都采用了 CMP 结构。多核处理器可以在处理器内部共享缓存，提高缓存利用率，同时简化多处理器系统设计的复杂度。

16. 多处理器

多处理器是指在一个计算机上汇集了一组处理器（多 CPU），CPU 之间共享内存子系统以及总线结构。这种多处理器使用的技术是对称多处理结构（symmetric multi-processing，SMP），在这种技术的支持下，一个服务器系统可以同时运行多个处理器，并共享内存和其他的主机资源。例如，至强处理器 MP 可以支持 4 路，AMD Opteron 可以支持 1～8 路，也有少数支持 16 路）。但是一般来讲，SMP 结构的机器可扩展性较差，很难做到 100 个以上多处理器，常规的一般是 8～16 个，不过这对于多数的用户来说已经够用了。SMP 在高性能服务器和工作站级主板架构中最为常见，如 UNIX 服务器可支持最多 256 个 CPU 的系统。构建一套 SMP 系统的必要条件是：支持 SMP 的硬件包括主板和 CPU、支持 SMP 的系统平台、支持 SMP 的应用软件。为了使 SMP 系统发挥高效的性能，操作系统必须支持 SMP 系统，如 WINNT、Linux 以及 UNIX 等 32 位操作系统，即能够进行多任务和多线程处理。多任务是指操作系统能够在同一时间让不同的 CPU 完成不同的任务；多线程是指操作系统能够使不同的 CPU 并行完成同一个任务。

1.2.4 国产中央处理器

1. 中国科学院“中科技术”的“龙芯”系列芯片

“龙芯”系列芯片是由中国科学院中科技术有限公司设计研制的，采用 MIPS 体系结构，具有自主知识产权，产品包括龙芯 1 号 CPU、龙芯 2 号 CPU 和龙芯 3 号 CPU 三个系列以及龙芯 7A1000 桥片。

龙芯 1 号系列 32/64 位处理器专为嵌入式领域设计，主要应用于云终端、工业控制、数据采集、手持终端、网络安全、消费电子等领域，具有低功耗、高集成度及高性价比等特点。其中，龙芯 1A 32 位处理器和龙芯 1C 64 位处理器稳定工作在 266～300MHz；龙芯 1B 处理器是一款轻量级 32 位芯片；龙芯 1D 处理器是超声波热表、水表和气表的专用芯片。2015 年，新一代北斗导航卫星搭载我国自主研制的龙芯 1E 和 1F 芯片，这两颗芯片主要用于完成星间链路的数据处理任务。图 1-35 所示为龙芯 1 号 CPU。

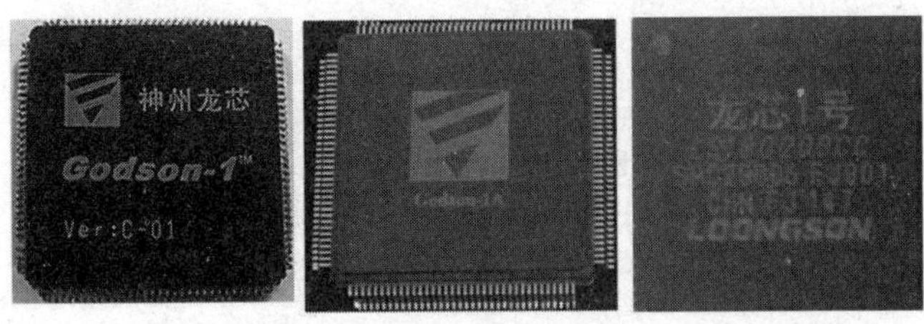

图 1-35　龙芯 1 号 CPU

龙芯 2 号系列是面向桌面和高端嵌入式应用的 64 位高性能低功耗处理器。龙芯 2 号产品包括龙芯 2E、2F、2H 和 2K1000 等芯片。龙芯 2E 首次实现对外生产和销售授权。龙芯 2F 的平均性能比龙芯 2E 高 20%以上，可用于个人计算机、行业终端、工业控制、数据采集、网络安全等领域。龙芯 2H 于 2012 年被正式推出，适用计算机、云终端、网络设备、消费类电子等领域，同时可作为 HT 或者 PCI-E（peripheral component interconnect express，基于点对点模式的计算机扩展卡的一种总线标准）接口的全功能套片使用。2018 年，龙芯推出龙芯 2K1000 处理器，它主要面向网络安全领域及移动智能领域，主频可达 1GHz，可满足工业物联网快速发展、自主可控工业安全体系的需求。图 1-36 所示为龙芯 2 号 CPU。

图 1-36　龙芯 2 号 CPU

龙芯 3 号系列是面向高性能计算机、服务器和高端桌面应用的多核处理器，具有高带宽、高性能、低功耗的特征。龙芯 3A3000/3B3000 处理器采用自主微结构设计，主频可达 1.5GHz 以上；2019 年 12 月推出的龙芯 3A4000/3B4000 为龙芯第三代产品的首款四核芯片，该芯片基于 28nm 工艺，采用新研发的 GS464V 64 位高性能处理器内核架构，并实现 256 位向量指令，同时优化片内互连和访存通路，集成 64 位 DDR3/4 内存控制器，集成片内安全机制，主频和性能再次得到大幅提升。图 1-37 所示为龙芯 3 号 CPU。

图 1-37　龙芯 3 号 CPU

龙芯 7A1000 是龙芯的专用桥芯片组。2017 年 10 月，龙芯 7A1000 桥片完成样片功能测试。龙芯 7A1000 桥片作为龙芯 3 号系列处理器的配套芯片组，面向桌面和服务器应用领域，用作服务器桥片时，支持双路 HT 总线与双路处理器直连。2018 年 3 月 23 日，龙芯发布龙芯 3A3000+7A 全国产化平台，采用龙芯 3A3000 四核处理器，搭载龙芯自主研制的高性能桥片 7A1000，片间通信采用 HT3.0 高速总线，接口丰富，可满足多领域外围扩展需求，龙芯全国产化平台的推出实现了计算机平台主 CPU 芯片和桥片的全国产化，并进一步提升了产品性能、降低了功耗，提升了用户体验。龙芯 3A3000+7A 国产化平台解决了国产计算机系统架构适配标准缺失的问题，从而大幅降低用户系统层面的国产化适配工作。

2. 上海兆芯

上海兆芯集成电路有限公司是成立于 2013 年的国资控股公司，其生产的处理器采用 x86 架构，产品主要有开先 ZX-A、ZX-C/ZX-C+、ZX-D、KX-5000 和 KX-6000 以及开胜 ZX-C+、ZX-D、KH-20000 等。其中，开先 KX-5000 系列处理器采用 28nm 工艺，提供 4 核或 8 核 CPU 两种版本，整体性能较上一代产品提升高达 140%，达到国际主流通用处理器性能水准，能够全面满足桌面办公应用，以及包括 4K 超高清视频观影等多种娱乐应用需求。开胜 KH-20000 系列处理器是面向服务器等设备推出的CPU产品。开先 KX-6000 系列处理器主频高达 3.0GHz，兼容全系列 Windows 操作系统及中科方德、中标麒麟、普华等国产自主可控操作系统，性能与 Intel 第七代的酷睿 i5 相当。图 1-38 所示为开先 KX-6000 处理器。

图 1-38　开先 KX-6000 处理器

3. 上海申威

申威处理器简称“SW 处理器”，出自 DEC 的 Alpha 21164，采用 Alpha 架构，具有完全自主知识产权，其产品有单核 SW-1、双核 SW-2、4 核 SW-410、16 核 SW-1600/SW-1610 等。神威蓝光超级计算机使用 8704 片 SW-1600，搭载神威睿思操作系统，实现了软件和硬件全部国产化。基于 SW-26010 构建的“神威·太湖之光”超级计算机自 2016 年 6 月发布以来，分别在 2016 年 6 月 20 日、2016 年 11 月 14 日、2017 年 6 月 19 日和 2017 年 11 月 13 日的世界超级计算机运算速度中排名第一。在 2018 年、2020 年、2021 年发布的全球超级计算机 500 强榜单中，“神威·太湖之光”分别排名第三、第四、第四。图 1-39 所示为申威处理器。

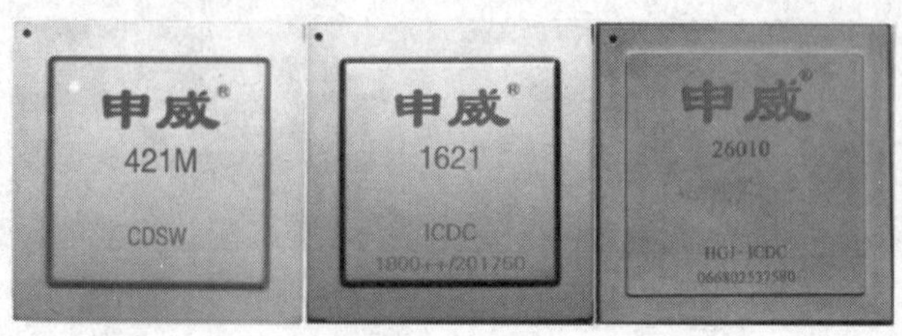

图 1-39　申威处理器

1.3　内存储器

内存储器（memory，简称内存）是计算机的重要组成部分，它用于暂时存放 CPU 中的运算数据，与硬盘等外存储器交换数据。内存储器是外存储器与 CPU 进行沟通的桥梁，计算机中所有程序的运行都在内存中进行，内存性能的强弱直接影响计算机整体性能发挥的水平。只要计算机开始运行，操作系统就会把需要运算的数据从内存调到 CPU 中进行运算，当运算完成，CPU 将结果传送出来或暂时存在内存中。

1.3.1　内存储器概述

在计算机的组成结构中有一个很重要的部分就是存储器，它是用来存储程序和数据的部件。存储器的种类很多，按其用途可分为主存储器和辅助存储器，其中主存储器又称内存储器，即通常所说的内存条。它是 CPU 能直接寻址的存储空间，由半导体器件制成，特点是存取速度快。

内存是计算机中的主要部件。Windows 操作系统、应用软件、游戏软件等需要安装在硬盘（外存储器）上，安装好后是不能直接使用其功能的，必须把它们调入内存中运行，才能真正使用其功能。图 1-40 所示为 DDR 1 代、2 代、3 代、4 代和 5 代内存条。

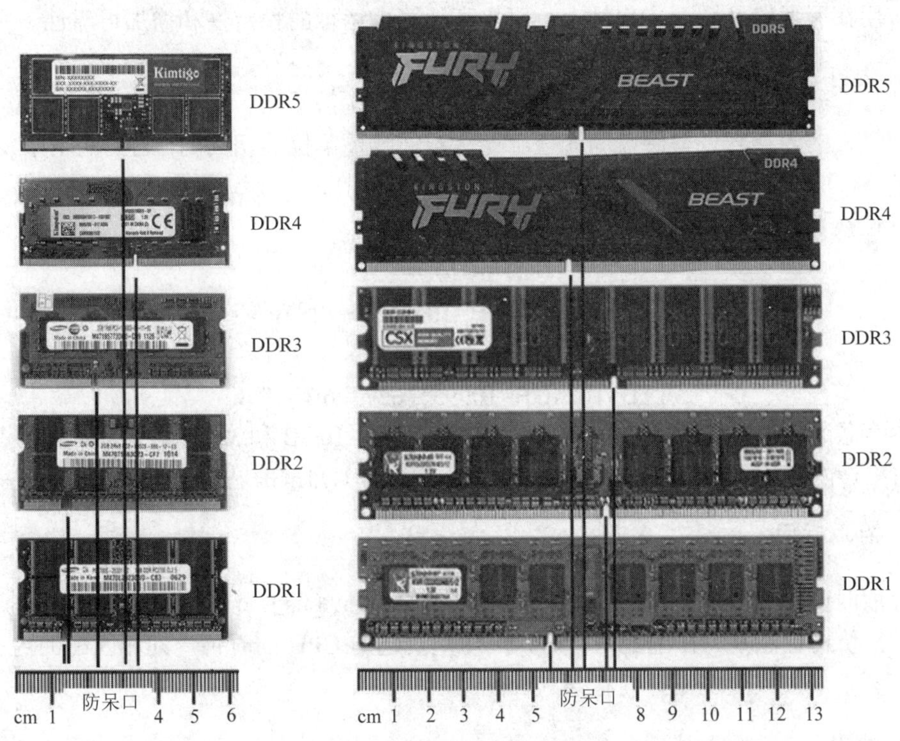

图 1-40　DDR 1 代、2 代、3 代、4 代和 5 代内存条

人们平时输入文字或玩游戏，其实是在内存中进行的。也就是说，把大量的、要永

久保存的数据存储在外存储器（如硬盘）上，把一些少量或临时的数据和程序放在内存上。当然，内存的好坏会直接影响计算机的运行速度。内存是暂时存储程序以及数据的地方。当人们使用 Word 或 WPS 处理文稿时，在键盘上输入的字符被存入内存中，当选择存盘时，内存中的数据才会被存入硬盘中。因此，内存是临时存储的部件，内存读写速度，也就是内存的运行速度也决定着计算机整体运行的速度。

1.3.2 内存储器的技术参数

内存的技术参数一般包括奇偶校验、内存容量、存取时间、频率和带宽等。

1. 奇偶校验

奇偶校验（parity check）是数据传送时采用的一种校正数据错误的方式，分为奇校验和偶校验两种。如果采用奇校验，就在传送每个字节时另外附加一位作为校验位，当原来数据序列中“1”的个数为奇数时，这个校验位就是“0”，否则这个校验位就是“1”，这样就可以保证传送数据满足奇校验的要求。在接收方收到数据时，将按照奇校验的要求检测数据中“1”的个数，如果是奇数，表示传送正确，否则表示传送错误。纠错码（error correcting code，ECC）是在奇偶校验的基础上发展而来的，是一种能够实现“错误检查和纠正”的技术。ECC 内存就是应用了这种技术的内存，一般多应用在服务器及图形工作站上，可提高计算机运行的稳定性和增加可靠性。

2. 内存容量

计算机的内存容量与硬盘和光盘等存储器的容量单位是相同的，它们的基本单位都是字节（B）。

单位换算如下：

$$1\text{KB}=1024\text{B}=2^{10}\text{B}$$

$$1\text{MB}=1024\text{KB}=1048576\text{B}=2^{20}\text{B}$$

$$1\text{GB}=1024\text{MB}=1073741824\text{B}=2^{30}\text{B}$$

$$1\text{TB}=1024\text{GB}=1099511627776\text{B}=2^{40}\text{B}$$

内存条通常单根容量有 1GB、2GB、4GB、8GB、16GB 和 32GB 等级别。从这些级别可以看出，内存条的容量都是成倍增加的。目前，8GB、16GB 内存已成了主流配置。

3. 存取时间

存取时间是内存的一个重要指标，其单位为纳秒（ns），这个数值越小，存取速度越快，但价格也越高。在选配内存时，应尽量挑选与 CPU 的时钟周期相匹配的内存条，这将有利于最大限度地发挥内存条的性能。

4. 频率

内存主频和 CPU 主频一样，习惯上被用来表示内存的速度，它代表该内存能达到的最高工作频率。内存主频是以兆赫（MHz）为单位来计量的。内存主频越高，在一定程度上代表内存能达到的速度越快。内存主频决定该内存最高能在什么样的频率下正常工作。目前主流的内存是DDR4。

计算机系统的时钟速度是以频率来衡量的。晶体振荡器控制着时钟速度，在石英晶片上加上电压，其就以正弦波的形式振动起来，这一振动可以通过晶片的形变和大小记录下来。晶体的振动以正弦调和变化的电流的形式表现出来，这一变化的电流就是时钟信号。内存本身并不具备晶体振荡器，因此内存工作时的时钟信号是由主板芯片组的北桥或直接由主板的时钟发生器提供的，也就是说内存无法决定自身的工作频率，其实际工作频率是由主板来决定的。

5. 带宽

带宽就是数据能够最快地传输的通道。内存带宽的计算公式为

内存带宽＝内存工作频率×内存总线位数×倍增系数 / 8

以DDR400内存为例，它的工作频率为200MHz，数据总线位数为64bit，由于上升沿和下降沿都传输数据，因此倍增系数为2，此时带宽为200×64×2/8＝3.2（GB/s）（如果是两条内存组成的双通道，带宽乘以2，则为6.4GB/s）。

单通道内存控制器一般都是64bit的，8个二进制位相当于1B，换算成字节是64/8＝8（B），再乘以内存的运行频率，如果是DDR内存就要再乘以2，因为它是以SD内存双倍的速度传输数据的。例如：

DDR333，工作频率为166MHz，带宽为166×2×64/8＝2.7（GB/s）（PC2700）；

DDR400，工作频率为200MHz，带宽为200×2×64/8＝3.2（GB/s）（PC3200）。

1.3.3　内存储器的发展

计算机诞生初期并不存在内存条的概念。最早的内存是以磁芯的形式排列在线路上的，将每个磁芯与晶体管组成的一个双稳态电路作为1位（bit）的存储器。随着电子技术的发展，出现了焊接在主板上的集成内存芯片，以内存芯片的形式为计算机的运算提供直接支持。开始的内存芯片容量都特别小，最常见的有 256KB×1bit、1MB×4bit。它们虽然小，但计算能力提高了很多。

内存芯片的状态一直沿用到286计算机。由于内存芯片拆卸和更换不方便，扩容也不方便，随着计算机技术的成熟和发展，方便扩容和更换的内存条应运而生。将内存芯片焊接到事先设计好的印刷线路板上，计算机主板上也改用内存插槽，把内存难以安装和更换的问题彻底解决了，内存条开始被大量使用。

80286的主板推出时，内存条采用了SIMM（single in-line memory modules，单边接触内存模组）接口，容量为30pin、256KB，由8片数据位和1片校验位组成1个存储体（bank）。这就是最初的30pin SIMM内存条（图1-41）。

随着计算机CPU技术的发展，1988—1990年，PC技术迎来另一个发展高峰，也就是386和486时代。CPU从16位发展到32位，30pin SIMM内存无法满足需求，此时72pin SIMM内存出现了。72pin SIMM支持32位快速页模式内存，内存带宽得以大幅度提升，主要使用的是EDO DRAM（外扩充数据模式存储器）内存。图1-42所示为

72pin 内存条。

图 1-41 30pin SIMM 内存条

图 1-42 72pin 内存条

当 64 位技术来临，内存又需要发展提高，从而出现了 SDRAM 内存。SDRAM 的带宽为 64 位，正好对应 CPU 的 64 位数据总线宽度，因此，它只需要一根内存条便可工作，便捷性进一步提高。在性能方面，由于其输入输出信号保持与系统外频同步，速度明显超越 EDO 内存。SDRAM 内存由早期的 66MHz 发展至后来的 100MHz、133MHz，基本满足了当时计算机的需求。SDRAM PC133 内存的带宽可提高到 1064MB/s。图 1-43 所示为 SDRAM 内存条。

图 1-43 SDRAM 内存条

Intel 与 Rambus 联合在 PC 市场推广 Rambus DRAM 内存(RDRAM 内存)。与 SDRAM 内存不同的是，RDRAM 内存采用新一代高速简单内存架构，基于一种类 RISC 理论，这个理论可以减少数据的复杂性，使整个系统性能得到提升。Rambus DRAM 内存以高时钟频率来简化每个时钟周期的数据量，内存带宽在当时相当出色，如 PC1066、1066MHz 32bit 带宽可达到 4.2GB/s。图 1-44 所示为 RDRAM 内存条。由于 RDRAM 内存的性价比不高，不被认可，被 DDR 内存取代。

图 1-44 RDRAM 内存条

DDR SDRAM（double data rate SDRAM）简称 DDR，也是“双倍速率 SDRAM”的意思。DDR 可以说是 SDRAM 的升级版本。DDR 在时钟信号上升沿与下降沿各传输 1 次数据，使 DDR 的数据传输速率为传统 SDRAM 的两倍。由于仅多采用了下降沿信号，不会造成能耗增加，DDR 内存被作为一种性能与成本之间折中的解决方案，常用的有 PC266 DDR SDRAM（133MHz 时钟×2 倍数据传输=266MHz 带宽）、DDR1 内存拥有 266MHz、333MHz、400MHz 和 533MHz 等不同的时钟频率。图 1-45 所示为 DDR1 内存条。

图 1-45　DDR1 内存条

随着 CPU 性能的不断提升，对内存性能的要求也越来越高，因此美国半导体工业协会（Semiconductor Industry Association）开始酝酿 DDR2 标准，该标准的 DDR2 能够在 100MHz 的发信频率基础上提供插脚最少 400MB/s 的带宽，而且其接口运行于 1.8V 电压上，从而进一步降低发热量，以便提高频率，也就是降低电压、提高性能。DDR2 内存采用 0.13μm 的生产工艺，内存颗粒的电压为 1.8V。DDR2 内存拥有 400MHz、533MHz、667MHz 等不同的时钟频率。图 1-46 所示为 DDR2 内存条。

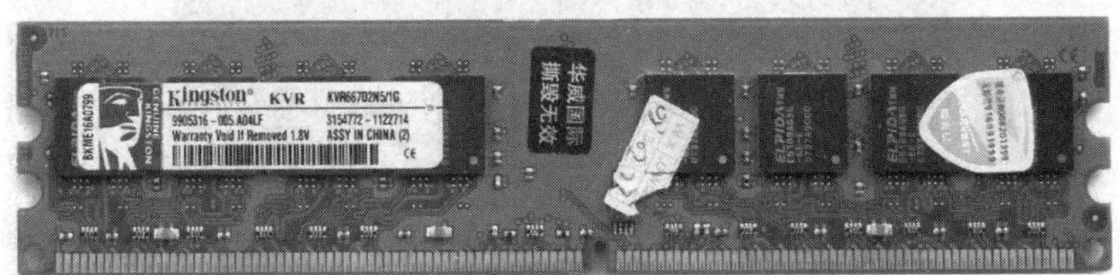

图 1-46　DDR2 内存条

DDR3 相比 DDR2 有更低的工作电压，核心工作电压从 DDR2 的 1.8V 降到 1.5V，性能更高，更省电；采用 8bit 预取机制。DDR3 的时钟频率主要有 1033MHz、1600MHz、2133MHz 和 2400MHz 这四种。DDR3 内存有 DDR3 和 DDR3L 两种，主要是工作电压不同，DDR3 的工作电压为 1.5V，DDR3L 的工作电压为 1.35V。图 1-47 所示为 DDR3 内存条。

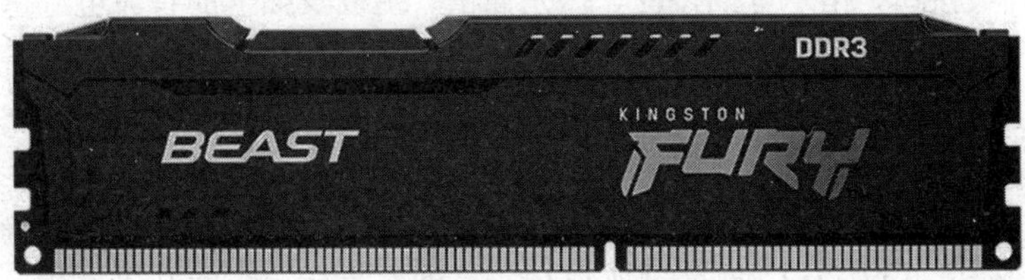

图 1-47　DDR3 内存条

DDR4 相比 DDR3 工作电压又有降低，从 1.5V 降到 1.35V 甚至 1.2V；采用 16bit

预取机制。DDR4 的时钟频率主要有 2133MHz、2400MHz、2666MHz、3200MHz、3600MHz、3733MHz、4000MHz、5000MHz。DDR4 有更可靠的传输规范，数据可靠性进一步提升且更节能。图 1-48 所示为 DDR4 内存条。

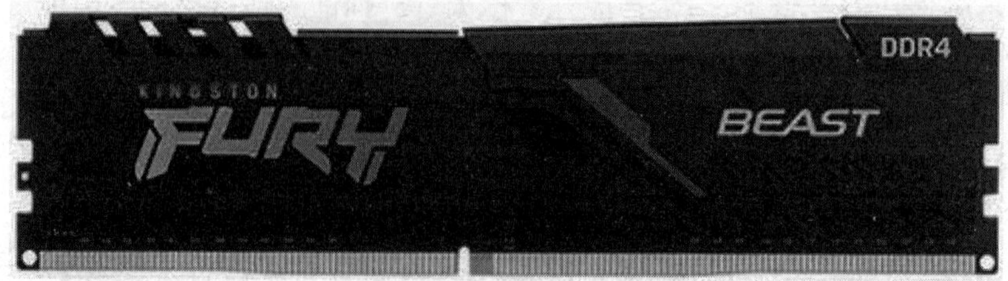

图 1-48 DDR4 内存条

DDR5 和 DDR4 主要在带宽速度、单芯片密度以及工作频率和供电等方面有区别。带宽速度方面：DDR4 的带宽为 25.6GB/s，DDR5 的带宽为 32GB/s。单片芯片密度方面：DDR4 为 4GB 的单片芯片密度，单条内存的最大容量达到 128GB；而 DDR5 单芯片的容量为 16GB 的芯片密度，可以达到单条更高容量。工作频率方面：DDR4 的最低工作频率为 1600MHz，最高工作频率为 3200MHz；而 DDR5 的工作频率高达 4800MHz 及以上，甚至达到 6400MHz。供电方面：DDR4 内存的单条供电电压为 1.2V，而 DDR5 内存的供电电压降低到了 1.1V。同时，DDR5 具有改进的命令总线效率、更好的刷新方案以及增加的存储体组以获得额外的性能。图 1-49 为 DDR5 内存条。

图 1-49 DDR5 内存条

1.4 主　　板

计算机的主板，又叫主机板（mainboard）、系统板（system board）或母板（mother board），是计算机最基本和最重要的部件。主板一般为长方形或正方形电路板，上面由组成计算机最重要的主控芯片电路系统构成，主要由 BIOS 芯片、I/O 控制芯片、键盘和面板控制开关接口、指示灯插接件、扩充插槽、主板及插卡的直流电源供电接插件等元件组成，为 CPU、内存条、显卡、硬盘和扩展卡提供构架平台。

1.4.1 主板的构成

主板安装在计算机主机箱内，其制造质量的高低，决定了硬件系统的稳定性。主板与 CPU 关系密切，每一次 CPU 的升级换代，必然会导致主板的升级换代。主板是计算机硬件系统的核心和基石，是主机箱内面积最大的一块印制电路板。主板的主要功能是传输各种电子信号，部分芯片负责初步处理一些外围数据。计算机主机中的各个部件都是通过主板来连接的，计算机在正常运行时对系统内存、存储设备和其他 I/O 设备的操控都必须通过主板来完成。计算机性能是否能够充分发挥、硬件功能是否足够，以及硬件是否兼容等，都取决于主板的设计。主板的设计和制造的优劣直接决定了一台计算机的整体性能、使用年限以及功能扩展能力。图 1-50 所示为技嘉主板。

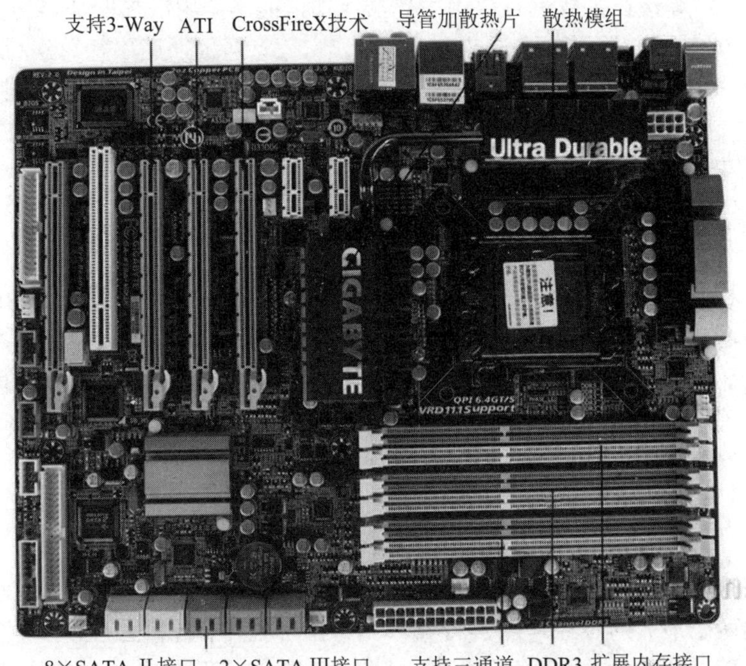

图 1-50 技嘉主板

计算机主板采用开放式结构。主板上大都有 6～15 个扩展插槽，提供计算机外设的控制卡（适配器）插接。通过更换这些控制卡，可以对计算机的相应子系统进行局部升级和扩展。总之，主板在整个计算机系统中是十分重要的。可以说，主板的类型和档次决定着整个计算机系统的类型和档次，主板的性能影响着整个计算机系统的性能。

1. 主板结构

主板结构就是根据主板上各元器件的布局排列方式、尺寸大小、形状和所使用的电源规格等制定出的通用标准，所有主板制造厂商都必须遵循。主板结构分为 AT、Baby-AT、LPX、NLX、Flex ATX、E-ATX、W-ATX、ATX、Micro ATX、BTX 以及 Mini-ITX 等。其中，AT 和 Baby-AT 是多年前的主板结构，已经淘汰；LPX、NLX、Flex ATX 是 ATX 的变种，多见于国外的品牌机，国内尚不多见；E-ATX 和 W-ATX 则多用于服务器/工作站主板；ATX 是市场上最常见的主板结构，扩展插槽较多，PCI 插槽数量为 4～6 个，大多数主板采用此结构；Micro ATX 又称 Mini ATX，是 ATX 结构的简化版，就是常说的“小板”，扩展插槽较少，PCI 插槽数量在 3 个或 3 个以下，多用于品牌机并配备小型机箱；而 BTX 则是 Intel 制定的主板结构，但尚未流行便被放弃，继续使用 ATX。

Mini-ITX 规范是由威盛提出的微型计算机的标准解决方案。Mini-ITX 主板是一种结构紧凑的主板，用来支持小空间的、相对低成本的计算机，如用在汽车、置顶盒以及网络设备中的计算机。Mini-ITX 主板也可用于制造瘦客户机。Mini-ITX 非常小，尺寸为 170mm×170mm（6.75in×6.75in）。电源功率小于 100W。Mini-ITX 处理器是超低功率的 x86 处理器，它焊接在主板上且只用散热器冷却，而不是用散热器加风扇冷却；显卡、声卡和局域网连接都集成在 Mini-ITX 主板上。它还有两根通用串行总线（universal serial bus，USB）接口，一个串并行接口、音频输入和输出，以及周边元件扩展接口（PCI）；它使用一个直立卡，可以支持两个设备；没有软盘驱动器界面，但有一个 CD-ROM 或 DVD-ROM 界面。

2. 芯片组

主板的核心是主板芯片组，它决定了主板的规格、性能和功能，如 B660M 主板指的就是主板芯片组。对于主板而言，芯片组决定了主板的功能，决定了整个计算机系统性能的发挥。芯片组是主板的主要部件，芯片组性能的优劣决定了主板性能的好坏与级别的高低。因为 CPU 的型号与种类繁多、功能特点不一，芯片组要很好地支持 CPU 工作，如果相互兼容不好将直接影响计算机的整体性能。

3. 北桥芯片和南桥芯片

在传统的芯片组构成中，一直沿用南桥芯片与北桥芯片搭配的方式，它们是主板上可以看到的两个最大的芯片。图 1-51 所示为带南桥芯片和北桥芯片以及散热器的主板。在主板上，可以在CPU 插槽附近找到一个散热器，其下面就是北桥芯片，它属于系统

图 1-51　带南桥芯片和北桥芯片以及散热器的主板

控制芯片，主要负责 CPU、内存和显卡之间的数据交换；南桥芯片一般离 CPU 较远，在 PCI 插槽旁边，比较大。主板支持何种 CPU、何种显卡以及何种频率的内存，都是由北桥芯片决定的。南桥芯片主要决定主板的功能。主板上的各种接口、PS/2 鼠标控制、USB 控制、PCI 总线和 IDE（integrated drive electronics，电子集成驱动器）以及主板上的其他芯片（如集成声卡、集成 RAID 卡、集成网卡等），都由南桥芯片控制。随着 PC 架构的不断发展，如今北桥芯片的功能逐渐被 CPU 所包含，自身结构不断简化甚至在芯片组中已不复存在。

4. BIOS 芯片

BIOS（basic input/output system，基本输入输出系统）的全称是 ROM-BIOS，是只读存储器（read-only memory）基本输入输出系统的简写。BIOS 实际是一组被固化到计算机中，为计算机提供最低级、最直接的硬件控制的程序，它是连通软件程序和硬件设备之间的枢纽。BIOS 是硬件与软件程序之间的接口，解决硬件的要求。从功能上看，BIOS 主要包括以下两个部分。

（1）自检和初始化

自检和初始化负责启动计算机，具体包括以下三部分。

1）加电自检（power on self-test，POST）：用于计算机刚接通电源时对硬件部分的检测，检查计算机是否良好。在自检中发现问题，系统会给出提示信息或鸣笛警告。

2）初始化：包括创建中断向量、设置寄存器、对一些外设进行初始化和检测等，其中很重要的一部分是 BIOS 设置，主要是对硬件设置一些参数，当计算机启动时会读取这些参数，并和实际硬件设置进行比较，如果不符合，就会影响系统的启动。

3）引导程序：用于引导磁盘操作系统（disk operating system，DOS）或其他操作系统。BIOS 先从软盘或硬盘的开始扇区读取引导记录，如果没有找到，就会在显示器上显示没有引导设备；如果找到引导记录，就会把计算机的控制权转给引导记录，通过引导记录把操作系统装入计算机。在计算机启动成功后，BIOS 的这部分任务就完成了。

（2）程序服务处理和硬件中断处理

程序服务处理和硬件中断处理是两个独立的内容，但在使用上密切相关。程序服务处理程序主要为应用程序和操作系统服务，这些服务主要与输入输出设备有关，如读磁盘、文件输出到打印机等。为了完成这些操作，BIOS 必须直接与计算机的 I/O 设备打交道，它通过端口发出命令，向各种外设传送数据和接收数据，使程序能够脱离具体的硬件操作，而硬件中断处理则处理计算机硬件的需求。因此，这两部分分别为软件和硬件服务，组合到一起，使计算机系统正常运行。

BIOS 的服务功能是通过调用中断服务程序来实现的，这些服务分为很多组，每组有一个专门的中断，如视频服务的中断号为 10H，屏幕打印的中断号为 05H，磁盘及串行口服务的中断号为 14H。每一组又根据具体功能细分为不同的服务号。应用程序需要使用哪些外设、进行什么操作，只需在程序中使用相应的指令说明即可，无须直接控制。由于 CMOS（complementary metal oxide semiconductor，互补金属氧化物半导体）与 BIOS 都与计算机系统设置密切相关，因此二者很容易混淆。从根本上说，CMOS RAM 是系统设置参数存放的地方，而BIOS是保存程序的，系统设置是完成参数设置的。因此，准确的说法应是通过BIOS设置程序对CMOS参数进行设置，并保存在CMOS中。

5. 扩展插槽

主板上的扩展插槽又称总线插槽，是主机通过系统总线与外设联系的通道，有些外设接口电路的适配卡插在扩展插槽内。

6. 主要接口

1）硬盘接口：硬盘接口可分为IDE接口和SATA（serial advanced technology attachment，串行先进技术附件）接口。在型号老一些的主板上，多集成2个IDE接口，通常IDE接口位于PCI插槽下方，从空间上则垂直于内存插槽（也有横着的）。现在的主板基本没有IDE接口，代之以SATA接口。

2）软驱接口：连接软驱所用，多位于IDE接口旁，比IDE接口略短一些，因为它是34针的，所以数据线也略窄一些，连接时有方向限制。现在的主板基本上没有软驱接口了。

3）COM接口（串口）：老式主板提供了两个COM接口，分别为COM1和COM2，作用是连接串行鼠标和外置Modem等设备。现在的主板基本上没有COM接口了。

4）PS/2接口：PS/2接口的功能比较单一，仅能用于连接键盘和鼠标。一般情况下，鼠标的接口为绿色，键盘的接口为紫色。现在的主板基本上没有PS/2接口了，已被USB接口取代。

5）USB接口：USB接口是如今最为流行的接口，最大可以支持127个外设，并且可以独立供电，应用非常广泛。USB接口可以从主板上获得500mA的电流，支持热插拔，真正做到了即插即用。一个USB接口可同时支持高速和低速USB外设的访问，由一条四芯电缆连接，其中两芯是正负电源，另外两芯是数据传输线。高速外设的传输速率为12Mbit/s，低速外设的传输速率为1.5Mbit/s。此外，USB 2.0标准最高传输速率可达480Mbit/s，USB 3.0（即USB 3.1 Gen1）的最高传输速率为5.0Gbit/s（625MB/s），USB 3.1 Gen2的最高传输速率为10.0Gbit/s（虽然USB 3.1标称的接口理论速率是10Gbit/s，但其实际的有效带宽大约为7.2Gbit/s）。

6）LPT接口（并口）：一般用来连接打印机，采用25脚的DB-25接口，现在的主板基本上没有了。

7）MIDI接口：声卡的MIDI接口和游戏杆接口是共用的。接口中的两个针脚用来传送MIDI信号，可连接各种MIDI设备，如MIDI键盘和MIDI合成器，结合MIDI编辑软件可以进行乐曲的创作。

8）SATA接口：SATA是由Intel、IBM、Dell、APT、Maxtor和Seagate公司共同提出的硬盘接口规范。在IDF Fall 2001大会上，Seagate公司宣布了Serial ATA 1.0标准，正式宣告了SATA规范的确立。SATA规范将硬盘的外部传输速率理论值提高到了150MB/s，比PATA（paralled advanced technology attachment，并行先进技术附件）标准ATA/100高出50%，比ATA/133也要高出约13%。随着技术的发展，SATA接口的速率扩展到 2X 和 4X（300MB/s 和 600MB/s）。

9）PCI-E 接口：PCI-E 是一种高速串行计算机扩展总线标准，它原来的名称为“3GIO”，是由 Intel 在 2001 年提出的，旨在替代旧的 PCI、PCI-X 和 AGP 总线标准。PCI-E 显卡在不同时期有不同的产品标准。常见的显卡有 PCI-E 2.0 标准，它制定于 2007 年，传输速率为 5GT/s，×16 通道带宽可达 8GB/s。按照发展的路线图，PCI-E 3.0 标准在 2010 年进入市场，实际上是在 2010 年完成 PCI-E 3.0 标准的最终方案，而直到后来的 HD7970 发布才真正有显卡支持 PCI-E 3.0。PCI-E 3.0 的带宽更高，达到 10GB/s，传输速率从 PCI-E 2.0 的 5GT/s 提高到 8GT/s，编码方案也从原来的 8b/10b 变为更高效的 128b/130b，其他规格基本不变，每周期依然传输 2 位数据，支持多通道并行传输。除了带宽翻倍带来的数据吞吐量大幅提高之外，PCI-E 3.0 的信号速度更快，数据传输的延迟更低。此外，针对软件模型、功耗管理等方面也有具体优化。PCI-E ×16 接口是专门用来适配显卡的专用接口。PCI-E 5.0 的传输速率可达 32GT/s。

10）HDMI 接口：HDMI（high definition multimedia interface，高清多媒体接口）是一种全数字化视频和声音发送接口，可以同时发送未压缩的音频及视频信号，由于音频和视频信号采用同一条线，因此可大大简化系统线路的安装难度。HDMI 可用于机顶盒、DVD 播放机、个人计算机、电视、游戏主机、综合扩大机、数字音响和电视机等设备。HDMI 是被设计用来取代较旧的模拟信号影音发送接口的。它支持各类电视与计算机视频格式，包括 SDTV、HDTV 视频画面，以及多声道数字音频。从本质上来说，HDMI 仍然是 DVI 的扩展。DVI、HDMI、UDI 的视频内容都以即时、专线方式进行传输，这可以保证视频流量大时不会发生堵塞的现象。HDMI 接口在不同时期有不同的版本，主要有 HDMI 1.1/1.2、HDMI 1.3、HDMI 1.4、HDMI 2.0 和 HDMI 2.1 版本。

11）DP 接口：DP（display port）接口是一个由 PC 及芯片制造商联盟开发，视频电子标准协会标准化的数字式视频接口标准。该接口免认证、免授权金，主要用于视频源与显示器等设备的连接，也支持携带音频、USB 和其他形式的数据。DP 一开始面向液晶显示器开发，采用微数据包架构（micro-packet architecture）的方式来通信，这一点同 DVI、HDMI 等视频传输技术有着明显区别。也就是说，HDMI 的出现取代的是模拟信号视频，而 DP 接口的出现则取代的是 DVI 和 VGA 接口。DP 接口通过主动或被动适配器，可与传统接口（如 HDMI 和 DVI）向后兼容。DP 接口在不同时期有不同的版本：①1.0 版，2006 年 5 月发布，已经废弃；②1.1a 版，2008 年 1 月发布，已经极少使用；③1.2 版，2009 年 12 月 22 日发布，支持 4K（4096×2160）60Hz，支持 3D；④1.2a 版，2012 年 5 月 12 日由视频电子标准协会发布，让显示屏完全配合视频输出端的指示来更新画面；⑤1.3，2014 年 9 月 15 日由视频电子标准协会发布，带宽速度最高 32.4Gbit/s（HBR3），编码后有效带宽为 25.92Gbit/s，可支持 4K（3840×2160）120Hz、5K（5120×2880）60Hz、8K（7680×4320）30Hz；⑥1.4 版，基于 2014 年 9 月的 DP 1.3 规范，带宽不变但加入了显示压缩流（display stream compression）技术、前向错误更正（forward error correction）、高动态范围数据包（HDR meta transport），支持 32 声道、1536kHz 采样率，为笔记本计算机、智能手机及 AIO 一体机带来 8K 级别（7680×4320）的 60Hz 输出，4K

则可以达到 120Hz；⑦2.0 版，2019 年推出，传输带宽高达 80Gbit/s，是 DP1.4 的 2.5 倍，是 HDMI 2.1 的 1.6 倍，可单屏输出 16K 60Hz（DSC）、10K 60Hz 无损、4K 240Hz 等画面，支持双屏 4K 144Hz 无损。

主板各部分插槽和接口如图 1-52 所示。

图 1-52 主板各部分插槽和接口

1.4.2 主板的分类

1. 按结构分类

1）AT 主板：标准尺寸的主板，因 IBM PC/A 机首先使用而得名，有的 486、586 主板也采用 AT 结构布局。尺寸为 33cm×30.5cm。

2）Baby AT 主板：袖珍尺寸的主板，比 AT 主板小，因而得名。很多原装机的一体化主板采用此主板结构。Baby AT 主板尺寸约为 AT 主板尺寸的 3/4（26.5cm×22cm）。

3）ATX 主板：改进型的 AT 主板，对主板上的元件布局做了优化，有更好的散热性和集成度，需要配合专门的 ATX 机箱使用。尺寸为 30.5cm×24.4cm。

4）BTX 主板：ATX 主板的改进型，使用窄板（low-profile）设计，使部件布局更加紧凑。针对机箱内外气流的运动特性，主板工程师们对主板的布局进行了优化设计，使计算机的散热性能和效率更高，噪声更小，主板的安装拆卸也变得更加简便。在一开始就制定了 BTX 主板的 3 种规格，分别是 BTX、Micro BTX 和 pico BTX。3 种 BTX 的宽度都相同，都是 266.7mm，但长度不一样。BTX 标准版主板长 325.12mm，Micro BTX 主板长 264.16mm，pico BTX 主板长 203.20mm。它们的不同之处在于主板的大小和扩展性有所不同。

5）一体化（all in one）主板：集成了声音、显示等多种电路，一般不需要再插卡就能工作，具有高集成度和节省空间的优点，但也有维修不便和升级困难的缺点，在原装品牌机中采用较多。

6）NLX 主板：Intel 的主板结构，最大的特点是主板、CPU 的升级灵活方便有效，不再需要每推出一种 CPU 就必须更新主板设计。

此外，还有一些上述主板的变形结构，如华硕主板就大量采用了 3/4 Baby AT 尺寸的主板结构。

2. 按结构特点分类

主板按结构特点可分为基于 CPU 的主板、基于适配电路的主板、一体化主板等类型。基于 CPU 的一体化的主板是较佳的选择。

3. 按印制电路板的工艺分类

主板按印制电路板的工艺可分为双层结构主板、四层结构主板、六层结构主板等，以四层结构板的产品为主。

4. 按元件安装及焊接工艺分类

主板按元件安装及焊接工艺可分为表面安装焊接工艺主板和 DIP 传统工艺主板。

5. 按芯片分类

主板按芯片可分为支持 Intel 系列 CPU 类型的主板和支持 AMD 系列 CPU 类型的主板。Intel 系列和 AMD 系列 CPU 类型及其对应的主板如表 1-1 所示。

表 1-1 Intel 系列和 AMD 系列 CPU 类型及其对应的主板

CPU 类型		对应的主板
Intel 系列	Socket 386、Socket 486、Socket 586、Socket 686、Socket 370	810 主板、815 主板
	Socket 478	845 主板、865 主板
	LGA 775	915 主板、945 主板、965 主板、G31 主板、P31 主板、G41 主板、P41 主板、G43 主板、P43 主板、G45 主板、P45 主板、X38 主板、X48 主板
	LGA 1156	H55 主板、H57 主板、P55 主板、P57 主板、Q57 主板
	LGA 1155 6 系	H61 主板、H67 主板、P67 主板、Z68 主板
	LGA 1155 7 系	B75 主板、Z75 主板、Z77 主板、H77 主板
	LGA 1366	X58 主板
	LGA 2011	X79 主板

续表

CPU 类型		对应的主板
AMD 系列	Socket AM2/AM2+	760G 主板、770 主板、780G 主板、785G 主板、790GX 主板
	AM3/AM3+	870G 主板、880G 主板、890GX 主板、890FX 主板、970 主板、990X 主板、990FX 主板
	AM4	B350 主板、B450 主板、B550 主板、X370 主板、X470 主板、X570 主板、A320 主板、A520 主板、A300 主板、X300 主板、PRO500 主板
	FM1	A55 主板、A75 主板
	FM2	A55 主板、A75 主板、A85 主板

6. 其他分类

主板还有其他多种分类方法：

按 CPU 插座分类，如 Socket 7 主板、Slot 1 主板等。

按存储器容量分类，如 16M 主板、32M 主板、64M 主板等。

按是否即插即用分类，如 PnP 主板、非 PnP 主板等。

按系统总线的带宽分类，如 66MHz 主板、100MHz 主板等。

按连接数据接口分类，如 SCSI（small computer system interface，小型计算机系统接口）主板、EDO（extended data out，扩展数据输出）主板、AGP 主板等。

按扩展插槽分类，如 EISA 主板、PCI 主板、USB 主板等。

按生产厂家分类，如华硕主板、技嘉主板等。

1.4.3 主板总线类型

ISA（industry standard architecture）总线：工业标准体系结构总线。

EISA（extension industry standard architecture）总线：扩展标准体系结构总线。

MCA（micro channel architecture）：微通道结构总线。

此外，为了解决 CPU 与高速外设之间传输速度慢的瓶颈问题，出现了三种局部总线：

VESA（Video Electronic Standards Association）局部总线：视频电子标准协会局部总线，简称 VL 总线。

PCI 总线：外围部件互连局部总线，简称 PCI 总线。486 级的主板多采用 VL 总线，而奔腾主板多采用 PCI 总线。

PCI-E 总线：PCI E 总线 2.0 标准的带宽如表 1-2 所示。

表 1-2 PCI-E 总线 2.0 标准的带宽

PCI-E 通道	未编码数据速率（有效的数据速率）/（Gbit/s）	
	单向	双向
×1	4	8
×4	16	32
×8	32	64
×16	64	128
×32	128	256

1.5 I/O 接口

计算机常见的各种接口，主要用来连接各种外设及各种设备，这些外设及各种设备既有输入类型的接口，也有输出类型的接口，还有其他类型的接口，如键盘和鼠标最早用的 PS/2 接口，显示输出模拟信号的 VGA 接口，数字信号 DVI 接口、HDMI 接口和 DP 接口，打印机早期的 LPT 接口和现在的 USB 接口、声卡接口、网络接口。此外，还有面板连线接口，如逻辑电源开关、电源指示灯、硬盘指示灯、RESET 开关、SPEAKER 接口等。

1.5.1 I/O 接口类型

I/O 接口是主机与被控对象进行信息交换的纽带。主机通过 I/O 接口与外设进行数据交换。绝大部分 I/O 接口电路是可编程的，即它们的工作方式可由程序进行控制。下面介绍计算机常用的一些 I/O 接口。

1. PS/2 接口

PS/2 接口是键盘和鼠标的专用接口，采用 6 针圆形接口，键盘只使用其中的 4 针传输数据和供电，其余 2 针为空。图 1-53 所示为 PS/2 接口。

图 1-53 PS/2 接口

2. USB 接口

USB 接口支持热插拔，扫描频率更高，响应速度更快。

USB 接口有不同版本，其功能和性能相差也较大。USB 接口既可以连接输入设备，也可以连接输出设备。USB 接口标准有 1.0、1.1、2.0、3.0 和 3.1 等。各种不同的 USB 接口如图 1-54 所示。

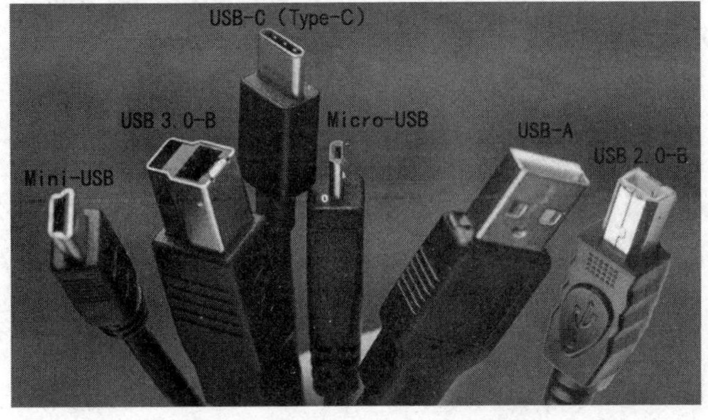

图 1-54 各种不同的 USB 接口

USB 1.0 是在 1996 年出现的，速度只有 1.5Mbit/s，没有太高的实用价值，到了 1998 年升级为 USB 1.1 后才开始应用在常规接口上。USB 1.1 是较为普遍的 USB 规范，其最高速率为 12Mbit/s。USB 2.0 是由 USB 1.1 演变而来的，它的传输速率达到了 480Mbit/s，即 60MB/s，能够满足大多数外接设备的速率要求。USB 2.0 与 USB 1.1 相兼容。由于 USB 联盟的命名，USB 3.0 被改成 USB 3.1 Gen 1，而原来的 USB 3.1 Gen 1 被改成 USB 3.1 Gen 2。在推出 USB 3.2 时，其与 USB 3.0、USB 3.1 统一被划入 USB 3.2 的序列，三者分别改名为 USB 3.2 Gen 1、USB 3.2 Gen 2、USB3.2 Gen 2×2，三者的理论最高速度分别为 5Gbit/s、10Gbit/s、20Gbit/s。图 1-55 所示为不同版本 USB 接口。

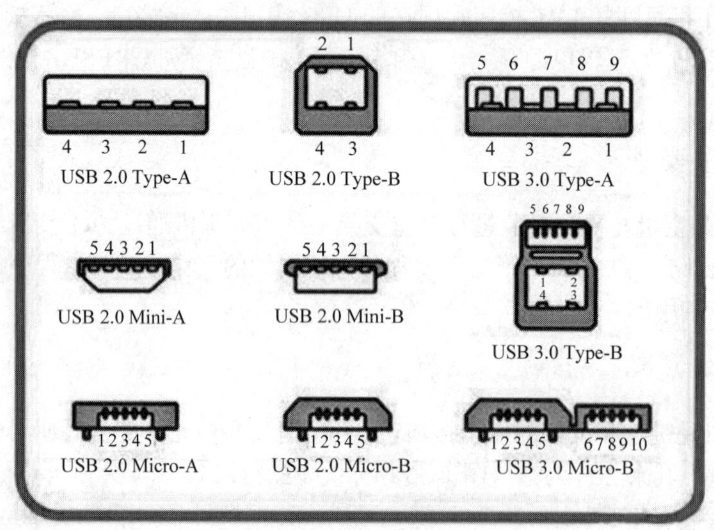

图 1-55 不同版本 USB 接口标准

在 USB 3.2 正式标准公布之后，USB 联盟又很快预告了有关 USB 4.0 标准的内容。与 USB 3.2 等基于 USB 标准不同的是，USB 4.0 接口不再采用 USB 标准，转而采用 Intel 彻底公开的雷电 3 标准，这也是 USB 发展中最大的一次改变。在外观接口上，雷电 3 和 USB Type-C 采用完全兼容的物理设计，可以互相兼容，但是雷电 3 的接口带一个雷电的小 Logo，以显示与数据传输速率较低的 USB Type-C 接口的区别。图 1-56 和图 1-57 所示分别为雷电接口和 TYPE-C 接口。雷电连接技术融合了 PCI-E 数据传输技术和 DP 显示技术，可以同时对数据和视频信号进行传输，并且每条通道都提供双向 10Gbit/s 带宽。

图 1-56 雷电接口

图 1-57 Type-C 接口

3. IEEE1394（火线）接口

IEEE1394（火线）接口是一种苹果机专用接口，但目前在 PC 上也能使用，常用于影像采集设备和数字采集设备，常用种类有 4 线、6 线和 9 线。图 1-58 所示为 IEEE1394（火线）接口。

图 1-58 IEEE1394（火线）接口

4. 蓝牙无线技术接口

蓝牙（bluetooth）技术实际上是一种短距离无线通信技术。利用蓝牙技术能够有效地简化掌上电脑、笔记本计算机和移动电话等移动通信终端设备之间的通信，也能够简化这些设备与因特网之间的通信，从而使这些现代通信设备与因特网之间的数据传输变得更加迅速高效，为无线通信拓宽道路。图 1-59 所示为蓝牙联接示意图。

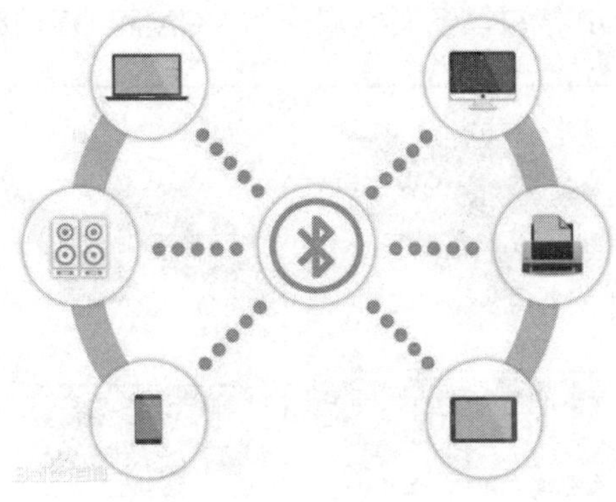

图 1-59 蓝牙联接示意图

蓝牙用于不同设备之间的无线联接，如联接计算机和外设（打印机、键盘和鼠标等），还可以让 PDA（personal digital assistant，个人数字助理）与其附近的 PDA 或计算机进行通信。

蓝牙鼠标是无线鼠标的一种。另外，蓝牙联接的设备还有键盘（一般不提供适配器），有效范围可达 10m 以上。蓝牙无线接口也有多种版本，其传输速率、传输距离和连接设备数量等不同。蓝牙接口既可以接输入设备，也可以接输出设备。随着蓝牙技术的提高，很多声音传输和数据也在使用蓝牙无线方式。图 1-60 所示为常用蓝牙联接设备。

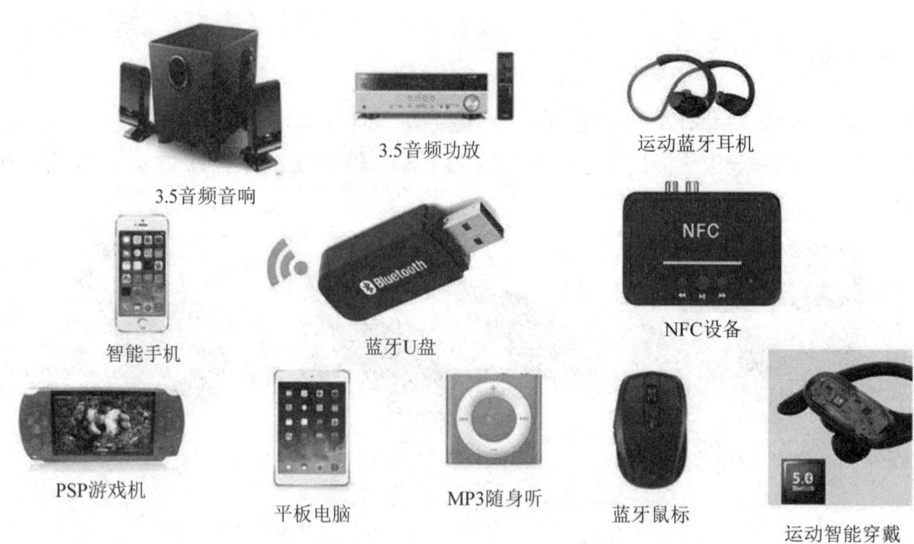

图 1-60　常用蓝牙联接设备

5. 显卡与显示器之间的接口

显卡与显示器的连接线有四种接口，分别为 VGA、DVI、HDMI 和 DP 接口。

四种接口分别如图 1-61～图 1-64 所示，其他常见视频接口如图 1-65 和图 1-66 所示。前面已介绍过 HDMI 和 DP 接口，下面重点介绍 VGA 和 DVI 接口。

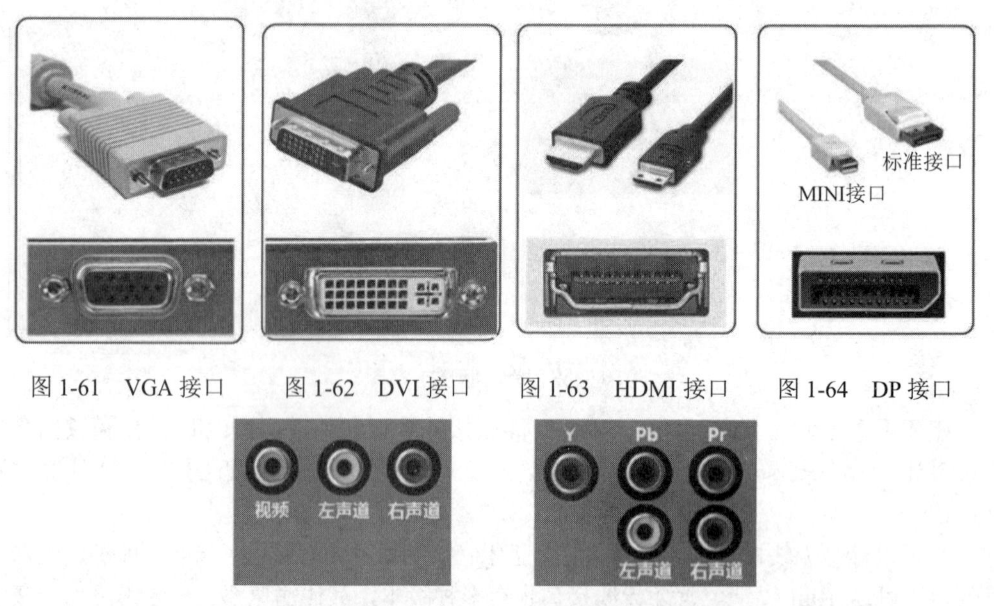

图 1-61　VGA 接口　　图 1-62　DVI 接口　　图 1-63　HDMI 接口　　图 1-64　DP 接口

图 1-65　AV 复合视频接口　　图 1-66　色差分量接口

（1）VGA 接口

VGA（video graphics array，视频图形阵列）是 IBM 于 1987 年提出的一个使用模拟

信号的计算机显示标准。VGA 接口即计算机采用 VGA 标准输出数据的专用接口。VGA 接口共有 15 个孔，分成 3 排，每排 5 个孔，是显卡上应用最为广泛的接口类型，绝大多数显卡带有此种接口。它传输红、绿、蓝模拟信号以及同步信号（水平和垂直信号）。VGA 接口是显示器最常见的模拟信号接口。VGA 输出和传递的是模拟信号，计算机显卡产生的是数字信号，显示器使用的也是数字信号。

（2）DVI 接口

DVI 接口是由 1998 年 9 月在 Intel 开发者论坛上成立的数字显示工作小组（digital display working group，DDWG）发明的一种用于高速传输数字信号的技术，有 DVI-A、DVI-D 和 DVI-I 三种不同类型的接口形式。DVI-D 只有数字接口，DVI-I 有数字接口和模拟接口，应用主要以 DVI-D（24+1）为主。

HDMI 和 DP 接口常用于计算机和显示器的连接、机顶盒和电视的连接等，VGA 和 DVI 接口常用于显示器、电视机和投影机的连接（图 1-67），区别在 VGA 接口传输的是模拟信号，DVI 接口传输的是数字信号，整体的传输带宽不一样。

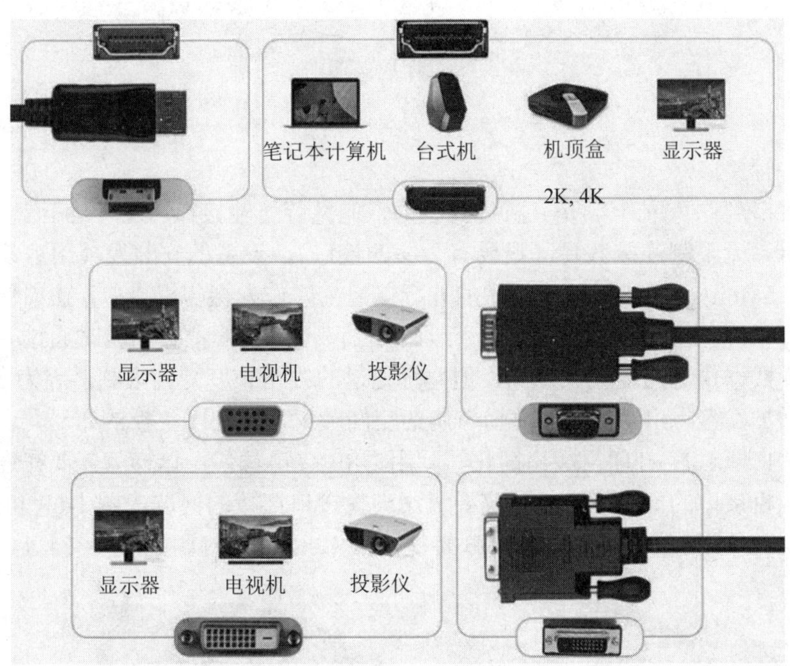

图 1-67　各种常见设备及其连接接口

由于计算机在使用过程中对图像显示效果和质量的要求较高，因此出现了不同的接口标准的设备，如多接口标准的显示器（图 1-68）。

6. 打印输出设备的接口

打印输出设备常用的接口主要有三种。

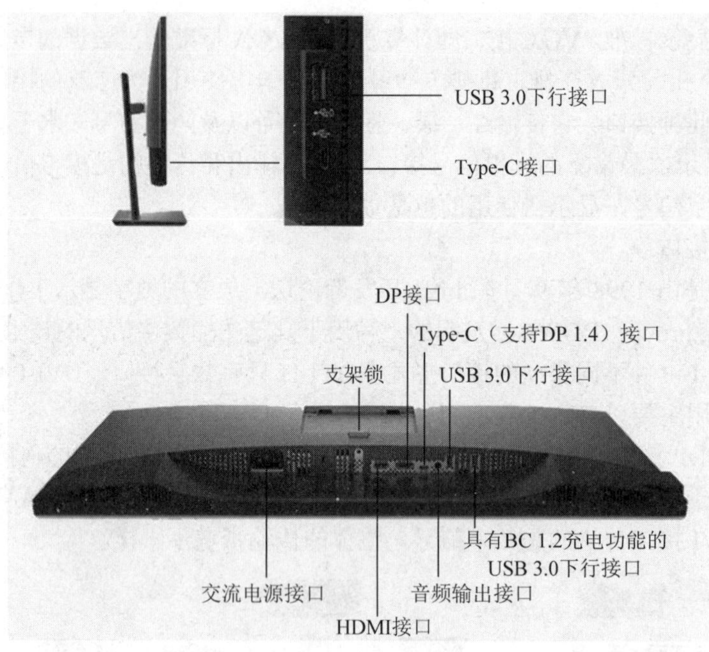

图 1-68　多接口规范的显示器

（1）并行接口

并行接口简称“并口”，是一种增强了的双向并行传输接口。优点是不需要在 PC 中用其他的卡，无限制连接数目（只要有足够的接口），设备的安装及使用容易，最高传输速度为 1.5Mbit/s。目前，计算机中的并行接口主要作为打印机接口，接口使用的不再是 36 针接口，而是 25 针 D 形接口。所谓“并行”，是指 8 位数据同时通过并行线进行传送，这样数据传送速度大大提高，但并行传送的线路长度受到限制，因为长度增加，干扰就会增加，容易出错。由于并口占用的空间较大，不利于主板的布局，现在计算机主板都把并口即 LPT 打印机接口简化了，用 USB 接口替代。这样就需要在连接打印机时考虑打印机接口的问题，也就是需要考虑转换接口连接的问题。图 1-69 和图 1-70 所示分别为 USB 转换 DB25 接口和 USB 转换连接 1284 标准打印机 34 线接口。

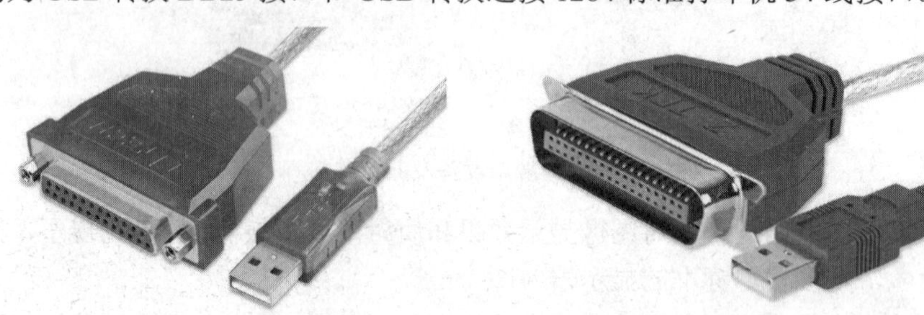

图 1-69　USB 转换 DB25 接口方式　　　　图 1-70　USB 转换连接 1284 接口

（2）USB 接口

USB 接口具有支持热插拔、即插即用的优点，是目前各种设备连接使用的主要接口方式。图 1-71 所示为 USB 2.0 和 USB 3.0 标准打印机连接接口。

（3）串口

串口也称为串行接口，现在的个人计算机一般有两个串口——COM1 和 COM2。串口不同于并口之处在于它的数据和控制信息是一位接一位地传送出去的。虽然这样速度会慢一些，但传送距离较并口更长，因此当要进行较长距离的通信时，应使用串口。通常 COM1 使用的是 9 针 D 形连接器，也称为 RS-232 接口，而 COM2 有的使用的是老式的 DB25 针连接器，也称为 RS-422 接口，这种接口目前已经很少使用，但这种接口的优越性是安全稳定、传输要求限制比较低，这种串行通信接口的方式在单片机当中还在广泛应用，但大都需要通过 USB 转换接口电路来实现。图 1-72 所示为 USB 转 COM 接口连接。

图 1-71　USB 2.0 和 USB 3.0 标准打印机连接接口

图 1-72　USB 转 COM 接口连接

7. 计算机硬盘常用的接口

个人计算机常用的硬盘接口方式有 PATA（并行 IDE 接口），主要是在老式计算机上使用，现在基本被淘汰；现在的计算机通常使用 SATA（串行 IDE 接口）方式。图 1-73 所示为 PATA 并行接口和 SATA 串行接口。具体内容参见 2.3.1 节有关 IDE 和 SATA 的介绍。

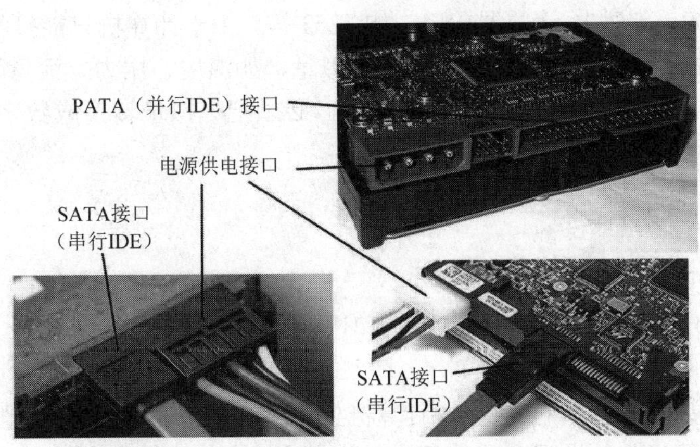

图 1-73　PATA 并行接口和 SATA 串行接口

服务器常用的硬盘接口有 SCSI（small computer system interface，小型计算机系统接口）和 FC（fiber channel，光纤通道）接口。FC 硬盘是指采用 FC-AL（fiber channel arbitrated loop，光纤通道仲裁环）接口模式的磁盘，FC 接口采用 40 针的信号线。图 1-74 和图 1-75 所示分别为 SCSI 接口和 FC 接口。

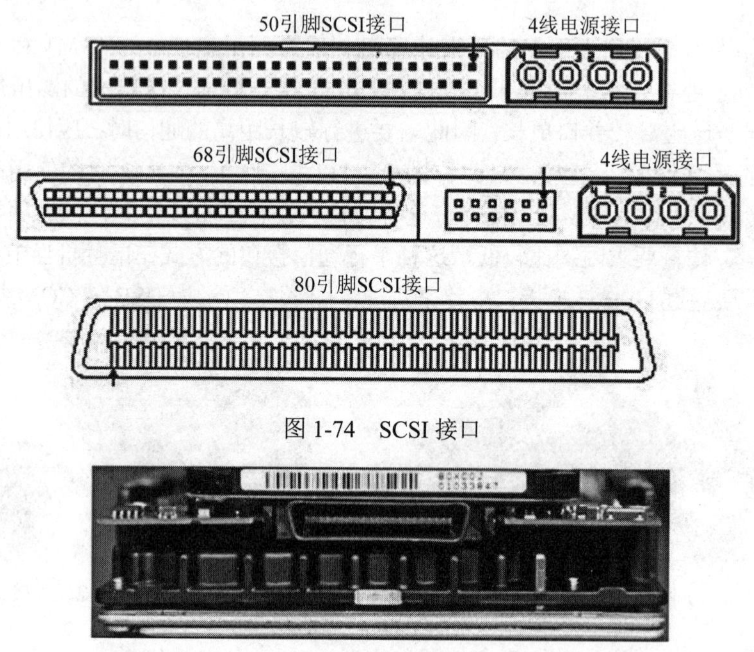

图 1-74　SCSI 接口

图 1-75　FC 接口

1.5.2　I/O 接口技术

工业控制机中常用的接口如下：并行接口，如 8155 和 8255；串行接口，如 8251；直接数据传送 DMA（direct memory access，直接存储器访问）接口，如 8237；中断控制接口，如 8259；定时器/计数器接口，如 8253 等。由于计算机只能接收数字信号，而一般的连续化生产过程的被测参数大都为模拟量，如温度、压力、流量、液位、速度、电压和电流等，因此，为了实现计算机控制，必须把模拟量转换成数字量，即进行模/数转换。

1. I/O 接口的基本功能

- 进行接口地址译码设备选择。
- 向 CPU 提供 I/O 设备的状态信息和进行命令译码。
- 进行定时和相应时序控制。
- 为传送数据提供缓冲，以消除计算机与外设在“定时”或数据处理速度上的差异。
- 提供计算机与外设间有关信息格式的相容性变换，提供有关电气的适配。
- 以中断方式实现 CPU 与外设之间信息的交换。

2. I/O 接口组成

I/O 接口包括硬件电路和软件编程两部分。硬件电路包括基本逻辑电路、接口译码电路和供选电路等。软件编程包括初始化程序段、传送方式处理程序段、主控程序段、终止与退出程序段和辅助程序段等。

3. I/O 接口分类

按照电路和设备的复杂程度，I/O 接口的硬件主要分为两大类：①I/O 接口芯片，接口芯片都是集成电路，通过 CPU 输入不同的命令和参数，并控制相关的 I/O 电路和简单的外设作相应的操作，常见的接口芯片有定时/计数器、中断控制器、DMA 控制器、并行接口等；②I/O 接口控制卡，由若干个集成电路按一定的逻辑组成为一个部件，或者直接与 CPU 同在主板上，或是一个插件插在系统总线插槽上。

I/O 接口按照连接对象可以分为串行接口、并行接口、键盘接口和磁盘接口等。

4. 接口数据交换的匹配处理方法

由于计算机的外设品种繁多，几乎都采用了机电传动设备，因此，CPU 在与 I/O 设备进行数据交换时存在以下问题：①速度不匹配，I/O 设备的工作速度要比 CPU 慢许多，而且由于种类的不同，它们之间的速度差异也很大，如硬盘的传输速度要比打印机快很多；②时序不匹配，各个 I/O 设备都有自己的定时控制电路，以自己的速度传输数据，无法与 CPU 的时序相统一；③信息格式不匹配，不同的 I/O 设备存储和处理信息的格式不同，可以分为串行和并行，也可以分为二进制格式、ACSII 编码和 BCD 编码等；④信息类型不匹配，不同 I/O 设备采用的信号类型不同，有些是数字信号，有些是模拟信号，因此所采用的处理方式也不同。

基于以上原因，CPU 与外设之间的数据交换必须通过接口来完成，通常接口有以下功能：设置数据的寄存、缓冲逻辑，以适应 CPU 与外设之间的速度差异，接口通常由一些寄存器或 RAM 芯片组成，如果芯片足够大还可以实现批量数据的传输；能够进行信息格式的转换，如串行和并行的转换；能够协调 CPU 和外设两者在信息的类型和电平上的差异，如电平转换驱动器、数/模或模/数转换器等；协调时序差异；地址译码和设备选择功能；设置中断和 DMA 控制逻辑，以保证在中断和 DMA 允许的情况下产生中断和 DMA 请求信号，并在接收到中断和 DMA 应答之后完成中断处理和 DMA 传输。

5. 控制方式

CPU 通过接口对外设进行控制的方式有以下几种：程序查询方式、中断处理方式、DMA 传送方式。

第 2 章　计算机外部设备及计算机选购

计算机外部设备是计算机硬件系统中必不可少的组成部分。随着计算机技术的发展与普及，外部设备的种类越来越多，功能越来越强，所占的比重也越来越大。计算机外部设备通常有两种理解，广义的理解倾向于逻辑分解，即除了 CPU、内存和 I/O 接口外的硬件设备都是外部设备，如硬盘、CD-ROM 等。狭义的理解倾向于物理外观，即指装入机箱内的部件以外的硬件设备，如键盘、鼠标、显示器等。计算机常用外部设备按其功能可分为输入设备、输出设备、存储设备和网络通信设备四大类。

通过本章的学习和实践操作，读者可以熟悉常用计算机外部设备，掌握计算机选购的原则。

2.1　输 入 设 备

输入设备用来完成程序和数据的输入以及负责信号的采集和转换。输入设备是实现人机交互的主要手段，常用的有键盘、鼠标、扫描仪、数字采集设备、声音采集设备和光学标记（字符）阅读机等。

2.1.1　键盘

1）机械键盘，具有工艺简单、噪声大、易维护、打字时节奏感强、长期使用手感不会改变等特点。

2）薄膜键盘，按键时噪声较低，每个按键下面的弹性硅胶可做防水处理，因此又称无声防水键盘。薄膜键盘具有无机械磨损、价格低和噪声低等特点，在市场上占有相当大的份额。

3）导电橡胶式键盘，这种类型的键盘是市场由机械键盘向薄膜键盘过渡时的产品。

4）无接点静电电容键盘，这种键盘的特点是无磨损并且密封性较好，但市场较少见且价格昂贵。

不管选择哪种键盘，都要注意键盘的不同特点，在选择时如果没有特殊要求，一般以够用和好用为原则。图 2-1 所示为常见的几种键盘结构。

2.1.2　鼠标

1）机械鼠标，主要由滚球、滚柱和光栅信号传感器组成。

2）光电鼠标，这种鼠标用光电传感器取代传统的滚球，通过红外线或激光检测鼠标器的位移，将位移信号转换为电脉冲信号，再通过程序的处理和转换来控制屏幕上的光标箭头的移动。

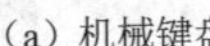

（a）机械键盘　（b）薄膜键盘　（c）导电橡胶式键盘　（d）无接点静电电容键盘

图 2-1　常见的几种键盘结构

3）无线鼠标，利用无线技术把鼠标在 X 轴或 Y 轴上的移动、按键按下或抬起的信息转换成无线信号并发送给主机。

当前常用的鼠标有无线鼠标和光电鼠标。图 2-2 所示为常见的几种鼠标结构。

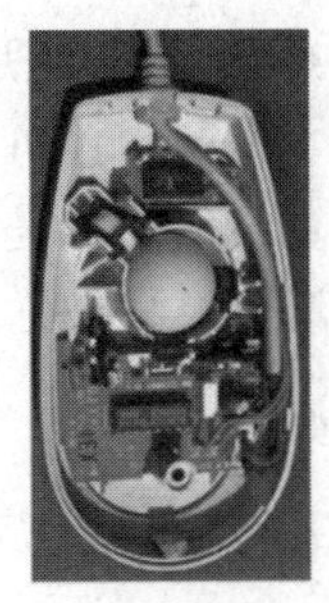

（a）机械鼠标　（b）光电鼠标　（c）无线鼠标

图 2-2　常见的几种鼠标结构

2.1.3　扫描仪

扫描仪是一种光、机、电一体化的高科技产品。自 20 世纪 80 年代诞生到现在，经历了黑白扫描、彩色三次扫描和彩色一次扫描三个阶段。如今，扫描仪已被广泛应用于图像处理等专业领域。随着多媒体计算机的普及，扫描仪也进入了家庭。

1. 手持扫描仪

手持扫描仪能在 1s 内完成文本文档的拍摄，可以将扫描的图片通过光学字符识别（optical character recognition，OCR）软件快速转换成可编辑的文档，从而大大提高工作效率。它还能进行拍照、录像、复印、网络无纸传真等操作，让办公更轻松、更快捷、更环保。手持扫描仪主要应用在以下领域。①金融机构：扫描与存储各种业务表格、单据、客户档案资料等。②教育行业：扫描与存储教辅资料、考试试卷等纸质文件。③广告、工程设计公司：扫描广告海报、宣传画册、传单和各类大幅面工程图纸，电子存储。④医疗机构：扫描和保存患者的病历、化验单、CT 片、X 光片等。⑤政府机构：扫描与存储各类政府办公文件，建立政府办公信息库。手持扫描仪还可用于一般企业各部门日常文件的扫描存储，推动企业无纸化办公，节省办公成本，提高办公效率。图 2-3 所示为各种手持扫描仪。

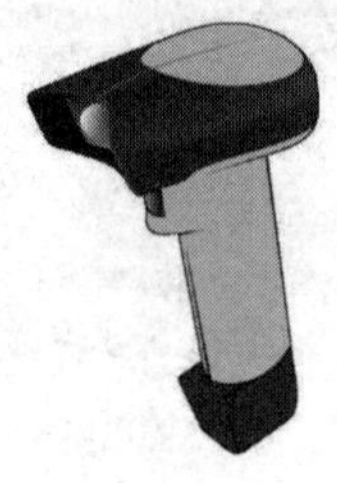
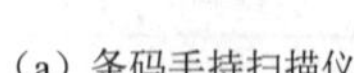

（a）条码手持扫描仪

（b）穿戴式指环扫描枪

（c）Kenmantek 手持扫描枪

（d）激光条形码扫描仪

图 2-3　各种手持扫描仪

2. 鼓式扫描仪

鼓式扫描仪也叫滚筒式扫描仪（rotating drum image scanner），它是一种精密的扫描仪器，一直是高精密度彩色印刷的最佳选择，常被称为“电子分色机”。它的工作过程是将正片或原稿用电子分色机扫描存入计算机。存入计算机的文件是以 C、M、Y、K 或 R、G、B 的形式记录正片或原稿的色彩信息的，所以这个过程被称为“分色”或“电分”（电子分色）。图 2-4 所示为鼓式扫描仪。

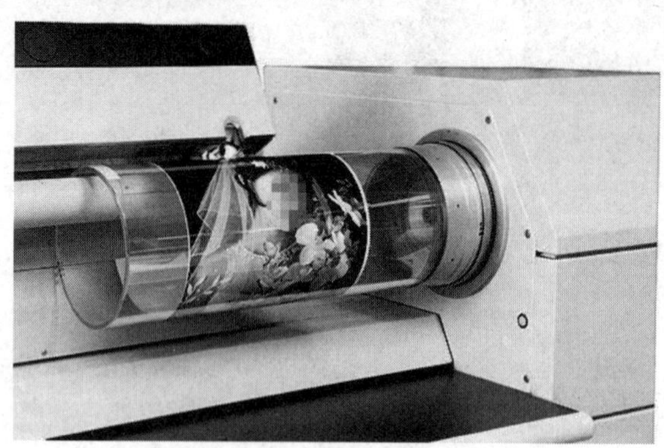

图 2-4　鼓式扫描仪

3. 笔式扫描仪

笔式扫描仪又称扫描笔或微型扫描仪。2002 年，3R 系统公司推出普兰诺 RC800，可以扫描 A4 幅度大小的纸张，分辨率最高可达 400dpi，是贴着纸张拖动扫描的；到了 2009 年 10 月，3R 推出第三代笔式扫描仪——艾尼提 HSA600（图 2-5）。它不仅可扫描 A4 幅度大小的纸张，而且其扫描分辨率高达 600dpi，并使用 TF 存储卡，可实现即插即用的移动存储功能。使用艾尼提 HSA600 笔式扫描仪可随时扫描、随时读取数据，扫描输出彩色或黑白的 JPG 格式图片；使用时无须安装驱动程序，让扫描操作更便捷和方便，并且配有 OCR 软件，可让扫描文件直接转换成 Word 文件。笔式扫描仪的出现给人们的工作和服务带来了很大的方便和快捷。

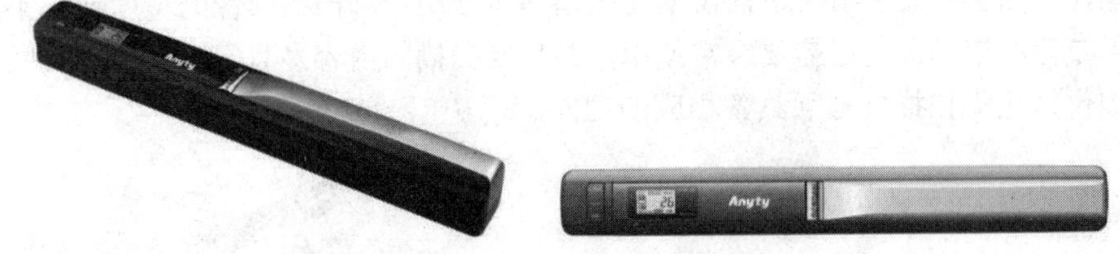

图 2-5　艾尼提 HSA600

4. 3D 扫描仪

3D 扫描仪也叫三维立体扫描仪或三维扫描仪。三维立体扫描的实质是测量实物表面的三维坐标点，得到的大量坐标点的集合称为点云（point cloud）。

3D 扫描仪按照其原理分为两类，一类是激光式，一类是照相式，两者都是非接触式。也就是说，在扫描的时候，这两类扫描仪均不需要与被测物体接触。

激光式扫描仪属于较早的产品，由扫描仪发出一束激光光带，光带照射到被测物体上并在被测物体上移动时，可以采集出物体的实际形状。激光式扫描仪一般要配备关节臂。

照相式扫描仪主要用于工业产品领域，与传统的激光扫描仪和三维坐标测量系统比较，其测量速度提高了数十倍。由于它有效地控制了整合误差，整体测量精度大大提高。照相式扫描仪采用可见光将特定的光栅条纹投影到测量工作表面，借助两个高分辨率的数字照相机对光栅干涉条纹进行拍照，利用光学拍照定位技术和光栅测量原理，在极短时间内获得复杂工作表面的完整点云。照相式扫描仪独特的流动式设计和不同视角点云的自动拼合技术使扫描不需要借助机床的驱动，扫描范围大，使扫描大型工件变得高效、轻松和容易。照相式扫描仪可用于汽车制造业中的产品开发、逆向工程、快速成型、质量控制等方面，甚至可实现直接加工。图 2-6 所示为常见的三维扫描仪及其工作场景。

(a) 手持式三维扫描仪　(b) 定位三维扫描仪

(c) 三维立体扫描仪工作场景

图 2-6　常见的三维扫描仪及其工作场景

5. 家用级扫描仪和专业级扫描仪

根据不同的使用场景、使用人员和使用的频率，扫描仪可分为家用级扫描仪和专业级扫描仪（图 2-7）。家用级扫描仪主要是指偶尔使用、对扫描影像的精度要求不高的扫描仪。专业级扫描仪是指需要经常使用，并且要扫描的内容多且复杂、使用时间也较长的扫描仪，这类扫描仪必须具备相应的功能。

（a）家用级扫描仪　　（b）专用级扫描仪

图 2-7　家用级扫描仪和专业级扫描仪

2.1.4 数字采集设备

1. 数字照相机

数字照相机最早是由美国航天中心研制的，用于探测卫星拍摄。数字照相机与传统照相机的主要不同之处在于拍摄景物的感光介质不同。传统照相机使用的是感光胶片，而数字照相机使用的是光敏器件介质。

图 2-8　数字照相机

用数字照相机拍摄的照片是以数字形式记录的，可以在计算机中进行加工处理，也可以通过打印机打印出来，还可以传到互联网上，与他人共享。图 2-8 所示为数字照相机。

数字照相机使用的感光介质是一种能把光信号转变为电信号的传感器。按其传感器的种类，数字照相机可分为 CCD（charge coupled device，电荷耦合器件）和 CMOS 两类。其中 CCD 数字照相机又可分为面阵型 CCD 数字照相机和线性 CCD 数字照相机。

2. 视频输入设备

随着多媒体视频技术的进一步发展，在多媒体市场上出现了多种视频输入设备。常用的视频输入设备有视频叠加卡、视频捕获卡、MPEG 卡和 TV Tuner 卡等。这些设备通常在一些专用领域使用，如用于影视制作、视频编辑等。

（1）视频叠加卡

视频叠加卡的功能是将标准视频信号与 VGA 信号叠加，并将其显示于微型计算机的显示屏上，多用于影视节目制作或现场直播，尤其多应用于字幕处理。

（2）视频捕获卡

视频捕获卡的主要功能是捕获电视、录像机、VCD 等设备的视频图像，并将其以文件的形式存储，以便后期编辑。图 2-9 所示为视频捕获卡及其配件。

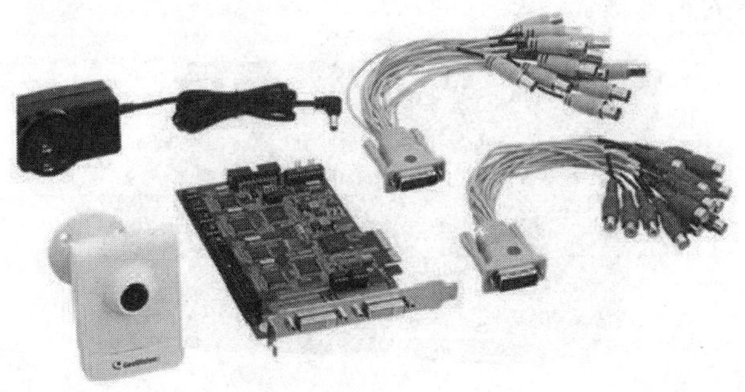

图 2-9　视频捕获卡及其配件

（3）MPEG 卡

MPEG 卡也叫“视频压缩卡”，其主要功能是对捕获的视频图像进行压缩。MPEG 卡的出现主要是为了弥补当时 486 CPU 计算能力的不足，从而利用 MPEG 卡的计算能力强化视频处理。通常将视频捕获卡和视频压缩卡融为一体，使捕获和压缩一次完成。图 2-10 所示为视频输入 MPEG 卡。

（4）TV Tuner 卡

TV Tuner 卡专门用于接收电视信号，其核心是一个与电视机或录像机功能类似的高频头，起到选台的作用。TV Tuner 卡与视频叠加卡相结合后就可以在计算机显示屏上观看丰富多彩的电视节目。高档的 TV Tuner 卡还能将选定的内容进行压缩存盘，形成视频文件。图 2-11 所示为 TV Tuner 卡。

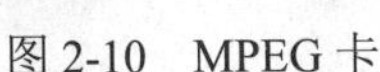

图 2-10　MPEG 卡

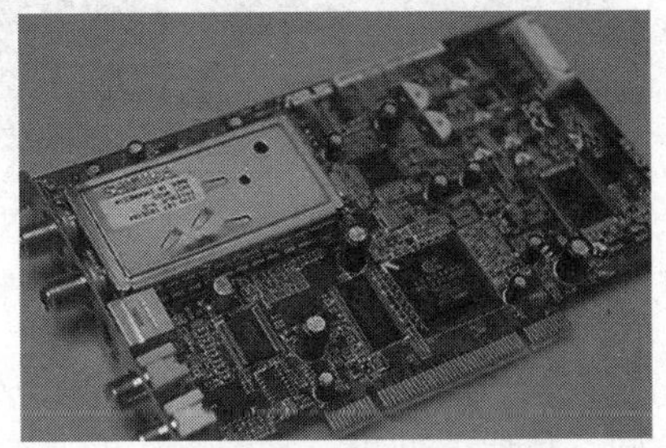

图 2-11　TV Tuner 卡

3. 手写板

手写绘图输入设备对计算机来说是一种输入设备，最常见的是手写板，其作用和键盘类似。手写板在日常使用中，除用于文字、符号、图形等输入外，还可提供光标定位功能，因此可以同时替代键盘与鼠标，成为一种独立的输入工具。从单纯的技术上讲，手写板主要分为电阻压力板、电容板以及电磁压感板等。其中，电阻压力板技术最为古老；电容板由于手写笔无须电源供给，多应用于便携式产品；电磁压感板目前已经被市场所认可，应用最为广泛。从笔的设计上讲，手写板又分为压感和无压感两种类型。有压感的手写板可以感应到手写笔在手写板上的力度，从而产生粗细不同的笔画，这一技术成果被广泛地应用在美术绘画和银行签名等专业领域，成为这些领域不可缺少的工具之一。图 2-12 所示为手写板。

图 2-12　手写板

2.1.5　数字摄像设备

1. 数字摄像头

数字摄像头又称网络摄像机，是随着互联网的发展而诞生的一种新型网络视频通信设备。它集灵活性、实用性和扩展性于一身，用于网上实时传送影像，在网络视频电话和视频电子邮件中实现实时影像捕捉。数字摄像头如图 2-13 所示。

（a）USB 数字摄像头

（b）摄像头模组

（c）摄像头室内半球

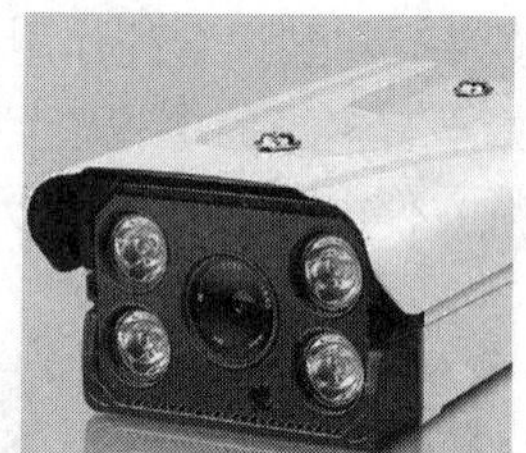

（d）高清红外室外监控摄像头

图 2-13　数字摄像头

镜头是数字摄像头的重要组成部分，而摄像器件又是镜头的心脏。根据感光元件不同，摄像器件可分为 CCD 和 CMOS 两大类。

数字摄像头的视频捕获能力是用户最关心的性能指标之一。目前，数字摄像头的视频捕获都是通过软件来实现的，因而对计算机的配置要求较高。

数字摄像头的连接方式通常有以下几种：AV 接口方式、接口卡方式（IEEE1394 火线）、网口方式和 USB 接口方式。现在的连接方式基本上是 USB 接口方式和网口方式。

2. 数字摄像机

数字摄像机不仅可以记录活动图像，还能拍摄静止图像，并将数字图像直接输入计算机进行编辑处理，从而使其应用领域大大拓展。数字摄像机如图 2-14 所示。

图 2-14 数字摄像机

2.1.6 声音采集设备

声音采集设备属于语音输入装置，包括连接的声音采集装置、第一隔直耦合电路、信号滤波电路、第二隔直耦合电路、晶体管转换电路以及音频编解码器。声音采集装置用于将采集到的声音信号转换为电信号。第一隔直耦合电路用于对该电信号进行隔直滤波。信号滤波电路用于滤除该电信号中的高次谐波等杂波。第二隔直耦合电路用于进一步对电信号进行隔直滤波。晶体管转换电路包括输入端、第一输出端以及第二输出端，在输入端接收该滤波后的电信号后，第一输出端输出与输入端同相位的电信号，第二输出端输出与输入端反相位的电信号，使输入的该音频编解码器电信号为相位相反且幅度一致的差分信号，从而提高输入至该音频编解码器的信号的信噪比以及灵敏度。

采用语音输入代替按键输入可使计算机输入操作大大简化。在计算机上所使用的语音输入设备通常由声卡输入部分和采集设备话筒部分构成。图 2-15 所示为拾音器话筒原理。

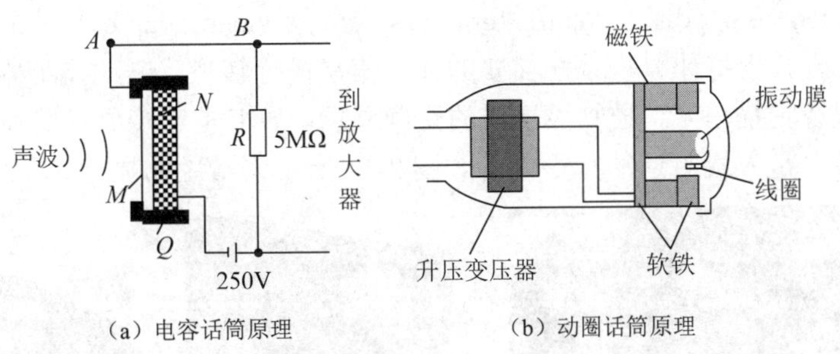

图 2-15 拾音器话筒原理

2.1.7 光学标记阅读器

光学标记阅读器是一种用光电转换原理读取纸上标记的输入设备。首先将信息卡上信息点的光信号转换为电信号，再经过模/数（A/D）转换，把电信号（模拟信号）转换为数字信号，再利用数字滤波、格式预制、对比筛选等一系列技术，完成由涂点到符号的转化，同时完成计算机对数据的录入的需求。常用的光学标记阅读器有条码读入器和计算机自动阅卷记分的输入设备等。图 2-16 所示为光学标记阅卷机。

图 2-16　光学标记阅卷机

2.2 输出设备

计算机输出设备的作用是将计算机处理得到的信息转换成符合输出要求的格式，然后输出到指定的各种设备并展示出来。常用的输出设备有显卡和显示器、投影仪、打印机、绘图仪和喷绘机等。

2.2.1 显卡

1. 显卡概述

显卡（video card、display card、graphics card 或 video adapter）是个人计算机硬件组成的重要部件，它将计算机系统需要的显示信息进行转换，驱动显示器，并向显示器提供逐行或隔行扫描信号，控制显示器的正确显示。显卡是连接显示器和个人计算机主板的重要组件，是人机对话的重要设备。图 2-17 所示为常用的显卡。

（a）N 卡 RTX2070

（b）A 卡 Radeon RX 6700 XT 显卡

图 2-17　常用的显卡

显卡承担输出显示图形的任务，对喜欢玩游戏和从事专业图形设计的人来说，显卡非常重要。主流显卡的显示芯片主要由 NVIDIA（英伟达）和 AMD 两大厂商制造，通常将采用 NVIDIA 显示芯片的显卡称为 N 卡，将采用 AMD 显示芯片的显卡称为 A 卡。

通常计算机都包含显卡。由于用途不同，有些计算机只需要能够显示相关的数据信息，可以用一些低端显卡，如集成显卡、普通显卡。但有些中高端用户，由于要完成大量图形、2D 或 3D 数据的处理，这时就必须使用独立显卡，并且这些独立显卡的运算能力必须足够强。因此在科学计算中，显卡通常被称为显示加速卡。

显卡的主要芯片叫显示芯片（video chipset），是显卡的主要处理单元，因此又称图形处理器（graphic processing unit，GPU）。GPU 是 NVIDIA 公司在发布 GeForce 256 图形处理芯片时首先提出的概念。尤其是在处理 3D 图形时，GPU 使显卡在数据处理方面减少了对 CPU 的依赖，并完成部分原本属于 CPU 的工作。GPU 所采用的核心技术有硬件 T&L（transforming and lighting，几何转换和光照处理）、立方环境材质贴图和顶点混合、纹理压缩和凹凸映射贴图、双重纹理四像素 256 位渲染引擎等，而硬件 T&L 技术水平可以说是 GPU 的标志。

显卡所支持的各种 3D 特效由显示芯片的性能决定，采用什么样的显示芯片大致决定了这块显卡的档次和基本性能，如 NVIDIA 的 GT 系列和 AMD 的 HD 系列。

显卡是插在主板上的扩展插槽里的（一般是 PCI-E 插槽，此前还有 AGP、PCI、ISA 等插槽）。它主要负责把主机向显示器发出的显示信号转换为一般电气信号，使得显示器能明白计算机在让它做什么。显卡主要由显卡主板、显示芯片、显示存储器、散热器（散热片、风扇）等部分组成。显卡上也有和计算机存储器相似的存储器，称为“显示存储器”，简称显存。显卡的性能指标主要有显卡频率、显示存储器等。

2. 显卡的种类

（1）集成显卡

集成显卡是将显示芯片、显存及其相关电路都集成在主板上，与主板融为一体的元件。有的集成显卡有单独的显示芯片，但大部分集成在主板的北桥芯片中。一些主板集成的显卡也在主板上安装显存，但其容量较小。集成显卡的显示效果与处理性能相对较弱，不能对显卡进行硬件升级，但可以通过 CMOS 调节工作的频率，也可以写入新 BIOS 文件通过软件升级来挖掘显示芯片的潜能。集成显卡的优点是功耗低、发热量小，部分集成显卡的性能已经可以媲美入门级的独立显卡。

（2）独立显卡

独立显卡是指将显示芯片、显存及其相关电路单独做在一块电路板上，自成一体而作为一块独立的板卡存在，它需要占用主板的扩展插槽（现在主要使用 PCI-E×16 的显卡扩展接口）。独立显卡的优点是单独安装，有显存，一般不占用系统内存，在技术上也较集成显卡先进得多，性能也优于集成显卡，容易进行显卡的硬件升级。独立显卡的缺点是系统功耗较大，发热量也较大，而且占用更多空间（特别是对笔记本计算机而言）。由于显卡的性能不同，对显卡的要求也不一样。独立显卡分为两类：一类是专门为游戏设计的娱乐显卡，一类是用于绘图和 3D 渲染的专业显卡。

（3）核芯显卡

核芯显卡简单来说就是处理器内置的集成显卡，它相当于把 CPU 集成到处理器内部。处理器架构这种设计上的整合能大大缩减处理核心、图形核心、内存及内存控制器间的数据周转时间，有效提升处理效能并大幅降低芯片整体功耗，有助于缩小核心组件的尺寸，为笔记本计算机、一体机等产品的设计提供了更大选择空间。

需要注意的是，核芯显卡和传统意义上的集成显卡并不相同。

2.2.2 显示器

显示器属于输出设备，它是将电子文件通过特定的传输设备显示到屏幕上再反射到人眼的显示工具。显示器的一个重要指标就是分辨率。分辨率是指构成图像的像素和，即屏幕包含的像素多少。它一般表示为水平分辨率（一个扫描行中像素的数目）和垂直分辨率（扫描行的数目）的乘积。例如，1920×1080 表示水平方向包含 1920 像素，垂直方向包含 1080 像素，屏幕总像素的个数是它们的乘积。分辨率越高，画面包含的像素数就越多，图像也就越细腻清晰。显示器可以分为 CRT、LCD、LED 和 3D 等多种类型。

1. CRT 显示器

CRT 显示器是一种使用阴极射线管（cathode ray tube）的显示器。它主要由五部分组成：电子枪、偏转线圈、荫罩、荧光粉层及玻璃外壳。CRT 显示器虽然具有可视角度大、无坏点、色彩还原度高、色度均匀、可转换的多分辨率模式、响应时间极短等优点，但目前已经退出市场，原因就是体积大、占空间。图 2-18 所示为 CRT 显示器。

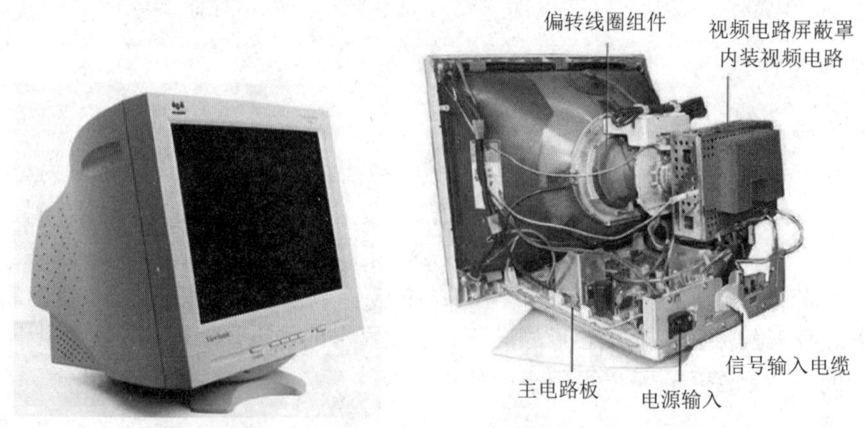

图 2-18 CRT 显示器

2. LCD 显示器

LCD 显示器（图 2-19）即液晶显示器（liquid crystal display），它的优点是机身薄、占地小和辐射小。LCD 显示器内部有很多液晶粒子，它们有规律地排列成一定的形状，并且每一面的颜色都不同，分为红色、绿色和蓝色（三原色），能还原成任意的其他颜色。当显示器收到显示数据时，会控制每个液晶粒子转动到不同颜色的面，从而组合成不同的颜色和图像。也因为这样，LCD 显示器的缺点包括色彩不够丰富和可视角度不大等。

图 2-19　LCD 显示器

3. LED 显示器

LED 显示器（图 2-20）是一种通过控制半导体发光二极管（light emitting diode）的显示方式来显示文字、图形、图像、动画的显示器。

LED 的技术进步是扩大市场需求及应用的最大推动力。最初，LED 只是作为微型指示灯，在计算机、音响和录像机等设备中应用。随着大规模集成电路和计算机技术的不断进步，LED 显示器迅速崛起。

图 2-20　LED 显示器

LED 显示器集微电子技术、计算机技术、信息处理技术于一体，具有色彩鲜艳、动态范围广、亮度高、寿命长、工作稳定可靠等优点。目前，LED 显示器已广泛应用于大型广场、体育场馆、证券交易大厅等场所，可以满足不同环境的需要。

4. 3D 显示器

3D 显示器（图 2-21）能为用户带来更具冲击感的视觉体验。日本、欧美、韩国等发达国家和地区早在 20 世纪 80 年代就纷纷涉足立体显示技术的研发，于 90 年代开始陆续取得不同程度的研究成果，现已开发出需佩戴立体眼镜和不需要佩戴立体眼镜的两大立体显示技术体系。

图 2-21 3D 显示器

2.2.3 投影仪

投影仪又称投影机，是一种可以将图像或视频投射到幕布上的设备。它可以通过不同的接口连接到计算机、VCD、DVD、蓝光光碟（blu-ray disc，BD）、游戏机和数字摄像机等，现在手机也可以通过网络或其他的连接方式与投影仪相连，播放相应的视频信号。

投影仪广泛应用于家庭、办公室、学校和娱乐场所，根据工作方式不同，有 CRT、LCD、DLP（digital light processing，数字光处理）等不同类型。

2.2.4 打印机

打印机是一种机电一体化的高技术产品，通常根据其技术分为针式打印机、喷墨打印机、激光打印机和 3D 打印机。

1. 针式打印机

针式打印机在打印机历史上曾经占有重要地位，从 7 针发展到 24 针，发挥了巨大的作用。

针式打印机之所以一直有市场与它相对低廉的价格、极低的打印成本和较好的易用性是分不开的。当然，它很低的分辨率、很大的工作噪声、较差的打印质量，也是它无法适应高质量、高速度打印需要的根本所在，所以现在只有在银行、超市、学校等打印票据或蜡纸的地方还可以看到它的踪迹。曾经在国内流行的针式打印机有几十种，其中 EPSON 公司的 24 针 LQ-1600K 打印机最为普遍，现在常用的有票据打印机，如图 2-22 所示。

（a）LQ-1600K 打印机

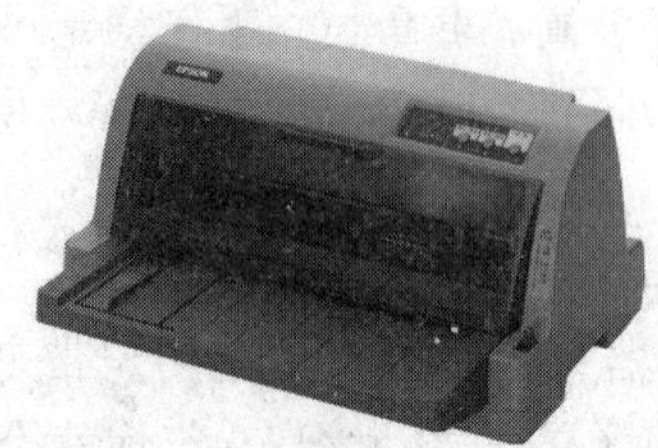

（b）票据打印机

图 2-22 LQ-1600K 打印机和票据打印机

2. 喷墨打印机

喷墨打印机（图 2-23）具有体积小、速度较快、噪声较低、打印质量较高等优点，此外具有更为灵活的纸张处理能力，既可以打印信封、信纸等普通介质，还可以打印各种胶片、照片纸、卷纸等特殊介质。在国内打印机市场上，佳能和惠普系列喷墨打印机曾占据主导地位。

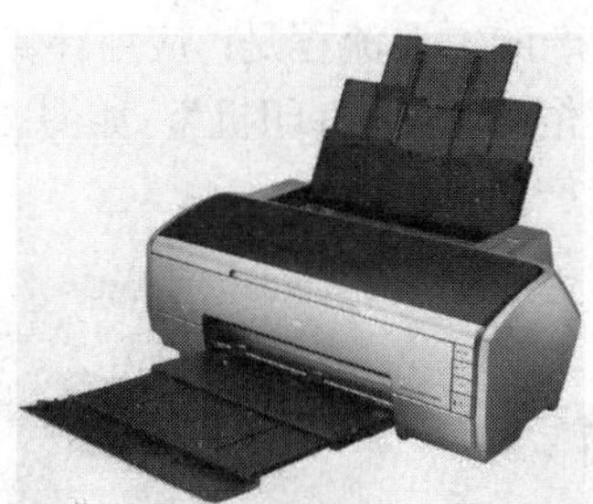

（a）喷墨打印机

（b）办公喷墨扫描打印传真一体机

图 2-23 喷墨打印机

喷墨打印机虽然有诸多优点，但在打印速度方面与激光打印机相比要慢一些，在彩色输出质量上也逊色很多。目前，在彩色应用领域，喷墨打印机主要定位于以家庭和小型办公用户为主的低价位群体。

3. 激光打印机

激光打印机是激光扫描技术与电子照相技术相结合的高技术产品。与针式打印机和喷墨打印机相比，激光打印机有非常明显的优点：一是分辨率高，激光打印机的打印分辨率一般为 1200dpi、2400dpi 甚至 2800dpi，已达到照相机的水平；二是速度快，激光打印机的打印速度一般为 12～24ppm，有的甚至可以超过 28ppm 或更高；三是色彩真实，激光打印机的色彩还原度比喷墨打印机高出许多；四是噪声低，激光打印机非常适合在安静的办公场所使用；五是数据处理能力强，激光打印机的控制器性能高、内存大，可以进行较复杂的文字、图形和图像处理工作。图 2-24 和图 2-25 分别为激光打印机和办公激光扫描打印传真一体机。

图 2-24 激光打印机

图 2-25 办公激光扫描打印传真一体机

激光打印机性能优良，近些年来呈现出加速发展的趋势，在性能不断提高的同时，价格也大幅下降，基本达到普通用户可以接受的程度，现已占据市场主导地位。目前，激光打印机的主要品牌有惠普、爱普生、佳能、施乐、联想和方正等。

4. 3D 打印机

（1）3D 打印机的技术原理

3D 打印（3D printing）技术是制造业领域正在迅速发展的一项新兴技术，被称为具有工业革命意义的制造技术。运用该技术进行生产的主要流程是：应用计算机软件设计出立体的加工样式，然后通过特定的成型设备（俗称“3D 打印机”，如图 2-26 所示），用液体、粉末、丝状的固体材料逐层“打印”出产品。

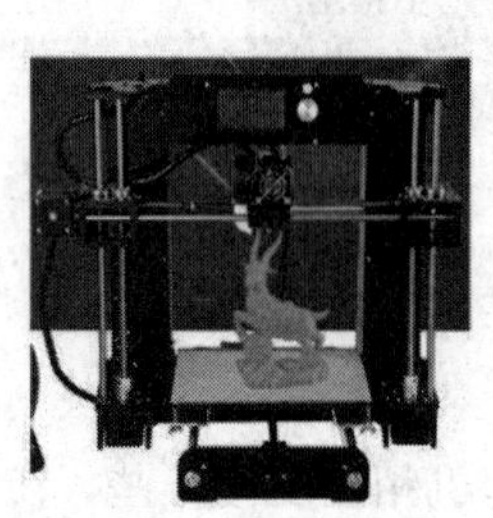

（a）家用桌面极高精度 3D 打印机

（b）商用级单双喷头 3D 立体打印机

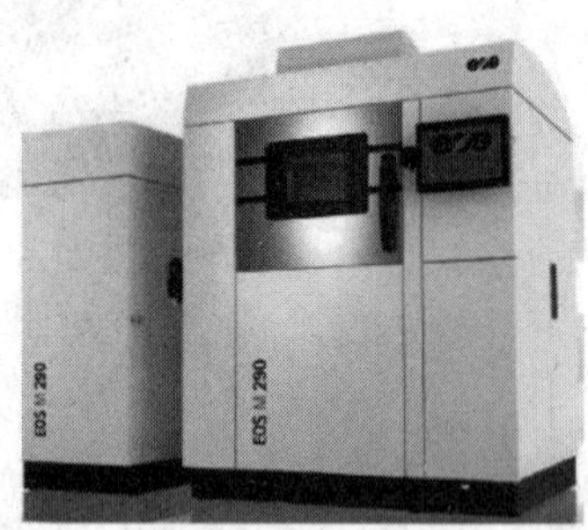

（c）德国 EOS m290 金属 3D 打印机

图 2-26　3D 打印机

3D 打印是“增材制造”（additive manufacturing）的主要实现形式。“增材制造”的理念区别于传统的“去除型制造”。传统的“去除型制造”一般是在原材料基础上，使用切割、磨削、腐蚀、熔融等办法，去除多余部分，得到零部件，再以拼装、焊接等方法组合成最终产品。“增材制造”与之截然不同，无须原坯和模具就能直接根据计算机图形数据，通过叠加材料的方法生成任何形状的物体，从而简化产品的制造程序，缩短产品的研制周期，提高效率并降低成本。

（2）目前常见的 3D 打印技术

目前常见的 3D 打印技术有以下几种。

- 熔丝沉积成形（fused deposition modeling，FDM）技术。
- 立体光刻（stereo lithography apparatus，SLA）技术。
- 分层实体制造（laminated object manufacturing，LOM）技术。
- 三维打印（3D printing）技术。
- 激光选区烧结（selective laser sintering，SLS）技术。

2.2.5 绘图仪

绘图仪是一种比较常用的图形输出设备，它可以在纸上或其他材料上画出图形。绘图仪上一般装有一支或几支不同颜色的绘图笔，绘图笔可以在相对于纸的水平和垂直方向上移动，并根据需要升高或者降低，从而在纸上画出图形。

在实际应用中，凡是用到图形、图表的地方都可以使用绘图仪。在机电工业中，它可用于绘制逻辑图、电路图、布线图、机械工程图、集成电路掩膜图；在航空工业中，它可用于绘制导弹轨迹图、飞机、宇宙飞船、卫星等特殊形状零件的加工图；在建筑工业中，它可用于绘制建筑平面及主体图等。

2.2.6　喷绘机

喷绘机是一种大型打印机系列的产品，没有印刷、写真机的清晰度高，但是现在推出的喷绘机，清晰度已有很大的提高。喷绘机依据使用环境的不同可分为户外广告喷绘机和室内广告喷绘机，它们使用的材料和介质不同。最初国内使用的喷绘机都是进口的，精度较高，但价格很高。随着国内喷绘行业的发展，如今除了主要核心部件是进口外（如喷头），其余部件已基本实现国产化。

1. 喷绘机使用的墨水

喷绘机使用溶剂型墨水或 UV（ultraviolet，紫外线）固化型墨水。溶剂型墨水具有强烈的气味和腐蚀性。在打印的过程中，墨水通过腐蚀而渗入到打印材质的内部，使图像不容易掉色，所以具有防水、防紫外线、防刮等特性。UV 固化型墨水通过紫外光使油墨组分交联而固化，基本无挥发性有机物（volatile organic compound，VOC），且适合多种基材，有较大的发展空间。如今市场上应用的喷绘机长度一般是 3.2m 或 5m，主要应用于广告行业。

2. 常用喷绘机输出使用的材料

由于喷绘机广告的应用场合不同，使用的材料有很多。

常用的户外广告材料属于 A 类的有：户外外光灯布，这类灯布使用在户外大型的喷绘场合，原理是灯光从外面射向灯布，通过光线的漫反射产生图像；户外内光灯布，这类灯布使用在户外招牌灯箱的喷绘场合，原理是灯光从灯箱中直接照射喷绘好的灯布，通过灯光照射灯布的透射产生彩色影像；车身专用贴，这类是专门用于贴在车身上的喷绘介质材料，它的黏性好、抗紫外线，常贴于各种移动的广告设施上，如汽车车厢外部。此外，还有户外绢布、网格布等介质材料。

常用到的室内广告材料属于 B 类的有 PP 胶片、背胶、相纸。

3. 喷绘机应用行业

喷绘机在广告制作行业中起到了很重要的作用，通常使用喷绘机将广告喷绘在不同的介质上，使用在不同的场合。在户外广告中，数字海报是常见的，它的广告宣传作用也是户外广告中非常重要的。数字喷绘机的应用范围很广，不仅应用在广告行业，还应用在其他行业。主要应用行业和领域有：①玻璃行业，替代手工绘画，实现无版、高效、低成本、色彩丰富的即时加工过程；②装饰装修行业，UV 数字喷绘机可以在天花板、防火板、铝塑板、密度板、石材、陶瓷、玻璃等各种装饰材料表面直接喷印所需图案；③标牌行业，数字喷绘机可以在各种硬质标牌材料表面直接喷印图案，替代网印、腐蚀、贴膜等传统标牌工艺；④壁画、装饰画行业，数字喷绘机可以在陶瓷、木制品表面直接喷印图案，替代手工绘画、网印等工艺，产品经后期处理，耐磨、耐水、耐温差、耐辐射指标符合要求；⑤展板制作，平台数字喷绘机可以在雪弗板、有机玻璃等各种广告板材表面直接喷印所需图案，替代写真喷绘加覆膜工艺，且不脱胶、不起泡、低成本、省时高效。

2.3 存储设备

2.3.1 磁存储设备

计算机的操作系统、系统软件、应用软件和很多数据都需要长期保存，这就需要长久保存这些数据的载体。科研人员经过大量的研究试验发现，磁存储系统是一种性价比很好的保存载体。磁存储系统是指用磁性材料做成的磁存储器，包括磁盘存储器（硬盘、软盘）、磁带存储器等。

磁存储器是利用表面磁介质作为记录信息的媒体，以磁介质的两种不同的剩磁状态或剩磁方向变化的规律来表示二进制数字信息的。

磁存储器的读或写工作过程是电、磁信息转换的过程，它们都是通过磁头和运动着的磁介质来实现读或写操作的。记录信号时，一般应先将需要记录的信号用适当的换能装置转变为电信号，再经记录信号电路的放大和处理，传输至记录磁头线圈中，在记录磁头缝隙处产生记录磁化场，使按一定速率在此处经过的记录介质磁化。当记录介质移动的速率恒定时，沿着长度方向的剩余磁化的空间分布就反映了磁头线圈中电流的时间变化，从而完成信号的记录过程。

当记录了信号的记录介质以一定的速率通过重放（读出）磁头缝隙时，由介质表面发出的磁通将被磁头铁芯截留，并在重放磁头线圈两端产生重放电压。这个电压经重放信号电路的放大和处理，传输至换能装置，使信号以一定的形式重放出来，从而完成信号的读取过程。

在记录和重放之间，记录信号有个存储过程。在这个过程中，不允许外加的杂散磁场的强度超过用于记录的磁场的强度。如果通过消抹磁头产生一个大于记录磁场强度的磁场，就可抹除原先记录的信号，使磁层处于退磁状态，记录介质又可准备记录新的信息。消抹磁头线圈中的高频电流来自消抹电路。在有些情况下，当记录磁头和重放磁头为同一磁头时，也可用信息的重写来消抹旧的信息。图 2-27 和图 2-28 所示分别为磁记录和磁记录后重放过程。

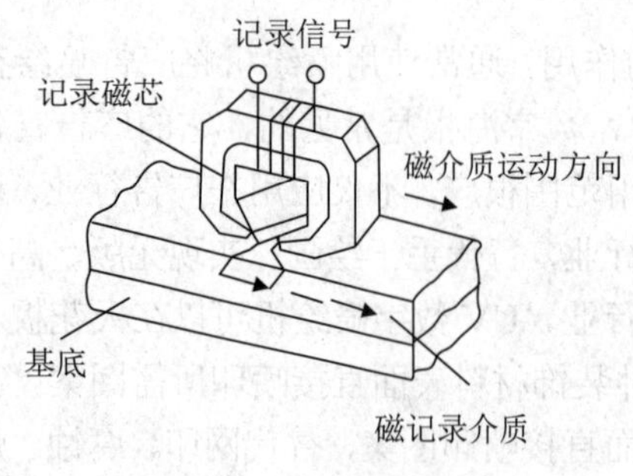

图 2-27 磁记录过程

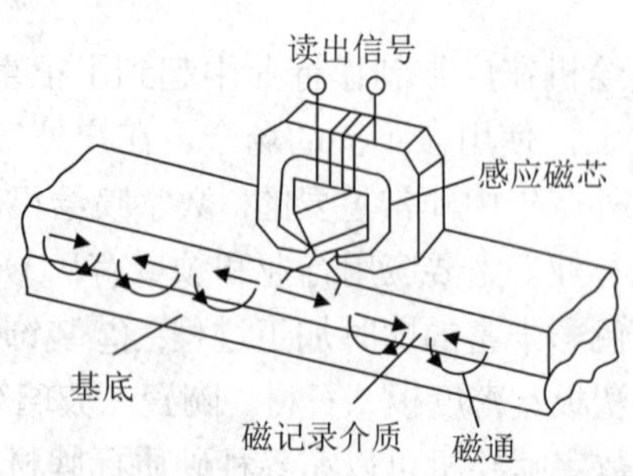

图 2-28 磁记录后重放过程

利用这种技术，技术人员通过技术改造和创新，以及将这些部件整合在一起，设计出现在所使用的机械硬盘。利用磁存储方式，可以将需要保存的数据保存在机械硬盘中。随着技术的发展变化，机械硬盘的存储容量越来越大，都以TB为单位来描述。

1. 磁盘

磁盘是信息的载体，存储信息是将磁盘的每面划分为若干磁道，再将每条磁道划分为若干扇区，每扇区存储 512B。每条磁道由引导部分、扇区部分、结尾部分三部分组成。每个扇区又由标识区、数据区、缓冲区三部分组成。

2. 磁盘容量

无论是软盘还是硬盘，用户最关心的是它的存储容量，而存储容量又是由扇区个数决定的。当知道磁头数H、每面磁道数C、每磁道扇区数S后，某一磁盘的存储容量可由下面的公式计算出来：

磁盘容量=磁头数×每面磁道数×每磁道扇区数×每扇区字节数=H×C×S×512（B）

3. 物理扇区与逻辑扇区

扇区是DOS在磁盘上的最小读写单位。那么，如何定位某个扇区呢？DOS采用两种方式来确定某个扇区的具体位置。

（1）物理扇区

物理扇区也叫绝对扇区，是指某扇区的绝对位置，用绝对地址描述，即对应的磁道号C、磁头号H，以及该磁道中的扇区号S，或者说需要三维坐标C、H、S在圆柱形的空间内定位某个扇区的具体位置。

（2）逻辑扇区

为方便使用者，DOS提供了另一种定位扇区的方法，即按一定逻辑规律，将所有扇区排序编号。操作者只要给出相应的扇区编号L，系统就会自动换算出针对某种磁盘的C、H、S值，再根据此值进行操作。将三维定位数据C、H、S转换为一维定位数据L，是根据一定的逻辑规律进行的，用这种方法定位的扇区称为逻辑扇区，也叫相对扇区。

DOS在管理磁盘时，要根据需要将物理扇区地址换算成逻辑扇区地址，或将逻辑扇区地址换算成物理扇区地址。

4. 数据区

数据区（data area）占磁盘的绝大部分，是各文件数据的具体存放场所。这部分空间以簇为单位，一一对应地与文件分配表 FAT 的每一项建立一种映射关系，某一 FAT 的表项归哪个文件的簇链，说明该文件的数据就存储在对应的簇中。可以说，数据区中的各簇实际上相当于FAT表的放大。

5. 磁盘碎片

磁盘被格式化以后，文件的数据一般被分配在几个连续的簇中，但不断的建立、删除、重新建立等操作会使文件的存储空间支离破碎，数据被分配在零星的簇中。这种将某一磁盘文件分配在一些不连续的零星簇中而产生的存储碎片称为磁盘碎片。由于磁盘碎片的存在，在磁盘系统读写这些扇区时，磁头不得不在这些磁盘碎片之间来回移动，导致移动距离和次数大大增加。如果这种磁盘碎片太多，一方面会明显地降低读写速度，另一方面会增加磁头移动机械装置的磨损程度，减少磁头的使用寿命。

减少磁盘碎片的办法之一是经常进行磁盘碎片的整理，就是采用搬移、调配的办法对各文件原来的磁盘碎片进行整理，最终将它们的数据存放在几个连续簇中，并将所有数据移至数据区的前部，最大限度地减少磁头的移动次数和距离。

6. 硬盘[①]使用步骤

硬盘要经过低级格式化、分区和高级格式化三个步骤才能使用。

（1）硬盘的低级格式化

硬盘生产完毕后，第一件事就是低级格式化。低级格式化的任务是将磁面划分出磁道，再将磁道划分为扇区，在每个扇区建立标识区、数据区和缓冲区，并将每个扇区的物理地址记录在该扇区的标识区中，用无效内容填充数据区。同时，低级格式化还要标记出坏扇区，使它们不再被用来存放数据。通常硬盘在出厂时已由厂商做好低级格式化。

（2）硬盘的分区

硬盘使用的第二步是分区，目的是将大容量的硬盘分为几个部分，使硬盘的使用更加方便、灵活。硬盘的容量日益增加，如果将整个硬盘空间作为一个盘使用，各软件系统都放在一个根目录下，即使建立各级子目录，也会因子目录太多而使管理十分不便。为此，可将整个硬盘分为几个部分，使其形成容量相对小一些的、各自独立的、逻辑上的磁盘。即将实际上的一个硬盘，用软件管理的方法设置成几个磁盘，如将 500GB 的硬盘分为 100GB、100GB、300GB 三部分，分别使用“C:”“D:”“E:”为盘符，就像安装了三个硬盘一样。用这种方法建立的磁盘称为逻辑盘，建立逻辑盘的必要性是分区操作的原因之一。

硬盘分区的另一重要原因是有时需要在硬盘中容纳两个以上的操作系统。前面讲述的磁盘组织结构是 Windows 管理磁盘的方式，它无法与其他操作系统兼容。为了在一台机器中安装两个或两个以上的操作系统，如 Windows 系统和 Linux 等系统，就需要将硬盘分成不同操作系统管理的各部分，即 Windows 部分和非 Windows 部分。

（3）硬盘的高级格式化

各分区划分完毕后，还必须进行高级格式化，其中非 DOS 或非 Windows 分区的格式化由其他操作系统以及有关的格式化命令完成。

需要注意的是，硬盘的低级格式化操作不需要经常操作，只有在硬盘出问题时才需要有经验的技术工程人员来操作。硬盘的分区和高级格式化可以按需来反复操作，这些操作不会影响硬盘的使用和寿命。

---

① 若非特别说明，硬盘通常指机械硬盘。

7. 分区格式及特点

（1）FAT16 分区

MS-DOS 及老版本的 Windows 95 大多是 FAT16 格式，它采用 16 位的磁盘分区表，所能管理的磁盘容量较 FAT12 有了较大提高，最大能支持 2GB 的磁盘分区；磁盘的读取速度也较快。FAT16 有一个非常独特的优点，那就是它的兼容性非常好，几乎所有的操作系统（如 DOS、Windows 95、Windows 98、Windows NT、Linux 等）都支持该分区模式，安装使用多种操作系统的用户都是利用它来在不同操作系统中进行数据交换的。

（2）FAT32 分区

微软公司从 Windows 95 OSR2（Windows 97）开始推出了一种新的文件分区模式——FAT32。FAT32 采用 32 位的文件分配表，管理硬盘的能力得到极大提高，轻易地突破了 FAT16 对磁盘分区容量的限制，达到 2000GB，使得无论使用多大的硬盘都可以将它们定义为一个分区，极大地方便了广大用户对磁盘的综合管理。更重要的是，在一个分区不超过 8GB 的前提下，FAT32 分区每个簇的容量都固定为 4KB，这就比 FAT16 小了许多，从而使磁盘的利用率得到提高。例如，同样是 2GB 的磁盘分区，采用 FAT32 之后，其每个簇的大小变为 4KB，使每个文件平均所浪费的磁盘空间降为 2KB，假设硬盘上保存 20480 个文件，则浪费的磁盘空间为 20480×2/1024=40（MB）。FAT16 浪费了 320MB，FAT32 仅浪费 40MB，FAT32 的效率之高由此可见一斑。

（3）NTFS 分区

NTFS 分区是 Windows NT 所采用的一种磁盘分区方式，它虽然也存在兼容性不好的问题，但它的安全性及稳定性却独树一帜。NTFS 分区对用户权限做出了非常严格的限制，每个用户都只能按照系统赋予的权限进行操作，任何试图超越权限的操作都将被系统禁止，同时它还提供容错功能，可以将用户的操作全部记录下来，从而保护系统的安全。另外，NTFS 还具有文件级修复及热修复功能、分区格式稳定、不易产生文件碎片、支持的文件大小可以达到 64GB、支持长文件名等优点，这些都是其他分区格式望尘莫及的。这些优点进一步增强了系统的安全性。

（4）Linux 分区

Linux 分区是 Linux 操作系统所使用的分区格式，可细分为 Linux native 主分区和 Linux swap 交换文件分区两种。与 NTFS 分区一样，Linux 分区的安全性及稳定性都比较好，但它们之间不兼容，准备安装 Linux 的用户最好采用 Linux 分区格式。

8. 硬盘尺寸和接口

（1）硬盘尺寸

常用的硬盘按尺寸可分为 1.8in[①]、2.5in、3.5in 和 5.25in。1.8in 硬盘体积很小，曾经广泛应用于早期的掌上电脑和 PDA 等领域，后来基本被闪存取代。2.5in 硬盘主要用于笔记本计算机和移动硬盘领域。3.5in 硬盘主要用于台式计算机领域。5.25in 硬盘出现在

① 1in=2.54cm。

硬盘刚发明的时期，由于体积太过庞大，很快就被 3.5in 硬盘取代了。

（2）硬盘接口

硬盘接口可分为 IDE、SCSI、光纤通道、SATA 和 SAS 五种。

1）IDE 的英文全称为“integrated drive electronics”，即“电子集成驱动器”，它的本意是指把硬盘控制器与硬盘盘体集成在一起的硬盘驱动器。把盘体与控制器集成在一起的做法减少了硬盘接口的电缆数目与长度，数据传输的可靠性得到增强，硬盘制造起来变得更容易，因为硬盘生产厂商不需要再担心自己的硬盘是否与其他厂商生产的控制器兼容。对用户而言，硬盘安装起来也更为方便。IDE 接口硬盘从诞生至今就一直在不断发展，性能不断地提升，其拥有的价格低廉、兼容性强的特点，为其造就了其他类型硬盘无法替代的地位。图 2-29 所示为硬盘 IDE 接口。

2）SCSI 接口与 IDE（PATA）接口完全不同，它是普通 PC 的标准接口。SCSI 并不是专门为硬盘设计的接口，而是一种广泛应用于小型机上的高速数据传输技术。SCSI 接口具有应用范围广、任务多、带宽大、CPU 占用率低、支持热插拔等优点，但较高的价格使得它很难像 IDE 接口一样普及，因此 SCSI 接口的硬盘主要应用于中、高端服务器和高档工作站中。图 2-30 所示为硬盘 SCSI 接口。

图 2-29　硬盘 IDE 接口

图 2-30　硬盘 SCSI 接口

3）光纤通道最初是专门为网络系统设计的，随着存储系统对速度的需求，才逐渐应用到硬盘系统中。光纤通道硬盘是为提高多硬盘存储系统的速度和灵活性才开发的，它的出现大大提高了多硬盘存储系统的通信速度。光纤通道的主要特性有支持热插拔、高速带宽、远程连接、连接设备数量大等。图 2-31 所示为硬盘光纤通道接口。

4）SATA（serial ATA）接口的硬盘又叫串口硬盘，是现在 PC 硬盘的主流。2001 年，由 Intel、APT、Dell、IBM、希捷、迈拓这几大厂商组成的 Serial ATA 委员会正式确立了 Serial ATA 1.0 规范。2002 年，虽然 Serial ATA 的相关设备还未正式上市，但 Serial ATA 委员会已抢先确立了 Serial ATA 2.0 规范。Serial ATA 采用串行连接方式，串行 ATA 总线使用嵌入式时钟信号，具备更强的纠错能力，与以往相比最大的区别在于能对传输指令（不仅仅是数据）进行检查，发现错误会自动矫正，这在很大程度上提高了数据传输的可靠性。图 2-32 所示为硬盘 SATA 接口。

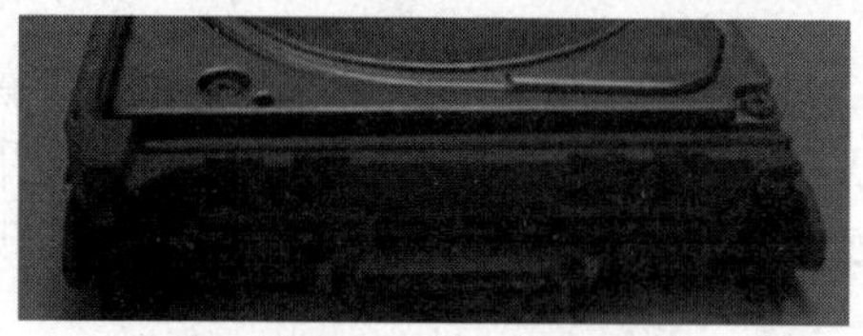

图 2-31　硬盘光纤通道接口

图 2-32　硬盘 SATA 接口

5）SAS（serial attached SCSI）即串行SCSI，是新一代的SCSI技术，和现在流行的SATA硬盘相同，都是采用串行技术以获得更高的传输速度，并通过缩短连线改善内部空间等。SAS是并行SCSI接口之后开发出的接口。此接口可以改善存储系统的效能、可用性和扩充性，并且可兼容SATA接口硬盘。图2-33所示为硬盘SAS接口。

图2-33 硬盘SAS接口

9. SATA接口硬盘和IDE接口硬盘的区别

SATA接口硬盘采用新的设计结构，数据传输快，节省空间，相对于IDE接口硬盘具有很多优势。SATA接口硬盘可以提供150MB/s的高峰传输速率，比IDE接口硬盘快近10倍。相对于IDE接口硬盘的PATA 40针的数据线，SATA的线缆少而细，传输距离远，可延伸至1m，使安装设备和机内布线更容易。连接器的体积小，SATA的线缆有效地改进了计算机内部的空气流动，也改善了机箱内的散热。SATA接口硬盘相对于IDE接口硬盘系统功耗有所减少，它使用500mA的电流就可以工作，可以通过使用多用途的芯片组或串行-并行转换器来兼容PATA接口设备。SATA接口硬盘和PATA接口设备可使用同样的驱动器，不需要对操作系统进行升级或其他改变。SATA接口硬盘不需要设置主从盘跳线，BIOS会为它按顺序编号，这取决于驱动器接在哪个SATA接口硬盘连接器上（安装方便），而IDE接口硬盘需要通过跳线来设置主从盘。SATA接口硬盘还支持热插拔，可以像U盘一样使用，而IDE接口硬盘不支持热插拔。

2.3.2 固态硬盘的优缺点和接口

固态存储器是相对于磁盘、光盘一类的，不需要读写头、不需要存储介质移动（转动）读写数据的存储器。固态存储器是通过存储芯片内部晶体管的开关状态来存储数据的。固态存储器没有读写头、不需要转动，所以拥有耗电少、抗震性强的优点。由于固态存储器成本较高，目前大容量存储中仍然多使用机械硬盘，但在小容量、超高速、小体积的电子设备中，固态存储器拥有非常大的优势，最常见的就是固态硬盘（solid state disk，SSD）。

固态硬盘（SSD）又称固态驱动器（solid state drive），是用固态电子存储芯片阵列制成的硬盘。图2-34所示为固态硬盘的构成。

固态硬盘的存储介质主要分为两种：一种采用闪存（FLASH芯片）作为存储介质，另外一种采用DRAM作为存储介质。此外，还有Intel的XPoint颗粒技术。

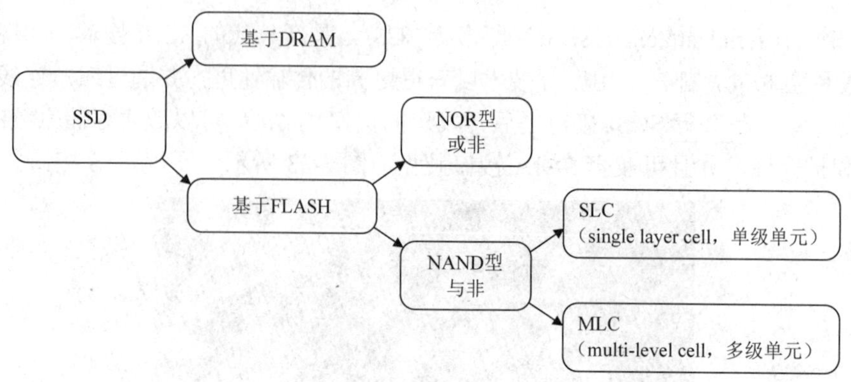

图 2-34 固态硬盘的构成

1. 固态硬盘的优点

1）读写速度快：采用闪存作为存储介质，读取速度相对机械硬盘更快。固态硬盘不用磁头，寻道时间几乎为 0。持续读写速度非常惊人，有的超过 500MB/s，近年来的 NVMe（non-volatile memory express，非易失性内存主机控制器接口规范）固态硬盘持续读写速度可达到 2000MB/s，甚至 4000MB/s 以上。固态硬盘的快绝不仅仅体现在持续读写上，随机读写速度快也是一个指标。与之相关的还有极低的存取时间，最常见的 7200 转机械硬盘的寻道时间一般为 12～14ms，而固态硬盘可以轻易达到 0.1ms 甚至更低。

2）防震抗摔性：传统硬盘都是磁碟型的，数据存储在磁碟扇区里。固态硬盘则是用闪存颗粒（即 MP3、U 盘等存储介质）制作而成的，所以固态硬盘内部不存在任何机械部件，这样即使在高速移动甚至伴随翻转倾斜的情况下也不会影响其正常使用，而且在发生碰撞和震动时能够将数据丢失的可能性降到最小。

3）低功耗：固态硬盘的功耗低于机械硬盘。

4）无噪声：固态硬盘没有机械马达和风扇，工作时噪声值为 0dB。基于闪存的固态硬盘在工作状态下能耗和发热量较低（高端或大容量产品能耗会较高）；内部不存在任何机械活动部件，不会发生机械故障，也不怕碰撞、冲击、振动。由于固态硬盘采用无机械部件的闪存芯片，所以具有发热量小、散热快等特点。

5）工作温度范围大：典型的硬盘驱动器只能在 5～55℃范围内工作，而大多数固态硬盘可在-10～70℃工作。

6）轻便：固态硬盘比同容量机械硬盘体积小、重量轻。与常规 1.8in 硬盘相比，固态硬盘重量轻 20～30g。

2. 固态硬盘的缺点

固态硬盘闪存具有擦写次数限制的问题，这也是许多人诟病其寿命短的原因。闪存完全擦写一次叫作 1 次 P/E，因此闪存的寿命就以 P/E 为单位。34nm 的闪存芯片寿命约是 5000 次 P/E，而 25nm 的寿命约是 3000 次 P/E。随着固态硬盘固件算法的提升，新款固态硬盘能提供更少的不必要写入量。一款 120GB 的固态硬盘，要写入 120GB 的文件才算作一次 P/E。普通用户正常使用，即使每天写入 50GB，平均 2 天完成一次 P/E，3000 次 P/E 也能用十几年，到那时候，固态硬盘早就被替换成更先进的设备了（在实际使用中，用户更多的操作是随机写，而不是连续写，所以在使用寿命内，出现坏道的可能性会更高）。另外，虽然固态硬盘的每个扇区可以重复擦写 100000 次 SLC，但某些应用，如操作系统的 LOG 记录等，可能会对某一扇区进行多次反复读写，在这种情况下，固态硬盘的实际寿命还未经考验。不过通过均衡算法对存储单元进行管理，其预期寿命会延长。SLC 有 10 万次的写入寿命，成本较低的 MLC 的写入寿命仅有 1 万次，而廉价的三级单元（triple-level cell，TLC）闪存则更是只有 1000～2000 次。此外，使用全盘模拟 SLC 提升写入速度的多阶存储固态会面临写入放大问题，从而进一步缩短寿命。

3. 固态硬盘的接口

固态硬盘的接口主要有 mSATA 接口和 M.2 接口两种。

1）mSATA 接口全称迷你版 SATA（mini-SATA）接口。为了适应超级本这类超薄类设备的使用环境，针对便携设备开发的 mSATA 接口应运而生。mSATA 接口在物理接口（也就是接口类型）上跟 mini PCI-E 接口一样。mSATA 接口是固态硬盘小型化的一种方案技术实现。当然，mSATA 依然没有摆脱 SATA 接口的一些缺陷，如依然是 SATA 通道，速度也还是 6Gbit/s。图 2-35 所示为固态硬盘 mSATA 接口。

2）M.2 接口是 Intel 推出的一种替代 mSATA 的新的接口规范，就是经常提到的 NGFF（next generation form factor，次世代接口）。M.2 接口的固态硬盘宽度为 22mm，单面厚度为 2.75mm，双面闪存布局也不过 3.85mm，但 M.2 具有丰富的可扩展性，最长可以做到 110mm。M.2 接口的固态硬盘与 mSATA 接口的固态硬盘类似，也是不带金属外壳的，常见的规格主要有 2242、2260、2280 三种，宽度都为 22mm，长度则各不相同。图 2-36 所示为固态硬盘三种规格的 M.2 接口。

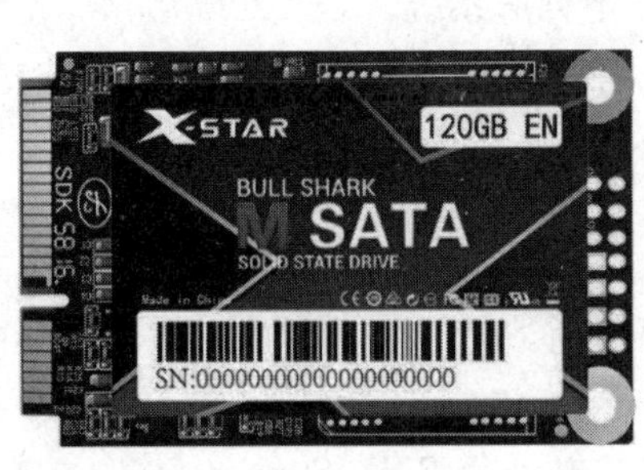

图 2-35　固态硬盘 mSATA 接口

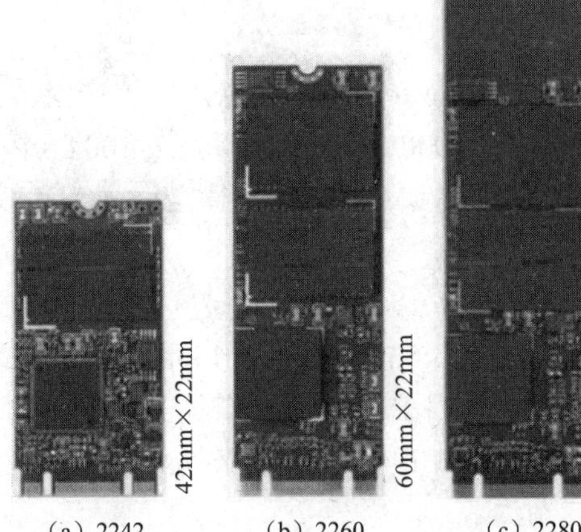

（a）2242　（b）2260　（c）2280

图 2-36　固态硬盘三种规格的 M.2 接口

M.2 接口有两种类型：Socket 2（B key）和 Socket 3（M key）（图 2-37）。其中，Socket

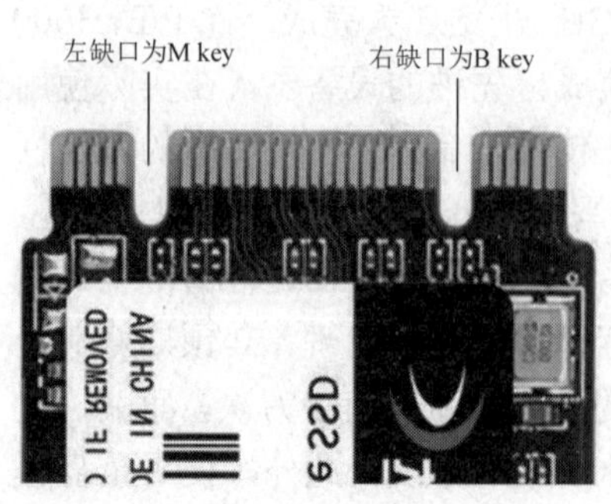

图 2-37　M.2 两种接口的识别

2 支持 SATA、PCI-E ×2 接口，而如果采用 PCI-E ×2 接口标准，最大的读取速度可以达到 700MB/s，写入速度能达到 550MB/s；Socket 3 可支持 PCI-E ×4 接口，理论带宽可达 4GB/s。M.2 接口是一种兼容性十分广泛的微型接口，该接口可以通过设置其接口上的 key 槽来实现不同的功能。

2.3.3　光存储设备（光驱）

光存储设备主要可分为 CD 光驱、DVD 光驱、CD 刻录机、DVD 刻录机、Combo 和蓝光光驱。考虑到市场的问题，刻录格式还没有统一，因此 DVD 格式非常多，包括 DVD-ROM、DVD-Video、DVD-Audio、DVD+RW、DVD-RW、DVD-R、DVD+R、DVD-VR 等。

2.3.4　其他存储设备

1. 磁光盘

磁光盘（magneto-optical disc，MO disc）由对温度敏感的磁性材料制成，它的读取方式是基于克尔效应（Kerr effect）的，索尼推出的用于音乐的 MiniDisc，实际上就是一种小型化的磁光盘。

磁光盘在 20 世纪 80 年代初研制开发，从 1989 年开始投入使用，它是传统的磁盘技术与现代的光学技术结合的产物。随着 PC 硬件设备的迅速换代升级，用户对移动存储设备提出了更高的要求，磁光盘因此进入市场。磁光盘驱动器采用光磁结合的方式来实现数据的重复写入，磁光盘盘片大小类似 3in 软盘，可重复读写 1000 万次以上。同时，磁光盘盘片还带有保护壳，因此磁光盘在多方面的性能上都要强于 CD-R/RW。

2. PD 光驱

PD 光驱（power disk）是松下电器产业公司将可写光驱和 CD-ROM 合二为一的一种光驱，有 LF-1000（外置式）和 LF-1004（内置式）两种类型。光盘容量为 650MB，数据传输速率为 5.0MB/s，采用微型激光头和精密机电伺服系统。

3. 大容量软盘

普通标准的 3.5in 的软盘（floppy disk，FD）一直是小型和微型计算机的必备外存储器，但是面对日益庞大的多媒体文件以及对数据备份的需求，容量小、速度慢、不稳定的传统 1.44MB 的软盘越来越显示出巨大的局限性。传统的 1.44MB 软盘最终的结局是被淘汰。

大容量软盘是在原有磁盘的基础上发展起来的，主要有 Zip、Supper 软盘（原名 LS-120）及 HiFD 等。这三种大容量软盘的发展目标都是取代现行的 3.5in 软盘，争取在巨大的软盘市场上占据主导地位。这些设备都是特定时期的产物，现在很少见了。

4. SM 卡和 CF 卡

SM（smart media）卡是由东芝公司在 1995 年 11 月发布的，最开始时被称为 SSFDC（solid state floppy disk card，固态软盘卡），后来改名为 SM 卡，并成为东芝的注册商标。SM 卡的尺寸为 37mm×45mm×0.76mm，早期广泛应用于数码产品中。SM 卡的控制电路集成在数码产品当中，使得数字照相机的兼容性容易受影响。CF（compact flash）卡是一种用于便携式电子设备的数据存储设备。作为一种存储设备，它的存储体使用的是闪存，由 SanDisk 公司生产并制定了相关规范。CF 卡有多种速度规范和标准，尤其适合专业数字照相机市场。CF 卡具有比其他存储方式更长的寿命以及较低的单位容量成本，同时也可以在较小的尺寸上提供较大的容量。SM 卡基本已经淘汰，现在一般用 CF 卡。图 2-38 和图 2-39 分别为 SM 卡和 CF 卡。

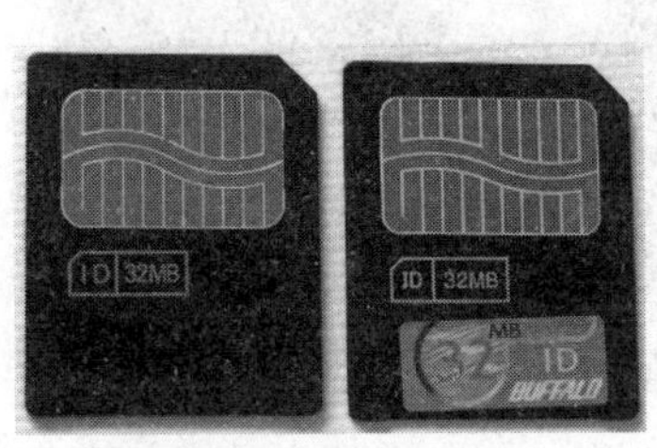

图 2-38　SM 卡

图 2-39　CF 卡

5. 闪存

闪存是电可擦除程序存储器的一种，它使用浮动栅晶体管作为基本存储单元实现非易失存储，不需要特殊设备和方式即可实现实时擦写。闪存采用与 CMOS 工艺兼容的加工工艺。三星和东芝在 2001 年推出容量为 1GB 的闪存芯片，这样的技术在当时很具有代表性了。近几年各种形式的基于闪存的存储设备如雨后春笋般出现，它们的外形结构丰富多彩，尺寸越来越小，容量越来越大，接口方式越来越灵活。

第四代比较有代表性的闪存卡主要有 SanDisk（闪迪）的 MultiMedia 卡、NEXCOM Technology（新汉科技）的 Serial Flash 卡和 SONY（索尼）的 Memory Stick（记忆棒）。第四代闪存卡均采用串行闪存芯片，芯片外部引脚大大减少，同时由于采用串行方式读写数据，芯片功耗也降低了许多。MultiMedia 卡采用 7 脚接口，外形尺寸为 32mm×24mm×1.4mm，最大容量为 32MB，数据传输速率为 2MB/s。为扩展其应用范围，SanDisk 还推出了并口和 USB 接口的 MultiMedia 卡适配器，使计算机可以方便地读写 MultiMedia 卡。图 2-40 所示为宇瞻和 SONY 策略联盟推出的记忆棒。

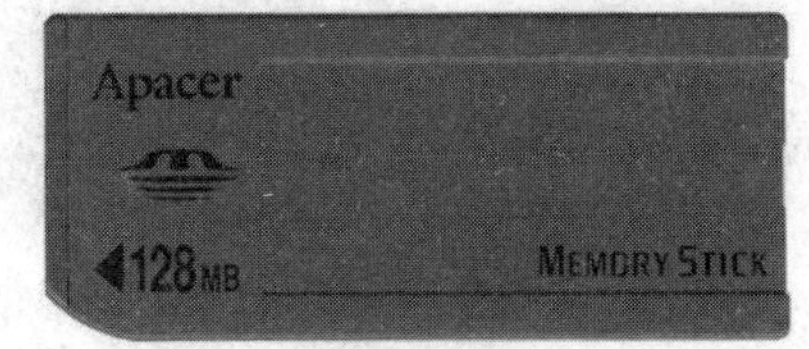

图 2-40　宇瞻和 SONY 策略联盟推出的记忆棒

6. U 盘

U 盘（图 2-41）全称“USB 接口移动硬盘”，英文名“USB removable(mobile) hard disk”。U 盘的称呼最早来源于朗科公司生产的一种新型存储设备，名曰“优盘”，也叫“移动硬盘”，使用 USB 接口进行连接。USB 接口连到计算机的主机后，计算机就可读取 U 盘的资料了。也可将计算机中的数据放到 U 盘中。由于朗科已进行专利注册，之后生产的类似技术的设备不能再称为“优盘”，而改称谐音的“U 盘”或形象地称为“闪存”“闪盘”等。

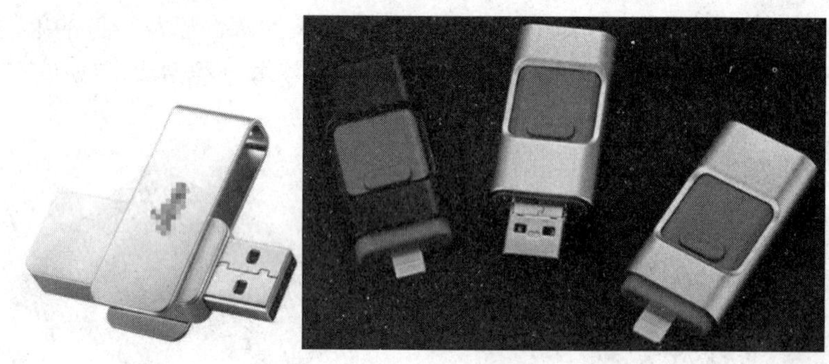

图 2-41　U 盘

U 盘最大的特点是小巧、便于携带、存储容量大、价格便宜。U 盘刚问世时，存储容量并不大，而且价格相当昂贵。随着技术的革新和普及，U 盘的容量和价格很快就发生了翻天覆地的变化，现在的 U 盘容量有 4GB、8GB、16GB、32GB、64GB、128GB 和 256GB 等。

7. 微硬盘

微硬盘（microdrive）最早是由 IBM 公司开发的一款超级迷你硬盘，其最初的容量为 340MB，后来的容量有 1GB、2GB、4GB、5GB 和 8GB 等。微硬盘降低了转速（由 4200r/min 降为 3600r/min），从而降低了功耗，但增强了稳定性。图 2-42 所示为希捷的微硬盘。

图 2-42　希捷的微硬盘

2.4　网络通信设备

2.4.1　网络适配器

网络适配器通常指网络接口卡（network interface card，NIC），简称网卡，是一种将计算机等设备连接到网络上的通信接口装置。由于网卡拥有媒体访问控制（media access control，MAC）地址，因此属于 OSI 模型的第 1 层和第 2 层之间。它使得用户可以通过电缆或无线相互连接。每一块网卡都有一个被称为MAC地址的独一无二的48位串行号，它被写在卡上的一块 ROM 中。网络上的每一台计算机都必须拥有一个独一无二的 MAC 地址。没有任何两块被生产出来的网卡拥有同样的地址。这是因为电气电子工程师学会（Institute of Electrical and Electronics Engineers，IEEE）负责为网卡销售经销商分配唯一的 MAC 地址。

网卡上面装有处理器和存储器（包括 RAM 和 ROM）。网卡和局域网之间的通信是通过电缆或双绞线以串行传输方式进行的，而网卡和计算机之间的通信则是通过计算机主板上的 I/O 总线以并行传输方式进行。因此，网卡的一个重要功能就是进行串行/并行转换。由于网络上的数据率和计算机总线上的数据率并不相同，因此在网卡中必须装有对数据进行缓存的存储芯片。

根据网卡所支持的物理层标准与主机接口的不同，网卡可以分为不同的类型，如以太网卡和令牌环网卡等。网卡按照支持的技术不同可分为下列几类。

1. 按照支持的计算机种类分类

按照支持的计算机种类，网卡可分为标准以太网卡和 PCMCIA 网卡。标准以太网卡用于台式计算机联网，而 PCMCIA 网卡用于笔记本计算机联网。图 2-43 和图 2-44 所示分别为以太网卡和 PCMCIA 网卡。

（a）10/100兆自适应PCI网卡

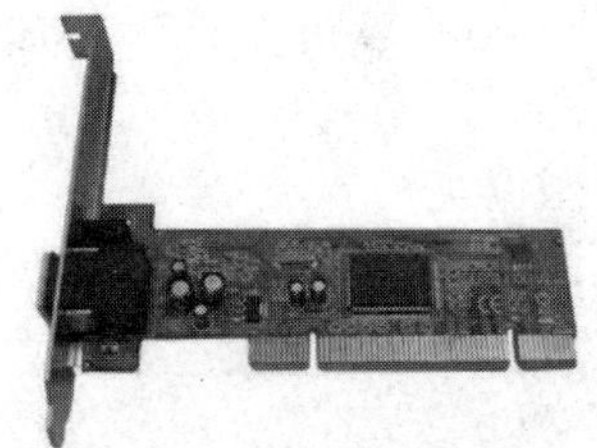

（b）10/100/1000兆自适应PCI网卡

图 2-43　标准以太网卡

图 2-44　PCMCIA 网卡

2. 按照支持的传输速率分类

按照支持的传输速率，网卡主要分为 10Mbit/s 网卡、100Mbit/s 网卡、10/100Mbit/s 自适应网卡和 1000Mbit/s 网卡四类。根据传输速率的要求，10Mbit/s 和 100Mbit/s 网卡仅支持 10Mbit/s 和 100Mbit/s 的传输速率，在使用非屏蔽双绞线（unshielded twisted pair, UTP）作为传输介质时，通常 10Mbit/s 网卡与 3 类 UTP 配合使用，而 100Mbit/s 网卡与 5 类 UTP 相连接。10/100Mbit/s 自适应网卡能够自动检测网络的传输速率，保证网络中两种不同传输速率的兼容性。随着局域网传输速率的不断提高，1000Mbit/s 网卡大多被应用于高速的服务器中。

3. 按照支持的总线接口类型分类

按照支持的总线接口类型，网卡主要分为 ISA、EISA、PCI 和 PCI-E 等总线接口网卡。

由于计算机技术的飞速发展，ISA 总线接口网卡的使用越来越少。EISA 总线接口网卡能够并行传输 32 位数据，数据传输速率快，但价格较贵。PCI 总线接口网卡的 CPU 占用率较低，常用的 32 位 PCI 总线接口网卡的理论传输速率为 133Mbit/s，因此支持的数据传输速率可达 100Mbit/s。PCI-E 是一种通用的总线规格，它最终的设计目的是取代现有计算机系统内部的总线接口，这不只包括显示接口，还囊括 CPU、PCI、HDD、Network 等多种应用接口。PCI-E 采用串行互联方式，以点对点的形式进行数据传输，每个设备都可以单独地享用带宽，从而大大提高了传输速率，而且为更高的频率提升创造了条件。PCI-E 是现在较常用的网卡接口，ISA、EISA 接口已经淘汰。图 2-45 所示为常用的各种接口网卡。

（a）PCI 免驱千兆有线网卡

（b）Intel 千兆网卡 PCI-E×1

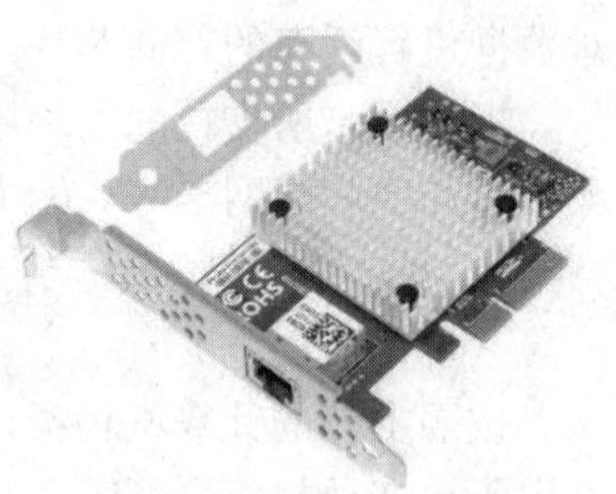

（c）PCI-E×4 万兆单电口以太网卡

图 2-45 常用的各种接口网卡

4. 按照支持的传输介质类型分类

按照支持的传输介质类型，网卡主要分为以太网卡、光纤网卡和无线网卡。

（1）以太网卡

以太网卡按网卡的总线接口类型一般可分为早期的 ISA 总线接口网卡、PCI 总线接口网卡。在服务器上使用的是 PCI-X 总线接口类型的网卡，在笔记本计算机上使用的是 PCMCIA 接口类型的网卡。以太网卡的使用的范围包括 10BASE-T、100BASE-TX 和 1000BASE-T（吉比特以太网卡的网速），速率分别为 10Mbit/s、100Mbit/s 和 1000Mbit/s（1Gbit/s），它们都使用相同的接口。以太网卡更高速的设计基本都兼容低速以太网卡的标准，因此在大多数情况下不同速率标准的以太网卡可以自由混合使用。它们都使用 8 个触点的水晶头（在双绞线以太网中叫作 RJ45），使用的网线内部以四对双绞线连接，都同时支持全双工和半双工工作标准。按照标准，它们都可以在长达100m以上距离的线缆中正常传输信号。

（2）光纤网卡

光纤网卡指的是光纤以太网适配器（fiber ethernet adapter），传输的是以太网通信协议，一般通过光纤线缆与光纤以太网交换机连接。光纤网卡按传输速率可以分为100Mbit/s、1Gbit/s、10Gbit/s，按主板接口类型可以分为PCI、PCI-X、PCI-E（×1/×4/×8/×16）等。图2-46所示为部分光纤网卡。

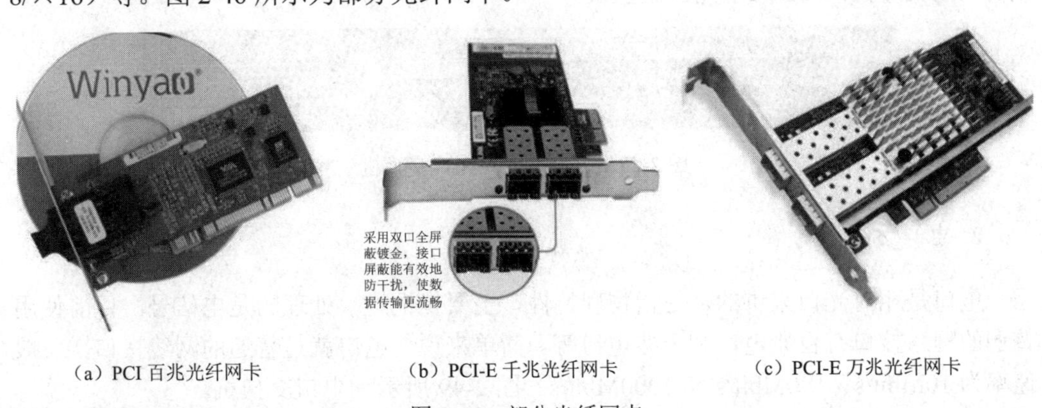
Winyao
采用双口全屏蔽镀金，接口屏蔽能有效地防干扰，使数据传输更流畅

（a）PCI百兆光纤网卡　（b）PCI-E千兆光纤网卡　（c）PCI-E万兆光纤网卡

图2-46　部分光纤网卡

（3）无线网卡

无线网卡用于连接无线网络，就是利用无线电波作为信息传输的媒介构成的无线局域网（wireless local area network，WLAN）。无线网卡与有线网络的用途十分类似，最大的不同在于传输媒介的不同。无线网卡利用无线技术取代网线，可以和有线网络互为备份，只是速度相较于有线网络略逊且延迟较大。无线网卡是终端无线网络的设备，是在无线局域网的无线覆盖下通过无线连接网络来上网的无线终端设备。具体来说，无线网卡就是使计算机可以利用无线来上网的一个装置，但是还需要一个可以连接的无线网络，如果有无线路由器或者无线AP（access point，接入点）的覆盖，就可以通过无线网卡以无线的方式连接无线网络来上网。图2-47所示为各种常见的无线网卡。

（a）USB接口无线网卡

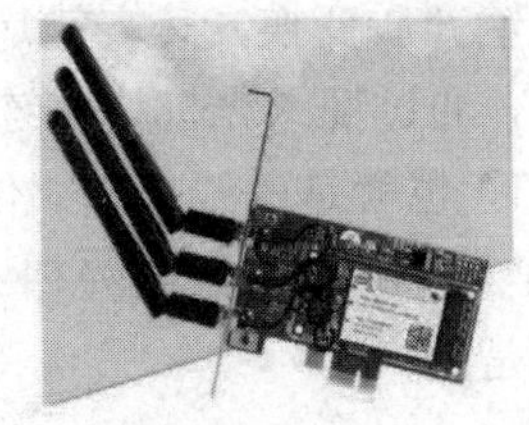

（b）M-SATA转接PCI-E接口的无线网卡

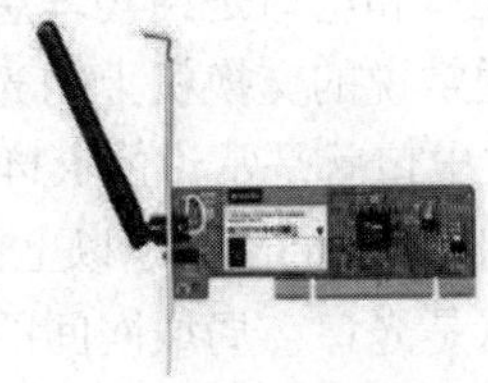

（c）PCI接口的无线网卡

图2-47　常见的无线网卡

2.4.2　交换机

交换机（switch）是在计算机网络中执行统计式多路复用和分组交换的装置，它可

以为接入交换机的任意两个网络节点提供独享的电信号通路。较常见的交换机有以太网交换机、电话语音交换机、光交换机等。交换机主要有光口和电口两种连接方式。

1. 光口方式

光口是光纤接口的简称。光纤接口是用来连接光纤线缆的物理接口，其原理是利用光从光密介质进入光疏介质从而发生全反射。光口通常应用于机房、机柜等大型设备。图 2-48 所示为RG-SF 入室光口交换机。

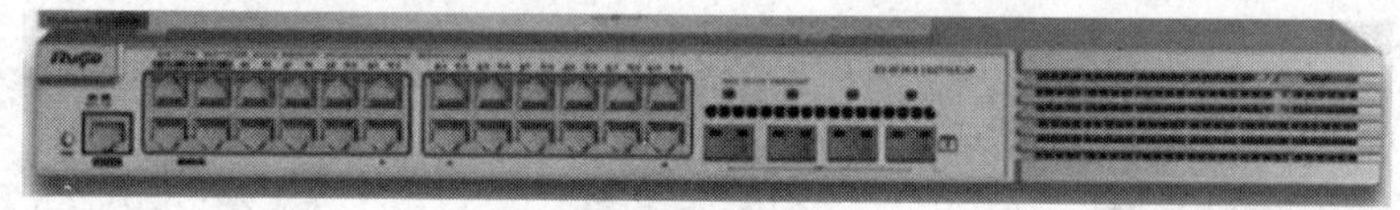

图 2-48　RG-SF 入室光口交换机

2. 电口方式

电口是相对光口来讲的，是指物理特性，主要指铜缆，处理的是电信号。目前使用普遍的网络接口有百兆电口和千兆电口等。简单来说，电口就是普通的网线接口，一般速率为 10Mbit/s、100Mbit/s 和 1000Mbit/s。图 2-49 所示为电口交换机。

图 2-49　电口交换机

3. 光口和电口的区别

光口和电口是纯物理层上的传输介质变换，其实就是光信号和电信号的转换。光口就是通常说的交换机上的光纤接口，通过插入光模块来连接光纤，可以进行远距离数据传输；电口就是常说的 RJ45 的端口，也就是网线接口。传输速率在 155Mbit/s 以下的都是电口，在 155Mbit/s 以上的可以是电口，也可以是光口；局域网内的连接可以是电口，也可以是光口；局域网间的连接都是光口。

2.4.3　路由器

路由器（router）是连接两个或多个网络的硬件设备，在网络间起网关的作用，是为信息流或数据分组选择路由的设备。它能够理解不同的协议，如某个局域网使用的以太网协议、因特网使用的 TCP/IP（transmission control protocol/Internet protocol，传输控制协议/因特网互联协议）。这样，路由器可以分析各种不同类型网络传来的数据包的目的地址，把非TCP/IP网络的地址转换成TCP/IP地址，或者反之；再根据选定的路由算法把各数据包按最佳路线传送到指定位置。所以路由器可以把非TCP/IP网络连接到因特网上。

1. 功能

路由器最主要的功能可以理解为实现信息的转送，就是传递不同的子网之间的数据。

2. 连通不同的网络

从过滤网络流量的角度来看，路由器的作用与交换机和网桥非常相似。但是与工作在网络数据链路层、从物理上划分网段的交换机不同，路由器使用专门的软件协议从逻辑上对整个网络进行划分。

3. 信息传输

有的路由器仅支持单一协议，但大部分路由器可以支持多种协议的传输。

4. 静态路由

静态路由所使用的路径选择是预先在离线情况分配计算好，并在网络启动时被下载到路由器中的。静态路由无法响应故障，它对于路由选择已经很清楚的场合来说非常有用。相对而言，静态路由方式安全、方便，但资源使用比较浪费，利用率不高。

5. 动态路由

动态路由会改变其路由决策以便反映出拓扑结构的变化，通常也会反映出流量的变化情况。动态路由算法与静态路由相比在多个方面有所不同：获取信息的来源不同、改变路径的时间不同以及用于路由优化的度量不同。动态路由方式下资源利用率比较高。

6. 分类

（1）按功能划分

路由器按功能可以划分为骨干级路由器、企业级路由器和接入级路由器。骨干级路由器数据吞吐量较大且重要，是企业级网络实现互联的关键。骨干级路由器要求高速度及高可靠性，网络通常采用热备份、双电源和双数据通路等技术来确保其可靠性。企业级路由器连接对象为许多终端系统，简单且数据流量较小。接入级路由器连接家庭或因特网服务提供方（the Internet service provider，ISP）内的小型企业。

（2）按结构划分

路由器按结构可以划分为模块化路由器和非模块化路由器。模块化路由器可以实现路由器的灵活配置，适应企业的业务需求；非模块化路由器只能提供固定单一的端口。通常情况下，高端路由器采用模块化结构，低端路由器采用非模块化结构。

（3）按所处网络位置划分

路由器按所处网络位置（在广域网范围内的路由器按其转发报文的性能）可以分为

边界路由器和中间节点路由器。尽管在不断改进的各种路由协议中，对这两类路由器所使用的名称可能有很大的差别，但所发挥的作用却是一样的。很明显，边界路由器处于网络边缘，用于不同网络路由器的连接；中间节点路由器则处于网络的中间，通常用于连接不同网络，起到数据转发的桥梁作用。中间节点路由器在网络中传输时，提供报文的存储和转发，同时根据当前的路由表所保持的路由信息情况，选择最好的路径传送报文。由多个互联的局域网（local area network，LAN）组成的公司或企业网络和外界广域网相连接的路由器，就是这个企业网络的边界路由器。边界路由器一方面从外部广域网收集向企业网络寻址的信息，转发到企业网络中有关的网络段；另一方面集中企业网络中各个 LAN 段向外部广域网发送报文，对相关的报文确定最好的传输路径。

2.4.4 Wi-Fi

Wi-Fi 在中文里又称作“行动热点”，是 Wi-Fi 联盟制造商的商标，也是产品的品牌认证，是一个创建于 IEEE 802.11 标准基础上的无线局域网技术。基于两套系统的密切相关，也常有人把 Wi-Fi 当作 IEEE 802.11 标准的同义术语。图 2-50 所示为常见 Wi-Fi 标识。

图 2-50 常见 Wi-Fi 标识

Wi-Fi 无线网络在无线局域网的范畴是指“无线相容性认证”，实质上是一种商业认证，同时也是一种无线联网技术。以前是通过网线连接计算机，而 Wi-Fi 则是通过无线电波来联网。常见的就是一个无线路由器，在这个无线路由器的电波覆盖的有效范围都可以采用 Wi-Fi 连接方式进行联网。

笔记本计算机通过 Wi-Fi、LTE（long term evolution，长期演进）等无线数据传输模式来上网，后者由移动网络运营商来实现，前者三大运营商有所参与，但大多主要是自己拥有接入互联网的 Wi-Fi 基站（其实就是 Wi-Fi 路由器等）和笔记本计算机用的 Wi-Fi 网卡。无线上网遵循 802.11 标准，通过无线传输，由无线接入点发出信号，用无线网卡接收和发送数据。

IEEE 802.11 协议指出，物理层必须有至少一种提供空闲信道估计 CCA 信号的方法。无线网卡的工作原理如下：当物理层接收到信号并确认无错后提交给 MAC-PHY 子层，经过拆包后把数据上交 MAC 层，然后判断是不是发给本网卡的数据，若是则上交，否则丢弃。如果物理层接收到的发给本网卡的信号有错，则需要通知发送端重发此包信息。当网卡有数据需要发送时，首先要判断信道是否空闲。若空闲，则随机退避一段时间后发送；否则暂不发送。由于网卡采用时分双工工作方式，所以，发送时不能接收，接收时不能发送。图 2-51 所示为终端用户使用 Wi-Fi 配置示意图。

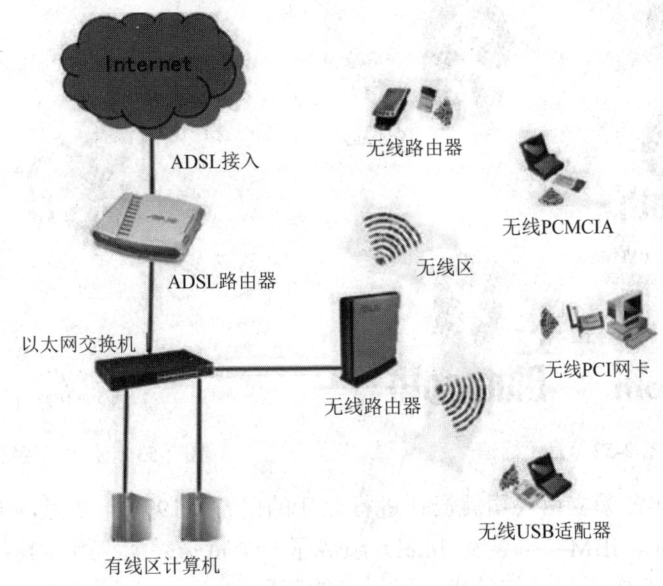

图 2-51　终端用户使用 Wi-Fi 配置示意图

Wi-Fi 无线网卡标准如下：

1）IEEE 802.11a：使用 5GHz 频段，传输速度为 54Mbit/s，与 802.11b 不兼容。

2）IEEE 802.11b：使用 2.4GHz 频段，传输速度为 11Mbit/s。

3）IEEE 802.11g：使用 2.4GHz 频段，传输速度为 54Mbit/s。

4）IEEE 802.11n ：使用 2.4GHz 频段或 5GHz 频段，传输速度可达 300Mbit/s。

5）IEEE 802.11ac：使用 2.4GHz 频段或 5GHz 频段，传输速度最大可达 1.73Gbit/s。

6）IEEE 802.11ax：使用 2.4GHz 频段、5GHz 频段或 6GHz 频段，最高速度可达 11Gbit/s。

Wi-Fi 联盟已经将 802.11a、802.11b、802.11g 命名为 Wi-Fi 3，将 802.11n 命名为 Wi-Fi 4，将 802.11ac 命名为 Wi-Fi 5，将 802.11ax 命名为 Wi-Fi 6，这种命名方式能更好地方便消费者了解产品支持的 Wi-Fi 技术标准，从而方便消费者更好地选择 Wi-Fi 产品。

随着无线局域网标准、技术快速发展，产品逐渐成熟，无线局域网的应用也日益丰富。越来越多的家庭用户开始使用无线网络，许多企业也纷纷在自己的办公大楼内布设无线局域网。同时，电信运营商对无线局域网也给予了极大关注，在机场、酒店、咖啡厅等公共区域铺设公众无线网络，为人们提供方便的无线上网条件。

2.4.5　蓝牙

蓝牙是一种支持设备短距离（一般是 10m 之内）通信的无线电技术，能在移动电话、PDA、无线耳机、笔记本计算机、相关外设等众多设备之间进行无线信息交换。蓝牙的标准是 IEEE 802.15，工作在 2.4GHz 频段，带宽为 1Mbit/s。图 2-52 和图 2-53 所示分别为蓝牙标识和蓝牙连接终端设备。

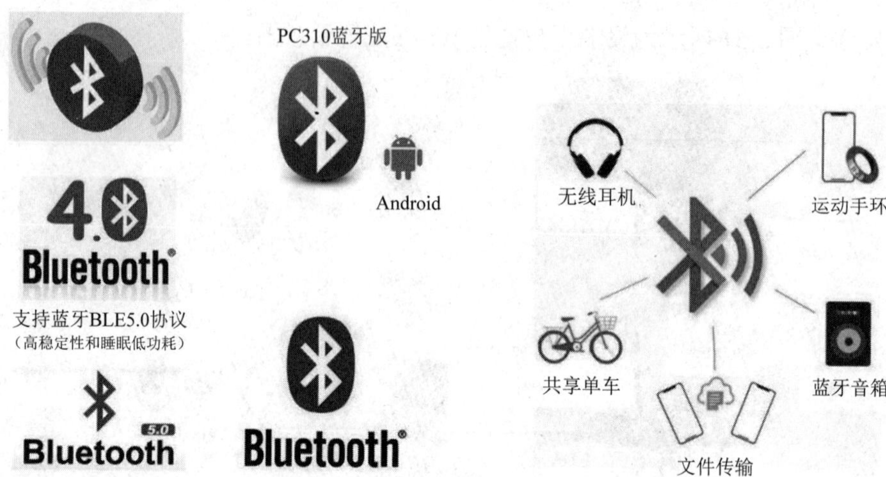

图 2-52 蓝牙标识

图 2-53 蓝牙连接终端设备

早在 1994 年，爱立信公司就已在进行蓝牙的研发。1998 年 2 月，五个跨国大公司（爱立信、诺基亚、IBM、东芝及 Intel）组成了一个特殊兴趣小组，其共同目标是建立一个全球性的小范围无线通信技术，即后来的蓝牙。

蓝牙是一种短距离的无线通信技术，电子装置彼此可以通过蓝牙连接起来，省去了传统的电线。透过芯片上的无线接收器，配有蓝牙技术的电子产品能够在 10m 的距离内彼此相通，传输速度可以达到 1MB/s。以往红外线接口的传输技术需要电子装置在视线之内，有了蓝牙技术，这样的限制就没有了。

蓝牙的优势：支持语音和数据传输；采用无线电技术，传输范围大，可穿透不同物质以及在物质间扩散；采用跳频展频技术，抗干扰性强，不易窃听；功耗低；成本低。

蓝牙的劣势：传输速度慢。

蓝牙的技术性能参数：有效传输距离为 10cm～10m，增加发射功率可达到 100m 甚至更远。收发器工作频率为 2.45GHz，覆盖范围是相隔 1MHz 的 79 个通道（从 2.402GHz 到 2.480GHz）。数据传输使用短封包、跳频展频技术，1600 次/s，防止偷听和避免干扰；每次传送一个封包，封包的大小为 126～287bit；封包的内容可以是包含数据或者语音等不同服务的资料。数据传输带宽为同步连接可达到每个方向 32.6Kbit/s，接近于 10 倍典型的 56Kbit/s Modem 的模拟连接速率，异步连接允许一个方向的数据传输速率达到 721Kbit/s，用于上传或下载，这时相反方向的速率是 57.6Kbit/s；数据传输通道为留出 3 条并发的同步语音通道，每条带宽为 64Kbit/s；语音与数据也可以混合在一个通道内，提供一个 64Kbit/s 同步语音连接和一个异步数据连接。网络连接使用加密技术，同时采用口令验证连接设备，可同时与其他 7 个以内的设备构成蓝牙微网（piconet），1 个蓝牙设备可以同时加入 8 个不同的微网，每个微网分别有 1Mbit/s 的传输带宽，当 2 个以上的设备共享一个通道时，就可以构成一个蓝牙网，并由其中的一个装置主导传输量，当设备尚未加入蓝牙网时，它先进入待机状态。

蓝牙的应用：移动电话和免提设备之间的无线通信，这也是最初流行的应用；特定距离内计算机间的无线网络；计算机与外设（如鼠标、耳麦、打印机等）的无线连接；

蓝牙设备之间的文件传输；传统有线设备（如医用器材、GPS、条形码扫描仪）的无线化；数个以太网之间的无线桥架；蓝牙游戏手柄；依靠蓝牙支持使 PC 或 PDA 能通过手机的调制解调器实现拨号上网；实时定位系统；被跟踪物品中的“读卡器”从标签接收并处理无线信号以确定物品位置；核算物品总价值的结算系统等。

2.5　计算机选购

2.5.1　计算机选购原则和方法

1. 品牌效应选购原则和方法

大品牌、大厂商在生产、检验、销售、流通以及售后等各方面有完善的管理体系的支持，能够为用户提供完善的售后保障，所以品牌计算机相对比较好，但可能售价相对较高，这主要是因为售后成本相对较高。

惠普、联想、戴尔、宏碁、华硕、神舟和苹果等品牌计算机较为常见，其配置相对固定、价格偏贵，但售后服务较好，适合普通家庭或企事业单位使用。

2. 组装机选购原则和方法

用户可以根据自己的需求，选择高端硬件组装出高性能的计算机，甚至可以配套高端降温设施（如水冷、电子制冷系统），对计算机关键部件进行强制降温，这样可以使 CPU 或内存超频工作（CPU 和内存是计算机内发热较多的设备，如果温度控制得当，其性能就能充分地发挥，甚至可以超水平发挥，这就是通常所说的超频），强制计算机工作在超频状态，这样的计算机性能很高，但价格也比较高。反之，用户也可以配置相对低端、便宜的计算机硬件，整体性能能满足用户需求即可。组装计算机的选择范围比较大，可根据需要任意搭配计算机各部件。组装的计算机价格相对便宜；兼容性可能差一些；售后服务一般，只能依靠购买的散件经销商的配件质保来保证产品售后。这种方式适合计算机爱好者或有特殊需求的专有用户。图 2-54 和图 2-55 所示分别为 CPU 水冷系统、内存水冷系统和技嘉 RTX3090 魔鹰显卡，适合超级用户使用。

图 2-54　CPU 水冷系统、内存水冷系统

图 2-55　技嘉 RTX3090 魔鹰显卡

3. 按需求和用途选购原则和方法

计算机需求量大的用户在配备计算机时通常要考虑使用的安全性、长时间运行的稳定性，以及良好的售后保障，因此通常倾向选择商用计算机，因为商用计算机注重安全性和耐用性，采用主流的CPU和内存，但商用计算机显卡性能偏弱，且价格不便宜。

超级用户注重选择高端游戏机，通常配置高端的CPU、大容量内存和硬盘以及千元级的显卡。在选购计算机配件时应该注意硬件的兼容性和配件的参数，主要看CPU主频、内存容量、硬盘容量、显示器、键盘、鼠标、独立显卡品牌等。

以办公学习为目的的用户可以选择通用、流行的计算机配置，这种配置的计算机价格适中、性能优异、运行稳定。这类计算机经过一定时间的考验，价格、性能等方面都比较稳定，整体性能能够满足用户需求。

以制图设计为目的的用户可以选择主流的硬件配置，但在选择CPU、内存和显卡以及显示器时，要按高级配置要求配备，以满足制图设计方面的需求。

以游戏娱乐为目的的用户分为两类：一类为一般娱乐目的的用户，这类用户注重选择娱乐机型，注重性价比和娱乐性能的多样性，兼顾性能和价格；另一类是游戏用户，这类用户就需要向超级用户的配置靠拢，也就是配置高性能的CPU、内存、硬盘（高性能固态）以及高端显卡和高端显示器，制冷系统也要加强，基本达到豪华配置的等级。

以家庭上网为目的的用户可选择市场上比较流行的计算机硬件配置，同时要注意选择网络服务较好的网络运营商。这类用户可以根据自己的需求和喜好，选择通常架构的台式计算机，也可以选择一体机和笔记本计算机。

2.5.2 机房和单位用计算机设备的选购

现在计算机使用的范围越来越广，学校、企事业单位和政府管理部门通常要使用大量的计算机，在选择时应该注意一些要求和条件。

1. 优先选择商用计算机

计算机需求量大的用户适宜选择商用计算机。商用计算机是指专门为商务应用设计的机器，包含商用台式计算机和商用笔记本计算机两种基本类型。商用计算机主要用于办公，这类计算机对各种数据和文字的处理能力都较强，存储量大，稳定性好。

由于商用计算机的运行负荷要比家用计算机大得多，许多商用计算机可能会连续工作几十小时，因此对各部件的品质有着更加严格的要求。例如，联想商用计算机的部件都通过严格的部件品质标准规范和科学的供应商评定体系，组装成整机之后又会对整机系统进行信号级、环境性、高负荷的极限和老化等可靠性测试。在安全性上，联想设计了一键恢复功能，在系统被破坏时，可以快速恢复成出厂状态。用户也可以自己随时备份重要的文件，防止文件丢失或被破坏。为了确保数据的安全，联想的扬天系列计算机还在机箱后面设计了BIOS可写开关，从而彻底防止CIH病毒对硬件系统的损害。除此之外，该系列产品还采用全封闭金属机箱结构，确保电磁泄漏最小，达到国标B级的严格要求，工作噪声则控制在30dB以下，并配置防眩光设计的显示器，从而更好地保护视力。

2. 有关计算机的一些特殊技术设计

（1）防盗设计

很多计算机使用安全防盗机箱，尤其是台式计算机主机箱外壳，通常使用带有安全保护的机箱柜子，使用前开门式带锁设计。还有的采用计算机主机箱加锁防盗措施，也就是在主机箱上加防盗锁。

（2）防水设计

计算机键盘和鼠标的防水设计，可以最大限度地保障机房公用计算机的最大使用率，保障计算机设备在使用中输入数据和操作的稳定性。

（3）系统环境维护软件

对于学校和大多数单位，使用的软件环境是一样的，这样就可以利用计算机维护软件来提高计算机的管理效率。常用的计算机维护软件有系统维护软件、系统还原软件、硬盘保护卡和网络克隆软件等。有了这些软件的支持，就可以最大限度地保障计算机软件系统的稳定和安全。例如，对于学校机房的计算机来说，它们的软件环境是一样的，因此可以先做好一台样机，然后利用上述功能，将所有需要安装相同系统软件环境的计算机一次性进行克隆操作，快速安装好所需要的安装软件环境，从而提高工作效率。图2-56所示为联想计算机的维护系统网络同传操作界面。

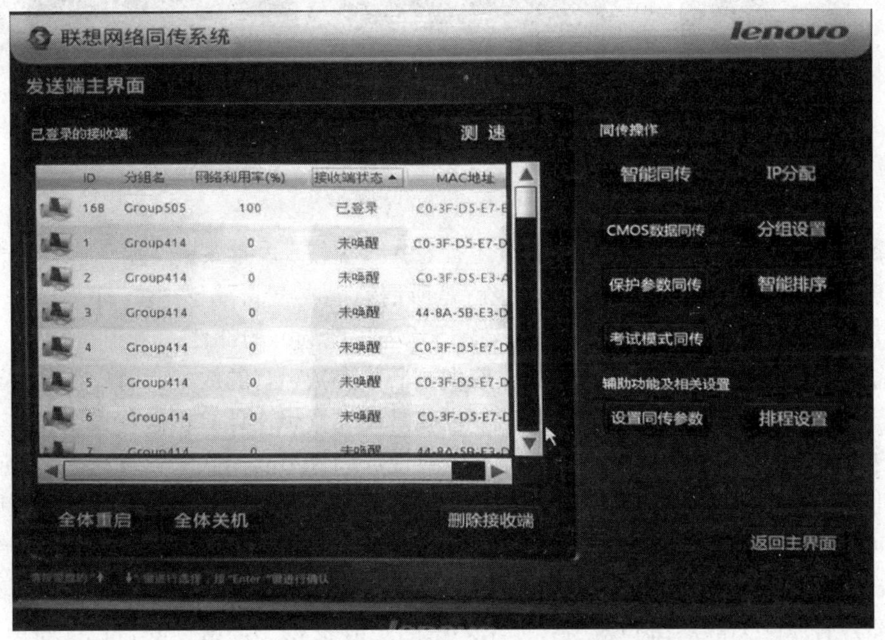

图2-56　联想计算机的维护系统网络同传操作界面

2.5.3 个人计算机各部件的选购

选购各部件时首先要看品牌知名度以及售后服务保障，只有好的保障，才能让人放心购买。一般选择有三包服务承诺的部件。价格过低的组装计算机，其零配件极有可能质量低劣甚至是假货。高配置组装计算机使用流畅，但价格也比较贵。

选购机箱时，要注意以下几点。一是内部结构合理，便于安装。二是颜色与其他部件要相配。三是所选的机箱一定要结实稳定。如果是游戏机，则需要根据配置来选择机箱，除了结实稳定，还要有足够的空间以及能够安装水冷系统、多风扇通道等。一般选择立式机箱。机箱内的电源关系到整个计算机的稳定运行，因此电源的选择也很重要。一定要买一线大品牌的产品。如果是家用不带独立显卡的计算机，可选择额定功率为300W 的电源；如果是游戏机，建议选择大品牌且额定功率在 650W 以上的电源。因为电源是计算机关键的供应能源部件，它的稳定与否直接影响整个计算机的质量。硬件配置越高，对电源的要求就越高，这样计算机的运行才会更安全、更稳定。图 2-57 所示为机箱和电源盒。

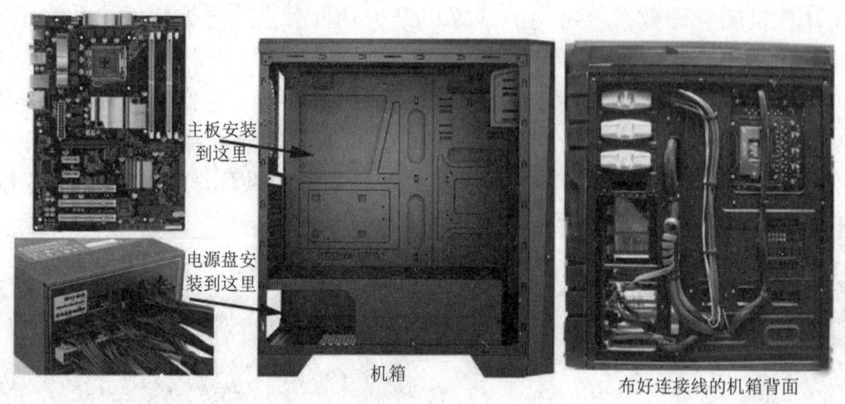

图 2-57 机箱和电源盒

除机箱和电源外，需要的部件一般还有 CPU、主板、内存条、硬盘、显卡、显示器、声卡（有的声卡已经集成在主板中，也就是所谓的集成声卡）、光驱（有 VCD 光驱和 DVD 光驱）、数据线、信号线等。图 2-58 所示为可能选购的部件。

选购计算机时首先要做需求分析，应做到心中有数、有的放矢。用户在购买计算机之前一定要明确自己购买计算机的用途，也就是说究竟想让计算机做什么工作、具备什么样的功能。只有明确了这一点后才能有针对性地选择不同档次的计算机。用户在购买计算机的过程中应该遵循够用和耐用两个原则，并做好选购计算机的预算，通过用途来决定如何选购计算机。硬件首先选一线大品牌的产品。

先选购 CPU，如果该 CPU 功耗低，发热小，用原装风扇即可，各大厂商的原装 CPU 都带有原配的散热器和风扇。如果购买的是散装 CPU，就需要自己配备散热器，后缀带 K 的 CPU，以及 AMD 4 核以上的 CPU 都需要买品质较高、带风扇的散热器，游戏玩家则可能需要选择液冷系统。可选择的 CPU 如下：Intel 系列有 12 代的 Intel 酷睿 i9、i7、i5、i3，还有以前的 11 代、10 代等；AMD 系列有 8 核、6 核和 4 核等，以及撕裂者系列。

图 2-58 可能选购的部件

主板要与 CPU 相匹配，Intel CPU 对应支持 Intel CPU 的主板，AMD CPU 对应支持 AMD CPU 的主板。由于各大品牌厂商较多，在选择主板时要多注意各个品牌主板性能和功能的介绍。主板的选择指标包括以下几方面：与 CPU 兼容，选择合适的芯片组；是否集成显卡；前端总线（现在很多 CPU 已不提这个指标）；扩展能力等。

内存条通常选购金士顿、威刚、宇瞻等品牌。内存条有不同的性能匹配问题，如果搭配高性能的 CPU，建议选择频率较高、性能较好的内存条；如果搭配常规的 CPU，则选择常规的内存条即可。内存条的容量也是越大越好，但也要量力而行，通常可选的容量有 4GB、8GB、16GB、24GB 和 32GB。如果支持双内存条或三内存条，就用双内存条构成双通道、三内存条构成三通道，以提高系统性能。常用的内存条类型是 DDR3 代和 DDR4 代。

机械硬盘通常选购西数、希捷和东芝等品牌。机械硬盘的容量可选择 500GB、1TB、2TB 和 4TB 等，接口可选择 SATA3.0、SATA2.0、SATA1.0 和 SAS 等，转速可选择 15000r/min、10000r/min、7200r/min、5900r/min、5400r/min 和 4200r/min 等。

固态硬盘有威刚、金士顿等品牌。通常固态硬盘的容量越大越好，技术和接口越先进越好，在选择固态硬盘时，主要根据自己的预算来确定。由于固态硬盘的技术发展较快，价格和容量以及性能变化较快，因此选择时一定要做好市场调查研究，根据当时具体的市场行情选择性价比较高的固态硬盘。

在选购显卡时，一定要做好功课，了解更多的有关显卡的相关知识，以购买适合自己、性价比高的显卡。显卡的显存大小有4GB、6GB、8GB、10GB、12GB和24GB等。常用的显卡有核芯显卡、集成显卡或独立显卡三种，其中独立显卡又有N卡和A卡两大系列。高端独立显卡的成本较高，所以价格也较高。选择时一定要了解显卡在不同时期的流行款和高端款，并且要量力而行。

显示器从光源类型看，有LCD和LED两种类型可供选择；从品牌方面看，有长城、HKC、AOC、明基、优派、瀚视奇、飞利浦、戴尔和宏碁等品牌可供选择；从屏幕尺寸看，有19in、21in、24in、26in、27in和32in等可供选择；从显示器接口类型看，有VGA、DVI、HDMI、DP和USB 3.0等可供选择。

2.5.4 笔记本计算机选购的注意事项

在市场中挑选一款笔记本计算机很容易，但是要选择一款适合自己的笔记本计算机就有一定的难度了。很多用户选购时会听从商家的推荐，等到使用时才发现笔记本计算机的各方面配置根本无法满足自己的需求。在选购笔记本计算机时，在不懂产品性能的前提下，上网查询或是向专业人士请教都是十分必要的。

选购笔记本计算机时应该从下列几方面出发。

1. 确定预算并根据实际需求选购笔记本计算机

在选购笔记本计算机时，首先要确定预算，确定了预算后，一定要严格遵循自己设定的预算范围，超过自己的预算一律不予考虑，这样做的好处是既节省时间，又能够根据自己的实际需求选择笔记本计算机。

2. 选购笔记本计算机前做足功课

在不了解笔记本计算机前，最简单的方法就是在相关网站查看该款笔记本计算机当前的市场行情、用户反馈的使用效果，以及价格、配置等，做到知彼知己才能购买到自己满意的笔记本计算机。

3. 选购笔记本计算机时要货比三家

同种类型的商品，不同的商家可能会有不同的价格，这就需要在选购笔记本计算机前仔细权衡，不要急于出手，但是在货比三家时也要注意某些陷阱，如商家更换配件（将原装配件换成代用件）。尽量不要选价格最低的，因为往往很多电子产品有成本的限制。

4. 确认购买目标后不要轻易改变

在选购笔记本计算机时可能会遇到这样的情况，自己已经认定了购买某一款笔记本计算机，但是商家会列出一些不足，然后推荐另外自己不熟悉的笔记本计算机。遇到这样的情况，一定要坚持自己的意见。

5. 根据需求选择合适的显卡

往往配备了高端独立显卡的笔记本计算机，在价格上会比较高。配备独立显卡的笔记本计算机无疑是游戏发烧友的最爱，但是平常不爱玩大型3D游戏的用户，在选购笔记本计算机时，就不需要购买独立显卡，市场上售卖的核芯显卡和集成显卡笔记本计算机就能完全满足需求，在价格上也比配备高端独立显卡的笔记本计算机实惠许多。

6. 看清楚包装

笔记本计算机的外包装也是选购笔记本计算机时要注意的。如果发现笔记本计算机的外包装有损坏或开封过，就一定要要求商家更换，拆过封箱的笔记本计算机有可能是退换货。此外，还要注意笔记本计算机上的序列号一定要和包装箱上的序列号一致。

7. 注意看产品质量保证书

在检查外包装没有损坏之后，打开包装，第一步就是拿出笔记本计算机的质量保证书，查看质量保证书、外包装以及笔记本计算机底部的序列号是否一致，如果不一致，那么其中一定有问题。还要看笔记本计算机附带的配件（如驱动等程序光盘、说明书、保修单、连接线缆、电源适配器等）是否齐全。如果当时核对不清，很可能会对以后的使用带来麻烦。

9. 仔细观察笔记本计算机机身

由于笔记本计算机外壳都有贴膜保护，很多人往往对笔记本计算机外壳是否有划伤不十分在意。笔记本计算机的屏幕就像一个人的脸面，计算机里的数据就是通过屏幕显现出来的，因此应仔细检查屏幕。首先观察屏幕表面有无污物、划伤或者裂纹。确定屏幕完好后，再开机检查屏幕。开机后将屏幕背景设成全白或者全黑，仔细观察屏幕显示有无缺损、有无亮点和暗点、亮度是否均匀、亮度和对比度调整是否可用。同时，还要注意笔记本计算机的按键是否有磨损、指点杆是否被磨光滑、鼠标左右按键是否松动等。

10. 开机后一定要注意配置

检查外观没有问题后，接下来就需要检查笔记本计算机的配置是否与标称的一致。最简单的方法就是开机后在系统中检查，具体步骤为：右击“此电脑”，在弹出的快捷菜单中选择“属性”命令，在弹出的窗口中会显示内存和处理器信息；右击“此电脑”，在弹出的快捷菜单中选择“管理”命令，在弹出的窗口中单击左侧的“磁盘管理”按钮，右侧会显示硬盘信息。

11. 使用软件检测笔记本计算机的真伪

使用CPU-Z检测有关CPU的信息，包括CPU的型号、工艺、插槽类型等。使用

GPU-Z 测试 GPU 核心，以及运行频率、带宽等。

使用鲁大师辨别计算机硬件的真伪。鲁大师是检测计算机信息的一款常用软件，可以进行硬件检测、温度检测、性能测试、节能省电等检测。

总之，根据自己的实际需求购买笔记本计算机往往是最容易被忽略的一条，只有根据实际需求出发，参考以上注意事项才能购买到满意的笔记本计算机。

第 3 章　计算机硬件组装与笔记本计算机维护

通常在认识计算机硬件和常用外设后，就可以根据自己的实际需要，选择合适的部件来组装计算机。组装计算机的过程实际上是熟悉其内部结构的过程，对今后计算机的使用以及计算机常见硬件的故障排除有很大帮助。

通过本章的学习和实践操作，读者可以掌握如何选择合适的计算机配件来组装计算机以及如何正确使用和维护笔记本计算机。

3.1　计算机硬件组装前期要求

随着计算机的不断发展，计算机配件的集成化和标准化程度越来越高，计算机的安装、调试过程也越来越简单，基本都是散件的组装。因为计算机是非常精密的和专业的电子设备，所以组装计算机前的准备工作是非常必要的。

3.1.1　计算机配件的准备

组装计算机时首先要确定组装何种档次或类型的计算机，然后准备对应档次计算机需要的所有配件，因为不同档次的计算机其配件的构成是有区别的。组装整个计算机的所有配件必须齐全，包括 CPU、主板、内存条、硬盘、显卡（独立显卡或集成显卡）、机箱、电源、声卡、散热器、风扇和各种连接线等。另外，还需要配备显示器、键盘和鼠标。所有这些部件还应匹配，如 CPU 和主板要匹配，内存条和主板要匹配，内存条和 CPU 要匹配，等等。所有配件必须兼容。图 3-1 所示为主机组装需要准备的配件。

配件准备完善，会给后续的组装工作带来很大的方便；如果准备不充分、不完善，就会给后续的计算机组装带来很大的麻烦，甚至造成配件的损坏和经济损失。因此，在

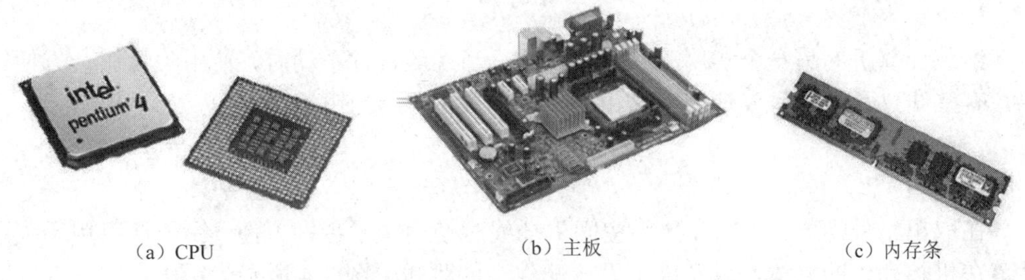

（a）CPU　　（b）主板　　（c）内存条

图 3-1　主机组装需要准备的配件

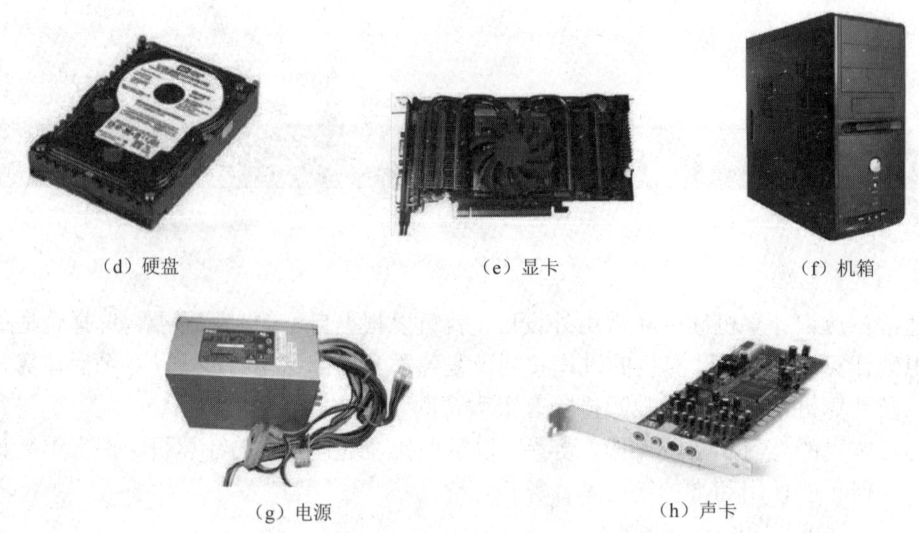
（d）硬盘 （e）显卡 （f）机箱
（g）电源 （h）声卡

图 3-1（续）

购买计算机配件时一定要和商家谈好保修和包换条件。在配件有保障的情况下，一般不需要测试配件的好坏，直接安装使用即可。

3.1.2 计算机组装常用工具

在组装计算机时，应该有一个宽敞、绝缘、安全的操作工作台，一把尖嘴钳子，一套带磁性的螺丝刀（包括各种型号的“十”字形和“一”字形）等。如果需要，还可以配备更好的工具。

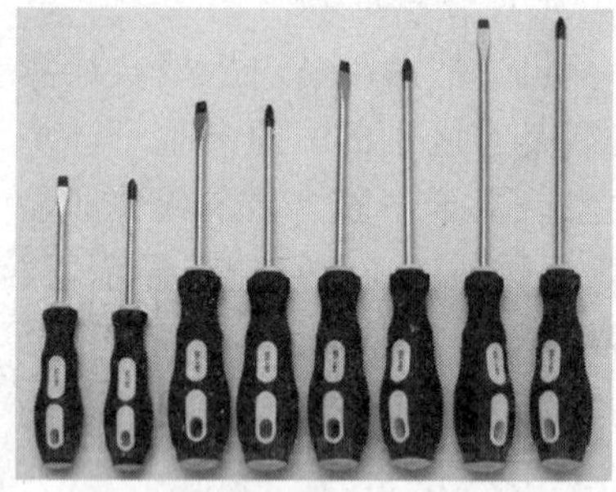
图 3-2 螺丝刀组合工具

1. 螺丝刀

组装计算机的最基本工具就是螺丝刀。计算机中的大部分配件是使用“十”字形螺丝刀来安装的。最好购买带有磁性的螺丝刀，这样会方便吸住螺丝，以便于在狭小的空间中安装。可以选择不同型号的套装螺丝刀组合工具，如图 3-2 所示。

2. 尖嘴钳

组装计算机的另一个实用工具是尖嘴钳。当螺丝钉拧不动时，使用尖嘴钳会方便很多。有些线过长时，可以使用尖嘴钳剪短。图 3-3 所示为钳子。

3. 镊子

在取出小号螺丝，以及在狭小空间中插线时使用镊子特别方便。镊子还可用于夹取掉落在机箱死角的物体，以及用来设置配件上的跳线。图 3-4 所示为镊子。

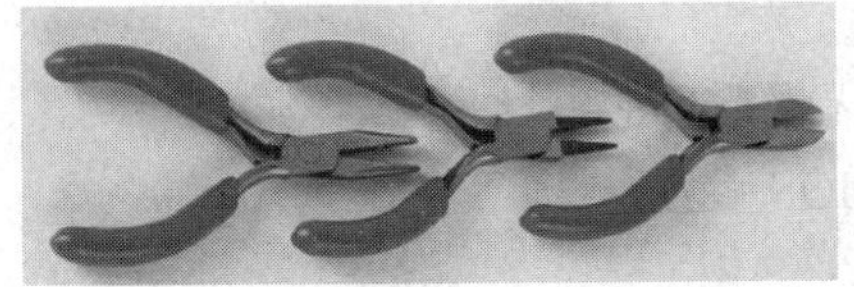
图 3-3　钳子

图 3-4　镊子

4. 万用表

万用表用于在安装过程中检查电压、排除故障。图 3-5 和图 3-6 所示分别为数字万用表和指针万用表。

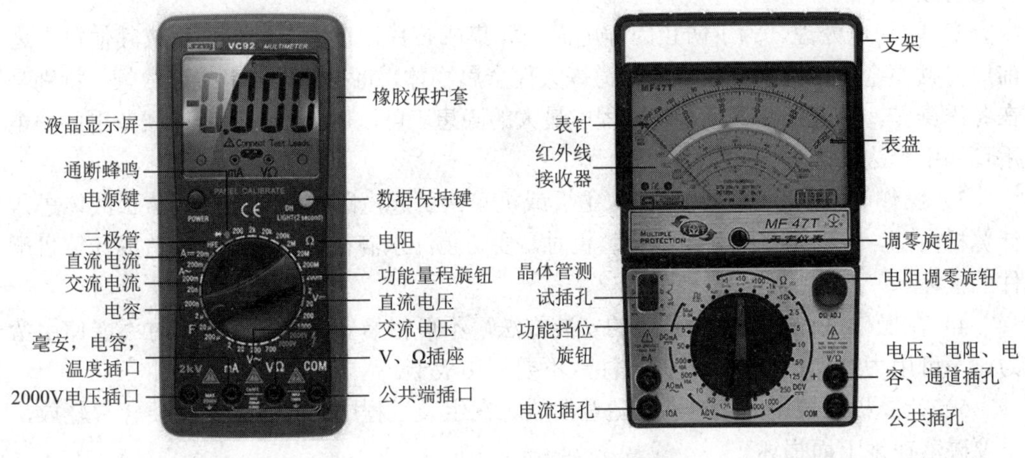

图 3-5　数字万用表　　图 3-6　指针万用表

3.1.3　计算机硬件操作规范

一般来讲，计算机的组装过程并无明确规定，但步骤不合理会影响安装速度和装配质量，容易造成故障隐患。因此，可以将计算机的组装流程按照基础安装、内部设备安装及外设安装这三个阶段共分为以下 15 个步骤。

1）准备好机箱和电源（现在很多用户使用水冷系统，注意散热装置与机箱的匹配）；

2）在主板上安装 CPU 处理器（包括涂抹导热硅脂，安装散热器、风扇）；

3）在主板上安装内存条（注意双通道使用双内存条及位置颜色）；

4）把插好 CPU、内存条的主板固定在机箱底板上（固定底座调整位置）；

5）在主机箱上安装电源盒并连接主板的电源（注意电源容量的匹配）；

6）安装固定硬盘和光盘驱动器（安装软盘驱动器现在基本淘汰，但机箱都有预留位置）；

7）连接各部件的电源插头和数据线（现在的机箱功能强大，连接时注意区分）；

8）安装显卡（注意现在的高性能独立显卡都需要二次供电）；

9）安装其他附加卡（如声卡、网卡等），连接音箱、麦克风；

10）连接机箱面板上的连线（复位按钮、电源指示灯、硬盘指示灯等）；

11）连接键盘、鼠标、显示器；

12）开机前做最后检查（一定要做检查，检查无误后再加电）；

13）进入 BIOS 设置程序，优化设置系统的 CMOS 参数；

14）保存新的配置并重新启动系统；

15）安装操作系统。

遵守安全操作规范流程，可以最大限度地减少错误和麻烦，安全地组装好计算机。

3.1.4 计算机硬件安装过程规范

1）断电操作。在安装或插拔各种适配卡及连接电缆过程中一定要断电操作，否则容易烧毁板卡。

2）防静电处理。为了防止因静电而损坏集成芯片，在用手触碰主板或其他板卡之前应先触摸金属水管或其他金属管道等大件金属物体，将身体上的静电释放掉。特别是在冬季操作，静电是计算机组装过程中最大的隐患。可以用流水洗手或佩戴专用放静电手环和手套去除静电。

3）操作时要防止金属物体掉入主板或机箱内引起短路，造成损失。防止液体进入计算机内部，特别是在夏天组装计算机时，要防止汗水滴在计算机配件上造成计算机配件的损坏。

4）在操作过程中，使用正确的安装方法，不可粗暴安装，固定板卡时不能使用蛮力，不可用力过猛；使用工具时，注意不要划伤板卡。

5）计算机组装用的工具不能随意摆放。在组装过程中，对各个配件要轻拿轻放，不要碰落在地上而损坏。

6）在组装计算机前一定要认真阅读主板、CPU 以及各个配件的使用说明书，了解这些配件的安装要点。

3.1.5 计算机硬件安装操作安全规范和安全禁则

1. 计算机硬件安装操作安全规范

计算机硬件安装操作规范的引入是为了提示操作人员，应按照操作规范来完成所有的操作事项，否则容易产生故障或错误，造成损失。

1）明确拆装顺序，先外后内，先易后难；

2）采取防静电措施，触摸机箱外壳（接地）；

3）合理运用工具，正确使用螺丝刀；

4）记录各配件连接位置及方向；

5）正确取放各个拆装配件，摆放位置合理；

6）严禁用手触摸板卡上的元器件；

7）插拔各类接口时，用力要适当；

8）加电前一定要再次检查。

2. 计算机硬件安装操作安全禁则

按照规则操作是所有操作人员的基本准则，下面是计算机硬件安装操作安全禁则。

1）扩展卡在扩展插槽内不能前后错位或上下倾斜；

2）扩展卡不能插入不同总线类型的扩展插槽内；

3）不能带电进行任何连接、拔断操作；

4）不能带电插拔板卡、芯片等配件；

5）安装、拆卸时不要用力过猛；

6）固定配件时螺丝不要拧得太紧。

3.2 计算机硬件组装

3.2.1 计算机硬件组装流程

1. 组装前的准备工作

1）在安装前释放人体身上的静电，用手摸一摸接地的导电体，如自来水管等接地设备。如果有条件，可佩戴防静电手环。

2）检查计算机各配件。一是检查配件是否齐全，二是检查各配件外表是否有损坏。配件不齐全和损坏都可能导致计算机工作不稳定，甚至不能工作。

3）准备好各种安装所用的工具，如十字螺丝刀、一字螺丝刀、尖嘴钳和镊子等。最好准备一个小器皿，用于盛放螺丝及一些小零件等，以防丢失。

4）对各种配件尤其是硬盘要轻拿轻放，不要碰撞。安装主板要稳固，同时要防止压力过大导致主板变形，甚至导致主板上的电子线路损坏。

5）准备一块绝缘防静电衬垫（通常主板的包装盒中有）用来放置主板。先把 CPU 和内存条安装到主板上，再把主板安装到机箱中。

2. 组装操作的流程

1）打开机箱，将电源安装在机箱中。

2）在主板的 CPU 插座上插入 CPU 芯片并涂抹导热硅脂，安装散热片和散热风扇。

3）将内存条插入主板的内存插槽中。

4）将主板安装在机箱中主板的位置上，并把电源的供电线插接在主板上。

5）将显卡安装在主板的显卡插槽上。

6）声卡都是 PCI 接口，所以将声卡插入 PCI 插槽中。

7）在机箱中安装硬盘、光驱，并将数据线插在主板相应的接口上，接好电源线。

8）将机箱面板控制线与主板连接，即各种开关、指示灯、PC 喇叭的连接。

9）将显示器的信号线连接到显卡上。

10）加电测试系统是否能正常启动。如果能正常启动（听到“滴”的一声，并且屏幕上显示硬件的自检信息)，那么关掉电源继续下面的安装操作；如果不能正常启动，就要检查前面的安装过程是否存在问题、配件是否损坏。

11）将机箱的侧面板安装好，检查固定螺钉。

12）安装鼠标和键盘等外设，接好电源，全部组装工作完成。

3.2.2 计算机主机箱内部的组装

1. 机箱和电源的处理

目前市场上流行的是立式 ATX 机箱，按结构分为普通螺钉螺母结构和抽拉式结构。这两种机箱都是由整体支架、机箱外壳和面板组成，但是打开机箱的方式不同。

打开机箱后，取出装有附件的塑料袋，里面应有两种口径的螺丝若干、六个左右支撑柱和与其配套的垫片若干、机箱胶皮垫四个、塑料支撑四个以上、金属挡片若干。每种机箱的结构不同，里面的固定安装细料也不太一样，认真阅读说明，按要求操作即可。

通常先将机箱四个角的胶皮垫安装好，再检查以下内容。

1）主板和机箱的安装孔位置是否对正，若遇安装孔错位，一定要认真检查原因，因为现在的机箱设计比较完善，所需的配件基本都能够完美地安装在机箱内部，一般不会出现错位或不能对位等现象。出现安装不上的原因往往是对位不准，要认真检查问题出在哪里，千万不要强行安装固定，以免造成麻烦。

2）喇叭及连线是否正常。一般机箱已将喇叭固定完毕，如果遇到无法固定现象，一定要认真检查原因，找到合适的位置将喇叭固定好。有部分主板已经将喇叭焊接在主板上了，此步骤可忽略。

3）机箱正面各种指示灯、按钮的连线是否有脱落，若有脱落要焊接好。

4）电源盒的安装。一般情况下，电源随机箱一同提供并且已安装完毕。如果是自己选择的电源就需进行电源安装操作。安装电源比较简单，把电源放在固定架上，把电源后面的螺丝孔和机箱上的螺丝孔一一对应，然后拧上螺丝即可（图 3-7）。

图 3-7　电源的安装

2. 主板的处理

在处理主板时，首先要消除身体静电，轻拿轻放，不要碰撞，安装主板要稳固，防止主板变形。

（1）安装 CPU

先将 CPU 插座旁的把手轻轻向外侧推出一点，并向上拉起把手，然后打开安装盖。

CPU 的外侧有两个安装用的定位豁口，插座对应的位置也有两个凸起（图 3-8）。将 CPU 的豁口对准插座的凸起，使 CPU 自然落入插座，然后再把安装盖合上，最后压下把手，听到“咔嗒”一声即可。注意千万不要在 CPU 还未对准时用力，否则会损坏插座上的金属触须。如果金属触须断裂，主板基本就报废了。

图 3-8　CPU 的安装

（2）安装 CPU 散热风扇

先在 CPU 与散热片的结合面上均匀地涂上导热硅脂，排出结合面的空气，再用 CPU 自带的弹性卡子将风扇固定在 CPU 上面，然后将风扇电源线插到主板上的风扇电源插针上。

（3）安装内存条

DDR3 和 DDR4 内存条上都有一个定位凹槽（常称为防呆口），对应的内存插槽上也有一个凸棱。DDR3 在中心偏右位置，DDR4 在中心偏左位置，所以方向容易确定。安装时把内存条对准插槽，两手均匀用力插到底即可，同时插槽两端的卡子会自动卡住内存条（图 3-9）。拆卸时不能用力往下拔，只要用力按下插槽两端的卡子，内存条就会弹出插槽。

图 3-9　内存条的安装

（4）主板的固定

主板上的 CPU 和内存条都安装好了以后，就可以将主板安装到机箱中，一般采用螺丝固定较为稳固，但各个螺丝的位置必须精确。主板上一般有 6 个固定孔，位置是标准的，相应在机箱上也有多个螺丝孔，要选择与主板相匹配的孔，把固定螺钉支柱旋紧在底板上，如图 3-10 所示。

在固定主板时要注意将主板上的键盘口、鼠标口、串并口等和机箱背面挡片的孔对齐，使所有螺钉对准主板的固定孔，然后依次把每个螺丝拧好。主板一定要与底板平行，绝不能搭在一起，否则会造成短路而烧毁主板。

图 3-10 主板的固定

3. 主板电源的连接

ATX 电源有三类输出插头，其中比较大的一类是 24 针的长方形插头，给主板供电，连接时只要将插头对准主板上的电源插座插到底即可。插头的一侧有卡子，安装的时候不会插反，如图 3-11 所示。在取下时，拇指按住卡子顶端将卡子拉开，然后与主板保持垂直用力将插头拔起。另外，还有几个 4 芯 D 型插头可以连接 IDE 接口的硬盘、光驱等，连接时要保证 D 型插头与插座相吻合，并用力插到底。还有 2～3 个 15 芯的 SATA 接口电源插头，连接比较简单，因为它们的方向是固定的，对准插紧即可。

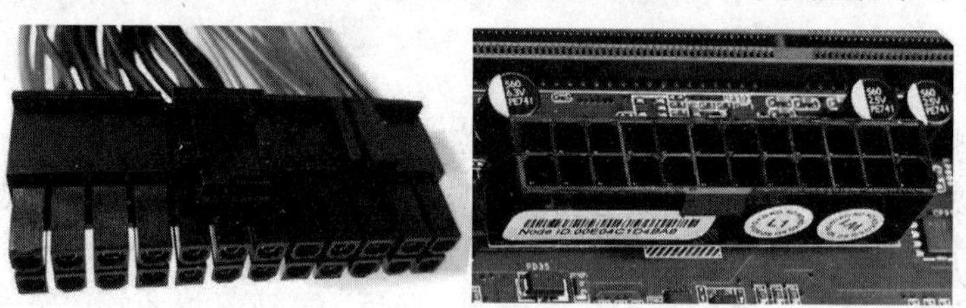

图 3-11 主板电源的连接

4. 硬盘、光驱的安装

（1）硬盘的安装

硬盘可直接安装到相应的托架位置上，从侧面安装固定螺丝。

1）IDE 接口硬盘的安装。

IDE 接口硬盘现在基本被淘汰了。这种硬盘的后面有三个接口：40 脚的 IDE 数据接口，电源接口和硬盘的主、从跳线接口（图 3-12）。硬盘的电源插座都是 D 型插座，与电源的插头正好吻合，两者对准后用力插入即可。

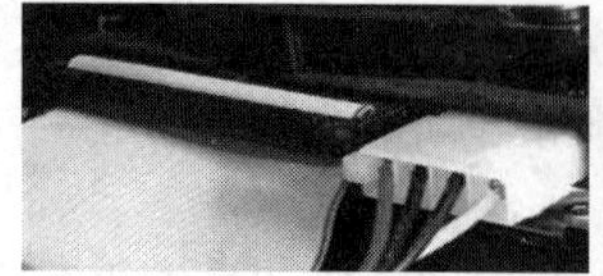

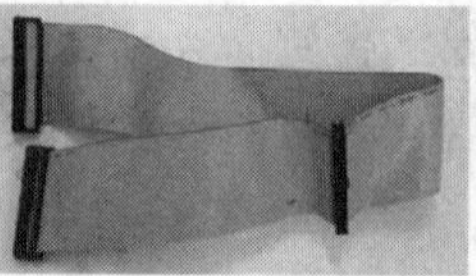

图 3-12 数据线和主板 IDE 接口

2）SATA 接口硬盘的安装。

现在流行的主板上至少有四个 SATA 接口，可连接至少四块 SATA 硬盘，要注意从标有 SATA1 的接口开始连接。与 IDE 接口不同的是，使用 SATA 接口，一根数据线只能连接一块硬盘，如图 3-13 和图 3-14 所示。

图 3-13　SATA 接口硬盘的安装和连接

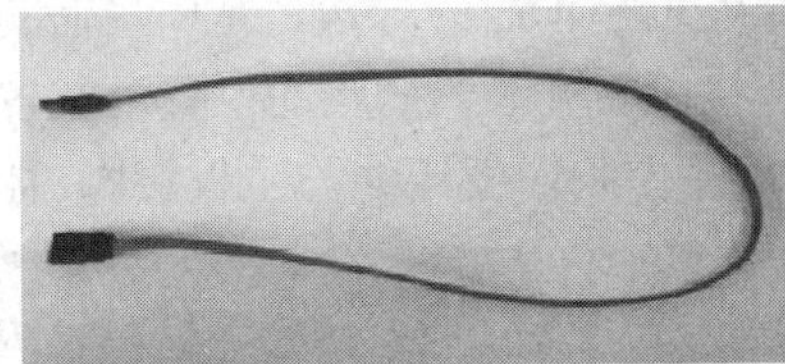

图 3-14　数据线和主板 SATA 接口

现在很多用户使用固态硬盘，SATA 接口的固态硬盘的连接方法和普通 SATA 接口的硬盘的连接方法是一样的。目前固态硬盘的尺寸大小通常是 2.5in，在新型机箱中有固定位置，如果是早期的机箱，则需要 2.5in 转 3.5in 台式计算机机箱硬盘位支架（图 3-15）。

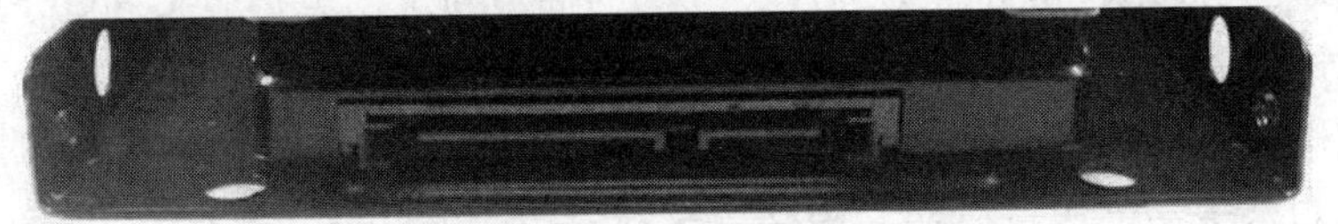

图 3-15　2.5in 转 3.5in 台式计算机机箱硬盘位支架

（2）光盘驱动器的安装

光盘驱动器的安装与硬盘一样，只是 IDE 接口可以有两种接法：第一种是与硬盘共用一组数据线，但光驱必须设置为从设备（slave）；第二种是用另外一组数据线连接主板的 IDE2 接口（secondary），此时光驱必须设置为主设备（master）。SATA 接口的光驱的连接与 SATA 硬盘相同。

5. 显卡、显示器的安装

（1）显卡的安装

目前市场上大部分主板集成了显卡，所以不必安装显卡。但对于没有集成显卡的主板，则需安装一块显卡。当用户有比较高的显示方面的需求时，可以增配独立显卡。现在流行的显卡都使用 PCI-E 接口，它是显卡的专用接口。还可以选择支持双显卡的主板，和双显卡组装，构成交火技术。

显卡安装步骤如下：先在主板上找到相应的 PCI-E×16 插槽，卸下对应位置的机箱背部的防尘挡板，再将显卡以垂直于主板的方向插入 PCI-E 插槽中，两手均匀用力并插到底部，保证显卡的金手指和插槽接触良好，并将显卡独立供电插头接好，然后将显卡的挡板与机箱背部固定好。不同显示接口的连接可以参看第 2 章显卡和显示器接口部分。

（2）显示器的安装

显示器的安装比较简单，只需将显示器的信号线插入显卡的对应接口，然后用自带的螺丝固定好即可。另外，还需要单独为显示器连接电源线。显示器电源线可直接连接 220V 交流电源。

6. 其他设备的安装

（1）其他线路的连接

除上述比较重要的连接线路外，在主板靠近机箱正面的一边，有一些辅助线路需要与机箱控制面板各指示灯、各开关进行对应连接。主板上各插座的位置以及各插座的名称可在主板的说明书上看到。图 3-16 所示为机箱控制面板连线与主板接脚对应的插针。

图 3-16 机箱控制面板连线与主板接脚对应的插针

1）电源开关按钮。将标有 POWER SW 的插头与主板上标有 ON/OFF 的两针插座连接，该按键为启动键，一般为二芯插头。

2）RESET 键的连接。将标有 RESET SW 的插头与主板上标有 RST 的两针插座连接，该按键为系统复位（重启动）键，一般为二芯插头。

3）喇叭线连接。将标有 SPEAKER 的插头与主板上标有 SPK 的插针连接，该插头一般为四芯插头。机箱上的小喇叭对检测机器故障和状态有很大作用。

4）硬盘灯的连接。将标有 H.D.D LED 的插头与主板上对应的 HLED 两芯插针连接，当硬盘正在读写时硬盘灯闪亮，表示硬盘处于工作状态。

5）电源指示灯的连接。将标有 POWER LED+（-）的插头与主板对应的插座连接，该指示灯亮，表示主板已被加电。

（2）键盘、鼠标

PS/2 接口的键盘和鼠标插孔相同，一般紧贴主板的是键盘插孔，另一个是鼠标插孔。插入时注意插头的方向，插头和插座都有缺口，应旋转插头使其缺口对准插座的缺口后再用力插入。如果没有安装键盘就通电开机，喇叭会鸣响警告，屏幕上会给出有关键盘未安装的信息。现在的键盘和鼠标往往都是 USB 接口的，可以直接将键盘和鼠标的 USB 接口连接到主机的 USB 接口上。

（3）音箱、麦克风

通常主板已集成了声卡，其功能完全可以满足一般家庭的需求，将音箱和麦克风直接接入相应的插孔即可。如果希望更好的视听效果或者是专业研究，可以另外配置声卡。内置声卡一般是PCI总线接口，将声卡直接插入PCI总线扩展插槽即可，按照声卡说明和标识，将音箱和麦克风接入相应的插孔，以便检查声卡和音箱、麦克风的质量。外置声卡一般是USB接口，需要将其连接在主机的USB接口上，同时按照说明使用即可。

（4）打印机

如果配有打印机则应将其接入系统，对打印机接口和线路进行初步检测。此项工作也可在整个系统安装、检测、调试完毕后进行。打印机也有两个接口：一个是电源接口，使用线路与计算机的电源线相同，将一头插入打印机电源输入口，一头插入与供电网连接的多功能供电电源插座；另一个是专用的打印信号线，一端为25针的梯形针式插头，与主板上相应的插座连接，并用两边的螺丝固定，一端为梯形插头，与打印机对应的插座连接，使用插座自带的卡丝固定。现在大部分打印机使用USB接口与主机相连。不管新旧打印机都要选用正确的连线连接。

（5）电源线

一切安装就绪后，将计算机电源线一头与电网连接，另一头与计算机电源盒背后的电源输入口连接。在插拔电源线时要注意，动作一定要快速、稳健，防止电源插头在插入插座时产生虚接、打火现象而烧毁器件。另外，一定要确保在最后检查之后再通电。

7. 水冷系统和机箱风扇

所有设备安装完成后，将水冷制冷系统安装到对应位置，并将对应的风扇控制插头插到相应的位置，还要将机箱的风扇安装到对应的位置，并且注意风扇旋转的方向，按照机箱设计理念形成良好的空气流动散热。

3.2.3 计算机组装完成后的检查和加电测试

将所有设备、线路安装固定完毕后，切不可急于加电，应将所有可能出问题的电源线、信号线、跳线、插头等设备进行检查后再加电，以防止接错而造成损失。重点检查以下可能造成损失的部位：

1）主板、硬盘和光驱电源插头是否插接正确。

2）电源盒110V/220V开关是否处在220V位置。

3）显示器信号线插头是否插接牢靠，防止意外掉下。

4）是否有金属物品掉入机箱，可摇晃机箱进行检查，防止形成短路烧毁设备。

为使装配一次成功，最好依次将每个步骤都检查一遍，这是一件需要细心和耐心的工作，也是维护人员必备的素质。

1. 加电前的准备

装配后的第一次加电非同一般，一些可能造成的损失就在这一瞬间发生，因此要提高警惕，在加电之前先不要盖上机箱盖板，在开机的同时手指不要离开电源插座开关，并观察风扇是否转动，硬盘是否工作正常，是否有异味出现，某部件是否有烟雾飘出等。一旦出现问题就应立即关掉电源，并检查原因。这一切都是在一两秒之内发生的事情，如果动作稍慢就会使故障扩大，殃及其他配件。如果十几秒后没有出现上述问题并且机箱上的各指示灯正常显示，说明电源通过了全负载加电考验，组装工作基本完成，可以继续通电完成后续工作。

2. 首次加电后的 CMOS 设置

如果加电后一切正常，首先运行的是系统 BIOS 的加电自检程序。该程序首先对 CPU、内存、显卡进行检测并根据 CMOS 参数对软驱、硬盘等进行检测。由于刚加电时 CMOS 中的参数是主板以前默认的配置参数，这些设置不一定与实际的配置相同，所以需要进行初步的 CMOS 设置。CMOS 的原理和设置详见第 4 章。

3. 机箱面板各按键、指示灯的调整

核实 RESET 按键是否起作用、接线是否正确，如果出现问题，可在加电的情况下进行调整。核实各指示灯是否正常。由于机箱正面的指示灯使用的是发光二极管，接错线不会烧坏二极管，如果某个灯不亮，可在带电的情况下将对应的插头反转插入即可。

4. 光驱、硬盘基本测试

使用 U 盘或光盘启动系统后，对硬盘进行读、写操作，进行初步的测试，以判断硬盘及接线是否正常。

5. 打印测试

进行简单的联机打印操作，以检测打印口、打印信号线、打印机是否正常。

6. 键盘、鼠标测试

运行有关键盘、鼠标检测软件，测试键盘口和鼠标口及键盘、鼠标是否正常。

7. 组装的最后工作

一切正常后进行最后的收尾工作。计算机的连线大部分从背板下方和后背板走线，要利用机箱给定的绑扎位固定好所有连接线。同时还要把机箱风扇安装到对应的合适位置，以利于计算机硬件系统的通风降温。在机箱背后与空槽对应的位置安装挡片，将挡片用螺丝固定以防止灰尘进入；清理机箱，将各线路进行适当捆扎，防止线路进入有关设备造成故障；盖上机箱盖板，用机箱螺丝固定。至此组装工作完毕，然后进行 CMOS 设置及操作系统的安装。图 3-17 所示为组装完成的计算机。

图 3-17 组装完成的计算机

3.3　计算机拆装机操作

3.3.1　计算机拆装机实验知识储备

拆装机实验要求学生根据实验内容事先学习有关拆装机的相关知识和内容。学生可以网上搜索相关视频或文档，或者学校为学生准备相关资源。在上拆装机实验课前，学生应根据课时和实验要求，预习拆装机实验要求和基本过程。需要预习的内容有：拆装机需要使用的工具、基本操作规范、过程和要求，计算机配件安装过程规范和流程，以及组装完成的检查和加电测试等。有了这些知识储备，就可以完成拆装机实验的操作工作。

例如，编者所在学校的学习平台资源提供了有关计算机硬件选购的相关资源和计算机拆装机实验的相关资源。要求学生在上拆装机实验课前观看有关拆装机实验的视频，了解拆装机的操作；把实验报告打印出来准备好，这样可以了解实验的内容及操作范围。需要使用的工具以及拆计算机主机箱、拆卸内存和硬盘的操作通过短视频的方式介绍。

3.3.2　计算机拆装机实验前期准备

根据实验内容的要求，学生应提前做好相应的准备工作。

1）了解拆装机的工具的使用。

2）了解拆装机的相关硬件操作知识。

3）了解拆装机的注意事项：

- 拆卸机箱的相关注意事项、操作方法和技巧。
- 拆卸和安装内存条的相关注意事项、操作方法和技巧。
- 拆卸和安装硬盘及光驱的相关注意事项、操作方法和技巧。
- 拆卸和安装主机电源盒的相关注意事项、操作方法和技巧。
- 拆卸和安装 CPU 及其散热器的相关注意事项、操作方法和技巧。
- 拆卸和安装其他配件的相关注意事项、操作方法和技巧。

4）了解拆装机的规则和禁则：

- 安装内存条时，内存扩展插槽内不能前后错位或上下倾斜。
- 安装扩展显卡和独立显卡时，严禁将不同总线类型的显卡插在不同的扩展插槽内。
- 安装或拆卸时，不能带电进行任何连接或拔断操作。
- 安装或拆卸时，不能带电插拔板卡或芯片等任何配件。
- 安装或拆卸时，用力要适当，不要用力过猛，以免造成不可修复的问题。
- 安装或拆卸时，所有固定配件的螺丝都要固定紧固，但既不能拧得太紧，也不能拧得太松。
- 安装或拆卸时，严禁将金属器件遗落在主板或其他配件上，以免造成短路。
- 安装时，严禁插反接口、插头或插槽。

5）准备好实验报告。实验报告上要有学号、姓名、合作者、设备编号（即组别）

和日期等，在上课时或上课前填写好。预留好指导教师检查一栏，用于指导教师签名或盖章。

另外，在实验室的每个操作台上都贴有计算机硬件操作安全规范。同时，要求学生在仪器设备使用人员登记本上签名，以备后续核查；在实验操作中将螺丝放置在收纳盒中，这样在还原安装时容易寻找，不容易安错螺丝。图 3-18 所示为螺丝收纳盒和仪器设备使用人员登记本。

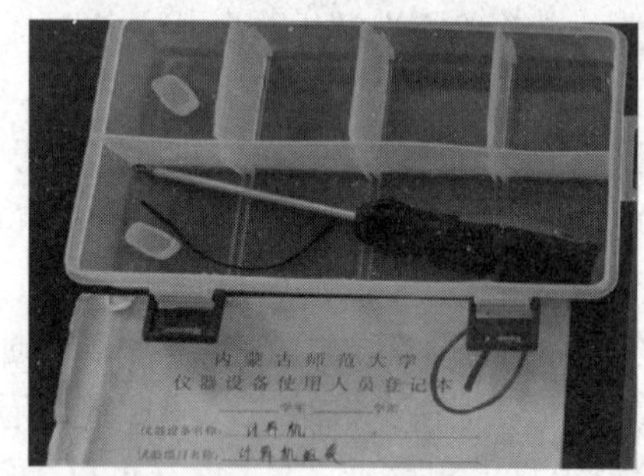

图 3-18 螺丝收纳盒和仪器设备使用人员登记本

3.3.3 计算机拆装机实验过程

1. 拆机过程

1）开机通电检查计算机的完好性。

2）将计算机关机，并将电源线断开，将所有连接线拆开，准备进行主机的拆机实验操作。

3）拆开主机箱盖板，观察主机箱的内部结构和部件：

- 卸下固定住机箱外壳的螺丝，打开主机箱，观察主机箱内的结构。
- 找到实验要拆装的部件（主板、CPU、显卡、散热器、内存条、电源盒、硬盘和光驱等）并仔细观察，根据需要记录它们的位置和连接方式。如果记不住，可以用手机的照相功能拍照记录帮助记忆，以便还原安装和检查时参考。

4）拆卸硬盘：

- 仔细观察硬盘在主机箱内的安装方式和位置以及紧固方式。
- 拔掉电源与硬盘相连的电源线。
- 拔掉安在硬盘上的数据线，并将数据线的另一端从主板上拔出，放置在固定的收藏位置，注意数据线与主板连接的接口和与硬盘连接的接口是否相同或不同。
- 卸掉紧固硬盘的螺丝钉，取出硬盘，并将硬盘放置在固定收纳位置，摆放整齐。
- 仔细观察硬盘上的标签标注的相关数据信息，将与实验报告要求记录的相关信息（如品牌信息、型号信息和接口信息等）记录在实验报告的位置。

注意在拆装硬盘时，有一部分硬盘固定架有卡槽及多个固定螺丝，如图 3-19 所示。

5）拆卸光驱：方法同拆卸硬盘。

6）拆卸内存条：

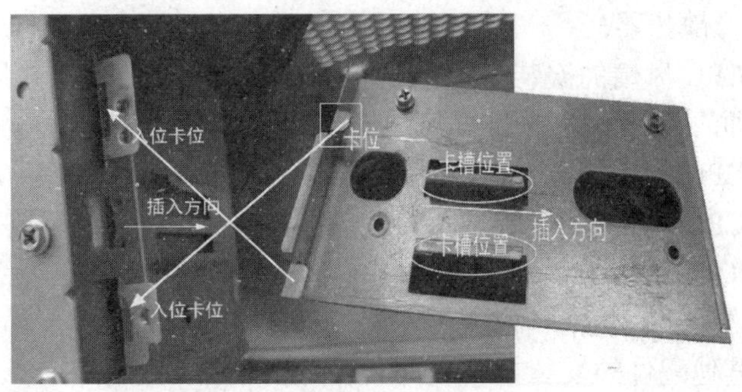

图 3-19　硬盘固定架安装示意位置

- 用双手掰开内存条插槽两边的白色卡柄（图 3-20）并向外向下施力，将内存条从插槽中取出，然后将内存条放置到固定的收纳位置并摆放整齐。

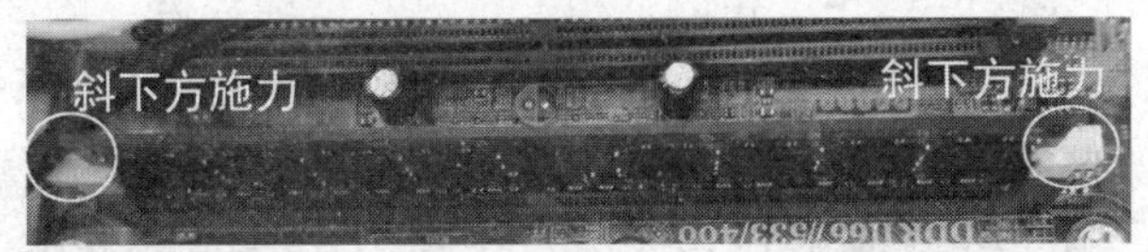

图 3-20　内存条卡扣位置

- 仔细观察内存条上的标签信息，将与实验报告要求记录的相关信息记录在实验报告的相应位置。

7）拆卸电源盒：

- 观察电源与主机箱的紧固方式，然后拆卸紧固电源的螺丝钉（一般是四个固定螺丝）。小心将电源盒从主机箱中取出，在取出电源盒时注意是否将所有连接其他设备的供电连接线拔开。图 3-21 所示为主板供电插头和辅助供电插头。

图 3-21　主板供电插头和辅助供电插头

- 取出电源盒后，仔细观察和阅读电源盒上的标签信息，并将实验报告上要求记录的相关信息记录在实验报告的相应位置。记录完毕后，将电源盒放置在规定的收纳位置并摆放整齐。

8）拆卸主板：

- 观察主板与主机箱的紧固方式。
- 观察信号线在主板上的插法。
- 拆卸紧固主板的螺丝钉。
- 拔掉插在主板上的信号线和电源线，取出主板。

9）拆卸 CPU 及散热器：

- 仔细观察 CPU 风扇的安装方式。
- 在指导教师的指导下拆卸 CPU 风扇。
- 仔细观察 CPU 的安装方式。
- 小心拆卸 CPU，如果自己完成不了，一定要在指导教师的示范下拆卸 CPU，以防损坏 CPU 或插座。

10）拆卸其他配件：

- 仔细观察其他配件的安装方式。
- 仔细观察其他配件的固定方法。
- 拆卸相关的紧固件。
- 小心拆卸这些部件，并将其摆放整齐。

拆完后将所有配件摆放整齐，并记录相关参数及指标数据。图 3-22 所示为拆卸完成并摆放整齐的配件。经过指导教师检查无误后，才可以开始还原安装操作。

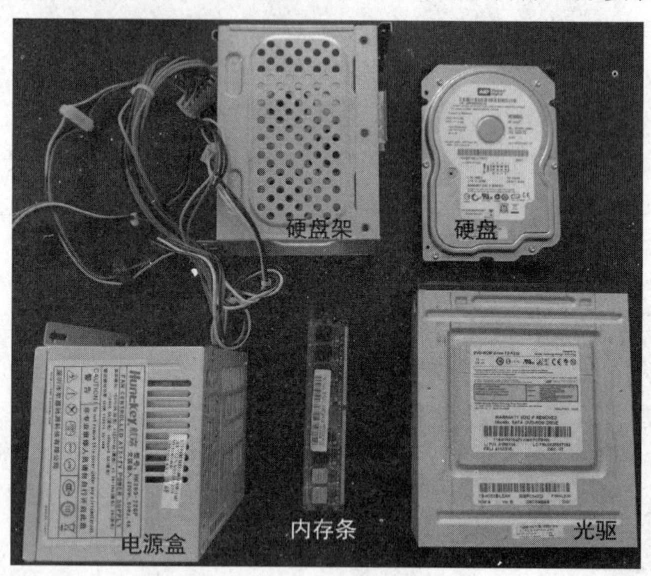

图 3-22　拆卸完成并摆放整齐的配件

2. 装机过程

（1）装机注意事项

- 思考安装顺序，并拟出操作方案。
- 按所拟操作方案依次安装各配件。
- 无法安装的配件请求指导教师的帮助。
- 注意在安装 CPU 散热器时要重新涂抹新的硅脂，保证良好的散热。

（2）装机后的检测

- 认真检查所有配件是否安装正确。最好是两人互相检查，防止由于思维定式导致出错。

- 互查无误后请求指导教师检查。
- 经指导教师检查确认无误后，连接键盘、鼠标、显示器等相关连线，然后通电检查是否完好。在通电时一定要集中注意力观察，当发生问题时马上断电检查，防止发生事故。

3.3.4　计算机拆装机实验报告及心得总结

学校可以根据自身实验室的实验设备和器材的特点，具体安排实验内容和操作细目，要求学生做好相应的操作和记录，完成最后的实验报告。

学生在完成所有操作和实验报告后，要对整个实验过程进行总结，总结内容为在计算机拆装机实验过程中有哪些收获、哪些不足、有什么样的提高和认识。这样不仅可以让学生对计算机拆装机实验整体有一个充分的认识，而且可以为指导教师的实验教学提供参考，以提高后续实验的质量和效果。

3.4　笔记本计算机硬件更换操作

3.4.1　笔记本计算机拆卸工具

笔记本计算机拆卸工具有很多种，比较实用的大部分是套装工具，如多功能螺丝刀套装精密组合维修工具、双头塑料和金属笔记本计算机拆机起子工具、螺丝刀套装（图 3-23）。利用这些工具基本上就可以对大部分笔记本计算机进行拆装操作了。

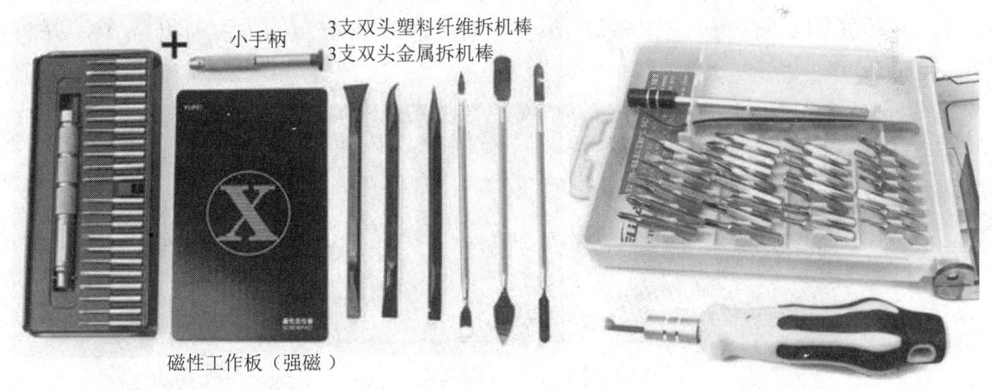

图 3-23　螺丝刀套装（梅花、平头、一字和内六角）拆装工具

3.4.2　笔记本计算机更换硬盘的操作步骤

通常笔记本计算机使用 2.5in 的硬盘，此类型的硬盘更换是比较固定的。只是在更换时，由于不同品牌笔记本计算机的结构不同，大部分能打开专有后盖，更换传统 2.5in 机械硬盘、2.5in 固态硬盘以及 mSATA 接口硬盘和 M.2 接口硬盘。但是有小部分笔记本计算机的拆装特别复杂或必须使用专用工具才可以拆开，这时要注意小心行事，不要自己拆装，以免造成麻烦。最好送到对应的商家，让商家的售后工程师处理。下面介绍常

规的更换笔记本计算机硬盘的步骤。

1）将笔记本计算机关机，将电源断开并拔掉电池，以保证安全。如图 3-24 所示，先将 3 号位置的电源供电插头拔下来，再拆下笔记本计算机的电池；将 2 号位置的锁定卡手动解锁，设置在解锁位置；用左手将 1 号位置的自动锁扣扣到解锁位置不动，同时右手用适当的力度拔下电池。

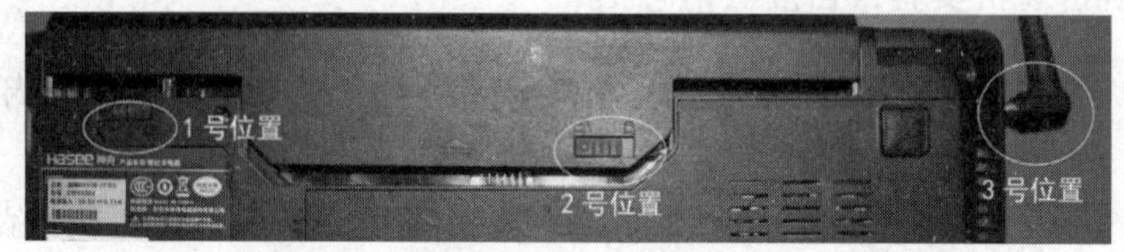

图 3-24　拆卸电池和拆下供电电源插头

2）将笔记本计算机翻过来，放置在专用实验平台上。找到硬盘位置后，确认硬盘在笔记本计算机后部盖板内，用十字螺丝刀将螺丝拧下来，最好将螺丝拔出来，放在专用螺丝收纳盒中。图 3-25 所示为拆卸后盖螺丝并将其收纳到专用收纳盒中。

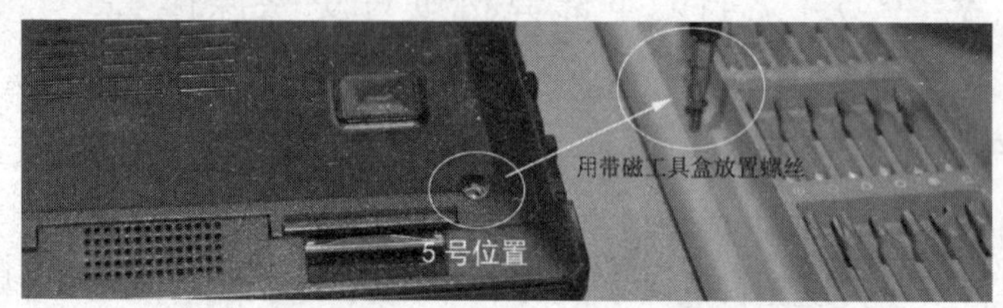

图 3-25　拆卸后盖螺丝并将其收纳到专用收纳盒中

3）拆卸完螺丝后，按照图 3-26 所示箭头方向使用适当的力度打开盖子，并将盖子拿开。

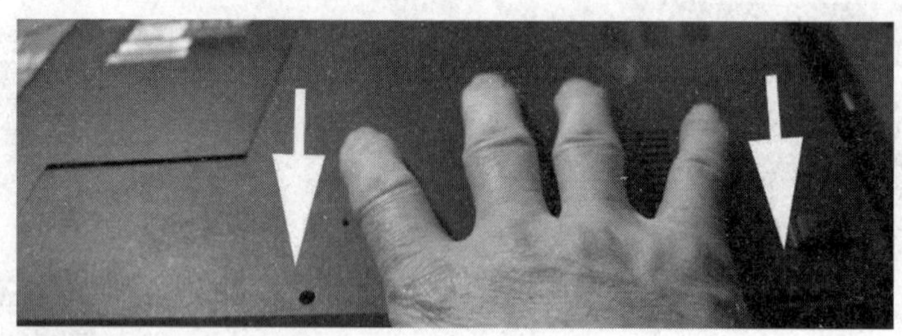

图 3-26　拆卸后盖板

4）打开后盖板后，仔细查看硬盘的位置，以及硬盘安装固定的特点。图 3-27 所示为拆开后盖板的笔记本计算机内部。

5）笔记本计算机的硬盘上通常会提示拆卸的方法，千万不能直接拉塑料卡片。如果没有提示，就需要仔细识别硬盘固定方式。通常的固定方式有两种：早期笔记本计算机基本上使用螺丝和固定卡片结合来固定硬盘；现在的笔记本计算机硬盘基本上使用免螺丝钉的固定方式，也就是用卡扣或限位橡胶卡位器固定，用这种方式固定硬盘拆装方便、快捷、安全。

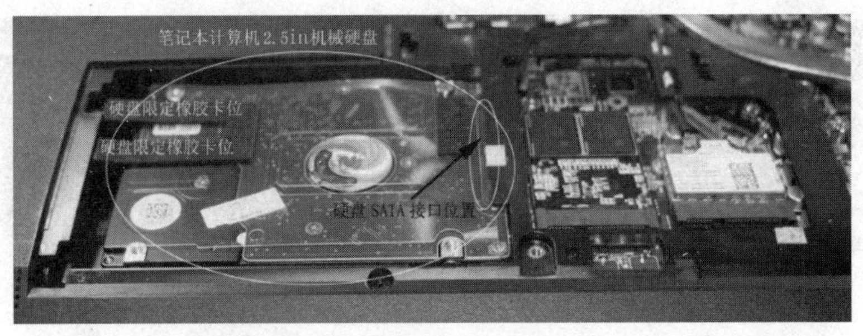

图3-27　拆开后盖板的笔记本计算机内部

6）将限位橡胶卡位器从限定位置抬起，用手抓住辅助固定硬塑料卡片，按照图3-28所示箭头方向用适当的拉力将硬盘从笔记本计算机的硬盘接口中拉出，然后小心将硬盘取出来。

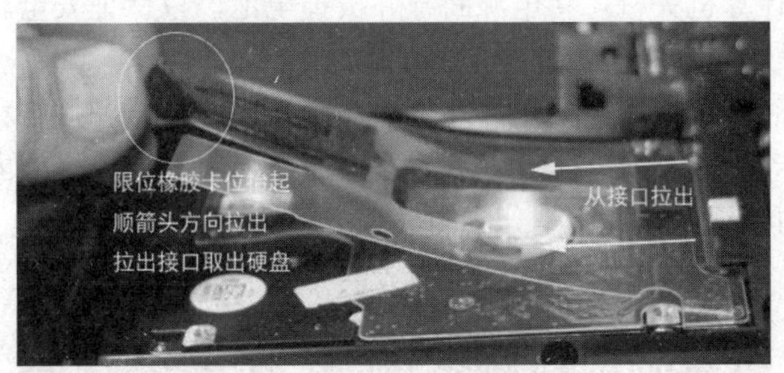

图3-28　限位橡胶卡位器

7）将取出的硬盘从辅助固定硬塑料卡片上卸下，一般有2～4个固定螺丝。将螺丝拧下来，将硬盘的主体与辅助固定硬塑料卡片分离。如果在拆卸时怕方向有误，可拍照保存原来的安装状态。

8）将新的硬盘安装固定到辅助固定硬塑料卡片上，然后安装新硬盘。和刚才拆卸的过程正好相反，先将带有辅助固定硬塑料卡片的新硬盘放到槽中，然后用手指推盘体，将硬盘接口插入到主板对应的接口中。一定要推到位，确认无误后将限位橡胶卡位器还原到限位位置，将硬盘锁定即可，如图3-29所示。

图3-29　硬盘安装到位

9）盖好盖板，固定好螺丝，如图3-30所示。

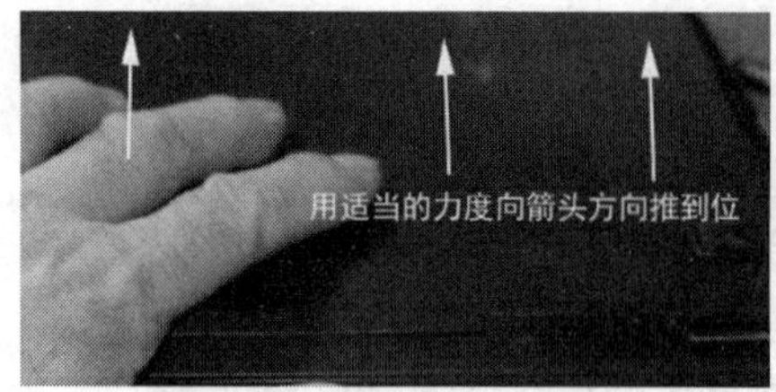

图 3-30 安装盖板操作和固定螺丝旋紧

10）如果新硬盘备份了，则系统可以直接开机。如果没有备份，就用 U 盘或光驱安装系统，装好后开机。安装系统的具体操作详见第 5 章的相关内容。

3.4.3 笔记本计算机内存扩容的操作步骤

1）将笔记本计算机关机，将电源断开并拔掉电池，以保证安全。这一步的操作和硬盘拆装更换的操作完全相同。

2）拆开盖板后仔细观察，找到内存位置，确认内存型号和规格相同后，再次确认内存扩展插槽及卡口位置。图 3-31 所示的插槽便是笔记本计算机的内存条所在位置，一般有两条，有的笔记本计算机是分层的，有多条插槽。

图 3-31 内存扩展插槽

3）找到空余的内存条插槽，核对内存条型号及类型正确后，将新的内存条插入空槽中，向锁扣方向施力，当听到轻微的“咔嗒”锁定声音，表示扩容内存条安装到位，如图 3-32 所示。

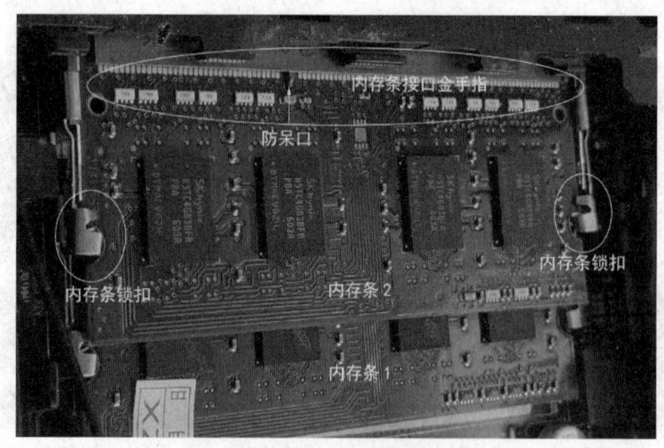

图 3-32 安装好扩容内存条

4）盖好盖板，固定好螺丝。此操作方法和更换硬盘的盖板操作完全相同。

5）通电检查笔记本计算机是否能正常使用。若能正常使用就表示当前的内存扩容工作完美结束。若不能正常工作，如出现死机或蓝屏等现象，就表示扩容工作有问题，需要检查问题所在。检查的方法参见第 9 章的相关内容。

3.4.4 笔记本计算机安装 mSATA 接口的固态硬盘和蓝牙网卡升级或更换的操作步骤

1）将笔记本计算机关机，将电源断开并拔掉电池，以保证安全。这一步的操作和硬盘拆装更换的操作完全相同。

2）将笔记本计算机翻过来，将盖子拿开，拆开笔记本计算机，露出里面的部件。图 3-33 所示的扩展插槽便是笔记本计算机的 mSATA 固态硬盘和 mSATA 蓝牙网卡模块所在位置，一般有一个 mSATA 固态硬盘接口和一个 mSATA 蓝牙网卡混合扩展接口位置。

图 3-33 mSATA 固态硬盘接口、mSATA 蓝牙和 Wi-Fi 接口及 mSATA 固态硬盘安装

3）找到 mSATA 固态硬盘插槽位置，核对 mSATA 固态硬盘的型号及接口类型，并检查扩展设备与笔记本计算机的接口一致后，将新的 mSATA 固态硬盘插入对应的插槽中，向固定螺丝方向下压施力，将固定螺丝孔位对正，旋紧固定螺丝即可。

4）找到 mSATA 蓝牙网卡模块插槽位置，核对 mSATA 蓝牙网卡模块的型号及接口类型，并检查扩展设备与笔记本计算机的接口一致后，将新的 mSATA 蓝牙网卡模块插入对应的插槽中，向固定螺丝方向下压施力，将固定螺丝孔位对正，旋紧固定螺丝，然后将天线连接接头接好即可。

5）安装好 mSATA 固态硬盘和蓝牙网卡模块后，检查安装的位置和正确性，图 3-34 所示为安装好的 mSATA 固态硬盘和蓝牙网卡模块。如果没有问题，盖好盖板，旋紧好固定螺丝，此操作和更换硬盘的操作一样。

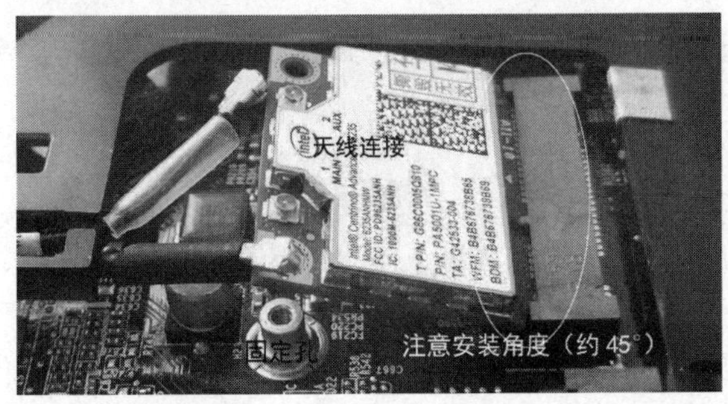

图 3-34 mSATA 蓝牙网卡模块、安装好的 mSATA 固态硬盘和蓝牙网卡模块

6）通电检查笔记本计算机是否能正常使用。若能正常使用就表示升级或更换工作完美结束。若不能正常工作，如死机或蓝屏等现象出现，就表示工作有问题，需要检查问题所在。

3.5 笔记本计算机的保养

3.5.1 笔记本计算机使用的注意事项

笔记本计算机能否保持良好的状态与使用环境和个人的使用习惯有很大的关系，好的使用环境和习惯能够减少维护笔记本计算机的复杂程度并且能最大限度地发挥其性能。如果想让笔记本计算机的使用寿命和期限更长，就需要注意以下使用细节。

1. 软件方面应该注意的问题

在使用的过程中尽量不要安装过多的软件，同类功能软件一般只安装一款，否则在使用的过程中会造成很多垃圾，还会抢占笔记本计算机的资源，如占用内存和硬盘空间等。

笔记本计算机主要是为移动办公服务，在笔记本计算机上应该只安装自己很了解的软件，不要拿笔记本计算机尝试一些没有把握的、无关的软件。笔记本计算机上的软件不要装得太杂，否则会引起一些软件兼容或冲突等问题。另外，笔记本计算机在插入外来的U盘、光盘或运行来源不明的软件时比较容易感染病毒，因此应该谨防病毒。

笔记本计算机的硬件都有非常具有针对性的驱动程序，因此要做好备份和注意保存。如果是公用笔记本计算机，交接时更应注意。笔记本计算机的驱动程序丢失后要找全相对比较麻烦，一般需要到笔记本计算机官方网站下载。

及时关闭不需要的浏览器窗口和应用程序，因为每台笔记本计算机的硬件资源都是有限的，要做到硬件资源的利用率最大化。在不确定某软件的功能情况下，不要安装该软件，因为不必要的软件会影响笔记本计算机的使用速度和效率。

关机时尽量退出软件，采取软关机方式，不要按开关按钮强制关机，因为在不退出软件的情况下，有可能造成软件数据丢失，而强制关机会造成硬盘损伤，从而造成系统报错或者系统丢失。

不要安装两个或者两个以上的杀毒软件，否则可能造成系统崩溃或者软件丢失，导致无法开机。

2. 硬件方面应该注意的问题

平时在使用过程中尽量避免液体倾洒在笔记本计算机上面，如喝饮料时不小心洒在键盘上面，造成短路或操作不灵，从而使笔记本计算机键盘损坏。笔记本计算机进水后要马上关闭，断开电源适配器，取下电池，晾干水分，切勿用吹风机吹干。键盘上面不要放置东西，不要自行取下键帽；不要在灰尘大的地方使用，灰尘会加速腐蚀键盘中的导电橡胶等；不要在键盘前面吃东西，避免异物掉入键盘内；不要用普通的抹布来擦拭键盘，因为普通抹布绒毛较多，容易落在缝隙里。

不要在震动的平台或环境中使用笔记本计算机。在使用的过程中最好不要移动笔记本计算机，因为有些笔记本计算机使用的是机械硬盘，机械硬盘的存储介质是磁盘，是高速旋转的盘体，有磁头在上面工作，如果在使用的过程中移动笔记本计算机，有可能造成磁介质的划伤或损坏，从而造成数据损坏或丢失。避免过分用力于笔记本计算机硬盘所在的位置，因为老式笔记本计算机基本上用机械硬盘，抗震性差，而新式笔记本计算机基本上用固态硬盘，固态硬盘虽然抗震性好，但也是有限度的。因此在拿笔记本计算机时要千万小心，防止掉落。建议笔记本计算机连续使用时间不超过12h。

不要将笔记本计算机放在毯子或者被子上，因为这样会堵塞笔记本计算机的散热系统，引起散热不良，造成笔记本计算机发热，使其变慢甚至烧坏。

不要将笔记本计算机放在灰尘多或者有棉絮的桌面上，因为笔记本计算机在散热时会有一个吸气和排气的过程，如果有灰尘或者棉絮被吸进排气扇，时间久了就会堵塞出风口，引起散热不良。

使用过程中还应注意电池的电量，平时放电到10%就可以充电，不一定要放电到零。一般情况下，在关机状态2～3h就可以充满，开机状态4～5h可以充满。电量到了零就是过度放电，这样对电池不是很好，有可能使电池报废。1～3个月最好进行一次深度放电，就是用到3%～5%，要是长时间不用也可以保持50%的电量。

3. 导致笔记本计算机损坏的几大环境因素

1）震动：包括跌落、冲击、拍打和放置在较大震动的表面上使用，系统在运行时外界的震动会使硬盘受到伤害甚至损坏。震动同样会导致外壳和屏幕的损坏。

2）湿度：潮湿的环境对笔记本计算机有很大的损伤，在潮湿的环境下使用笔记本计算机会导致其内部的电子元件被腐蚀，加速氧化，从而加快笔记本计算机的损坏。

3）清洁度：在尽可能少灰尘的环境下使用笔记本计算机是非常必要的，严重的灰尘会堵塞笔记本计算机的散热系统以及容易引起内部零件之间的短路而使其使用性能下降甚至损坏。

4）温度：保持笔记本计算机在建议的温度下使用也是非常有必要的，在过冷和过热的温度下使用笔记本计算机会加速其内部元件的老化，严重的甚至会导致系统无法开机。

5）电磁干扰：强烈的电磁干扰也会对笔记本计算机造成损害，如将笔记本计算机放在机房、强功率的发射站以及发电厂机房等地方。

4. 正确携带和保存笔记本计算机

不正确的携带和保存方式同样会使笔记本计算机提早受到损伤。携带笔记本计算机时最好使用专用笔记本计算机包，等待计算机完全关机后再将其装入计算机包，防止其过热损坏。直接合上液晶屏可能会造成系统没有完全关机。不要与其他部件、衣服或杂物堆放在一起，以免计算机受到挤压或刮伤。旅行时应随身携带，不要托运，以免笔记本计算机受到碰撞或跌落。

使用优质的笔记本计算机包会为笔记本计算机提供安全的保护。笔记本计算机放在包中时一定要把包的拉链拉上，不要使用过小或过紧的箱子或手提包来装，否则其内部的压力可能会损坏笔记本计算机。

在温差变化较大时（指温差超过 10℃时，如室外温度为 0℃，突然进入 25℃的房间内），请勿马上开机，温差较大容易引起笔记本计算机不开机甚至损坏。

3.5.2 笔记本计算机的使用保养

1. 不使用键盘膜

有的用户为了保持键盘清洁，喜欢在键盘上盖上一层键盘膜，殊不知这样做是弊大于利。笔记本计算机受体积限制，本身散热能力就有限，键盘的缝隙处大部分具有一定的散热功能。如果在键盘上盖上键盘膜，不利于笔记本计算机的散热，时间长了会加快笔记本计算机的老化，严重的可能会造成内部温度过高而导致蓝屏、死机等问题。另外，使用键盘膜后，手感不如直接触摸键盘那么敏感，容易造成连击按键、错按按键等问题。

2. 不一边吃喝一边使用笔记本计算机

笔记本计算机内部的清洁比较烦琐，所以平时使用时应尽量保持周围环境的清洁，使用环境不要有灰尘。不要一边吃零食一边使用笔记本计算机，以免零食粉末被吸进去。如果使用时发现有污物，最好先清理干净，这样能延长笔记本计算机的使用寿命。触摸板忌所有液体，大多数笔记本计算机不防水，因此应让水杯远离笔记本计算机。

3. 电池的保养

笔记本计算机电池的使用寿命主要是由充放电次数来决定的，平时应对电池进行保养性充放电。当发现笔记本计算机电池续航时间明显下降时，可以使用笔记本计算机自带的电池维护软件进行电池校准，通过校准可以恢复电池的一部分性能。长期不用电池的时候，应每个月对电池进行充放电一次，避免电池中的锂离子失去活性。

4. 键盘和鼠标的保养

对于键盘，恐怕最容易碰到的问题就是键帽被磨损和键盘里面脏了，日积月累可能会造成按键卡死。可以使用毛刷轻轻地清扫，或者使用清洁软胶定期对键盘进行清理。另外，敲击按键用力要适当。

5. 外壳的保养

平时应避免磕碰，避免刺激腐蚀性液体沾染笔记本计算机。需要清洁外壳时，可以用拧干水分的湿布进行擦拭，或者使用软布蘸专门的清洁液进行清洁。避免尖锐物体接触外壳。插拔数据线时要当心，要轻插轻拔，避免不小心划伤外壳。

6. 液晶屏的保养

平时使用时不要将屏幕调得太亮，能看清楚即可，这样对眼睛有好处。建议启用省电模式，几分钟后自动关闭显示，这样不但可以省电，也能很好地延长液晶屏的寿命。切忌用湿布擦拭液晶屏，可以用吹风机将灰尘吹干净，或用专门的清洁剂来擦拭。合上笔记本计算机时，一定要先确认键盘上没有东西，以免划伤屏幕。

7. 养成良好的软件使用习惯

笔记本计算机的使用和台式计算机一样，要定期杀毒、定期清理系统垃圾，及时更新系统补丁，不打开可疑文件，不访问可疑网站。放笔记本计算机的地方应该有足够的散热空间，不要挡住散热孔。不要长时间满负荷使用笔记本计算机。

3.5.3 笔记本计算机的清洁

笔记本计算机使用久了，如果长期不清理，在人们看不到的地方就会隐藏无数的污垢和细菌，这样不但会影响笔记本计算机的使用寿命，而且会影响人的健康，所以定期清洁笔记本计算机很有必要。

1. 清洁时的注意事项

- 保证笔记本计算机处于关机状态；
- 擦拭屏幕时，不要使用酒精等腐蚀性溶剂；
- 不要直接将专用清洁液喷在笔记本计算机上。

2. 清洁需要的工具和原料

清洁需要的工具和原料有外壳清洁液、屏幕清洁液、清洁毛刷、双面绒屏幕清洁布、细纤维外壳清洁布和清洁气吹，如图 3-35 所示。

（a）外壳清洁液

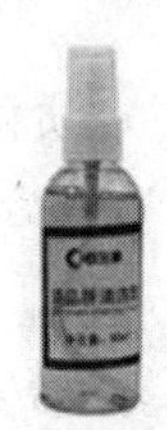
（b）屏幕清洁液

（c）清洁毛刷

（d）双面绒屏幕清洁布

（e）细纤维外壳清洁布

（f）清洁气吹

图 3-35　专用工具套装

外壳清洁液用于显示器外壳、键盘、主机外壳等设备的清洁。外壳清洁液在使用前要先摇晃均匀，然后喷于清洁布上或某些没有间隙的设备表面。

屏幕清洁液用于显示器、镜头、笔记本计算机屏幕、iPad 等液晶屏幕表面的清洁。屏幕清洁液在使用前要先摇晃均匀，然后喷于屏幕清洁布上或物体表面（往屏幕表面喷时要注意用量不要太多，防止液体渗入间隙造成麻烦）。

清洁毛刷用于相机、键盘等的缝隙部位的清理，毛刷柔软细小，可扫除细小缝隙内的灰尘和残渣，使清理方便、简单。

双面绒屏幕清洁布用于显示器、手机屏幕、iPad 屏幕、导航仪屏幕、笔记本计算机屏幕等的清洁擦拭。

细纤维外壳清洁布用于计算机、键盘、手机、相机等的外壳部分的清洁。

清洁气吹用于相机、键盘、镜头等的缝隙部位的清理，将气嘴对准需要清洁的物品，用适当的力度捏挤气吹，将灰尘等细物吹走。

3. 清洁和清理的步骤

1）戴好自我保护呼吸的口罩，先将笔记本计算机拿起来，用一只手扶好笔记本计算机，用另一只手轻轻拍打键盘，清除键盘缝隙的杂物。然后将笔记本计算机侧过来，轻轻拍打，将键盘里的灰尘、大颗粒碎屑物、头发等拍落出来。如果清理时一个人操作不了，可以两个人一起操作，防止笔记本计算机磕碰或摔坏。

2）清扫键盘缝隙，使用清洁液擦拭。先用毛刷对键盘进行进一步清扫，然后把清洁液喷在细纤维外壳清洁布上，用清洁布擦拭键盘表面。

3）擦拭显示器。按压专用清洁液顶部 2～3 次，将专用清洁液均匀喷洒在显示器屏幕上（用量千万不要太多），再用柔软的双面绒屏幕清洁布，从左至右，走“Z”字形擦拭屏幕。在屏幕的边缘位置擦拭时用力要适当，避免清洁布上的灰尘被带入屏幕边框的缝隙中。

4）擦拭外壳。将专业外壳清洁液喷洒在笔记本计算机外壳上，使用细纤维外壳清洁布，从左至右，走“Z”字形擦拭外壳，待表面干透再用毛刷除去表面上残留的纤维或残留物。

5）清洁笔记本计算机接口处。用棉签蘸取无水酒精擦拭笔记本计算机的接口，包括耳机接口、USB 接口等。

4. 键盘清理小技巧

使用清洁软胶可以轻松地把一些比较难清理的杂物和细小的杂质粘走。粘杂物的操作步骤是：首先将清洁软胶按在键盘需要清洁的位置 3～5s，然后缓慢地拉起来，这样就会把脏物粘走。图 3-36 所示为粘走脏物的操作过程。

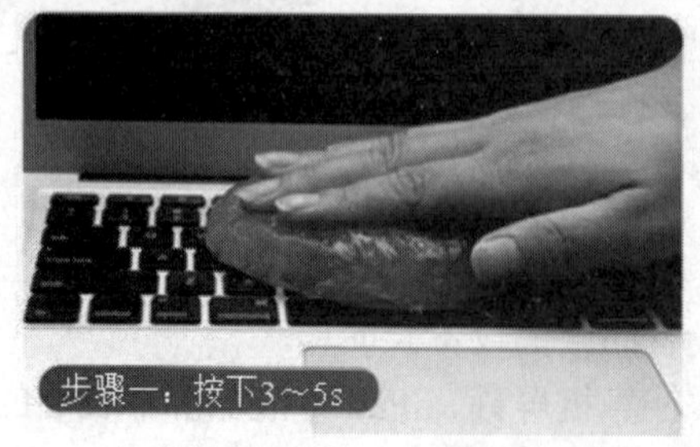

图 3-36　粘走脏物的操作过程

总之，清洁过程中要合理地使用这些工具和用品，清洁液的用量不要太多，也不要图快、图省事，以免造成麻烦。

3.5.4　笔记本计算机的除尘

由于笔记本计算机受到空间的限制，其内部空间被各种元器件占满，想解决运行中所有芯片散发的热量问题，只能通过覆盖其上的热导管、散热器和散热风扇配合，经散热片将热量转移出去。作为热量主要出口的散热片，往往会成为灰尘的聚集地。尤其是北方地区，基本上使用一年多后，散热片就会被大量灰尘堵塞。大多用户感觉笔记本计算机越用越热、越用越慢、反应迟钝或风扇转动动静很大，其实就是灰尘的原因。

1. 笔记本计算机使用 1～2 年灰尘情况

笔记本计算机使用 1～2 年，如果没有进行过除尘清理操作，其散热通道就会积聚一些灰尘。由于每个用户的使用环境和条件不同，灰尘的积聚量也会有较大的差别，图 3-37 所示为使用一年半左右的笔记本计算机上的灰尘。由于散热通道积聚了一些灰尘，笔记本计算机刚开机时可以正常使用，但运行一段时间速度就会下降，而且风扇转动声音很大，出风口出来的都是很热的风，风力也比较小，用手感觉有点徐徐的微风，但风很热。这时就需要清理散热通道了。

2. 笔记本计算机使用 3 年以上灰尘情况

如果笔记本计算机使用时间过长且没有进行过除尘清理操作，其散热通道就可能被完全堵死，灰尘的厚度可达 5mm，图 3-38 所示为使用 4 年笔记本计算机上的灰尘。由于散热通道被完全堵死，笔记本计算机刚开机时可以正常使用，但运行一段时间就容易死机、重启或速度明显下降，而且风扇转动声音很大，但出风口基本无风。这时就必须清理散热通道了。

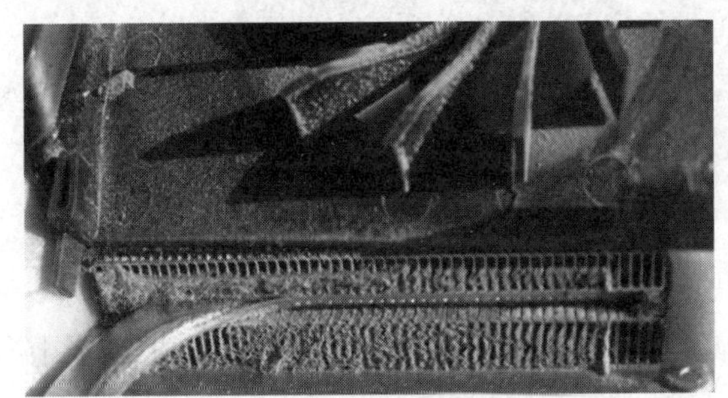

图 3-37　使用 1～2 年笔记本计算机上的灰尘

图 3-38　使用 4 年笔记本计算机上的灰尘

3. 笔记本计算机除尘方法

笔记本计算机的结构基本可以分成两大类：第一类是拆解方便、清洁方便，大部分笔记本计算机属于这类；第二类是拆解不方便，一般必须将笔记本计算机整体打开后才能进行清洁，更有极少数笔记本计算机必须送到售后处才可以拆解。下面以必须整体拆解的宏碁的 Aspire 5750G 笔记本计算机为例介绍笔记本计算机如何除尘。

1）断开笔记本计算机外接电源，取下电池。从背面开始拆机，将图 3-39 中所有圈出来的螺丝全部拧下来，就可以看到散热部分了。

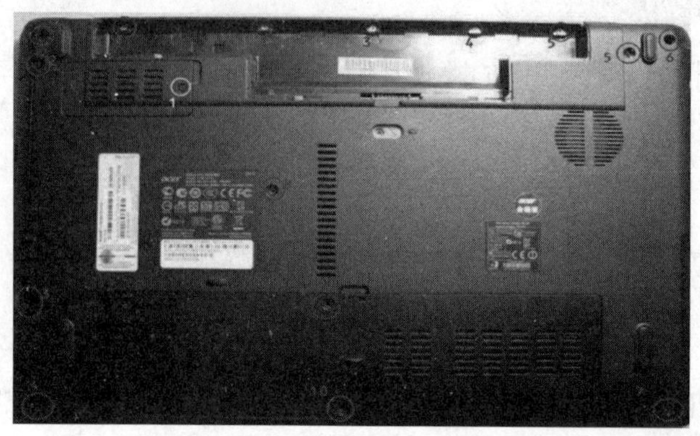

图 3-39　将圈住的螺丝拧下来

2）拆除笔记本计算机风扇外壳上的螺丝。由于这款笔记本计算机的散热通道盖板和导热管是焊接在一起的，要取下盖板，必须将导热管连接的显卡主芯片散热器和 CPU 散热器盖板一同拆下来。拆卸时需要将图 3-40 中圈住的螺丝全部拧下来，然后取下外壳和散热组件。这时可以看到外壳内部有很多吸附的灰尘，用抹布把外壳擦拭干净。拿开外壳后，用抹布擦去风扇表面的灰尘，然后将散热通道附近的所有灰尘都清理干净。在清理过程中发现有难清理的棉絮或纤维时，可用镊子夹出各处堵塞的大块的纤维丝或棉絮，直到清理干净为止。

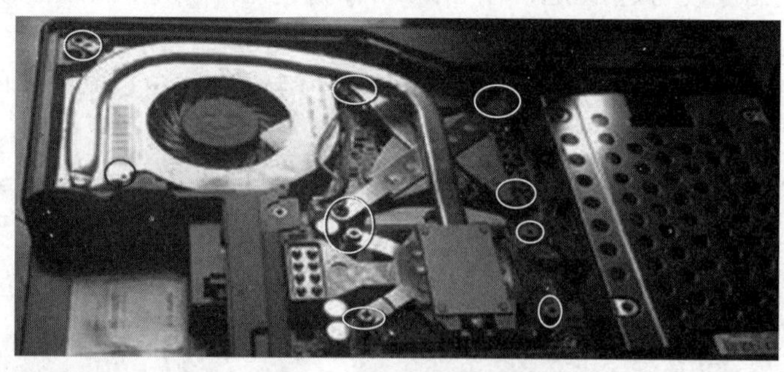

图 3-40　拆卸全部圈住的螺丝

3）用抹布将 CPU 上面的残留硅脂清理干净，再把显卡主芯片上面的硅脂清理干净（图 3-41），然后在两个芯片上均匀涂抹上新的硅脂。将导热管总成安装回原来的位置，将所有的螺丝旋紧。在旋紧 CPU 和显卡主芯片上面的固定螺丝时一定要注意对角轮流旋进和旋紧，这样做的目的是让紧固的散热器受力均匀、散热效果好。

在进行拆机除尘的过程中，重新涂抹导热硅脂也是必不可少的步骤。需要注意的是，笔记本计算机内部通常包含三种硅脂，分别为半液态硅脂、胶状硅脂和硅胶导热垫，其中前两种是必须更换的。在涂抹硅脂前，需要先将芯片和散热片上的原硅脂或者硅胶清理干净，硅脂涂抹不宜过多，适量盖过芯片表面即可，太多或太少都会影响散热效果。

4）清理完以后把拆下的螺丝都装回去即可。

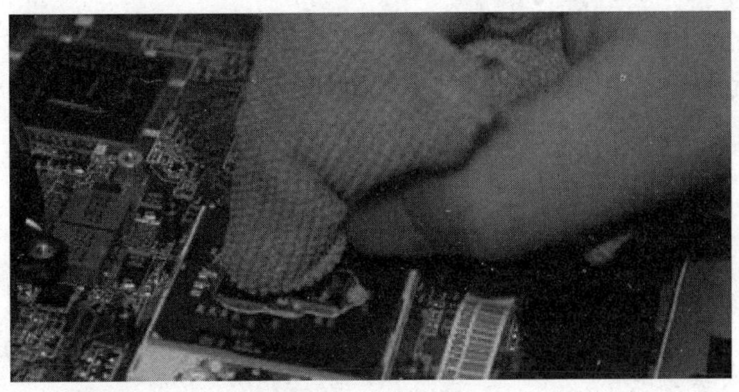

图 3-41 清理硅脂

3.5.5 笔记本计算机的软维护

1. 软维护应准备的资源

软维护应准备的资源如下。

- 常用的带启动的系统 U 盘或光盘。
- 可直接安装的系统 U 盘或光盘。
- 常用的系统安装工具软件，包括分区软件、检测软件等。
- 常用的系统工具软件，如压缩解压缩软件（WinRAR、WinZip 等）、下载工具软件（如迅雷、腾讯计算机管家等）、影音播放软件（如暴风播放器、QQ 影音播放器等）、图片浏览软件（如 ACDSee 看图软件、360 看图软件等）、浏览器类软件（如 360 浏览器、火狐浏览器等）。

有了这些资源的支持，就可以针对不同的问题，有的放矢地完成工作。通常笔记本计算机的处理方式和台式计算机类似，先易后难，最好从简单的或自己熟悉的方面着手处理。也可以按先软件后硬件的顺序处理，这样处理效率相对较高。

2. 养成良好的软件使用习惯

良好的软件使用习惯包括：定期对系统查杀病毒；定期清理系统垃圾；及时更新系统，安装补丁；在官网安装软件；卸载长期不用的软件；不打开可疑文件，不访问可疑网站。系统稳定了，硬件才能发挥最佳性能，稳定工作。

3. 笔记本计算机常见蓝屏现象

笔记本计算机出现比较多的问题是蓝屏，此时用户的第一反应往往是重新启动笔记本计算机，这样能够解决一部分蓝屏问题，但有时候是不能够进行重启的，否则可能导致计算机的系统文件丢失，系统崩溃。

笔记本计算机出现蓝屏时，蓝屏上会有很多英文，这不是笔记本计算机蓝屏所导致的计算机乱码，而是计算机系统所记录的蓝屏相关的信息，如出现的时间、错误代码以及文件信息等，可以通过这些信息来找出原因，进而解决问题。

出现蓝屏的原因比较复杂，有可能是系统文件出错，如系统引导、注册表或者读写错误等，或者是驱动、软件程序不兼容，还有可能是硬件问题，如内存兼容问题、显卡过热或损坏等。笔记本计算机蓝屏现象常见原因如下。

- 强制关机或突然断电（拔电池），造成系统损坏。
- 笔记本计算机增加内存（增加的内存条兼容性不好）。
- 安装完某些软件后蓝屏（软件兼容或软件本身问题）。
- 删除某些文件，造成软件系统文件不全（软件缺损）。

4. 常见蓝屏实例

（1）0x00000050 错误代码及其处理方法

出现蓝屏，显示如图 3-42 所示的 0x00000050 错误代码。这是因为安装了不兼容的驱动程序或软件，比较小的可能是系统在回写硬盘数据时出现错误，导致 C 盘写入错误信息。

出现该错误代码的处理方法一般是重启计算机，在开机画面出现时按 F8 键，进入“高级启动选项”界面（图 3-43），选择“最近一次的正确配置（高级）”或者“安全模式”。进入安全模式桌面之后，删除最近添加的驱动程序或者软件即可，安全模式桌面和正常桌面操作基本一致。

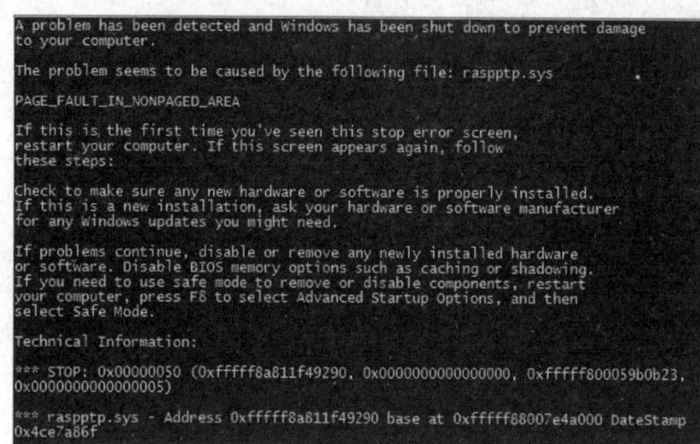

图 3-42　0x00000050 错误代码

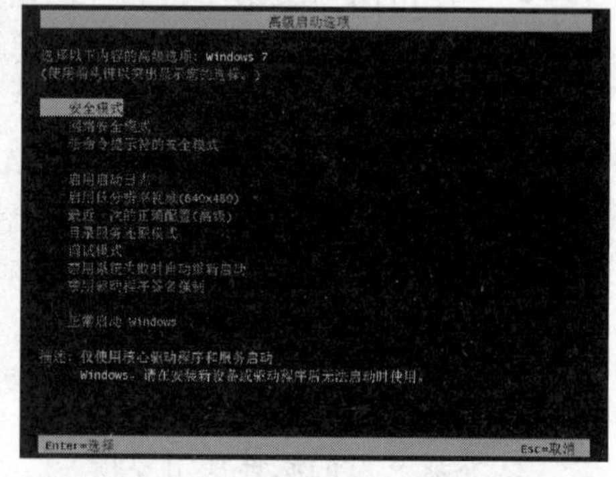

图 3-43　“高级启动管理”界面

如果是第二种情况，就需要进行 C 盘的数据恢复。为了避免操作出错，建议备份 C 盘资料后再进行数据恢复。

（2）0x0000007E 或 0x0000008E 错误代码及其处理方法

这种现象通常是计算机病毒或者是内存条问题引起的。计算机病毒造成系统问题或故障会出现蓝屏。内存条接触不良或损坏也会出现蓝屏，不过这种可能性比较小。还有一种可能就是内存扩容造成的，主要原因是内存条的兼容性不好。图 3-44 所示为 0x0000007E 故障蓝屏。

出现该错误代码的处理方法一般是，在计算机开机或重启时按 F8 键，进入“高级启动选项”界面，选择“安全模式”，对系统进行杀毒。杀毒后如果故障消失，就表示蓝屏现象是由病毒造成的；如果故障依旧出现，就需要检查内存条了。如果是扩容操作后出现蓝屏就检查内存条的兼容性问题，如果没有扩容就需要检查内存条的接触问题。

如果不存在兼容性问题，可以把内存条拔下来，用专用清洁液清洁或用新橡皮擦拭接口部分的金手指接触条，再重新插上，一般就可以解决。图 3-45 所示为内存条处理的操作。

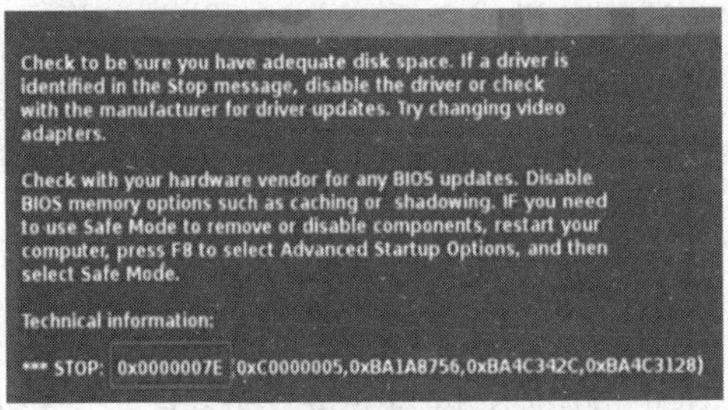

Check to be sure you have adequate disk space. If a driver is identified in the Stop message, disable the driver or check with the manufacturer for driver updates. Try changing video adapters.

Check with your hardware vendor for any BIOS updates. Disable BIOS memory options such as caching or shadowing. If you need to use Safe Mode to remove or disable components, restart your computer, press F8 to select Advanced Startup Options, and then select Safe Mode.

Technical information:

*** STOP: 0x0000007E (0xC0000005,0xBA1A8756,0xBA4C342C,0xBA4C3128)

图 3-44　0x0000007E 故障蓝屏

图 3-45　内存条处理的操作

另外，还有可能是显卡损坏，这时需要更换显卡。

以上蓝屏现象在笔记本计算机使用中较为常见。在出现蓝屏问题时，建议先软件后硬件，这样成本相对较低。先排除软件和驱动不兼容、系统文件出错等软件问题，再考虑硬件的问题，如内存和硬盘等。

3.5.6　笔记本计算机的硬维护

1. 开机不亮

处理器、内存、显卡、主板显卡控制芯片、主板 BIOS、信号输出接口、电源适配器损坏都会导致笔记本计算机无法开机。首先检查笔记本计算机是否接通电源、适配器是否顺利连接上电源、电源插座上的按钮是否切断电源。图 3-46 所示为连接线检查。

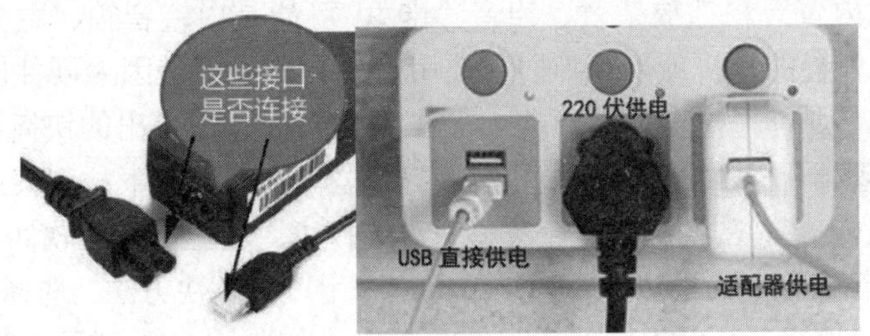

图 3-46　连接线检查

2. 电源指示灯亮，但系统不运行，屏幕也不显示

将笔记本计算机连接一台显示器，并且确认切换到外接显示状态。如果外接显示器能够正常显示，则通常可以认为处理器和内存等部件正常，故障部件可能为液晶屏、屏线、显卡和主板等；如果外接显示器无法正常显示，则故障部件可能为显卡、主板、处理器和内存等。大部分原因是用户在升级内存时，没有将内存条插接牢固，也有可能是显示屏的数据线松动导致的，还需要具体问题具体分析。另外，升级内存时安装不到位也会导致系统不运行。

3. 开机或运行中死机，系统自动重启

很多用户在使用笔记本计算机时往往会遇到死机或者系统自动重启等问题。一般来说，这是操作系统或者应用程序等软件问题，如系统文件异常或中病毒、机型不支持某操作系统、应用程序冲突导致系统死机。有些笔记本计算机具备定时关机功能，检查是否设置了定时关机。

4. USB 接口无法正常使用

USB 接口无法正常使用具体表现为无法正常识别、读写外接设备。首先要弄清楚是USB 接口本身的问题还是外接设备的问题：在其他计算机上使用这个外接设备，如果也无法正常使用，则是这个设备本身存在问题；如果在其他计算机上可以使用这个外接设备，就是笔记本计算机本身的问题。检查主板上其他的 USB 接口是否存在相同的问题，如果都有故障，则可能是主板问题；检查是否存在 USB 接口损坏、接触不良、连线不导通、屏蔽不良等问题；或者使用其他的 USB 外接设备测试，如果使用正常，可能是兼容性问题；检查某些 USB 设备的驱动程序是否正确安装；在 BIOS 设置中检查 USB 口是否设置为“ENABLED”。

5. 计算机没有声音或有杂音

开机之后发现笔记本计算机没有声音的情况也很常见，这时要分清是计算机音箱的问题还是声卡的问题。计算机内置音箱没有声音，外接音箱输出正常，一般情况是内置音箱损坏造成的。计算机内置音箱、外接音箱同时无声，则可能是主板、声卡驱动等相关问题。计算机内置音箱播放杂音、声音“卡”，可能是内置音箱、主板、驱动存在问题。操作时连接外置的耳机或麦克风时，要用接口。如果不是因为硬件问题导致笔记本计算机没有声音，则首先检查声卡驱动：右击“计算机”，在弹出的快捷菜单中选择“属性”→“设备管理器”→“声音、视频和游戏控制器”命令，在下拉列表中右击“Realtek High Definition Audio”，在弹出的快捷菜单中可选择“更新驱动程序软件”“卸载”“扫描检测硬件改动”等命令。如果声卡驱动装不上则采用以下解决方法：选择“控制面板”→“管理工具”→“服务”→“Windows Audio”命令，将启动类型设置为“自动”后再启动。

6. 屏幕显示不正常

在笔记本计算机使用过程中，屏幕变暗或者出现花屏、蓝屏等现象也很常见。如果开机时出现花屏现象，连接外接显示器能够正常显示，则可能是液晶屏、屏线、显卡和主板等部件存在故障；如果连接外接显示器无法正常显示，则可能的故障部件为笔记本计算机的主板、显卡、内存等。图 3-47 所示为常见花屏现象。

如果在笔记本计算机的运行过程中，不定时出现白屏、绿屏之类的相关故障，则可能是显卡驱动兼容性相关因素导致的。

如果笔记本计算机屏幕变暗，首先检测调节显示亮度后是否正常；其次检查显示驱

动程序安装是否正确、分辨率是否适合当前的笔记本计算机屏幕。如果进行了以上两个步骤后屏幕依然不亮，那么很有可能是笔记本计算机背光控制板的故障，这就需要专业的维修人员来解决了。

图 3-47　常见花屏现象

也有一些情况会造成笔记本计算机屏幕变暗：计算机休眠开关按键不良，一直处于闭合状态；液晶屏模组内部的灯管无法显示以及其他软件类的一些不确定因素。

7. 触控板无法使用或者使用不灵活

触控板无法正常使用，可能是因为快捷键关闭或触控板驱动设置有误、主板或触控板硬件存在故障、接口接触不良问题或其他软件或设置问题。触控板使用过程中鼠标箭头不灵活，可能是机型问题、使用者个体差异或触控板驱动等软件问题。图 3-48 所示为常见触控板和带指纹扫描的触控板。

图 3-48　常见触控板和带指纹扫描的触控板

如果触控板无法正常使用，则首先检查是否有外置鼠标接入，并用 MOUSE 测试程序检测其是否正常；有能力拆机的用户可以检查触控板连线是否连接正确、键盘控制芯片是否存在冷焊和虚焊现象。

如果笔记本计算机还在保修期内，送厂商维修是最佳选择。笔记本计算机过了保修期且遇到情况不能解决时，不要盲目拆机，否则对笔记本计算机伤害很大。在使用笔记本计算机时要注意日常保养，经常清理系统垃圾，更新驱动，不要在极端环境下使用。

第 4 章　主板 BIOS 设置与虚拟机使用

计算机组装完成后，需要安装操作系统和驱动程序，以便于计算机硬件和应用软件的运行。此外，在计算机使用过程中，如果操作系统出现严重故障，也需要重新安装操作系统。在安装操作系统时，通常需要进行 BIOS 设置，修改计算机的启动顺序。本章介绍 BIOS 及常用设置。在学习安装操作系统的阶段，操作系统的安装最好在虚拟环境中进行。本章还将介绍虚拟机软件的安装和使用。

通过本章的学习和实践操作，读者可以掌握主板 BIOS 设置和虚拟机的安装使用。

4.1　BIOS 和 UEFI

近年来，随着 Windows 10 系统的流行，UEFI BIOS 启动方式在现实中已经普及，其最大的特色是可视化设置，可以使用鼠标操作，不再是传统 BIOS 那样的蓝底白字全英文状态，只能使用键盘进行设置。不过台式计算机大多情况下仍默认以传统 BIOS 方式启动。下面将对这两类 BIOS 进行介绍。

4.1.1　BIOS 和 CMOS

BIOS 处于硬件设备和操作系统之间，主要功能是为计算机提供最底层、最直接的硬件设置和控制。此外，BIOS 还向操作系统提供一些系统参数。简单来说，BIOS 就是计算机开机后最先启动的一种程序，为操作系统的启动做准备，如初始化 CPU、内存、主板等各个部分，然后将操作系统加载到内存，启动操作系统，这个过程就是计算机从按开机键开始到最后看见桌面的整个过程。

BIOS 是计算机系统中基础的一组程序，包括基本输入输出程序、开机后自检程序和系统自启动程序。这些程序固化在主板上一个不需要供电的芯片（图 4-1）里，可从 CMOS 中读写系统设置的具体信息。

图 4-1　早期 BIOS 芯片

在计算机领域，CMOS是常用于保存计算机的启动信息（如日期时间、硬件参数、启动设置等）的芯片。有时人们会把CMOS和BIOS混称，其实CMOS是主板上一块可读写的RAM芯片，用来保存BIOS的硬件配置和用户对某些参数的设定。CMOS由主板的电池供电，即使系统断电，信息也不会丢失。

CMOS本身是一块存储器，只有数据保存功能，对各项参数的设定要通过专门的程序，即BIOS设置程序。BIOS设置程序一般都被厂商整合在BIOS芯片中，在开机时通过特定的按键就可进入BIOS设置程序。BIOS设置界面如图4-2所示，在该界面中可以对计算机时间、硬件参数等进行设置。

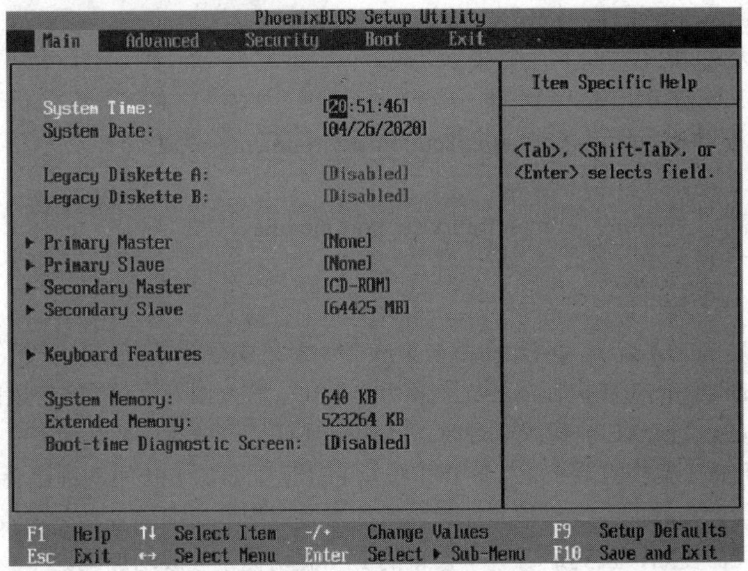

图4-2 BIOS设置界面

平时说的BIOS设置和CMOS设置其实是一回事，就是通过BIOS设置程序对计算机硬件进行设置，设置好的参数存放在CMOS芯片中。

由于半导体制作工艺的提升，BIOS芯片（图4-3）的体积变小，存储容量变大，功能变强。现在的CMOS芯片通常都集成在主板的BIOS芯片里面。常见的BIOS芯片厂商主要有AMI、AWARD、Phoenix等。

图4-3 BIOS芯片

4.1.2 UEFI

UEFI 是英文“unified extensible firmware interface”的缩写，中文名称是“统一可扩展固件接口”。UEFI 是一种详细描述类型接口的标准，这种接口用于操作系统自动从预启动的操作环境，加载到一种操作系统上。通俗地说，UEFI 是一种新的主板引导初始化的标注设置，因启动速度快、安全性高和支持大容量硬盘而闻名。

作为 BIOS 的替代方案，UEFI 是一种个人计算机系统规格，用来定义操作系统与系统固件之间的软件界面。目前个人计算机大多采用 UEFI 加电自检、联系操作系统以及提供连接操作系统与硬件的接口。

一般认为，UEFI 由以下几个部分组成。

- Pre-EFI 初始化模块；
- EFI 驱动执行环境（driver execution environment，DXE）；
- EFI 驱动程序；
- 兼容性支持模块（compatibility support module，CSM）；
- EFI 高层应用；
- GUID 磁盘分区表。

UEFI 的初始化模块和 DXE 通常被集成在一个只读存储器中。Pre-EFI 初始化程序在系统开机的时候最先被执行，它负责最初的 CPU、芯片组及存储器的初始化工作，紧接着载入 DXE。当 DXE 被载入运行时，系统便具有了枚举并加载其他 EFI 驱动程序的能力。在基于 PCI 架构的系统中，各 PCI 桥及 PCI 适配器的 EFI 驱动程序会被相继加载及初始化。与此同时，系统枚举并加载各桥接器及适配器后面的各种总线及设备的 EFI 驱动程序，周而复始，直到最后一个设备的 EFI 驱动程序被成功加载。

CSM 是 x86 平台 UEFI 系统中的一个特殊的模块，它为不具备 UEFI 引导能力的操作系统（如 Windows XP）以及 16 位的传统 Option ROM（即非 EFI 的 Option ROM）提供类似于传统 BIOS 的系统服务。Secure Boot 和 CSM 不兼容，因此在 UEFI 固件设置中打开 CSM 前，需要在 UEFI 固件设置中关闭 Secure Boot。

在 EFI 规范中，一种突破传统 MBR 磁盘分区结构限制的 GUID 磁盘分区系统被引入。在新结构中，磁盘的主分区个数不再受限制（MBR 只能有 4 个主分区）。另外，EFI/UEFI 与 GUID 结合还可以支持大容量硬盘（2.1TB 以上硬盘），并且分区类型由 GUID 表示。在众多的分区类型中，EFI 系统分区可以被 UEFI 固件访问，可用于存放操作系统的引导程序、EFI 应用程序和 EFI 驱动程序。EFI 系统分区采用 FAT 文件系统，容量较小，在 Windows 操作系统下，默认是隐藏的。UEFI 固件通过运行 EFI 系统分区中的启动程序启动操作系统。

4.1.3 UEFI 启动和 Legacy 启动的区别

UEFI 启动是一种新的主板引导项，被看作是 BIOS 的继任者，其优势在于可以提高计算机开机后进入操作系统的启动速度，还有一个最大的特点就是 UEFI 以图形图像模式显示，让用户更便捷地直观操作，如图 4-4 所示。

图 4-4　UEFI 界面

Legacy 启动即传统 BIOS 启动，开机时要检测硬件功能和引导操作系统启动。UEFI 则是用于操作系统自动从预启动的操作环境加载到一种操作系统上，从而节省开机时间。简单来说，UEFI 相比 Legacy“减少了”启动时自检的过程，所以开机速度会快不少。

目前主板多设置成三种启动模式，即 Auto、UEFI、Legacy。在设置启动时，带有 UEFI 的 BIOS 还提供了启动选项供人们选择以何种方式启动，各种模式含义如下。

- Auto（自动）/Both：自动按照启动设备列表中的顺序启动，优先采用 UEFI 方式。
- UEFI only（仅 UEFI）：只选择具备 UEFI 启动条件的设备启动。
- Legacy only（仅 Legacy）：只选择具备 Legacy 启动条件的设备启动。

如果不喜欢使用 UEFI，或者是必须使用传统的 BIOS 启动模式 Legacy，在带有 UEFI 的 BIOS 中切换到 Legacy 方式时，最好开启 CSM 的选项，该选项就是兼容模块，专为兼容只能在 Legacy 模式下工作的设备以及不支持或不能完全支持 UEFI 的操作系统而设置（老显卡、老设备）。Launch CSM 选项一般在 BIOS 的基础设置或启动设置中。

如今越来越多的计算机支持 UEFI 启动模式，甚至有的计算机已经抛弃了传统的 BIOS 启动而仅支持 UEFI 启动。这不难看出，UEFI 启动正在取代传统的 BIOS 启动。

4.2　BIOS 常用设置

4.2.1　如何进入计算机 BIOS 设置

开机出现 Logo 时，看屏幕左下方的提示信息“Press ××× to Enter SETUP”，按“×××”键就可以进入 BIOS 设置界面了。大多数台式计算机按 Delete 键或小键盘上的 Del 键即可进入 BIOS 设置界面。现在的计算机开机都比较快，想要顺利进入 BIOS

设置界面需要注意按下按键的时机，按得早了没有反应，按得晚点已经进入操作系统了。可以开机后立刻不停地多次按下按键，直到进入 BIOS 设置界面，切记不可按住按键不松手。

笔记本计算机和部分品牌机按 Delete 键或 Del 键没有反应，可以试一下常用的一些按键，如 F1、F2 键等。需要注意的是，有些笔记本计算机默认最上一排的功能键不起作用，需要 Fn 键的配合才可以使用。如果想使用 F1 键的功能，需要先按住键盘左下角的 Fn 键，同时按 F1 键。当然，也可以先开启功能键的功能，然后直接按对应的功能键即可。

有些特殊型号的笔记本计算机以上操作都无效，可以根据笔记本计算机型号在网上查询，或者打售后电话咨询。例如，联想有一款笔记本计算机进入 BIOS 设置就比较复杂，在关机状态下用曲别针粗细的针去捅笔记本计算机左侧面的一个小孔（位置比较隐蔽，很难发现）开机，然后开机自动进入 BIOS 设置界面。

4.2.2 BIOS 设置的内容

由于计算机采用不同厂商的 BIOS 芯片，BIOS 设置界面也有所不同，而且计算机类型不同，BIOS 设置的内容也不同。一般来说，大部分台式计算机的 BIOS 设置界面较为复杂，显示的内容要多一些，可修改的参数选项也较多。笔记本计算机和部分品牌机的 BIOS 设置界面较为简单，但是基本的功能设置都是具备的。如图 4-5 所示，笔记本计算机 UEFI BIOS 大致包含如下可设置的内容。

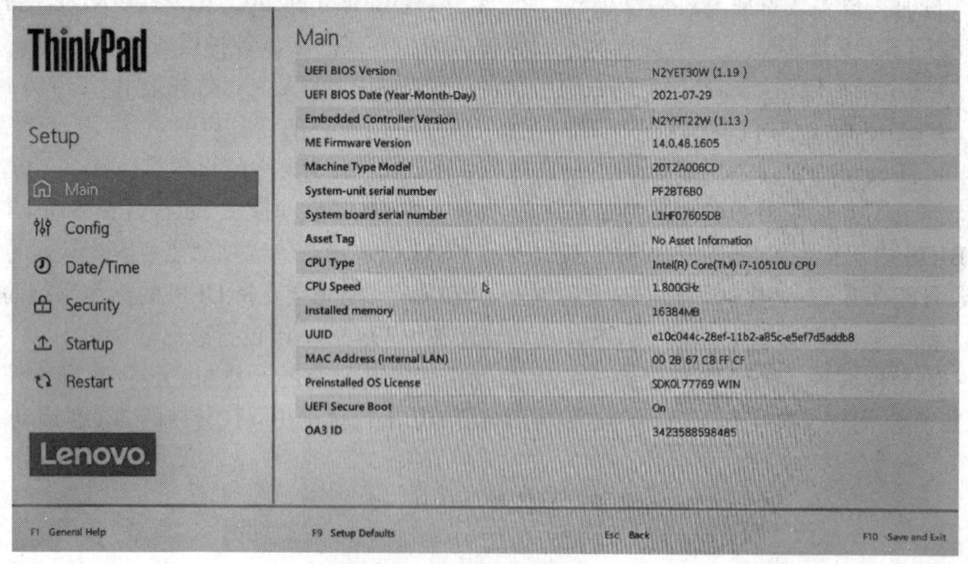

图 4-5　BIOS 设置界面

- Main：BIOS 设置默认页面，主要显示本机的一些系统信息，如 BIOS 版本号和日期、计算机型号、CPU 和内存等硬件信息。这些系统信息不能设置，只能查看。
- Config：配置选项，BIOS 设置中最重要的内容都集中在该选项中，包含 USB 设备、硬盘工作模式、电源模式、CPU、内存以及各类接口的配置。建议不要轻易修改上述设置。有些计算机的CPU虚拟化开启就在该选项下，有些计算机是在Security选项中修改。

- Date/Time：日期和时间选项，可以设置系统日期和系统时间，一般情况下很少在此选项中修改日期和时间，而是在操作系统中修改。
- Security：安全选项，一般可以在此选项中设置开机密码和超级密码，以提高计算机的安全性。
- Startup：启动选项，有些计算机显示为“Boot”，主要包含与计算机启动相关的设置，如安装操作系统时设置第一启动项就是在该选项中操作的。
- Restart：退出选项，有些计算机显示为“Exit”。该列表中有多种选项，设置完成后一般选择“保存并退出”或者直接按F10键；如果不想保存，则可以选择“不保存退出”或者直接按Esc键。在该选项下也可以恢复默认配置。

传统的BIOS设置界面一般出现在以前的台式计算机上，特别是组装机，组装机所选硬件可以由用户根据需要自行搭配，这就要求主板尽可能多地支持各类硬件设备，同时还要保证兼容性。BIOS设置界面可以设置的内容较多，一般会有8～10个大类的选项，大致包含如下可设置的内容。

- Standard CMOS Setup：标准参数设置，包括日期、时间和软硬盘参数等。
- BIOS Features Setup：一些系统选项设置。
- Chipset Features Setup：主板芯片参数设置。
- Power Management Setup：电源管理设置。
- PnP/PCI Configuration Setup：即插即用及PCI插件参数设置。
- Integrated Peripherals：整合外设的设置。
- 其他：硬盘自动检测、系统口令、加载缺省及退出等设置。

虽然不同的BIOS设置界面显示不一样，选项的名称也不一致，选项数量也可能不同，但是主要的功能都大同小异。建议平时不要轻易修改其参数，以免计算机无法正常运行。

现在笔记本计算机多采用UEFI，图形化界面可以显示中文菜单，可使用鼠标进行操作，设置更简单易懂，操作更方便快捷。

接下来介绍在后续实验中需要掌握的几个BIOS设置。

4.2.3 开启CPU虚拟化设置

有时在实验操作中要使用虚拟机软件VMware Workstation，使用虚拟机安装操作系统时就需要开启计算机CPU的虚拟化设置。下面分别介绍Intel虚拟化技术和AMD CPU的虚拟化的开启。

关于Intel虚拟化技术，下面用笔记本计算机BIOS设置进行介绍，具体包括以下步骤。

1）开机出现品牌Logo时按F1键进入BIOS设置界面（不同计算机进入的方法不同，可参考前面已学习过的如何进入计算机BIOS设置）。

2）单击“Security”选项，选择“Virtualization”（有些计算机是“Config”选项）。

3）将“Intel@ Virtualization Technology”选项和“Intel@ VT-d Feature”选项设置

为 On（有些计算机该选项显示为“enable”或者“可用”），如图 4-6 所示。

4）选择“Save and Exit”或者直接按 F10 键保存退出。

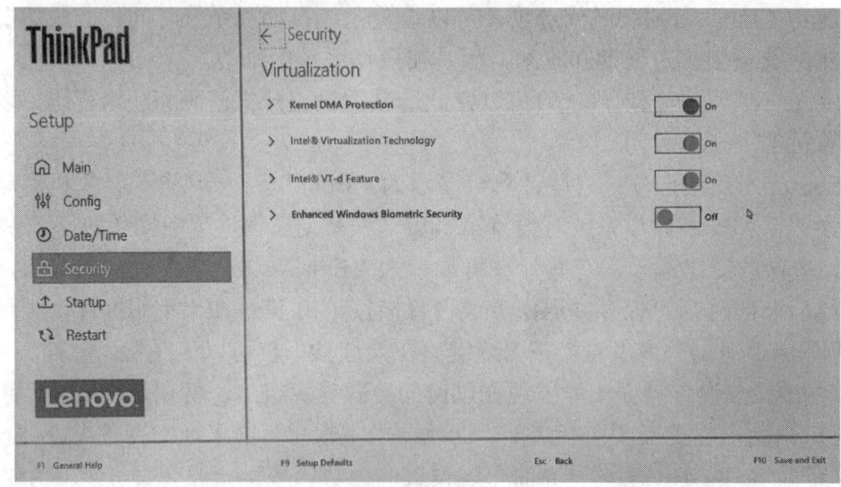

图 4-6 开启 CPU 虚拟化

关于如何开启 AMD CPU 的虚拟化，下面用台式计算机 BIOS 设置进行介绍，具体包括以下步骤。

1）开机出现品牌 Logo 时按 Delete 键进入 BIOS 设置界面。

2）选择进入“高级模式”。

3）在“高级\处理器设置”中找到 SVM 模式，将其设置为开启，如图 4-7 所示。

4）修改完成后单击“退出”按钮，选择“保存并退出”，或者直接按 F10 键保存退出。

图 4-7 SVM 模式

虚拟化技术需要 CPU 支持，不过近年来主流 CPU 都支持虚拟化技术。BIOS 由于不同的厂家设置不同，还需要根据具体情况来设置。如果不熟悉自己笔记本计算机的 BIOS 或者是找不到对应的选项，也可以在网上搜索“××笔记本计算机 VT 虚拟化技术选项怎么开启”，找到可参考的操作方法再结合实际情况进行操作。

4.2.4　修改启动顺序

在安装操作系统时需要修改启动顺序，一般是在 BIOS 设置界面中的 Startup（或者 Boot）选项中进行设置。通常有两种启动引导方式。

1）光盘安装系统：可设置 CD-ROM 为第一启动设备，开机直接从光盘进行引导；

2）U 盘或移动硬盘安装系统：将第一启动设备设置成 USB 设备，开机直接从 U 盘或移动硬盘进行引导。

在 UEFI 界面设置启动顺序非常简单，如图 4-8 所示，在“启动顺序”列表中用鼠标拖曳的方式调整开机顺序，将需要作为第一引导设备的图标直接拖到最前面即可。修改完成后一定要记得保存后退出。

图 4-8　UEFI 启动顺序

在实际操作中也可以不用进入 BIOS 修改启动顺序，开机时选择默认的启动设备。在开机时按下 F12 键（有的计算机是 F10 键）打开启动菜单选择启动设备，该操作只对本次启动有效。

下面介绍使用虚拟机安装操作系统时如何修改虚拟机的启动顺序。

首先确保要操作的虚拟机处于关机状态，在“虚拟机”选项卡上右击，在弹出的快捷菜单中选择“电源”→“打开电源时进入固件”命令（图 4-9），进入 BIOS 设置界面。单击 BIOS 设置界面任意位置，将鼠标和键盘的控制权切换到虚拟机里。

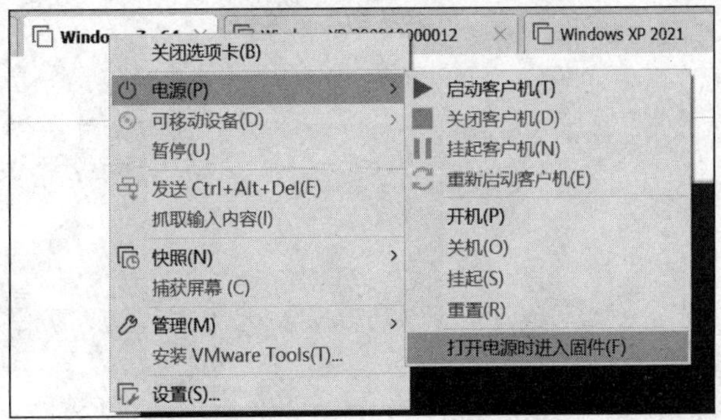

图 4-9　虚拟机进入 BIOS 设置

接着使用方向键移动光标至“Boot”选项，然后用“-”键将“CD-ROM Drive”上的设备逐一移动到其下，确保“CD-ROM Drive”移至最上，如图 4-10 所示，最后按 F10

键保存并退出。

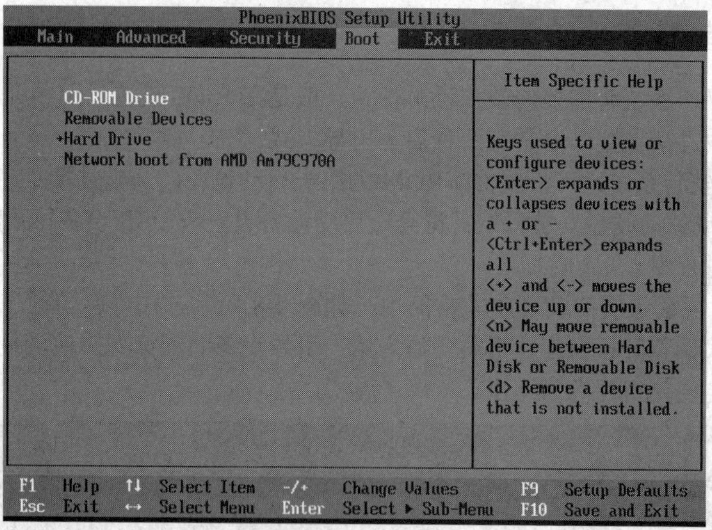

图 4-10 Boot 选项

4.2.5 恢复出厂设置

如果 BIOS 设置不当将导致计算机无法正常引导启动。当计算机出现无法正常启动的故障时，可以通过恢复 BIOS 出厂设置来完成未知错误的修复。或者是 BIOS 设置有误，造成某些硬件无法正常工作，这时也需要对 BIOS 进行恢复出厂设置。

开机进入 BIOS 设置界面，用键盘上的方向键选中“Exit”选项，如图 4-11 所示。接着选中“Load Setup Defaults”，然后按 Enter 键，在弹出的对话框中选择“Yes”，再按 Enter 键就可以恢复出厂设置。该选项有些计算机显示为“Load Optimized Default”。

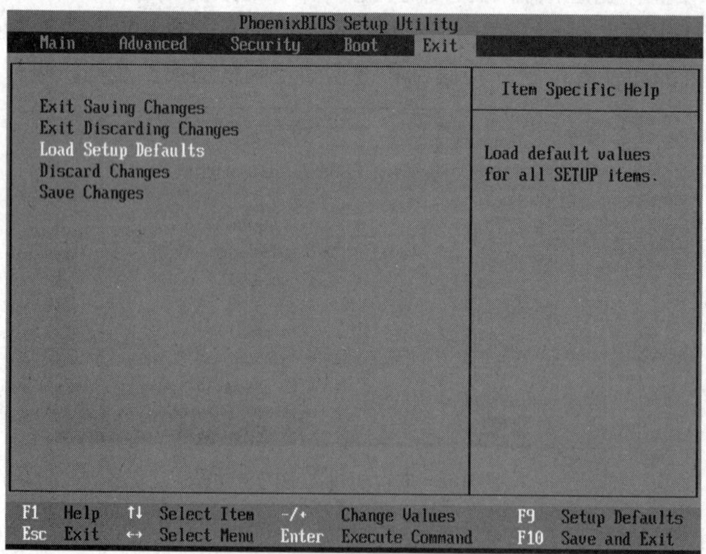

图 4-11 恢复出厂设置

4.3 安装虚拟机

4.3.1 常用虚拟机软件

虚拟机是指通过软件模拟的具有完整硬件系统功能的、运行在一个完全隔离环境中的完整计算机系统。在实体计算机中能够完成的工作在虚拟机中都能够实现。创建虚拟机时，需要将实体机的部分硬盘空间和内存容量作为虚拟机的硬盘和内存。每个虚拟机都有独立的 CMOS、硬盘和操作系统，可以像使用实体机一样对虚拟机进行操作。

目前个人计算机上使用较多的虚拟机软件主要有 VMware Workstation、Parallels Desktop 和 Windows Virtual PC，下面进行简要介绍。

1. VMware Workstation

VMware Workstation 由 VMware 公司开发。VMware 公司成立于 1998 年，为 EMC 公司的子公司，总部设在美国加利福尼亚州帕洛阿尔托市，是全球桌面到数据中心虚拟化解决方案的领导厂商、全球虚拟化和云基础架构领导厂商、全球第一大虚拟机软件厂商。

VMware Workstation 是一款功能强大的桌面虚拟计算机软件，是进行开发、测试、部署新的应用程序的最佳解决方案。借助该虚拟软件，用户可在单一的桌面上同时运行不同的操作系统（Windows、DOS、Linux、macOS）。

VMware Workstation 可在实体计算机上模拟完整的网络环境，其更好的灵活性与先进的技术胜过了市面上其他的虚拟计算机软件。对于企业的 IT（internet technology，互联网技术）开发人员和系统管理员而言，VMware 在虚拟网络中的实时快照、拖曳共享文件夹、支持 PXE 等方面的特点使它成为必不可少的工具。

在一台计算机上安装的双系统（多系统）引导在一个时刻只能运行一个系统，在系统切换时需要重新启动计算机。VMware 可以在主操作系统的平台上“同时”运行多个操作系统，就像 Windows 应用程序那样切换，而且每个操作系统都可以进行虚拟的分区、配置而不影响真实硬盘的数据，甚至可以通过网卡将几台虚拟机用网卡连接为一个局域网，极其方便。

2. Parallels Desktop

Parallels Desktop 是 Parallels 公司的产品。Parallels 公司是全球领先的虚拟化和自动化软件提供商，致力于帮助个人消费者、企业用户及服务提供商在主流硬件、操作系统及虚拟化平台上全面优化其计算能力。

Parallels Desktop 是一款运行在 Mac 计算机上的极为优秀的虚拟机软件，用户可以在 macOS 下非常方便地运行 Windows、Linux 等操作系统及应用，不必烦琐重复地重启计算机即可在 Windows 与 mac 之间切换甚至同时使用它们。

3. Windows Virtual PC

Windows Virtual PC（WVPC）是 Microsoft（微软）的虚拟化技术，可在 Windows 7

上用于创建多个虚拟机，每个虚拟机都运行不同的操作系统。WVPC 可以从 Windows Virtual PC 网站免费下载。WVPC 支持 Windows XP 模式，微软在 Windows 专业版、旗舰版和企业版上预装了 Windows XP SP3 虚拟机。

Windows Virtual PC 运行在 Windows 7 以上的操作系统，创建的虚拟机只能运行 Windows 操作系统，如 Windows XP SP3 Professional、Windows Vista Enterprise SP1、Windows Vista Ultimate SP1、Windows Vista Business SP1、Windows 7 专业版、Windows 7 旗舰版、Windows 7 企业版等。

4.3.2 安装虚拟机软件 VMware Workstation

以上三款虚拟机软件各有特色，根据实际应用环境，我们使用 VMware Workstation 来创建虚拟机，安装各类操作系统。下面介绍安装 VMware Workstation 的过程。

1）下载安装包。访问官方网站 www.vmware.com，在相应栏目中下载 VMware Workstation 安装包 VMware-workstation-full-16.1.1-17801498。

2）运行安装程序。双击下载好的安装包，出现如图 4-12 所示的准备安装窗口，稍等片刻后，出现如图 4-13 所示的安装向导窗口，单击“下一步”按钮。

图 4-12 准备安装窗口

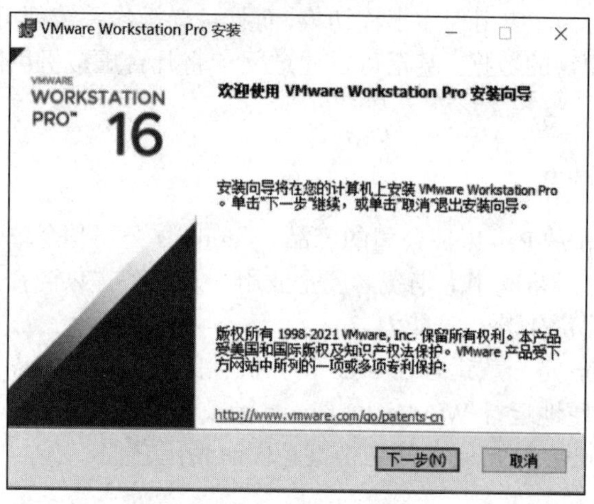

图 4-13 安装向导

在如图 4-14 所示“最终用户许可协议”界面中选中“我接受许可协议中的条款”

复选框，然后单击“下一步”按钮。

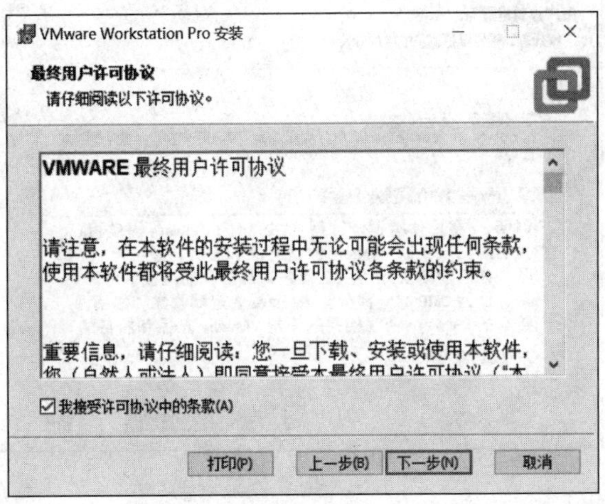

图4-14　最终用户许可协议

3）设置安装路径。在如图4-15所示“自定义安装”界面中单击“更改”按钮修改默认安装位置，也可以选中“增强型键盘驱动程序”复选框安装附加的键盘驱动，这里使用默认设置，直接单击“下一步”按钮即可。

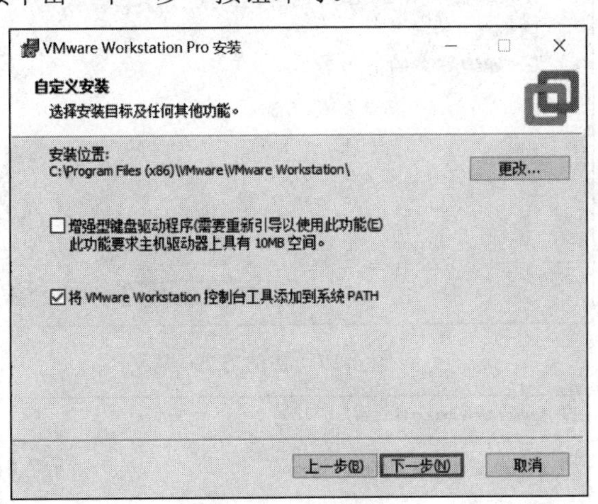

图4-15　自定义安装

4）用户体验设置。在如图4-16所示“用户体验设置”界面中选中“启动时检查产品更新”复选框方便及时升级到最新版本，单击“下一步”按钮。

5）设置快捷方式。在如图4-17所示“快捷方式”界面中，默认已选中“桌面”和“开始菜单程序文件夹”复选框，安装完成后会在桌面上和“开始菜单”文件夹中创建程序快捷方式，如果不想创建快捷方式可以取消选中状态。这里使用默认设置，单击“下一步”按钮。

6）开始安装。在如图4-18所示“已准备好安装VMware Workstation Pro”界面中，单击“下一步”按钮进行软件安装。如果需要查看或更改任何安装设置，可以单击“上一步”按钮返回。

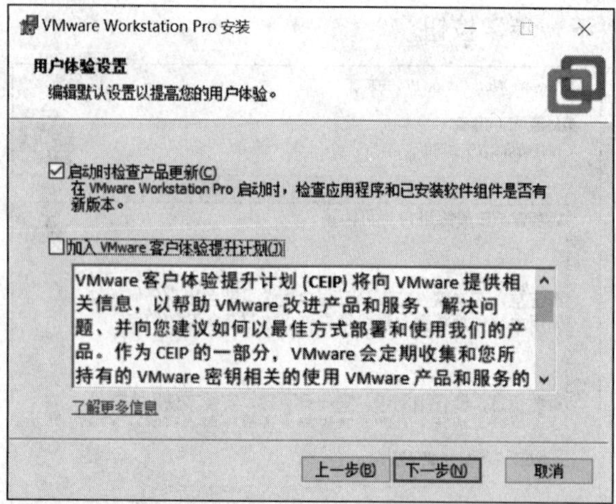

图 4-16　用户体验设置

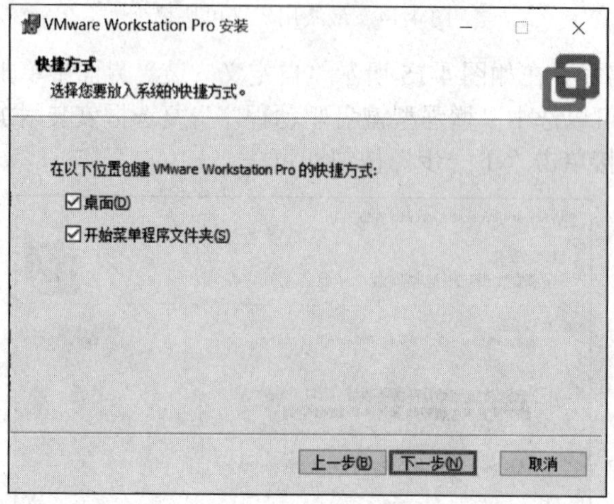

图 4-17　快捷方式

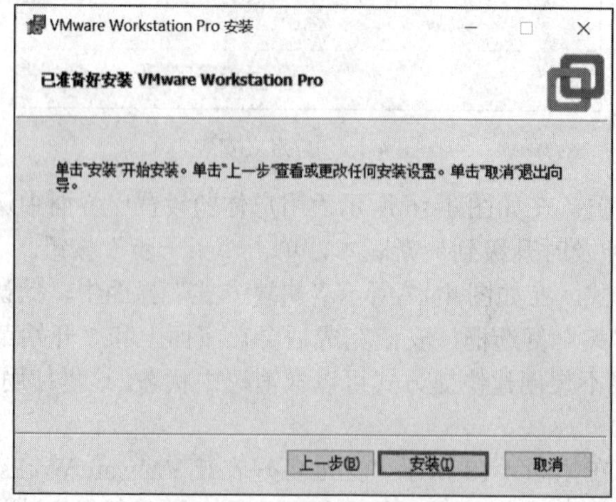

图 4-18　已准备好安装

7）完成安装。等待片刻后，出现如图4-19所示“VMware Workstation Pro 安装向导已完成”界面。如果没有密钥可直接单击“完成”按钮，桌面上出现“VMware Workstation Pro”快捷方式，此时软件安装完成。未输入密钥的软件可以试用30天。如果有密钥，单击“许可证”按钮，在输入许可证密钥窗口里的文本框中输入正确的密钥，单击“输入”按钮完成安装。

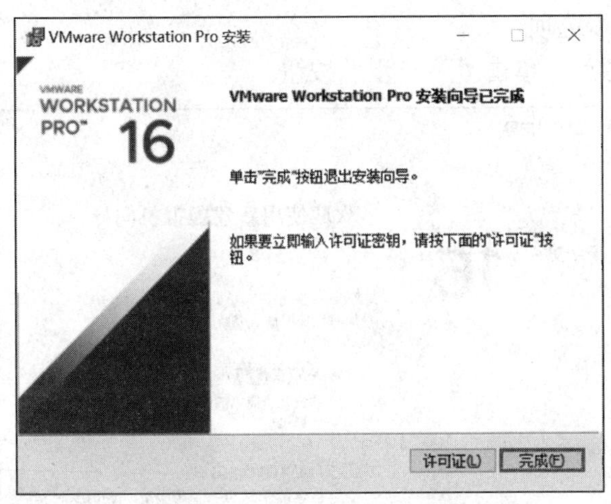

图4-19 安装向导已完成

4.4 使用虚拟机

4.4.1 创建新的虚拟机

要用VMware Workstation安装操作系统需要先创建一个虚拟机。如果真实计算机称为主机或者物理机，那么新建的虚拟机就被称为客户机。可以新建多个客户机。只要计算机的硬件资源够用，就可以同时运行多个客户机。

VMware Workstation新建虚拟机包括以下步骤。

1）选择“创建新的虚拟机”。运行VMware Workstation虚拟机，在主页单击“创建新的虚拟机”，或者单击“文件”菜单中的“新建虚拟机”，出现如图4-20所示的“新建虚拟机向导”对话框。一般推荐选中“典型（推荐）”单选按钮，单击“下一步”按钮。

2）选择“安装来源”。在如图 4-21所示的对话框中选择安装来源，有3个选项可供选择。

- 安装程序光盘：是指使用安装光盘安装操作系统的方式，一般需要有物理光驱和安装光盘，需指定要用的光盘驱动器。
- 安装程序光盘映像文件（iso）：是指使用安装程序光盘映像文件安装操作系统的方式，适用于没有物理光驱和光盘的情况。需要准备好安装程序光盘映像文件（iso），可根据要安装的操作系统从网上下载对应的光盘映像文件，单击“浏览”

按钮选择已准备好的映像文件。需要注意的是，虚拟机软件会自动检测光盘映像，符合要求的系统会使用简易安装，简易安装不需要太多的人工交互，会自动完成操作系统的安装，操作系统安装过程简化。

- 稍后安装操作系统：若暂时未决定用哪种方式安装操作系统，则可以选择本选项。使用安装程序光盘映像文件安装操作系统，又不想使用简易安装的时候，可以先选择本选项。

选择好安装来源后，单击“下一步”按钮。

图 4-20 “新建虚拟机向导”对话框

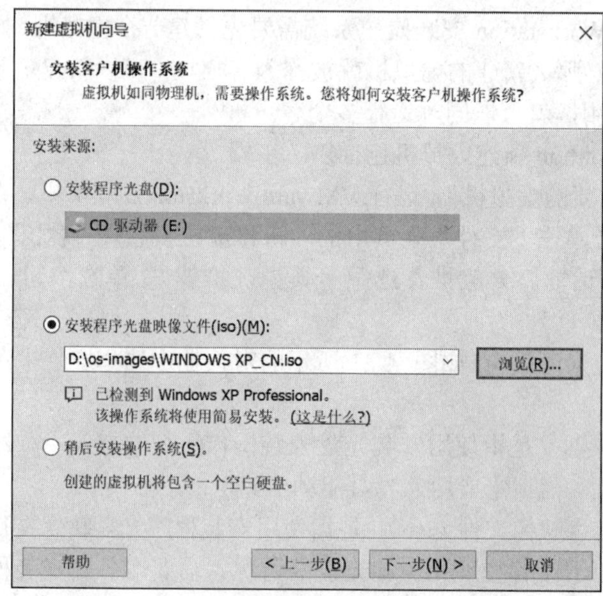

图 4-21 安装来源

3）选择客户机操作系统。在如图 4-22 所示的对话框中选择客户机操作系统。VMware Workstation 所支持的客户机操作系统很多，可以先选择客户机操作系统大类，如“Microsoft Windows”，再到“版本”下拉列表中选择想要安装的操作系统的版本。在选择版本时一定要注意 32 位和 64 位的区别，带有“x64”后缀的是指 64 位操作系统。

选择客户机操作系统后，单击“下一步”按钮。

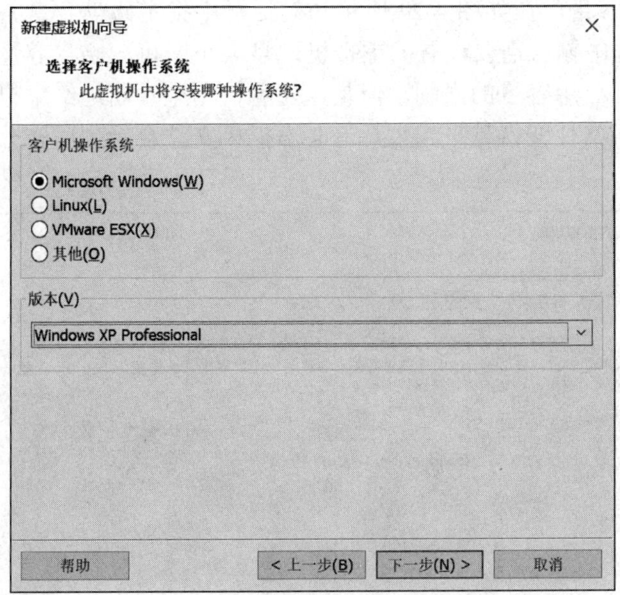

图 4-22　选择客户机操作系统

4）命名虚拟机。在如图 4-23 所示的对话框中命名虚拟机。在“虚拟机名称”文

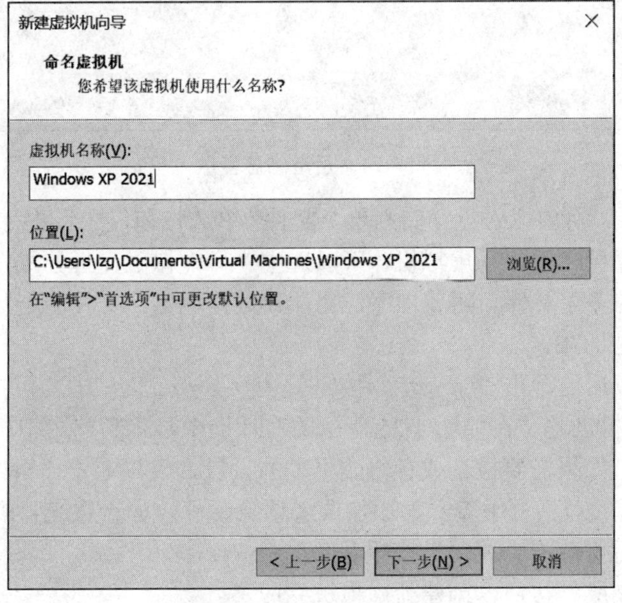

图 4-23　命名虚拟机

本框中直接修改虚拟机的名称；在“位置”文本框中系统给出了默认位置，一般在主机操作系统用户文档下，该位置指的是虚拟机文件的存放位置，也就是主要占用的硬盘空间的位置。建议根据自己的硬盘空间使用情况修改虚拟机的位置，可以通过“浏览”按钮修改虚拟机的位置。

命名虚拟机后，单击“下一步”按钮。

5）指定磁盘容量。在如图 4-24 所示的对话框中指定磁盘容量。在“最大磁盘大小（GB）”文本框中输入需要设置的虚拟机硬盘大小即可。磁盘容量大小不受物理硬盘大小和分区实际可用容量的限制。但是，随着使用中不断地给虚拟机添加程序、文件和数据，虚拟机文件变得越来越大，这时虚拟机文件会受到所在分区的硬盘可用空间的限制。

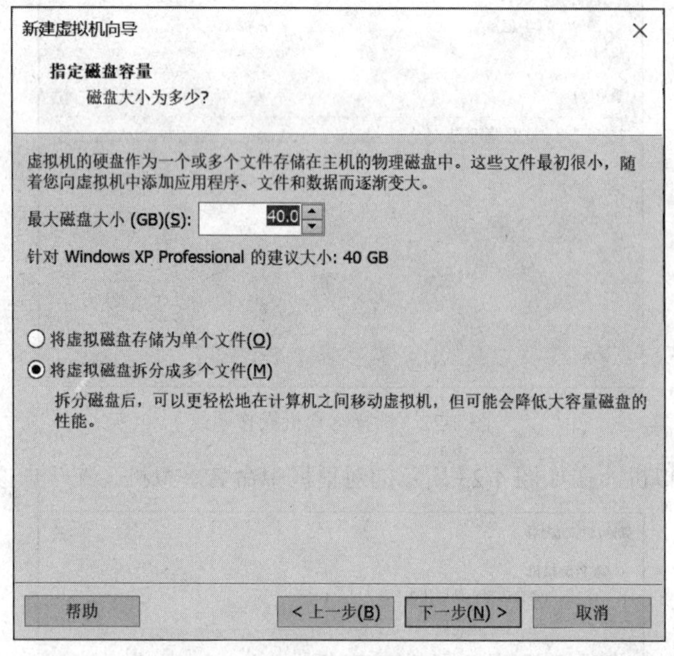

图 4-24 指定磁盘容量

一般建议选中“将虚拟磁盘存储为单个文件”单选按钮，整个磁盘文件为单个文件。如果要在不同计算机之间移动虚拟机，可以选中“将虚拟磁盘拆分成多个文件”单选按钮，磁盘文件分为多个文件，随着程序、文件和数据增多，文件的个数会越来越多，每个文件大小不超过 2GB。

指定磁盘容量后，单击“下一步”按钮。

6）完成虚拟机创建。在如图 4-25 所示的对话框中显示新建虚拟机的设置，检查一遍设置是否正确。如果需要检查或者修改更多的设置，可以单击“自定义硬件”按钮，在如图 4-26 所示的对话框中查看、添加或者移除硬件，如设置光盘映像文件、删除打印机等。设置好后可单击“关闭”按钮返回。

最后单击“完成”按钮，创建新虚拟机完成。

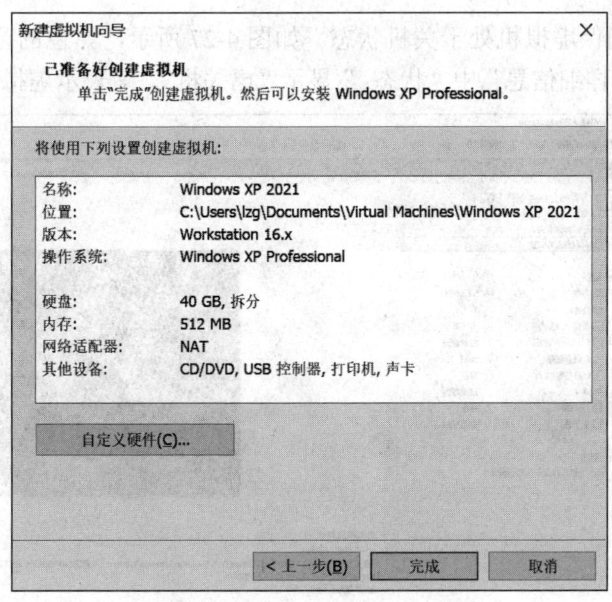

图 4-25　已准备好创建虚拟机

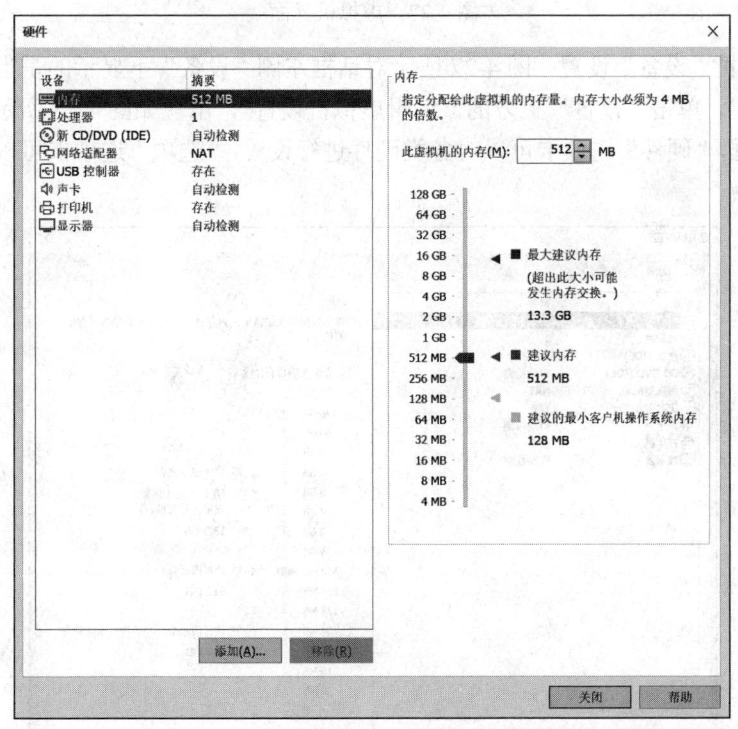

图 4-26　自定义硬件

4.4.2　编辑虚拟机设置

在创建虚拟机后，可以根据需要对虚拟机硬件配置进行修改，操作步骤如下。

1）进入“编辑虚拟机配置”。就像平时操作计算机硬件要先关机断电一样，编辑虚拟机配置也要先确保虚拟机处于关机状态。如图 4-27 所示，黑色的区域是预览窗口，窗口下方“虚拟机详细信息”中“状态：”显示“已关机”，即表示虚拟机处于关机状态。

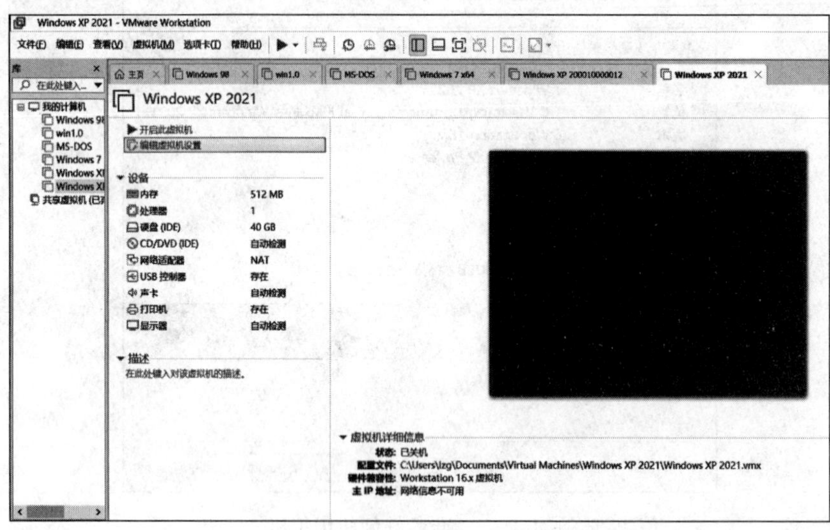

图 4-27　虚拟机界面

2）虚拟机“设备”设置。图 4-27 所示对话框左侧“设备”下显示的是当前设置的虚拟机配置信息，单击“设备”上方的“编辑虚拟机设置”，出现如图 4-28 所示的“虚拟机设置”对话框，“硬件”选项卡可以对各类硬件进行设置，“选项”选项卡可以对虚拟机的属性进行设置。

图 4-28　虚拟机内存设置

下面对“硬件”选项卡内的硬件进行介绍。

内存：可以设置分配给虚拟机的内存量。如图 4-28 所示，没有特殊要求的情况下一般使用默认建议内存大小，可以根据需要调整内存的大小，但是不要低于最小内存，更不可高于最大建议内存。如果内存设置大了，会影响主机系统的运行；内存设置小了会影响虚拟机系统的运行，建议根据计算机总内存的具体情况而定。

处理器：可以配置虚拟机的处理器设置，包括处理器数量、每个处理器的核心数，以及虚拟化引擎的首选执行模式。如有其他特殊需求按具体使用情况设置，一般不建议修改。

硬盘（IDE）：可以查看磁盘文件的存储位置、容量等信息；可以配置虚拟硬盘节点和模式设置；也可以使用磁盘实用工具菜单中的命令执行常规的磁盘维护任务，如对磁盘进行碎片整理、压缩和扩展，视个人需求使用。

CD/DVD（IDE）：可以配置 CD-ROM 和 DVD 驱动器设置，设置启动时是否连接、使用物理光驱还是使用映像文件。光驱设置如图 4-29 所示，建议选中“启动时连接”复选框，若需要加载 ISO 到虚拟机，就选中“使用 ISO 映像文件”单选按钮，同时单击“浏览”按钮，在弹出的对话框中选择需要用到的 ISO 映像文件即可。特殊情况下还需要单击“高级”按钮，进行虚拟设备节点和旧版仿真模式等设置。

图 4-29　光驱设置

网络适配器：配置虚拟网络适配器在何时连接到虚拟机，以及适配器提供的网络连接类型。如图 4-30 所示，一般情况建议使用默认设置“NAT 模式”。VMware 提供了常用的三种网络工作模式：桥接模式、NAT 模式和仅主机模式。

① 桥接模式。该模式将主机网卡与虚拟机虚拟的网卡利用虚拟网桥进行通信。在桥接的作用下，类似于把物理主机虚拟为一个交换机，所有桥接设置的虚拟机连接到这个交换机的一个接口上，物理主机也同样插在这个交换机中。在桥接模式下，虚拟机的IP 地址需要与主机在同一个网段，如果需要联网，则网关与域名系统（domain name system，DNS）也需要与主机网卡一致。如果用虚拟机搭建服务器而且需要被除主机外的其他计算机访问，就需要使用桥接模式，给虚拟机分配与主机同网段的 IP 地址。

② NAT（network address translation，网络地址转换）模式。如果只是希望虚拟机能够联网，则 NAT 模式是最好的选择。NAT 模式借助虚拟 NAT 设备和虚拟 DHCP（dynamic host configuration protocol，动态主机设置协议）服务器，共享主机的网络连接，虚拟机不需要设置 IP 地址，而是自动获取 IP 地址进行联网。在 NAT 模式中，主机网卡直接与虚拟 NAT 设备相连，然后虚拟 NAT 设备与虚拟 DHCP 服务器一起连接在虚拟交换机 VMnet8 上，这样就实现了虚拟机联网。个别计算机安装虚拟机后无法正常连接网络，可能是因为主机的安全设置把虚拟网卡 VMware Network Adapter VMnet8 禁用了或是相关服务被停掉了。VMware Network Adapter VMnet8 虚拟网卡主要是为了实现主机与虚拟机之间的通信。使用 NAT 模式一定要启用 VMware Network Adapter VMnet8 虚拟网卡和相关服务。

③ 仅主机模式。该模式其实就是 NAT 模式去除了虚拟 NAT 设备，然后使用 VMware Network Adapter VMnet1 虚拟网卡连接 VMnet1 虚拟交换机来与虚拟机通信。仅主机模式将虚拟机与外网隔开，使得虚拟机成为一个独立的系统，只与主机相互通信。

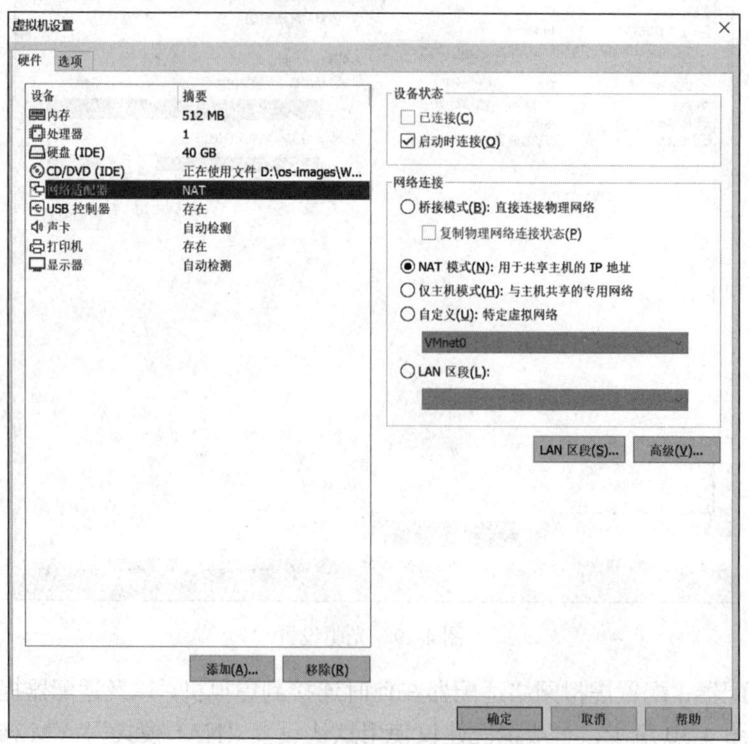

图 4-30 网络设置

USB 控制器：可以配置 USB 控制器是否支持同步 USB 和蓝牙设备，以及人体学接口设备是否显示在“可移动设备”菜单中。如果不存在，虚拟机系统就无法正常使用 USB 设备，所以必须开启。

声卡：可以配置声卡在何时连接到虚拟机，还可以配置虚拟机在主机系统中是使用特定的声卡还是默认声卡。声卡默认是存在的。

打印机：可以配置打印机在何时连接到虚拟机。如果不需要可以移除，建议移除。

显示器：可以为虚拟机指定监视器分辨率设置、配置多个监视器并选择图形加速功能，如图 4-31 所示。要注意的是，如果主机非独立显卡或者显卡性能差，在安装 Windows XP 系统后可能会出现花屏和卡顿现象，系统无法正常使用，建议在安装系统前取消对“加速 3D 图形”复选框的选择。

图 4-31　显示设置

3）进行虚拟机常规设置。如图 4-32 所示，用于控制各个虚拟机的特性，如主机和客户机操作系统之间的文件传输方式，以及在退出 VMware Workstation 时对客户机操作系统执行的操作。某些虚拟机选项可覆盖类似的 VMware Workstation 首选项设置。

常规设置包括虚拟机名称、客户机操作系统的类型和版本，以及存储虚拟机文件的目录位置。

电源选项用于控制虚拟机在关机、关闭或挂起后的行为。

VMware Tools 可以配置 VMware Tools 在虚拟机上的更新方式，还可以配置客户机操作系统上的时钟是否与主机时钟同步。

图 4-32　常规设置

虚拟机配置 Unity 模式在装有 Windows XP 或更高版本客户机操作系统的虚拟机中，可以切换到 Unity 模式，可直接在主机系统桌面上显示应用程序。在 Unity 模式下打开的应用程序与在主机系统中打开的应用程序以相同的方式显示在任务栏中。

虚拟机配置自动登录可以为使用 Windows 2000 或更高版本客户机操作系统的虚拟机配置自动登录功能。要使用自动登录功能，必须打开虚拟机电源，必须在本地计算机上拥有现成的用户账户，还必须安装最新版本的 VMware Tools。

4.4.3　删除虚拟机

虚拟机不运行时对主操作系统没有任何影响，但是虚拟机文件却占用计算机的硬盘空间。当硬盘可用空间不足，或者虚拟机不再使用时，可将该虚拟机删除，释放虚拟机所占用的硬盘空间。

在要删除的虚拟机上右击，在弹出的快捷菜单中选择“管理”子菜单中的“从磁盘中删除”命令，如图 4-33 所示。执行该命令会将虚拟机文件完全删除，不再占用硬盘空间。

在实际操作中，有些用户在要删除的虚拟机上右击，选择快捷菜单中的“移除”命令删除虚拟机。其实这样操作只是从库中移除该虚拟机，在软件界面中看不到该虚拟机，而并不会从磁盘中删除该虚拟机，即虚拟机文件没有被删除，仍占用硬盘空间。

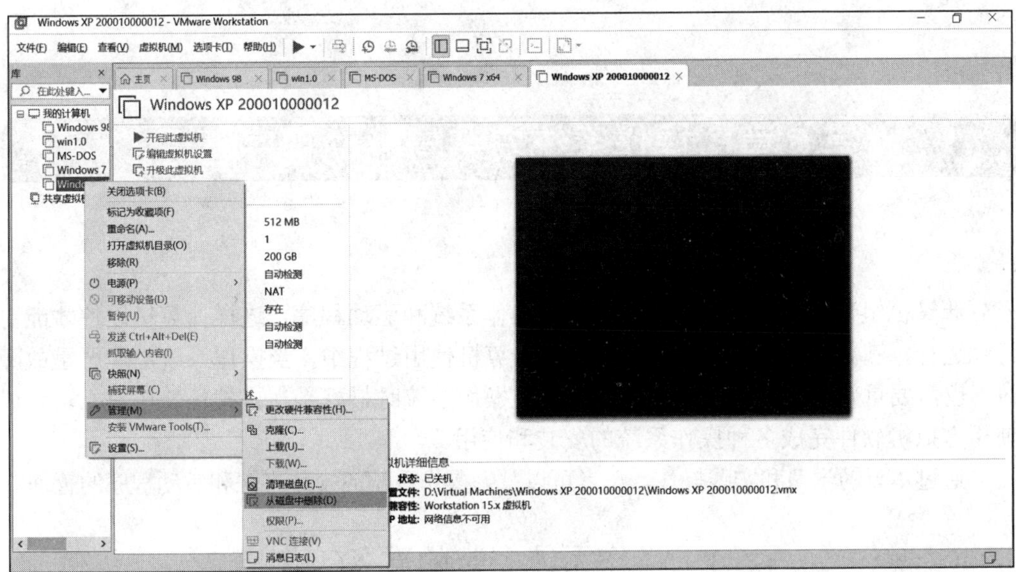
Windows XP 200010000012 - VMware Workstation
文件(F) 编辑(E) 查看(V) 虚拟机(M) 选项卡(T) 帮助(H)
库
我的计算机
Windows 98
win1.0
MS-DOS
Windows 7
共享虚拟机
主页
Windows 98
win1.0
MS-DOS
Windows 7 x64
Windows XP 200010000012
Windows XP 200010000012
开启此虚拟机
编辑虚拟机设置
升级此虚拟机
关闭选项卡(B)
标记为收藏项(F)
重命名(A)...
打开虚拟机目录(O)
移除(R)
电源(P)
可移动设备(D)
暂停(U)
发送 Ctrl+Alt+Del(E)
抓取输入内容(I)
快照(N)
捕获屏幕 (C)
管理(M)
安装 VMware Tools(T)...
设置(S)...
更改硬件兼容性(H)...
克隆(C)...
上载(U)...
下载(W)...
清理磁盘(E)...
从磁盘中删除(D)
权限(P)...
VNC 连接(V)
消息日志(L)
512 MB
1
200 GB
自动检测
NAT
存在
自动检测
自动检测
状态: 已关机
D:\Virtual Machines\Windows XP 200010000012\Windows XP 200010000012.vmx
Workstation 15.x 虚拟机
网络信息不可用

图 4-33　删除虚拟机

第 5 章　操作系统安装与驱动程序管理

计算机组装完成后，需要安装合适的操作系统和驱动程序，这样计算机硬件才能更好地运行，满足人们的日常工作需要。在计算机使用过程中，当操作系统出现严重故障时，也需要重新安装操作系统。在学习安装操作系统时最好是在虚拟环境中进行，可以使用虚拟机软件完成多种操作系统的安装和使用。

通过本章的学习和实践操作，读者可以掌握操作系统的安装方法和驱动程序的管理。

5.1　操作系统安装的准备工作

在安装操作系统之前，需要先做好准备工作。先要了解计算机硬件配置和计算机操作系统的分类，再根据实际需要选择合适的操作系统并准备好安装程序，最后规划硬盘分区。

5.1.1　了解计算机硬件配置

为什么要了解计算机的硬件配置呢？不同的操作系统对硬件资源的需求是不同的，了解计算机的硬件配置情况，可以为选择操作系统提供依据。同样的硬件平台，有些操作系统可以安装，而有些操作系统则无法安装使用，或者无法发挥出硬件的性能。

了解计算机的内存大小为选择操作系统提供参考，如小于 4GB 的内存一般建议安装 32 位操作系统，大于 4GB 的内存首选 64 位操作系统；了解计算机的硬盘类型和容量，方便规划硬盘分区；了解主板、显卡、声卡等各类板卡的信息，主要是在安装操作系统后进行驱动程序的安装时，方便查找驱动程序。一般在主流的硬件平台上安装当前主流的各类操作系统都是没有问题的。

5.1.2　计算机操作系统的分类

计算机操作系统的分类方法有很多，按日常使用情况和功能大致可以分为 4 类：Windows、UNIX、Linux 和 macOS。

1. Windows

Windows 是最常用的操作系统，它是微软公司在 1985 年 11 月发布的第一代窗口式多任务系统，采用了图形用户界面，比 MS-DOS 需要输入指令使用的方式更为人性化。随着计算机硬件和软件的不断升级，Windows 也在不断升级，从架构的 16 位、32 位再到 64 位，系统版本从最初的 Windows 1.0 到大家熟知的 Windows 95、Windows 98、

Windows XP、Windows Vista、Windows 7、Windows 8、Windows 8.1、Windows 10 以及 Windows 11，同时还有 Windows Server 服务器企业级操作系统。微软对 Windows 进行不断更新升级，提升易用性，使其成为应用最广泛的操作系统。

2. UNIX

UNIX 诞生于 1969 年，它是一个分时系统。除了作为网络操作系统之外，UNIX 还可以作为单机操作系统使用。UNIX 作为一种开发平台和台式操作系统得到了广泛使用，主要用于工程应用和科学计算等领域，后来大多由服务器厂商进行开发，运行在自家的服务器上，如 IBM 公司的 IBM AIX 系统、Oracle 公司的 Solaris 系统等。

3. Linux

Linux 是一种免费使用和自由传播的类 UNIX 操作系统，其内核由林纳斯·本纳第克特·托瓦兹于 1991 年 10 月 5 日首次发布，它主要受到 Minix 和 UNIX 思想的启发，是一个基于 POSIX（portable operating system interface，可移植操作系统接口）的多用户、多任务、支持多线程和多 CPU 的操作系统。Linux 继承了 UNIX 以网络为核心的设计思想，是一个性能稳定的多用户网络操作系统。Linux 有上百种不同的发行版，如基于社区开发的 Debian 和基于商业开发的 Red Hat Enterprise Linux、SUSE 等。Linux 大多用于服务器操作系统，不仅系统性能稳定，而且是开源软件，其核心防火墙组件性能高效、配置简单，保证了系统的安全。

Linux 也有适合个人用户使用的桌面版本。例如，Ubuntu 是一个以桌面应用为主的 Linux 操作系统，Ubuntu 基于 Debian 发行版和 Gnome 桌面环境，在短短几年时间里便迅速成长为从 Linux 初学者到实验室用计算机/服务器都适合使用的发行版。Ubuntu 是开放源代码的自由软件，用户可以登录 Ubuntu 的官方网址免费下载该软件的安装包。

4. macOS

macOS 是一套由苹果公司开发的运行于 Macintosh 系列计算机上的操作系统。macOS 是首个在商用领域成功的图形用户界面操作系统，是基于 XNU 混合内核的图形化操作系统，一般情况下在普通 PC 上无法安装，只能运行在苹果公司生产的计算机设备上。2021 年 10 月 26 日，苹果向 mac 用户推送了 macOS Monterey 12.0.1 正式版更新。

我国研发的操作系统也有很多，如深度 Linux、统信 UOS、优麒麟等，大多是基于 Linux 开发的操作系统。统信 UOS 分为服务器版、专业版和家庭版，支持主流国产处理器。统信 UOS 家庭版新增和优化了如下功能：①应用商店享安全，拒绝流氓软件，无虚假链接，安全无病毒；②绿色安心的上网学习环境，孩子精力集中无打扰，课堂授课无干扰；③多模多态随心用，以 UOS 生态为主线，过渡性兼容 Windows 生态和安卓生态，支持运行安卓软件；④跨端协同新互联，计算机与手机、计算机与计算机互联，可随时跨屏协作处理文件，不限大小。

华为公司开发的鸿蒙（Harmony OS）是跨终端的系统，目前主要应用于手机端、智慧屏。

5.1.3 选择操作系统并准备安装程序

如何选择合适的操作系统呢？是选择 Windows 还是 Linux？建议普通用户选择 Windows，多年的使用习惯容易操作。公司企业用作服务器可选择 Linux，系统稳定效率高。如果个人对 Linux 感兴趣，使用虚拟机安装 Linux 也是不错的选择。

操作系统选 32 位还是 64 位？如果使用的计算机内存容量小于 4GB，建议选择 32 位的操作系统，运行起来比较流畅，唯一的不足是不支持 64 位的软件。如果计算机内存在 8GB 以上，建议要选择 64 位的操作系统，它不仅支持 64 位的软件，同时也兼容 32 位的软件。

选择 Windows 7、Windows 10 还是 Windows 11？不建议选择最新版本的操作系统，因为操作系统刚推出的时候稳定性一般，容易带来各种问题，可以稍等几个月稳定后再升级成最新版本的操作系统。如果计算机比较旧、硬件配置较差或者有软件方面的需求可以使用 Windows 7，虽然官方不支持更新了，但是稳定性还是不错的。一般来说，建议使用 Windows 10，不过需要注意的是，Windows 10 版本更新比较快，建议选择比较新的版本。

选择家庭版还是专业版？Windows 10 有家庭版、专业版、企业版、教育版、专业工作站版和物联网核心版六个版本，不同版本功能不同，售价不同，面向的用户也不同，建议根据实际需要选择对应的版本。对于个人用户来说，多数笔记本计算机预装了家庭版，能满足日常使用，不建议安装其他版本。

根据计算机硬件情况和个人需求选择好要安装的操作系统后，接下来就要准备安装程序了。可以到官方网站下载系统安装镜像文件，下载后将其刻录到光盘上或者用专用程序写入到 U 盘，也可以通过官方渠道购买系统光盘或者系统 U 盘进行安装。

5.1.4 合理规划硬盘分区

合理规划硬盘分区是非常必要的，如果规划得不合理，在后续的使用中会带来一些麻烦。例如，将 C 盘划分为 30GB，安装了 Windows10 系统，C 盘的剩余空间还有 10GB 左右，看上去也够用，但是随着系统运行产生的临时文件、部分软件的安装、安装操作系统的安全更新等对 C 盘空间的需求越来越多，当 C 盘的可用空间不足时，系统运行起来就会变慢，甚至不能打开操作系统。有的人可能会说，可以将临时文件设置到其他分区，也可以将软件安装到其他分区，这样就不会占用 C 盘空间，不就没有影响了吗？但在实际使用中，即使做了上述设置，C 盘的剩余空间也还是会越来越小，安装操作系统的安全更新会占用空间，而且也不是所有的软件都可以安装在其他分区，特别是准备升级新版本的操作系统的时候，可能会由于 C 盘分区空间不足而导致无法正常升级。

现在新购买的笔记本计算机上一般只有一个分区，C 盘的容量足够大，不划分新的分区是不是就不会带来上述问题了？如果不进行分区操作，个人数据都存放在系统分区里，当系统分区出现故障，需要恢复出厂设置或者重新安装操作系统时，个人数据可能就会丢失。

硬盘如何规划分区呢？主要看用户使用习惯和硬盘大小。目前，硬盘的主流配置都是 500GB 或者 1TB 的大硬盘，建议划分 3～4 个分区。以 500GB 的硬盘举例来说，建议划分 3 个分区比较合理：C 盘 100GB 用作系统盘，D 盘 120GB 用来安装程序软件，剩余空间全部给 E 盘，用来存放个人的数据资料。

新购买的计算机已经安装好操作系统，只有一个 C 盘，所有的软件都只能装在 C 盘里，使用起来感觉不习惯，也不方便管理文件。如何划分出其他分区呢？下面以某台笔记本计算机为例介绍 Windows 10 操作系统分区管理文件的方法。

1）右击桌面上的“此电脑”，在弹出的快捷菜单中选择“管理”命令；在弹出的窗口中选择“磁盘管理”，如图 5-1 所示。从图 5-1 中可以看到这台计算机的硬盘有 4 个分区，最前面的 EFI 系统分区和最后面的恢复分区在操作系统中是看不到的，但是这两个分区还是比较重要的，不建议删除。可以在 C 盘或者 D 盘上进行划分。

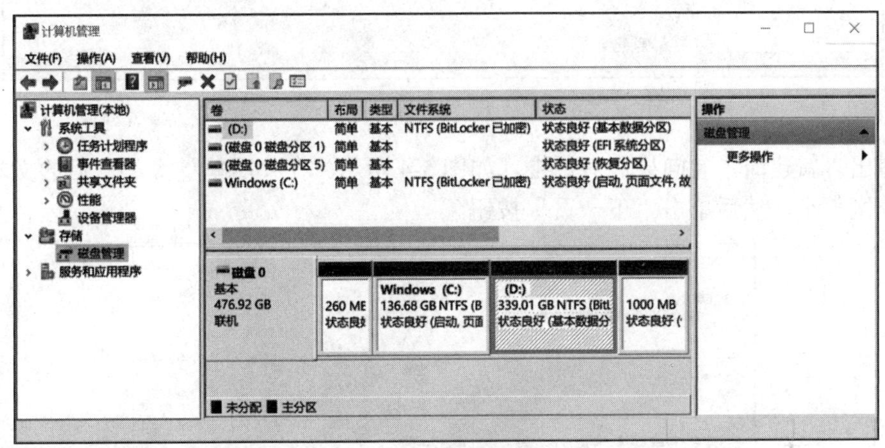

图 5-1　磁盘管理

2）在窗口的下部可以看到磁盘，选择要分区的磁盘，右击，在弹出的快捷菜单中选择“压缩卷”命令，弹出如图 5-2 所示界面。系统会计算出可压缩空间，输入需要的压缩空间，然后单击“压缩”按钮。

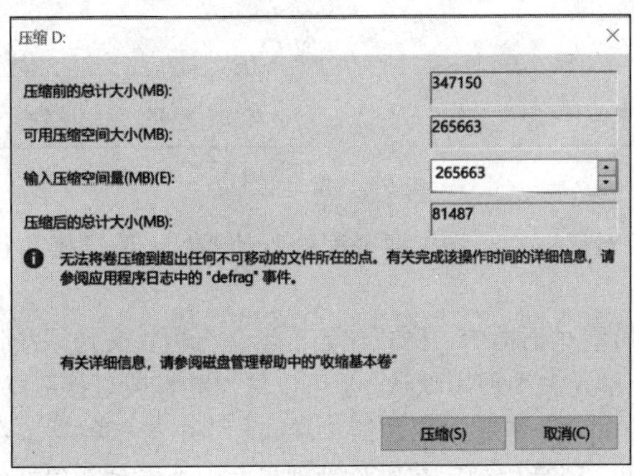

图 5-2　压缩卷

3）压缩完成后，会看到一个未分配的分区，在其上右击，在弹出的快捷菜单中选择“新建简单卷”命令，如图 5-3 所示。

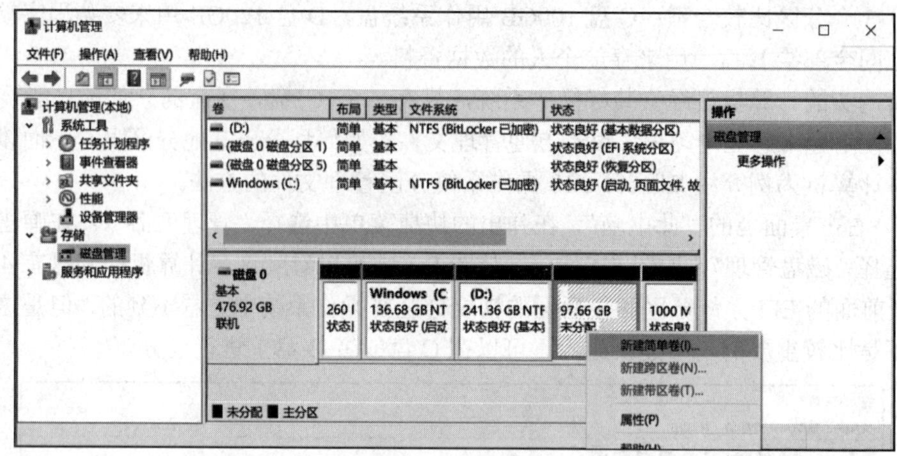

图 5-3　新建简单卷

弹出“新建简单卷向导”对话框，如图 5-4 所示。在“简单卷大小”后的文本框中输入分区大小，然后单击“下一页”按钮。

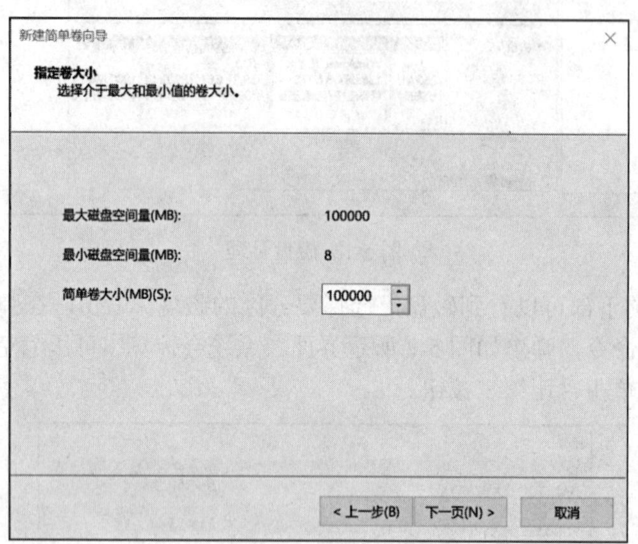

图 5-4　指定卷大小

在如图 5-5 所示对话框中，指定要分配的驱动器号或驱动器路径，然后单击“下一页”按钮。

4）在如图 5-6 所示对话框中，格式化当前新建分区，文件系统选择“NTFS”，一般没有特殊需要，分配单元大小使用默认值，可以修改卷标或直接删除清空，然后单击“下一页”按钮。在弹出的“正在完成新建简单卷向导”中检查各类参数，没有问题后可直接单击“完成”按钮。稍等片刻后在磁盘管理界面中会看到新建好的分区，如图 5-7 所示。D 盘减少了 97.66GB，而新建的分区大小为 97.66GB。

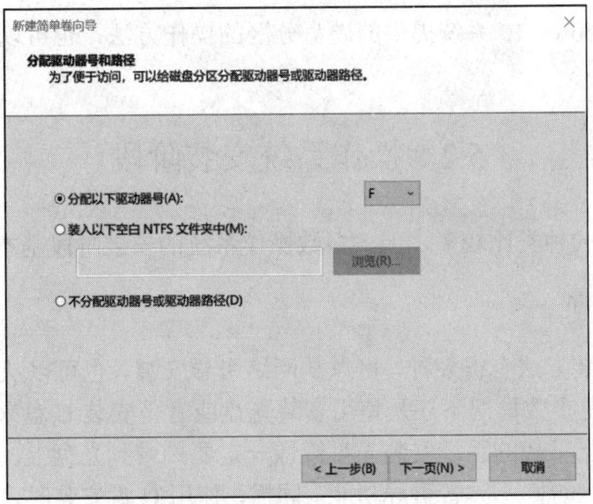

图 5-5　分配驱动器号和路径

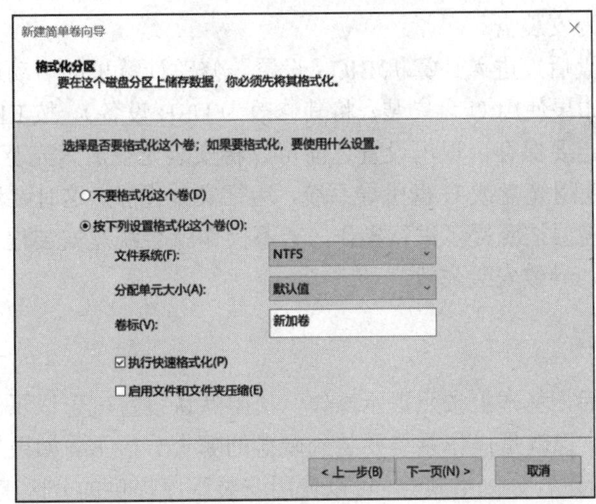

图 5-6　格式化分区

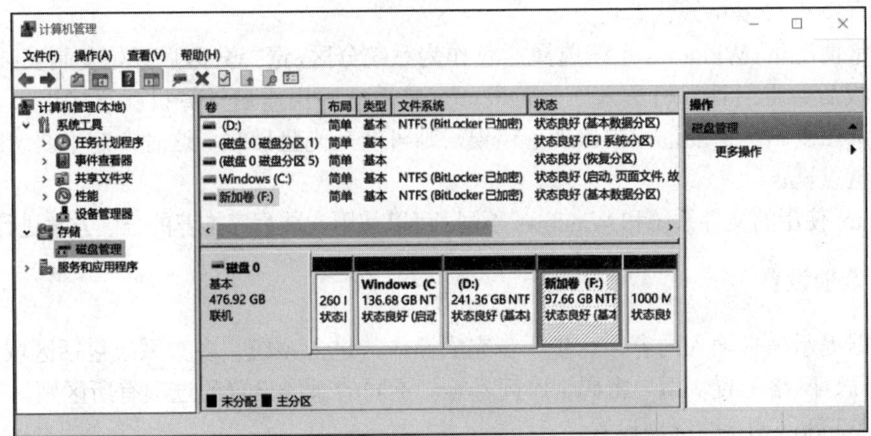

图 5-7　新建分区后的磁盘管理界面

以上就是 Windows 10 系统提供的硬盘分区的操作方法，也可以用同样的操作方法给移动硬盘分区。

5.2 操作系统安装阶段

虽然操作系统的种类比较多，但大多数操作系统的安装阶段基本上是一致的。

5.2.1 运行安装程序

操作系统的安装方法有很多种，可以从网络引导安装，也可以从硬盘直接运行安装程序进行安装，但是多数情况下还是使用安装光盘或者是安装 U 盘来引导，运行安装程序进行安装。从网上下载的系统安装光盘镜像一定要刻录到光盘上，不能以文件的形式直接复制到光盘上，否则不具备引导功能。同样，使用 U 盘安装时，也一定要用指定的工具将镜像文件写入到 U 盘中，U 盘制作成可引导的。直接将镜像文件复制到普通 U 盘上也无法将其作为安装盘。

准备好安装光盘后，进入计算机 BIOS 设置，修改计算机的启动选项，将第一启动设备修改为光驱（如果使用 U 盘安装，将其修改为 USB 设备），按 F10 键保存退出。这里要强调的是，一定要保存。退出设置之前可以将安装光盘放入光驱或插入 U 盘。

重启计算机，使用光盘或 U 盘引导系统，运行安装程序。这时要注意屏幕的提示信息，有的安装光盘需要按照提示进行操作，若不操作就会跳过安装程序，直接用硬盘引导进入原操作系统，导致安装失败。

5.2.2 选择安装位置

运行安装程序后，基本上按照提示操作，使用默认设置就可以了。最关键的地方是需要选择安装位置，也就是操作系统要装到硬盘的哪个分区上。如果是首次安装操作系统，需要对新的硬盘进行分区格式化，可以使用安装程序提供的分区工具进行分区操作。也可以使用其他分区工具，对硬盘提前进行分区格式化。如果是重新安装系统也可以不分区，直接将 C 盘格式化即可。

通常情况下，Windows 系统选择 C 盘作为系统分区，选择分区后开始复制安装文件，复制完成后会重启计算机进入下一阶段，有些系统不用重启计算机就直接进入下一阶段。如果在复制文件的过程中出现了错误，则可能是光盘破损，这时一定不要忽略，换一张光盘重试。

Linux 使用的文件系统和 Windows 不同，可以使用安装程序推荐的分区方案进行操作。

5.2.3 选项设置

根据提示信息输入内容，一步一步完成操作，进入系统。多数系统包括区域设置、键盘布局、网络配置、用户密码、序列号等。不同的系统设置的选项有所区别。下面简单介绍 Windows 10 的选项设置。

先从区域设置开始，选择“中国”，然后单击“是”按钮，进入下一步；选择输入法为“微软拼音”，然后单击“是”按钮，进入下一步；是否想要添加第二种键盘布局，选择“跳过”；许可协议，选择“接受”许可条款；希望以何种方式进行设置，一般选择“针对个人使用进行设置”，单击“下一步”按钮；选择账户登录类型，已经拥有微软账户，可以选择“通过 Microsoft 账户登录”，也可以选择“创建账户”，或者使用“脱机账户（本地账户）”登录（如果创建账户，则根据提示信息输入用户名、密码、手机号、邮箱、PIN 码等一系列信息）；连接你的手机和计算机，可以单击“稍后再做”；是否让 Cortana 作为你的个人助理，语音助手根据需要选择“是”或“否”；为你的设备选择隐私设置，根据个人需要设置，然后单击“接受”；等待计算机自动设置完成。

5.2.4　收尾工作

完成上述操作后进入操作系统界面，这时看上去操作系统已经安装成功，但还是有一些收尾工作要做。检查硬盘分区是否可以正常使用，对未格式化的分区进行格式化；检查驱动程序是否安装；检查和设置网络连接。

1. 硬盘分区格式化

一般在硬盘分区时已经对 C 盘进行了格式化操作，此时需要对其他未格式化的分区进行格式化。在资源管理器中找到未格式化的分区（如 D 盘），在该分区上右击，在弹出的快捷菜单中选择“格式化”命令，弹出“格式化本地磁盘(D:)”对话框，在“文件系统”下的下拉列表中选择“NTFS”，单击“开始”按钮即可。依次对未格式化的分区进行格式化操作，但是记住，不要对多个分区同时进行格式化操作，这样操作反而完成得更慢。

2. 检查驱动程序

打开设备管理器，查找未安装驱动的设备，没有安装驱动程序的设备前一般会有黄色问号标志。直接运行之前准备好的驱动程序安装包安装驱动程序，也可使用官方提供的驱动管理程序检查或更新设备驱动。做好后再次检查是否有未安装驱动的设备。驱动程序的安装方法参见第 5 章相关内容。

3. 检查和设置网络连接

现在很多的计算机应用离不开网络，多数计算机需要接入互联网，安装好操作系统后还需要根据实际的网络连接情况对网络连接进行简单设置。

5.3　驱动程序管理

5.3.1　驱动程序介绍

驱动程序全称为“设备驱动程序”（device driver），是一种可以使计算机和设备进行相互通信的特殊程序，相当于硬件的接口，操作系统只能通过这个接口控制硬件设备的工作。如果某个设备的驱动程序未正确安装，该设备便不能正常工作。因此，驱动程序被比作“硬件的灵魂”“硬件的主宰”“硬件和系统之间的桥梁”等。

驱动程序在系统中所占的地位十分重要，一般在操作系统安装完毕后，首要的便是安装硬件设备的驱动程序。不过，大多数情况下，并不需要安装所有硬件设备的驱动程序，如硬盘、显示器、光驱等就不需要安装驱动程序，这是因为操作系统已经包含这些常见设备的驱动程序，甚至有些显卡、声卡、网卡也不需要安装驱动程序，而打印机、扫描仪等就需要安装驱动程序。

不同版本的操作系统对硬件设备的支持也是不同的。一般情况下，版本越高，所支持的硬件设备也越多，多数台式计算机安装 Windows 10 后基本上不需要再安装驱动程序。当然，新出的一些硬件设备可能安装驱动程序后才能更好地发挥出其性能。有些笔记本计算机外部接口比较丰富，会配备一些非常规的硬件设备，如指纹识别设备、多功能接口卡等，这些设备就需要安装驱动程序和配套软件。

5.3.2 驱动程序的安装顺序

驱动程序可以随便安装吗？肯定不是，不按顺序安装很有可能导致某些设备无法使用或者软件安装失败。一般建议驱动程序安装的顺序是：主板芯片组→显卡→声卡→网卡→无线网卡→红外线→触控板→PCMCIA 控制器→读卡器→其他（如电视卡等）。下面简单介绍驱动程序的安装。

1）安装操作系统后，首先应该装上操作系统的补丁包（service pack，SP）。驱动程序直接面对的是操作系统与硬件，所以首先应该用 SP 解决操作系统的兼容性问题，这样才能尽量确保操作系统和驱动程序的无缝结合。Windows 10 的版本比较多，每年都有新版本，一般建议更新到比较新的版本。

2）安装主板驱动程序。主板驱动主要用来开启主板芯片组内置功能及特性，是各个部件通信的基础平台。如果主板驱动未正确安装，那么其他硬件也都发挥不出来该有的性能，这也是系统不稳定的直接原因。

3）安装显卡、声卡、网卡等插在主板上的板卡类驱动程序，这些设备也有集成在主板上的。

4）最后安装打印机、扫描仪等外设的驱动程序。

以上安装顺序能使系统文件合理搭配，协同工作，充分发挥系统的整体性能。

另外，显示器、键盘和鼠标等设备也有专门的驱动程序，特别是一些品牌产品，虽然不安装驱动程序也可以被系统正确识别并正常使用，但是安装驱动程序后，能增加一些额外的功能并提高计算机的稳定性和性能。

5.3.3 驱动程序下载和安装

1. 老旧计算机或者单独购买的硬件设备安装驱动程序

早期购买的计算机或者是单独购买的硬件设备（如主板、显卡等）一般会提供一张驱动程序光盘，将驱动程序光盘放入光驱自动运行，会出现安装界面，根据提示进行安装即可。如果驱动程序光盘不能自动运行，则打开光盘查看内容，根据说明文档，找到驱动程序文件的具体位置。驱动程序若是单独的一个可执行文件，只需要双击它就会自动运行安装程序，根据提示信息完成驱动程序的安装；驱动程序文件若是压缩包，则解压后找到 Setup.exe 或 Install.exe 可执行程序，双击后也会自动运行安装程序，根据提示信息完成驱动程序的安装即可。

2. 近几年购买的笔记本计算机或者品牌机安装驱动程序

这种情况比较常见，大多数笔记本计算机会预装操作系统，不再单独提供驱动程序光盘。当需要安装驱动程序时，就需要去计算机生产厂商的官方网站下载相应的驱动程序。驱动程序下载一般在网站的服务或者技术支持栏目中。下面以一台联想笔记本计算机的驱动查找安装为例简单介绍查找驱动的过程。

打开联想官方网站，如图 5-8 所示，选择“服务”→“个人服务与支持”下的“驱动下载”，打开如图 5-9 所示的驱动查找页面。

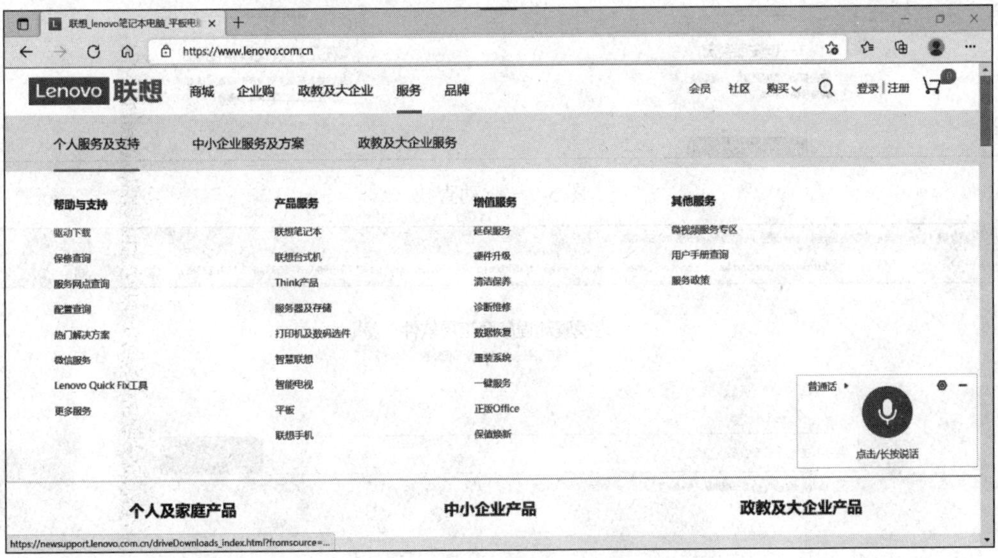

图 5-8 联想驱动下载

网页左下方有推荐的“一键安装驱动”，操作比较简单。单击“立即下载”按钮后跳转到联想驱动管理软件页面，下载该软件后直接运行，按照提示信息操作即可。使用驱动管理软件的前提条件是，安装驱动程序的计算机网络畅通。在该计算机上安装运行联想驱动管理软件，软件智能匹配、一键安装、一键解决所有驱动问题，提供官方更新，保障硬件最佳状态。

如果装好操作系统的计算机网络不通，上不了网，就需要在能联网的其他计算机上下载驱动程序后，再用 U 盘复制到要安装驱动的计算机上，运行驱动程序安装包。

在如图 5-9 所示的驱动查找页面右下方，单击“在站内查找设备驱动”，打开查找驱动程序及工具软件页面，如图 5-10 所示。可通过输入主机编号或主机型号获取设备驱动。在文本框中输入计算机的主机编号，单击“查找”按钮即可打开驱动程序下载页面。在页面内选择当前使用的操作系统后可在下方驱动列表中选择适合该计算机各类设备的驱动程序进行下载安装。建议先下载网卡的驱动程序，安装好网卡驱动程序、连接网络后再使用联想驱动管理软件一键安装。

图 5-9　驱动查找

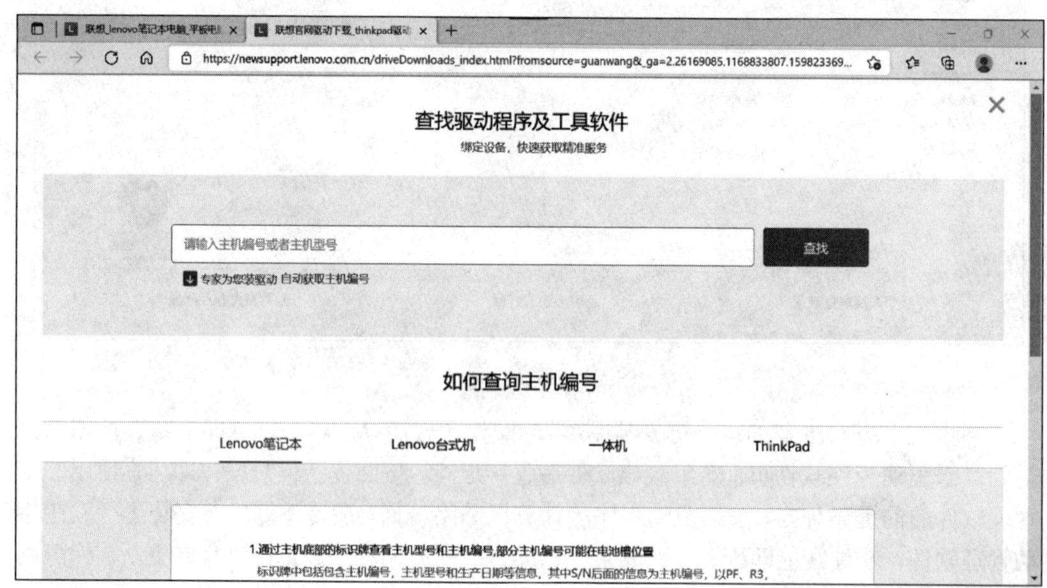

图 5-10　查找驱动程序

如何查询主机编号呢？以联想笔记本计算机为例：一是通过主机底部的标识牌查看主机型号和主机编号，部分主机编号可能在电池槽位置，标识牌中包括主机编号、主机型号和生产日期等信息，其中 S/N 后面的信息为主机编号，以 PF、R3，R0、S1 等开头，共 8 位，由数字和字母组成；二是通过 BIOS 查看主机型号和主机编号。其实在图 5-10

所示页面下方有如何查询主机编号的相关介绍，仔细阅读后按提示就可以找到。

3. 找不到合适的驱动程序

可以使用驱动精灵、驱动人生等软件查找驱动。这种查找安装驱动程序的方法一般不建议使用，因为有时候找到的不一定是设备厂商提供的驱动程序，多数是公开版驱动程序或者第三方修改后的驱动程序。相比较厂商提供的驱动程序来说，这些驱动程序的兼容性和稳定性较差，建议最好使用原厂提供的驱动程序，实在找不到原厂的驱动程序时再使用这些驱动程序。

5.4 网络连接

5.4.1 Internet 的接入方式

1. 局域网方式

局域网接入方式主要采用以太网技术，以信息化小区的形式为用户服务。通常情况下，它主要用于企业网络和小区宽带的共享接入。局域网内的用户通常可以使用交换机、路由器或专线连接 Internet。

2. Cable Mode 方式

Cable Mode 是基于有线电视网络铜线资源的接入方式，具有专线上网的连接特点，允许用户通过有线电视网接入互联网，适用于拥有有线电视网的家庭、个人或中小团体。优点是接入方式方便；缺点是当用户激增时，速率就会下降且不稳定，扩展性不够。

3. 光纤接入方式

通过光纤直接接入用户节点，特点是速率高，抗干扰能力强，适用于家庭、个人或各类企事业团体，可以实现各类高速率的互联网应用（视频服务、高速数据传输、远程交互等），是目前发展的主流之一，家庭用户网络带宽最快可达千兆。

4. 无线上网方式

无线上网主要有两种方式，分别是无线广域网和无线局域网。

无线广域网是指采用无线网络把物理距离极为分散的局域网连接起来的通信方式，多用于笔记本计算机或者其他设备，在蜂窝网络覆盖范围内可以在任何地方连接到互联网。通俗而言，无线广域网是指利用手机信号进行接入互联网的一种技术，如各大通信运营商提供的 4G 和 5G 数据服务。无线广域网以流量计费，价格偏贵，但方便灵活。

无线局域网是以传统局域网为基础，使用无线 AP 和无线网卡来构建的无线上网方式，如校园内覆盖的无线网络。家庭用户可以使用无线路由器搭建小型无线局域网共享网络，方便无线设备上网。

5.4.2 网络设置

上面我们提到了多种 Internet 接入方式，那么是谁为我们提供服务呢？这就不得不提到 ISP，即向广大用户综合提供互联网接入业务、信息业务和增值业务的电信运营商。ISP 是经国家主管部门批准的正式运营企业，享受国家法律保护。我国现有五大电信运营商，分别是中国电信、中国移动、中国联通、中国广电、中信网络。中国移动通信集团公司是全球第一大移动运营商。当然，还有许多其他的运营商，如全国高校所使用的中国教育和科研计算机网。

每一台接入 Internet 的计算机都有唯一的 IP 地址，那么 IP 地址如何获取，又如何设置呢？IP 地址由 ISP 提供，主要使用两种方式分配 IP 地址给用户。一种是静态设置，给每台计算机分配固定的 IP 地址，用户手工设置计算机的 IP 地址、子网掩码、网关和 DNS。学校的服务器和机房固定设备多采用这种分配方式，便于网络监管。另一种是自动分配，网络中有专用的 DHCP 服务器，DHCP 是一个局域网的网络协议，使用 UDP 工作，自动分配 IP 地址给用户。用户无须记录和设置 IP 地址、子网掩码、默认网关和 DNS 服务器，只需要设置为自动获得 IP 地址和自动获得 DNS 服务器地址即可。公共场所的流动设备和家庭用户多采用该方式，用户使用简单方便，ISP 管理高效便捷。

下面以 Windows 10 系统为例讲解设置 IP 地址的方法。

选择“开始”→“设置”→“网络和 Internet”→“状态”→“高级网络设置”→“更改适配器设置”，打开“网络设置”窗口。接着在“以太网”图标上右击，在弹出的快捷菜单中选择“属性”命令，打开“以太网 属性”对话框。在该对话框中选择“Internet 协议版本 4（TCP/IPv4）”，如图 5-11 所示。单击“属性”按钮，打开“Internet 协议版本 4（TCP/IPv4）属性”对话框，如图 5-12 所示。

图 5-11　以太网属性

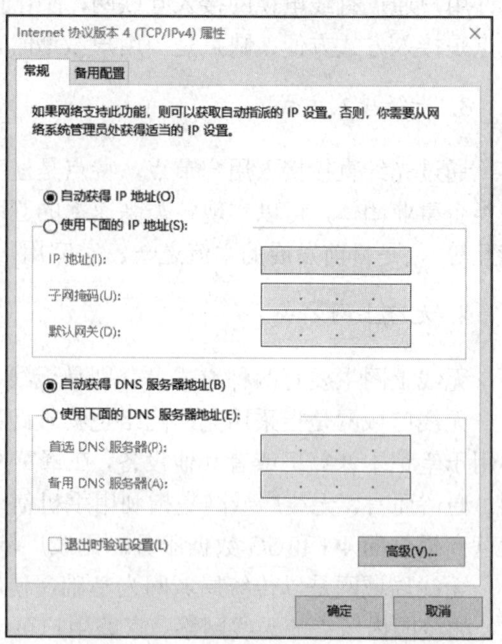

图 5-12　Internet 协议版本 4（TCP/IPv4）属性

接下来进行 IP 地址的具体配置，主要有以下两种情况。

如果 ISP 没有提供 IP 地址、子网掩码、默认网关、DNS 服务器等具体参数，大多情况是使用自动分配 IP 的方式，用户只需在图 5-12 所示的“Internet 协议版本 4（TCP/IPv4）属性”对话框中选中“自动获得 IP 地址”和“自动获得 DNS 服务器地址”单选按钮即可。一般情况下，Windows 10 系统默认为自动获得 IP 地址，无须用户修改。现实中大多数网络接入采用自动获取方式，无须进行网络设置。

如果 ISP 提供 IP 地址、子网掩码、默认网关、DNS 服务器等具体参数，则需要使用指定的 IP 地址。选中“使用下面的 IP 地址”单选按钮后，在文本框中输入指定的 IP 地址、子网掩码、默认网关，再选中“使用下面的 DNS 服务器地址”单选按钮，在文本框中输入指定的 DNS 服务器地址，最后单击“确定”按钮即可。

5.4.3　查看 IP 地址

笔记本计算机多使用无线网络接入，一般不需要设置网络连接，都是自动获取 IP 地址等信息。如何查看具体的 IP 地址等信息呢？下面以 Windows 10 系统为例介绍两种常用方法。

1. 通过网络状态进行查看

在任务栏右侧找到无线连接的图标，在其上右击，在弹出的快捷菜单中选择“打开网络和 Internet 设置”命令，打开如图 5-13 所示窗口，显示当前网络连接状态。图 5-13 中显示的是 WLAN，说明使用的是无线局域网连接。单击“属性”打开如图 5-14 所示窗口，在“IP 设置”下方可以看到 IP 地址等信息。

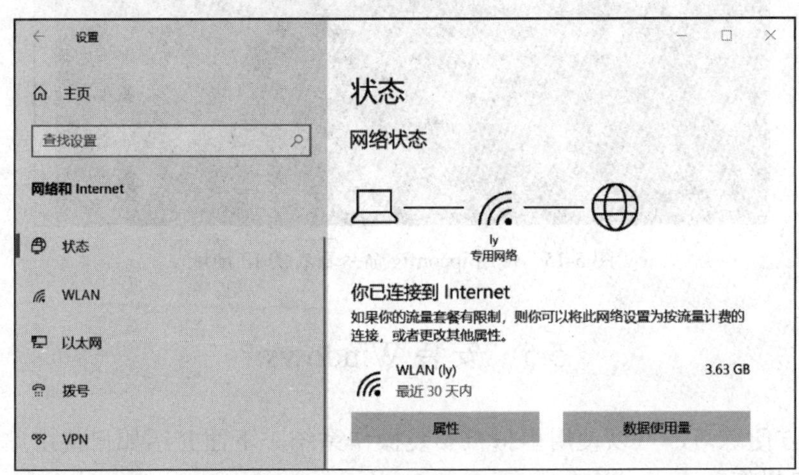

图 5-13　网络状态

2. 使用 ipconfig 命令查看

在任务栏中的搜索框中输入“cmd”，按 Enter 键确认即可打开“命令提示符”窗口。在“命令提示符”窗口中输入“ipconfig”后按 Enter 键，可看到 Windows IP 配置情况，包括各个网络适配器的具体参数，如图 5-15 所示。如果需要查看更详细的信息（如 DNS 地址、MAC 地址等），可以在“ipconfig”命令后加上参数“/all”，一定要注意在命令和参数中间要加空格。

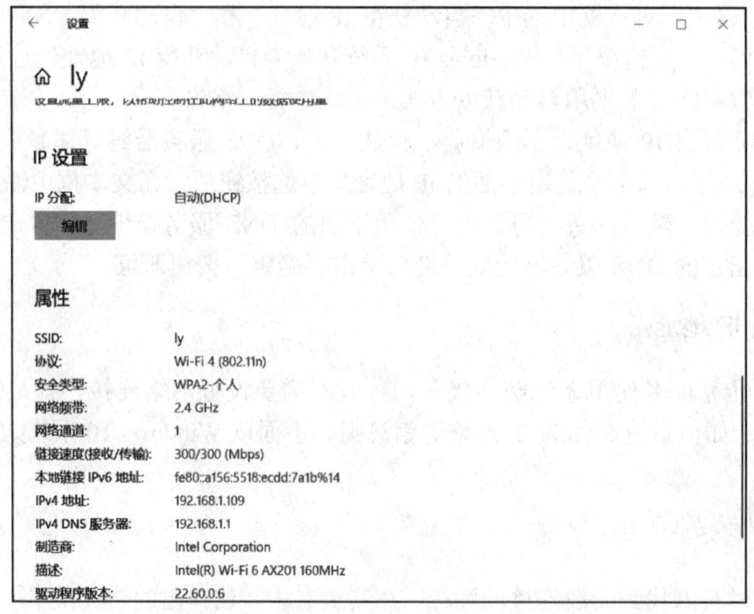

图 5-14　IP 信息

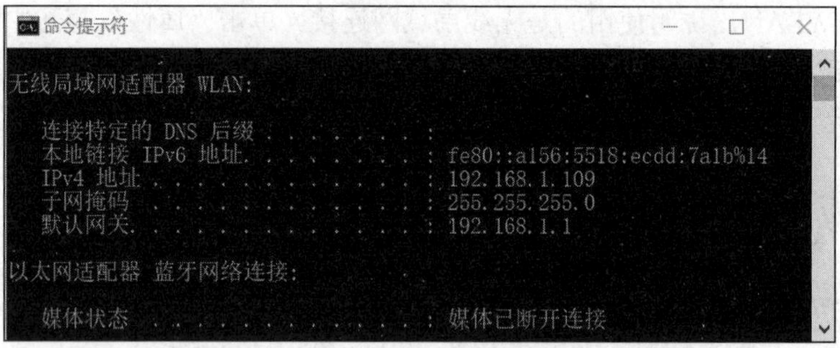

```
命令提示符

无线局域网适配器 WLAN:

   连接特定的 DNS 后缀 . . . . . . . :
   本地链接 IPv6 地址. . . . . . . . : fe80::a156:5518:ecdd:7a1b%14
   IPv4 地址 . . . . . . . . . . . . : 192.168.1.109
   子网掩码  . . . . . . . . . . . . : 255.255.255.0
   默认网关. . . . . . . . . . . . . : 192.168.1.1

以太网适配器 蓝牙网络连接:

   媒体状态  . . . . . . . . . . . . : 媒体已断开连接
```

图 5-15　使用 ipconfig 命令查看的 IP 地址

5.5　安装 Windows 7

为了方便练习，可以使用虚拟机安装操作系统。下面介绍如何使用虚拟机安装 Windows 7 操作系统。

5.5.1　准备实验环境，创建虚拟机

首先在计算机上安装好虚拟机软件 VMware Workstation Pro，具体操作可参考第 4 章。接着准备安装光盘镜像 Windows_7_64 位_中文专业版.iso，可以从微软官方网站下载镜像文件，也可以访问学校的正版软件平台下载镜像文件。最后创建一台虚

拟机，准备安装 Windows 7。前面已经讲解过虚拟机的创建过程，本次操作与前面的讲解基本一致，只是在选择客户机操作系统时要选择“Windows 7 x64”，下面简单回顾一下创建流程。

1）运行 VMware Workstation 虚拟机，在主页单击“创建新的虚拟机”，出现新建虚拟机向导窗口。选中“典型（推荐）”单选按钮后单击“下一步”按钮。

2）选中“稍后安装操作系统”单选按钮，单击“下一步”按钮。

3）在如图 5-16 所示的对话框中选择客户机操作系统，选中“Microsoft Windows”单选按钮并在“版本”下拉列表中选择“Windows 7 x64”，一定要注意 32 位和 64 位的区别，带有“x64”后缀的是指 64 位操作系统。选择客户机操作系统后，单击“下一步”按钮。

4）对虚拟机进行命名，并选择位置。虚拟机默认位置在用户文档里，建议将其修改到有足够可用空间的分区下。在实验课上要求如下：虚拟机名称修改为默认名称+学号；虚拟机位置修改到“d:\Virtual Machines\Windows 7 2022”。虚拟机命名后，单击“下一步”按钮。

5）指定磁盘容量，默认 60GB 就可以。指定磁盘容量后，单击“下一步”按钮。

6）在如图 5-17 所示的对话框中显示新建虚拟机的设置。检查一遍设置是否正确，最后单击“完成”按钮，创建新虚拟机完成。

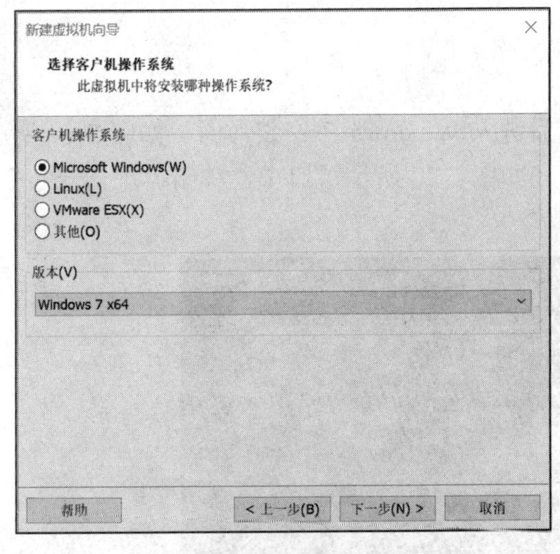

图 5-16　选择客户机操作系统

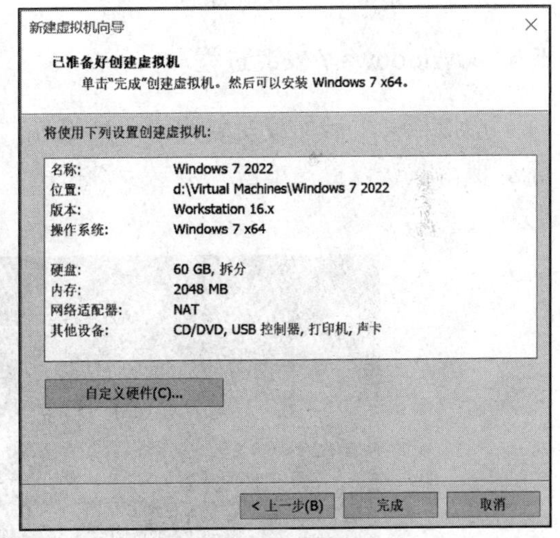

图 5-17　已准备好创建虚拟机

5.5.2　设置安装光盘和修改启动顺序

安装操作系统的第一步是放安装光盘引导安装程序。在创建虚拟机后，单击“编辑虚拟机设置”，在“虚拟机设置”窗口中选中左侧“硬件”选项卡中的“CD/DVD (SATA)”，在右侧选中“使用 ISO 映像文件”单选按钮，单击“浏览”按钮选择 Windows 7 的镜像文件，单击“确定”按钮，如图 5-18 所示。在此也可以将打印机移除（虚拟机一般不使用打印机）。

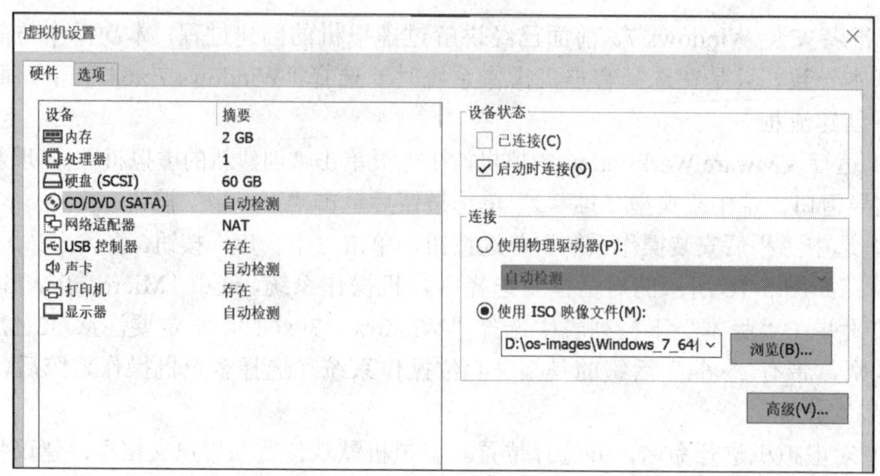

图 5-18 设置光盘镜像

接下来要修改启动顺序。在新建虚拟机选项卡上右击，在弹出的快捷菜单中选择“电源”→“打开电源时进入固件”命令，进入 BIOS 设置界面。单击 BIOS 设置界面任意位置，将鼠标和键盘的控制权切换到虚拟机里。接着使用方向键移动光标至“Boot”选项，然后用“-”键将“CD-ROM Drive”上的设备逐一移动到其下，确保“CD-ROM Drive”移至最上，最后按 F10 键保存退出。

5.5.3 Windows 7 安装过程

虚拟机开机后加载安装程序，稍等片刻后进入 Windows 7 安装界面，如图 5-19 所示。保留默认设置，单击“下一步”按钮。在如图 5-20 所示窗口中，单击“现在安装”按钮。

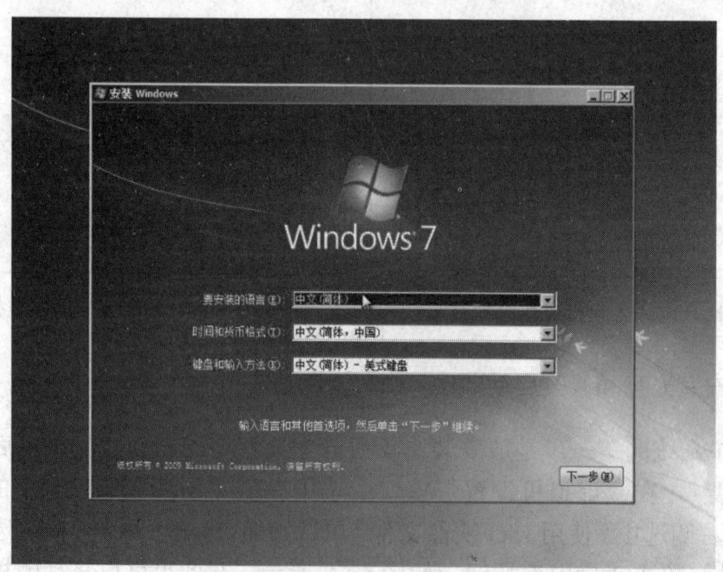

图 5-19 安装 Windows 7（1）

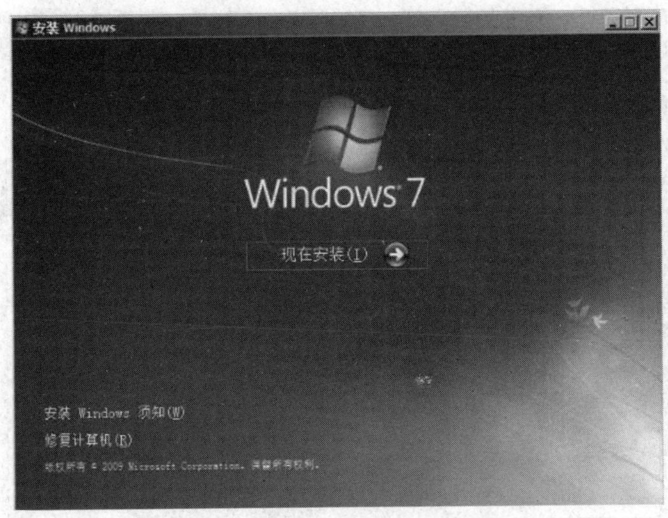

图 5-20　安装 Windows 7（2）

在如图 5-21 所示的窗口中，阅读许可条款后选中“我接受许可条款”复选框，然后单击“下一步”按钮。

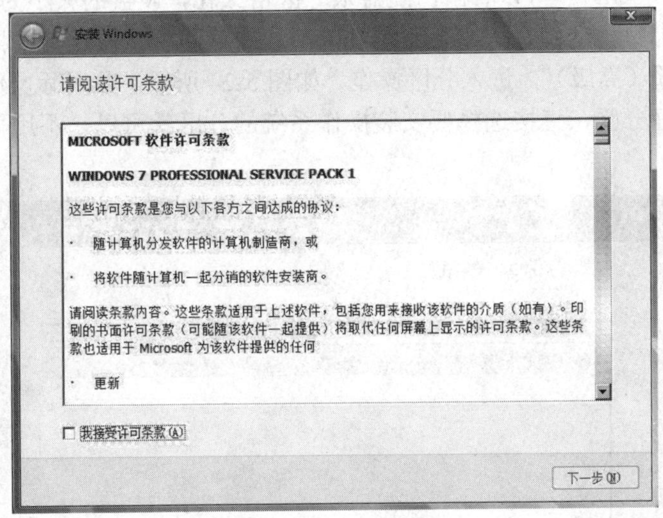

图 5-21　许可协议条款

在如图 5-22 所示的窗口中，选择安装类型。这里选择“自定义（高级）”，安装全新的 Windows 7 系统。如果计算机上已有操作系统，而且想要保留原有文件和数据，则选择“升级”，选择升级安装会变得非常缓慢，一般不建议选择升级安装。

选择“自定义（高级）”后就该选择操作系统的安装位置了。如果是已经使用过的硬盘，可以直接安装在用户所选定的分区上。如果是一块新硬盘或者想要调整分区大小，就需要进行分区操作。在 Windows 7 安装项中可以进行分区操作，按照提示和用户要求进行操作即可。

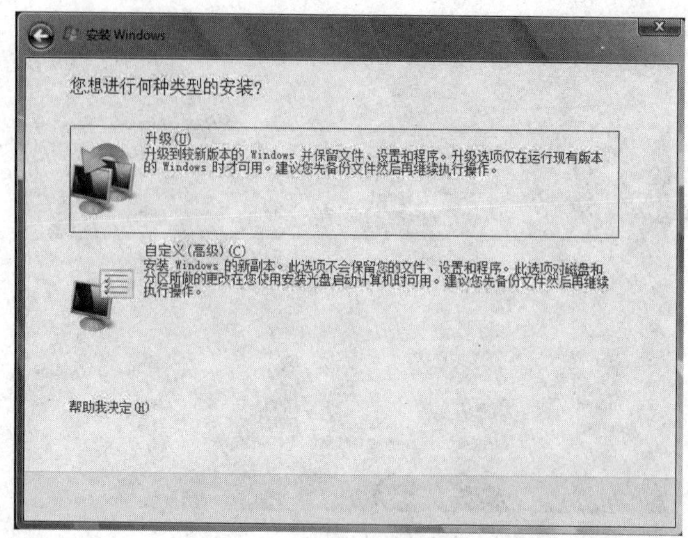

图 5-22 选择安装类型

在如图 5-23 所示的窗口中只有一条信息——“磁盘 0 未分配空间”，总计大小和可用空间都是“60.0GB”。可以看出，硬盘未分区格式化，硬盘的大小为 60GB。回忆一下前面设置的虚拟机的硬盘大小是不是 60GB，硬盘是否未做过分区格式化操作。单击“驱动器选项（高级)”，进入分区操作，如图 5-24 所示。在实际操作中，如果硬盘已经按要求做好分区，直接选择要安装操作系统的分区就可以，不用每次都进行分区格式化操作。

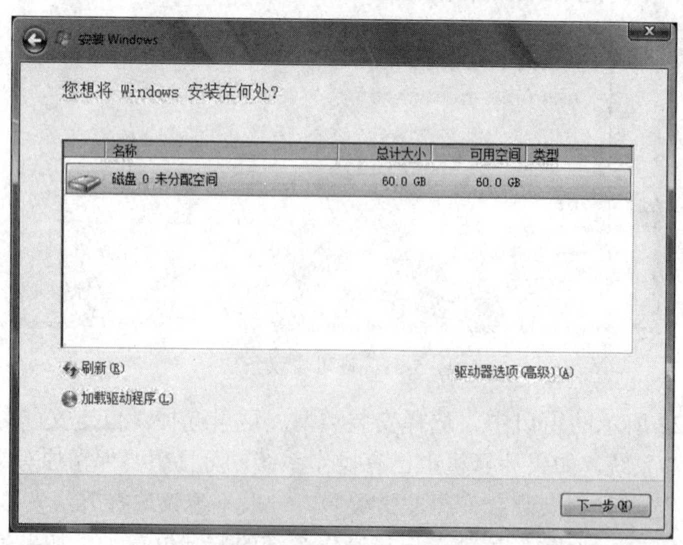

图 5-23 安装位置

在如图 5-24 所示窗口中，可以对硬盘进行分区和格式化操作。选中“磁盘 0 未分配空间”后单击“新建”，在下方会出现“大小”文本框，如图 5-25 所示，在其中输入“20482”，单击“应用”按钮，在弹出的提示框中单击“确定”按钮，分区创建成功，如图 5-26 所示。注意：图中分区 1 为系统保留，大小为 100MB，分区类型为“系统”，这是操作系统根据需要自动创建的分区，不可删除，安装系统后也看不到该分区，无须理会。

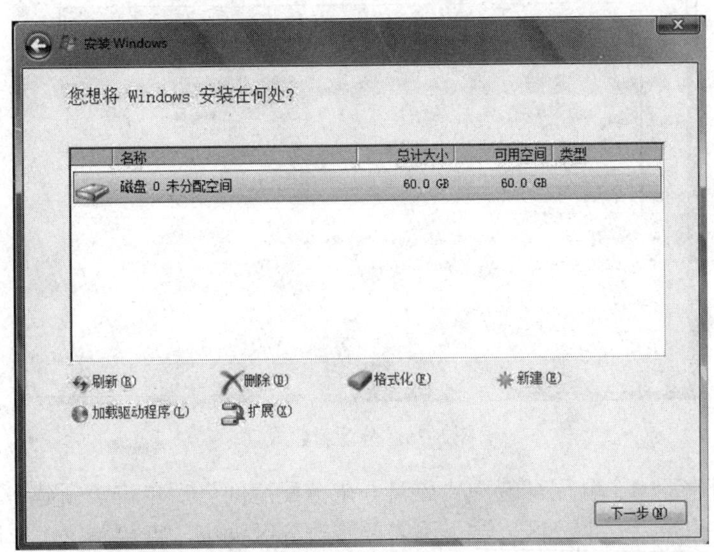

图 5-24　分区操作

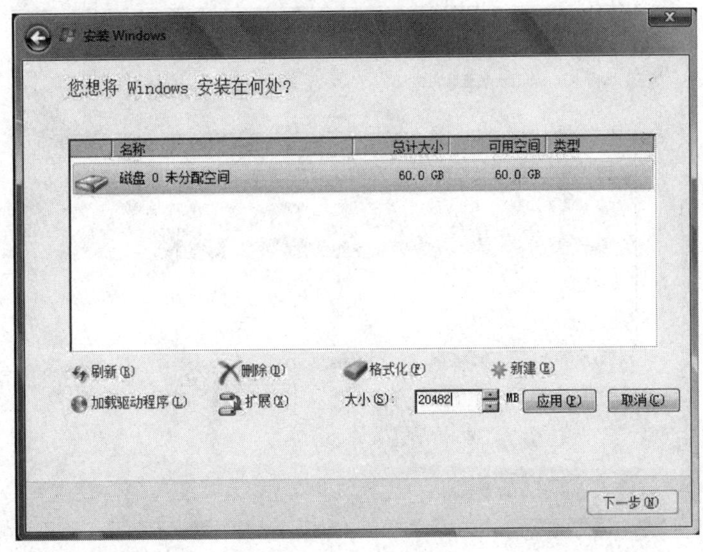

图 5-25　新建分区

如果硬盘已经分区而且分区的大小不满足需要，或者刚才的操作失误，分区大小不正确，就需要先将错误分区选中，然后单击“删除”，将该分区删除，变成未划分空间，再根据需要重新进行分区。如果删除某个分区后，未划分空间不连续，中间有创建好的分区且未划分空间大小不满足要求，则需要将中间的分区也删除，形成更大的未划分空间后再重新创建分区。新建的分区一定要连续。

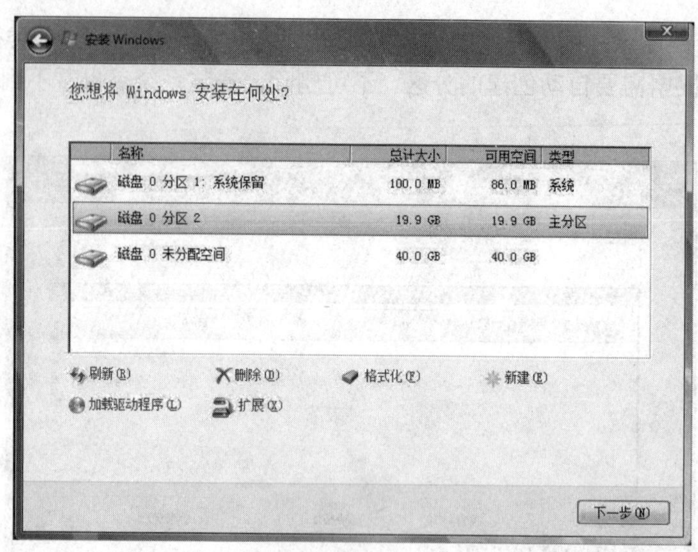

图 5-26 分区新建成功

接下来创建下一个分区。选中“磁盘 0 未分配空间”后单击“新建”，如图 5-27 所示。这是新建的最后一个分区，这里不需要修改分区大小，直接单击“应用”按钮，这样系统会自动将剩余空间新建成一个分区。

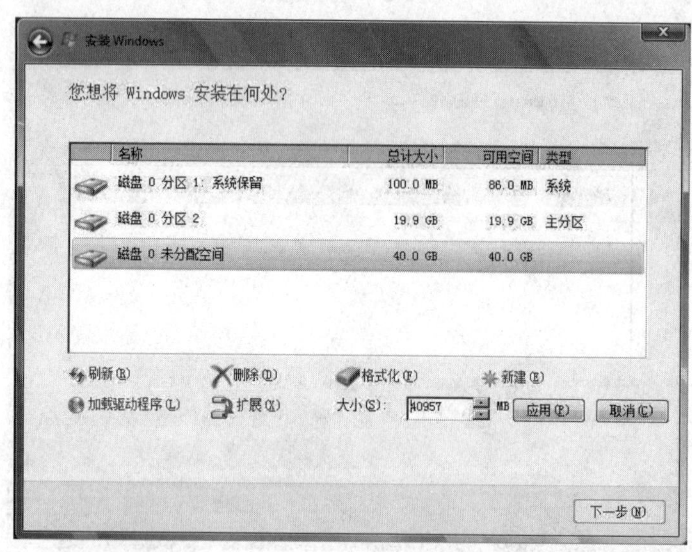

图 5-27 再新建分区

可以对分区进行格式化。如图 5-28 所示，选中要格式化的分区，然后单击“格式化”，在弹出的对话框中单击“确定”按钮即可。注意：不要对保留的系统分区 1 进行格式化操作。也可以不在此处对分区进行格式化操作，等操作系统安装好，进入操作系统后，在操作系统中对未格式化的分区进行格式化。

格式化完成后选中分区 2（19.9GB 大小的分区），然后单击“下一步”按钮，开始安装。

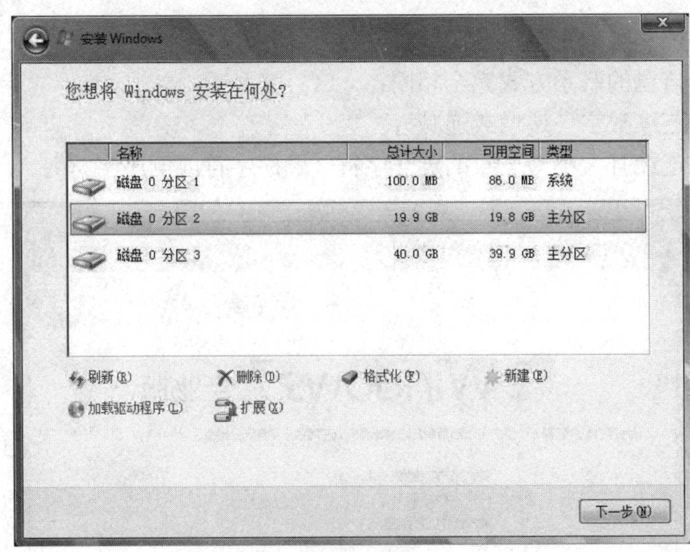

图 5-28　分区格式化

正式进入安装界面，如图 5-29 所示，开始复制文件，安装过程会多次重启。如果复制文件过程中出现错误，可能是光盘磨损（物理光盘），建议更换新的安装光盘重试。使用虚拟机安装操作系统出现此类错误可能是光盘镜像文件有损坏，建议重新下载安装光盘镜像文件。

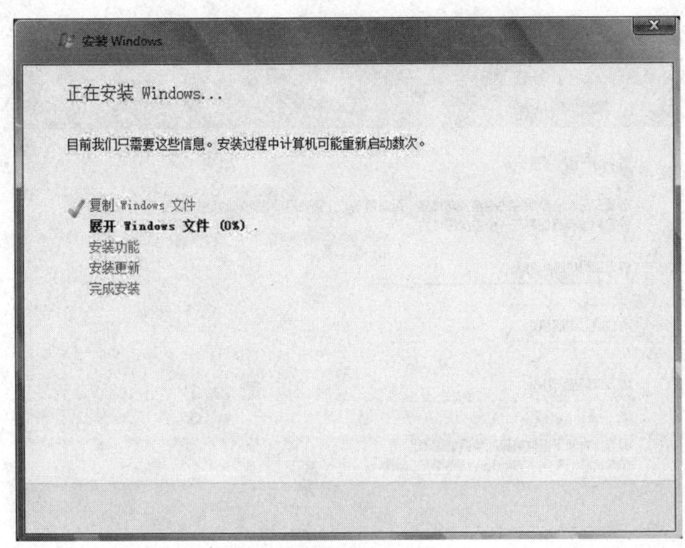

图 5-29　正在安装 Windows

重新启动后，操作系统基本安装成功，还需要进一步进行选项设置。在图 5-30 所示窗口中输入用户名和计算机名称，单击“下一步”按钮。

接下来为账户设置密码，如图 5-31 所示。输入自己想要设置的密码，可包括字母、数字和字符，密码提示可以输入一些特殊信息，方便自己记住密码且别人看不懂。设置密码时，为了保证系统的安全，需要注意以下问题。

- 密码不能和账户完全一致；
- 不能和自己的联系方式完全相同；
- 不能用连续数字（递增或递减）；
- 不能用连续且大小写一致的英文字符（顺序字符或倒序字符）。

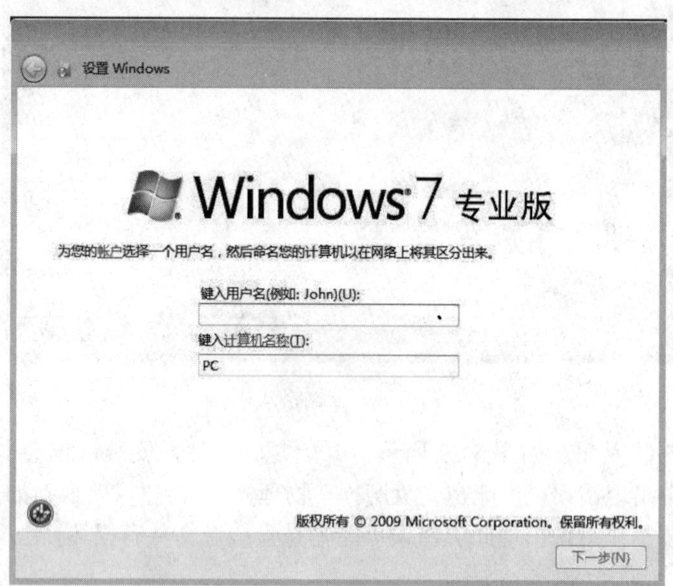

图 5-30 用户名

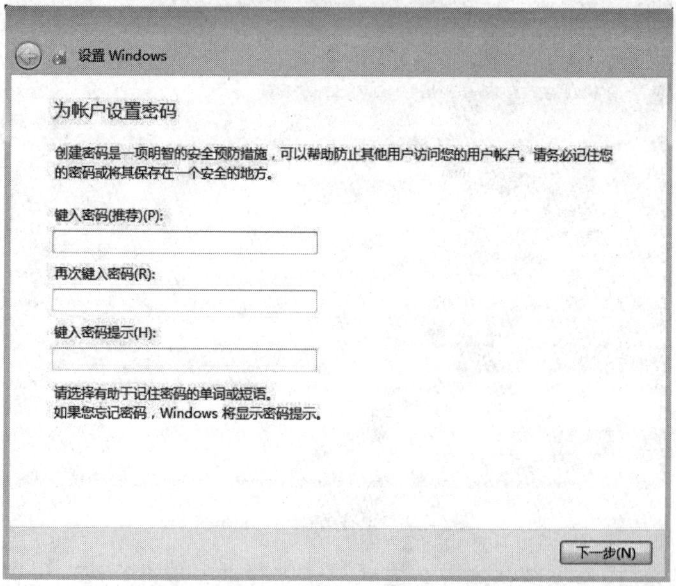

图 5-31 设置密码

做实验时，不用考虑安全性，可以设置成简单的“123456”或者 8 个“1”等。

设置好密码后单击“下一步”按钮，在如图 5-32 所示窗口中选择“使用推荐设置”。

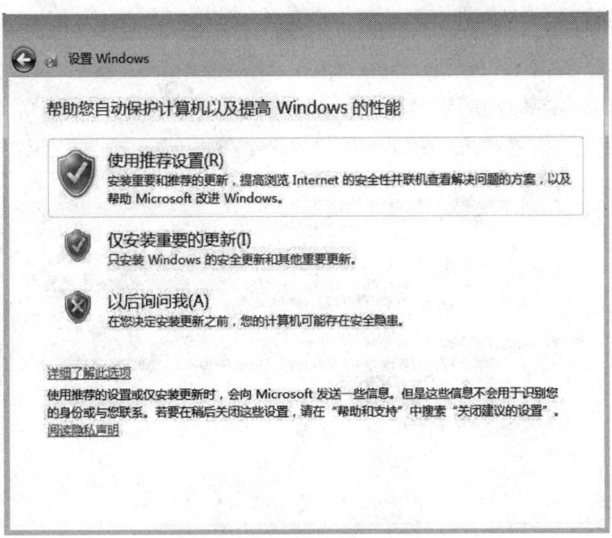

图 5-32　自动保护设置

单击“下一步”按钮。在图 5-33 所示窗口中可以修改时区、日期和时间等信息。一般不需要修改，直接单击“下一步”按钮。接下来选择计算机连接网络的类型，如图 5-34 所示，根据计算机连接网络的方式选择合适的网络类型。做实验时可以直接选择“公用网络”。

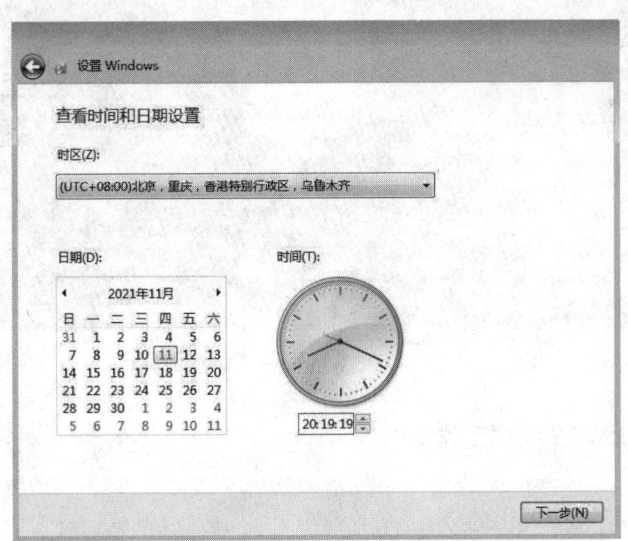

图 5-33　查看时间和日期设置

完成设置，进入桌面，如图 5-35 所示，桌面上只有“回收站”一个图标，这时 Windows 7 安装完成。如果需要显示“计算机”等图标，则可以修改桌面图标显示，这里不再进行介绍。整个安装过程一般在 15～30min，与计算机的性能有关，特别是与硬盘的读写速度有关。

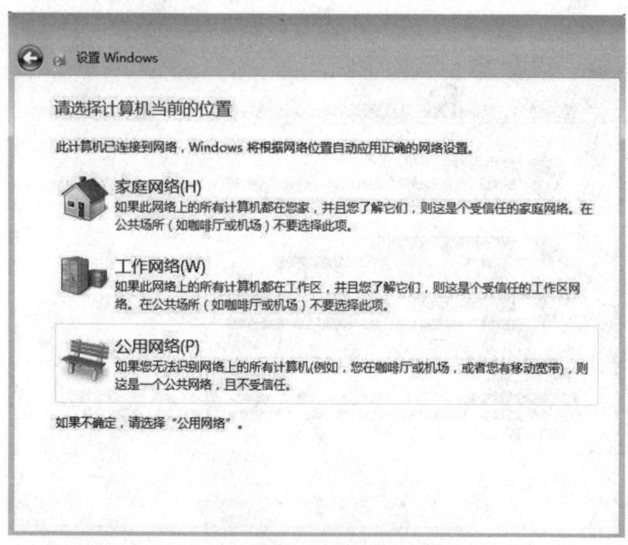

图 5-34　网络设置

图 5-35　Windows 7 桌面

5.5.4　安装 Windows 7 收尾工作

1. 检查是否有未格式化的分区

在上述安装过程中，未对 D 盘进行格式化操作，下面首先对 D 盘进行格式化操作。

打开计算机时，发现桌面上不显示“计算机”等图标。如果需要将“计算机”等常用图标在桌面上显示，可以在桌面空白处右击，在弹出的快捷菜单中选择“个性化”命令，在打开的个性化设置窗口中，单击左侧的“更改桌面图标”按钮，在打开的“桌面图标设置”对话框中，选中“计算机”“用户的文件”“网络”“回收站”复选框，如图 5-36 所示。单击“应用”按钮，最后单击“确定”按钮即可。

打开计算机，发现 D 盘未格式化，在 D 盘上右击，在弹出的快捷菜单中选择“格式化”命令，系统弹出“格式化 本地磁盘”对话框，如图 5-37 所示。这里不需要修改任何参数，直接单击“开始”按钮，在弹出的警告对话框中单击“确定”按钮，接着在弹出的格式化完成对话框中单击“确定”按钮，最后单击“关闭”按钮，完成格式化操作。如图 5-38 所示，D 盘已经格式化，显示 39.9GB 可用，D 盘可以正常使用了。

图 5-36　个性化设置

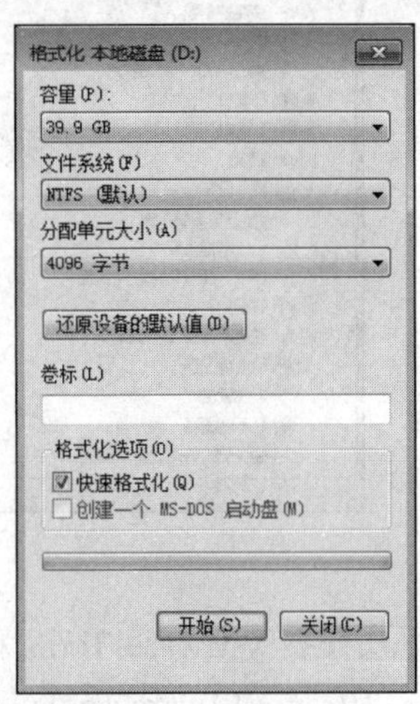

图 5-37　格式化 D 盘

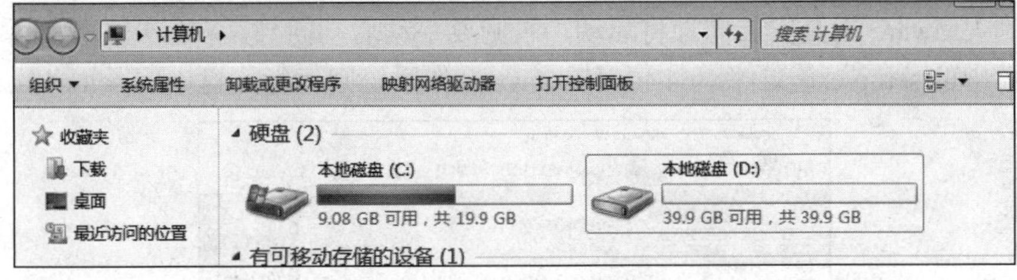

图 5-38　已格式化的 D 盘

2. 检查安装驱动程序

使用虚拟机安装操作系统，与在物理机上安装操作系统有些区别，客户机的硬件都是虚拟的，其驱动程序由虚拟软件提供，在安装完操作系统后，只需要安装“VMware Tools”程序即可完成驱动程序的安装。

先看未安装“VMware Tools”程序的计算机的驱动程序情况，可以使用设备管理器查看设备驱动程序。在桌面“计算机”图标上右击，在弹出的快捷菜单中选择“属性”命令，在打开的控制面板窗口中单击左侧的“设备管理器”，打开设备管理器，如图 5-39 所示。在设备管理器中可查看所有设备的驱动程序详细信息。单击列表中“显示适配器”前的箭头图标，展开后显示“标准 VGA 图形适配器”，这表明显卡使用的是操作系统提供的通用的驱动程序，无法发挥显卡的性能，需要安装合适的驱动程序；在图 5-39 中可以看到“其他设备”下方“基本系统设备”前的图标上有黄色的叹号，这表明该设备的驱动程序有问题，需要安装或者更新。

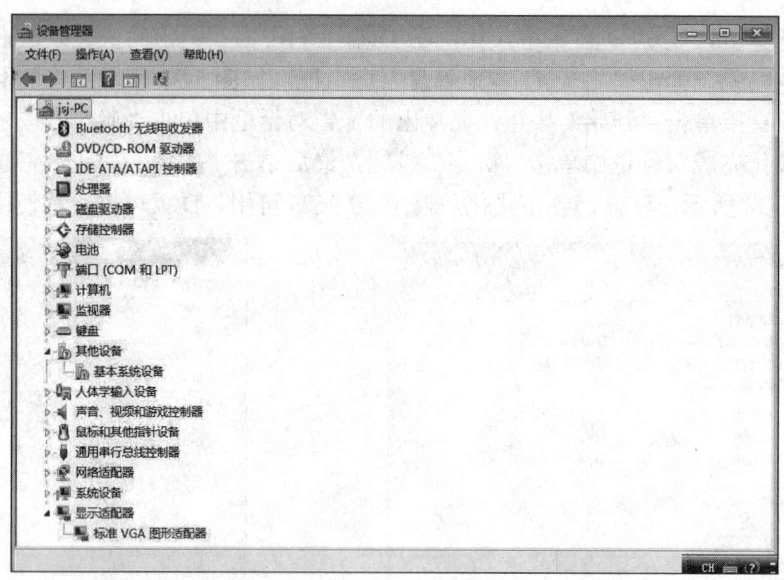

图 5-39 设备管理器

接下来安装 VMware Tools 程序。在主机上，从 Workstation Pro 菜单栏中选择“虚拟机”→“安装 VMware Tools”命令，如图 5-40 所示，安装 VMware Tools 程序。耐心等待 1min 左右，等待光驱自动运行。如果客户机操作系统 CD-ROM 驱动器启用了自动运行，则 VMware 工具安装向导将启动，否则要手动启动向导。在客户机操作系统中，运行光盘中的 setup.exe 文件，64 位 Windows 操作系统则运行光盘中的 setup64.exe。

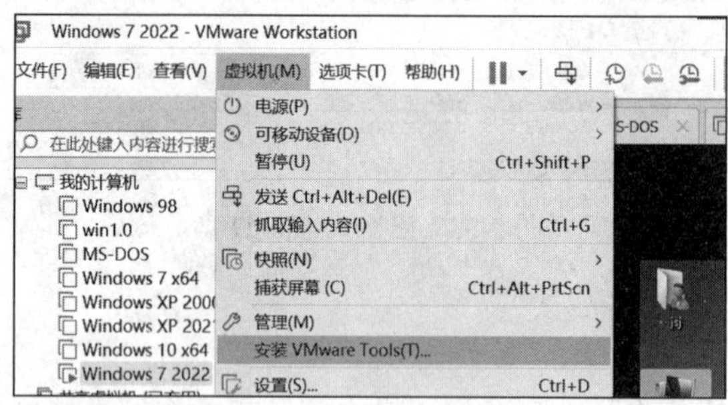

图 5-40 “虚拟机”菜单

单击弹出对话框中的“运行 D:\setup64.exe”，稍等片刻，出现如图 5-41 所示安装向导。按照界面上的提示进行操作，一般使用“典型安装”即可。安装时间视计算机的具体情况而定，一般需要 2～3min。如果出现“新建硬件向导”，按照提示操作并接受默认设置即可。

如果在安装 VMware Tools 时看到警告信息，表明某个软件包或驱动程序未签名，则单击“无论如何安装”以完成安装。

安装完成后，根据提示信息，重新启动虚拟机。再次开机后客户机窗口桌面变大，同时可以在任务栏中找到 VMware Tools 图标，如图 5-42 所示，这表示 VMware Tools 安装成功并且正常运行。

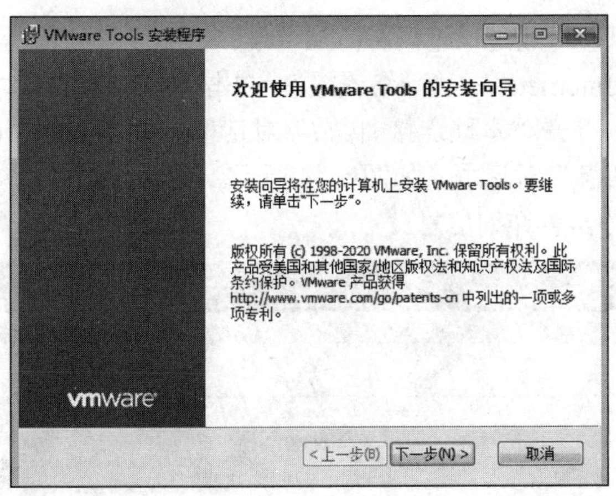

图 5-41　安装向导

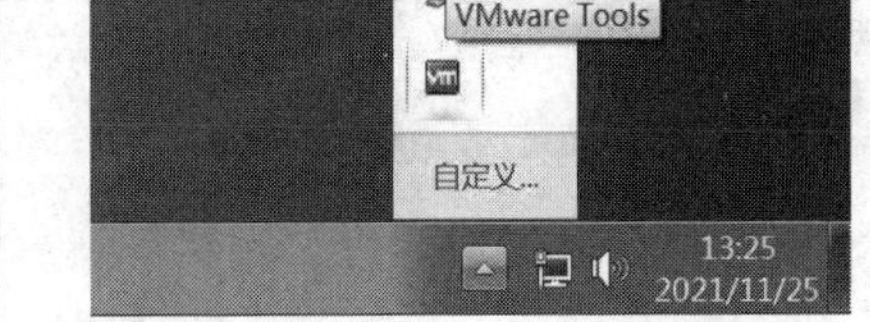

图 5-42　任务栏中的 VMware Tools 图标

再次打开设备管理器，如图 5-43 所示。这时列表中不显示其他设备，也没有带叹号图标的设备，该设备的驱动已经安装完成；同时“显示适配器”下显示“VMware SVGA 3D”，这表明显卡驱动程序已经更新，可以正常使用。如果想要查看驱动程序的更多信息，可以在“VMware SVGA 3D”上右击，在弹出的快捷菜单中选择“属性”命令，在弹出的“VMware SVGA 3 属性”对话框中选择“驱动程序”选项卡，可以查看驱动程序提供商、驱动程序日期、驱动程序版本等信息。

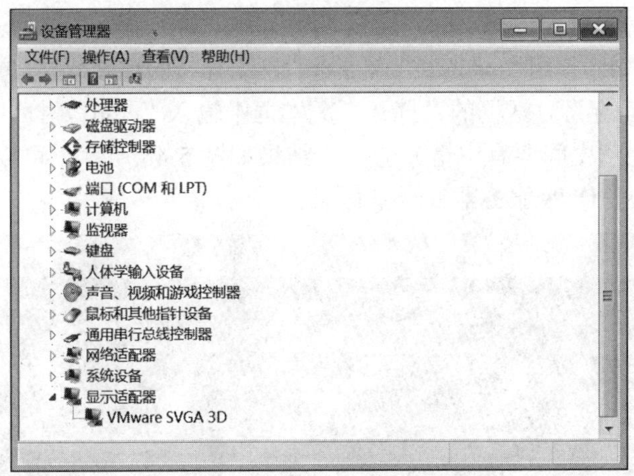

图 5-43　安装 VMware Tools 后

安装显卡驱动程序后，就可以对客户机操作系统进行全屏显示了。在客户机窗口直接按 Ctrl + Alt + Enter 组合键，可全屏显示客户机，再按一次组合键可退出全屏。

3. 设置和查看网络连接

创建虚拟机的时候使用的是默认设置，网络连接默认使用的是 NAT 模式。前面也介绍过，NAT 就是共享主机的网络连接，自动给客户机分配 IP 地址等信息。只要主机连接互联网，客户机也就连上了互联网。

如果需要查看网络连接的详细信息，可通过以下两种方法实现。

1）打开“控制面板”→“网络和 Internet”→“网络连接”，右击“本地连接”，在弹出的快捷菜单中选择“状态”命令，打开“本地连接 状态”对话框，接着单击“详细信息”按钮，打开“网络连接详细信息”对话框，如图 5-44 所示。在对话框中有 IP 地址、子网掩码、默认网关、DNS 服务器等详细信息。

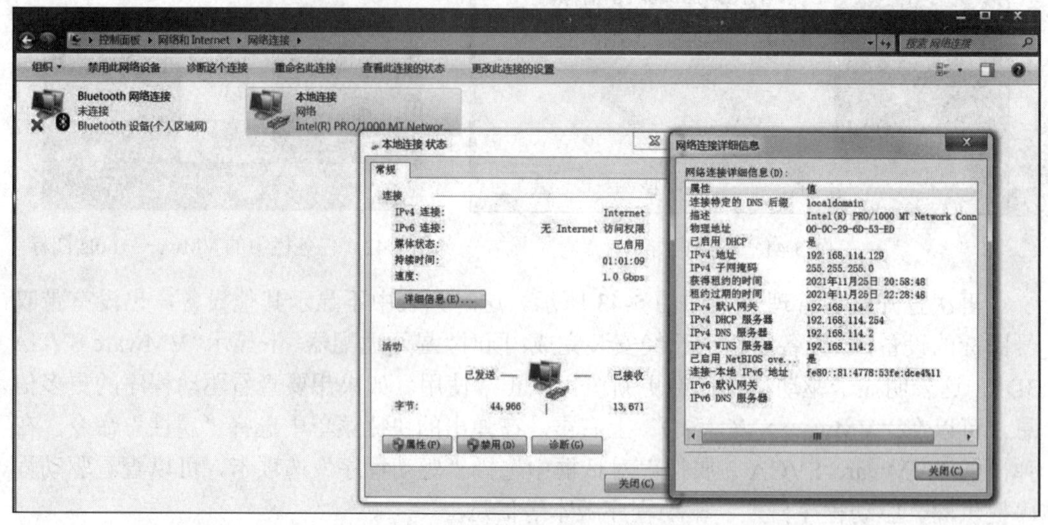

图 5-44　网络连接详细信息

2）在 DOS 窗口中使用“ipconfig”命令查看网络连接的详细信息。单击“开始”→“运行”，在弹出的“运行”对话框的“打开”文本框中输入“cmd”，打开 DOS 窗口，输入“ipconfig /all”（注意中间要有空格）命令，结果如图 5-45 所示，可以查看 IP 地址、子网掩码、默认网关、DNS 服务器等详细信息。

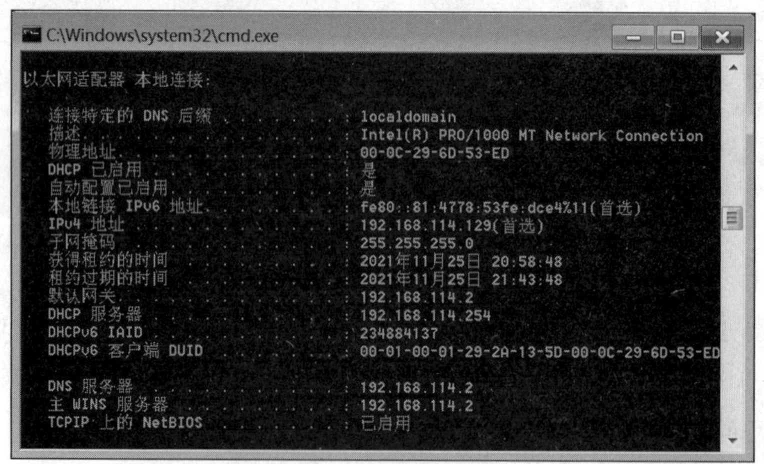

图 5-45　网络连接信息

5.6　Linux 的安装

想要学习一下 Linux 系统，又不想修改笔记本计算机原有操作系统，这时可以使用虚拟机安装 Linux 进行体验。接下来介绍如何使用虚拟机安装 Ubuntu 操作系统。

5.6.1　准备实验环境，创建虚拟机

首先在计算机上安装好虚拟机软件 VMware Workstation Pro，具体操作可参考第 4 章。接着准备安装光盘镜像 ubuntu-16.04.7-desktop-amd64.iso，可以从官方网站下载镜像。最后创建一台虚拟机准备安装 Ubuntu。下面介绍创建流程。

1）运行 VMware Workstation 虚拟机，在主页单击“创建新的虚拟机”，出现“新建虚拟机向导”对话框。选中“典型（推荐）”单选按钮后单击“下一步”按钮。

2）选中“稍后安装操作系统”单选按钮，单击“下一步”按钮。

3）在如图 5-46 所示的对话框中选择客户机操作系统，选中“Linux”单选按钮，并在“版本”下拉列表中选择“Ubuntu 64 位”，选择好客户机操作系统，单击“下一步”按钮。

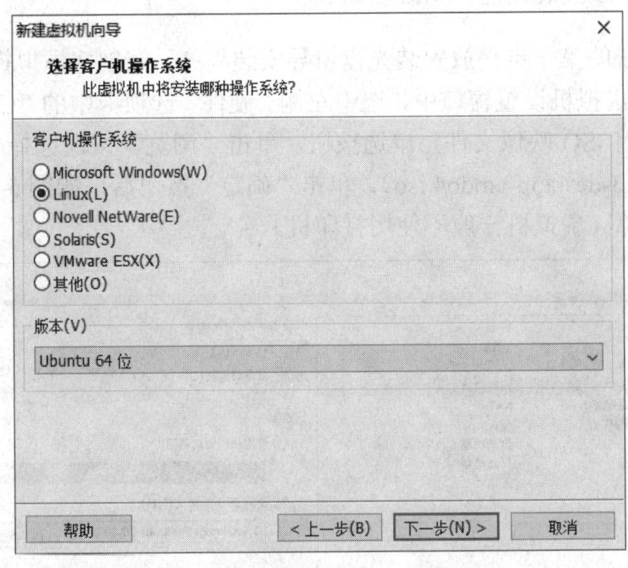

图 5-46　选择客户机操作系统

4）对虚拟机进行命名，并选择位置。虚拟机默认位置在用户文档里，建议将其修改到有足够可用空间的分区下，此处将虚拟机位置修改到“d:\Virtual Machines\Ubuntu 64 位”。命名虚拟机后，单击“下一步”按钮。

5）指定磁盘容量。如果安装 Ubuntu 只是熟悉 Linux 操作，使用默认 20GB 就可以。指定磁盘容量后，单击“下一步”按钮。

6）在如图 5-47 所示的对话框中显示新建虚拟机的设置。检查一遍设置是否正确，最后单击“完成”按钮，创建新虚拟机即完成。

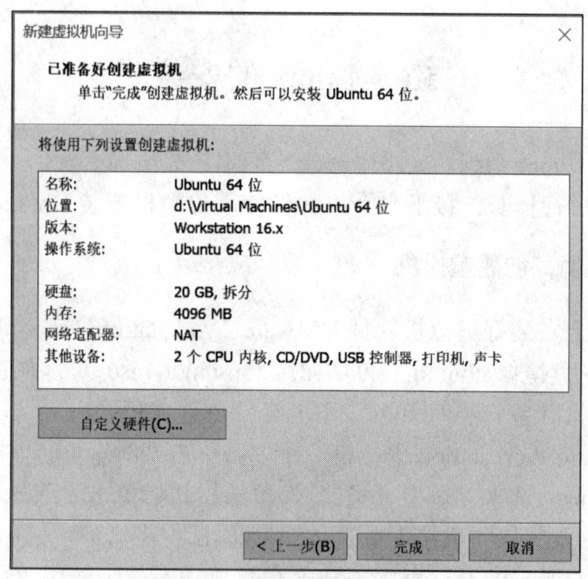

图 5-47 已准备好创建虚拟机

5.6.2 设置 Ubuntu 安装光盘和修改启动顺序

安装操作系统的第一步是放安装光盘引导安装程序。在创建虚拟机后，单击“编辑虚拟机设置”，在虚拟机设置窗口中，选中左侧“硬件”选项卡中的“CD/DVD(SATA)”，在右侧选中“使用 ISO 映像文件”单选按钮，单击“浏览”按钮选择 Ubuntu 的镜像文件（ubuntu-20.04.3-desktop-amd64.iso），单击“确定”按钮后，如图 5-48 所示。在此也可以将打印机移除（虚拟机一般不使用打印机）。

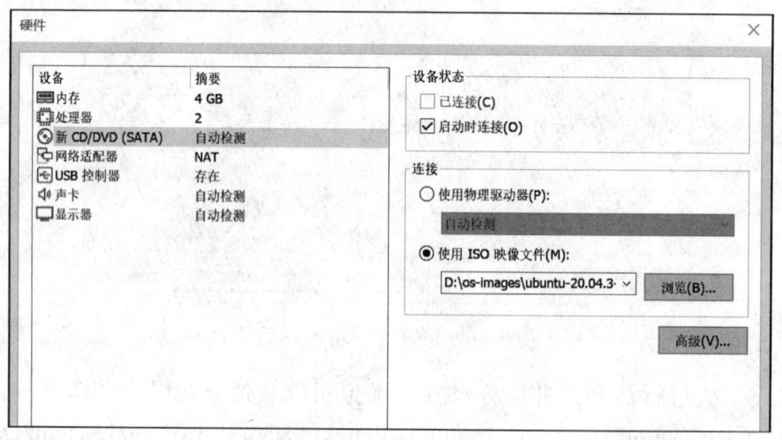

图 5-48 设置光盘镜像

接下来要修改启动顺序，设置光盘引导。在新建虚拟机选项卡上右击，在弹出的快捷菜单中选择“电源”→“打开电源时进入固件”命令，进入 BIOS 设置界面。单击 BIOS 设置界面任意位置，将鼠标和键盘的控制权切换到虚拟机里。接着使用方向键移动光标至“Boot”选项，然后用“-”键将“CD-ROM Drive”上的设备逐一移动到其下，确保

“CD-ROM Drive”移至最上，最后按 F10 键保存退出。

5.6.3　Ubuntu 20.04 安装过程

虚拟机开机后加载安装程序，如图 5-49 所示。该阶段主要检查光盘数据是否正常，如果出现错误，建议更换安装光盘或者安装光盘镜像文件。

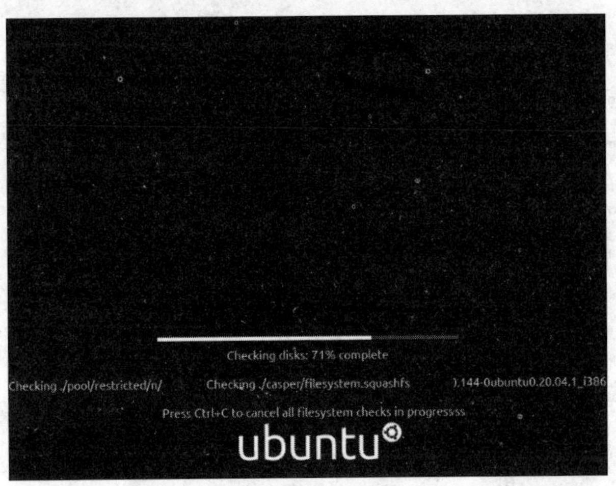

图 5-49　Ubuntu 安装引导

稍等片刻后会出现图形界面，先不要着急操作，继续等待，待加载完成后会出现 Ubuntu 安装界面，默认是英文显示，将左侧列表滑动到最下方，选择“中文（简体）”，如图 5-50 所示。然后单击“安装 Ubuntu”按钮开始安装。如果只想简单体验 Ubuntu，也不安装操作系统，则可直接单击“试用 Ubuntu”按钮，先进入桌面体验，再决定是否安装。

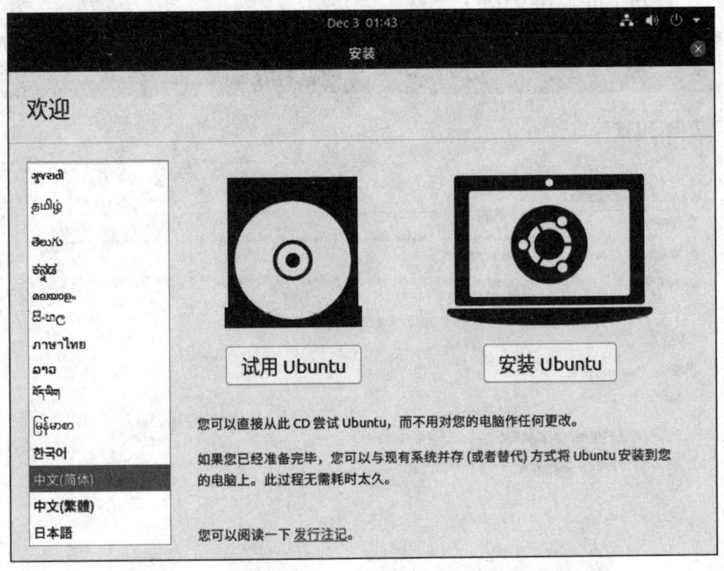

图 5-50　安装 Ubuntu

在如图 5-51 所示窗口中选择键盘布局，这里直接使用默认设置“Chinese”，然后单击“继续”按钮。这里由于虚拟机兼容问题，看不到“继续”按钮，可以按键盘上的Enter键继续。

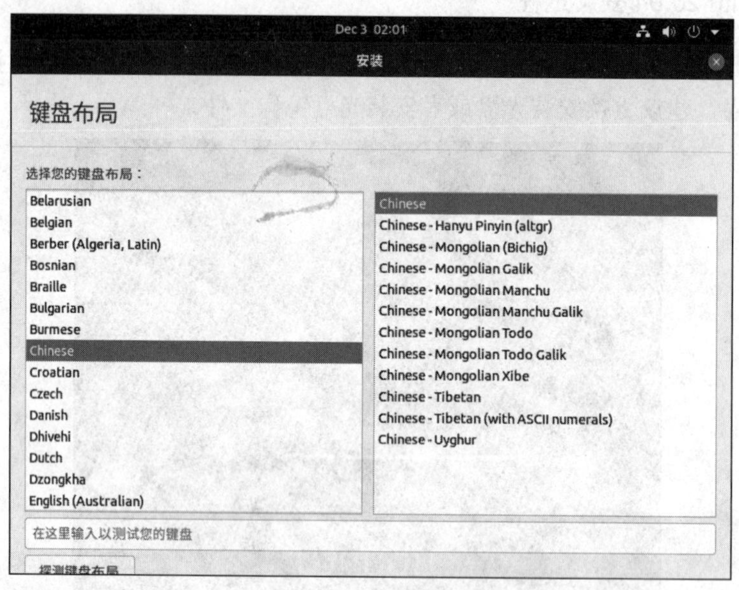

图 5-51　键盘布局

接着在如图 5-52 所示的“准备安装 Ubuntu”窗口中不做任何修改，直接单击“继续”按钮即可。同样由于虚拟机兼容性问题，看不到最下方的一行按钮，无法单击“继续”按钮。最下方的按钮依次是“退出”“后退”“继续”按钮，可以使用 Tab 键切换光标位置。默认光标选中的是“正常安装”，连续按 5 次 Tab 键，光标会选中“继续”按钮，然后按键盘上的 Enter 键继续安装。

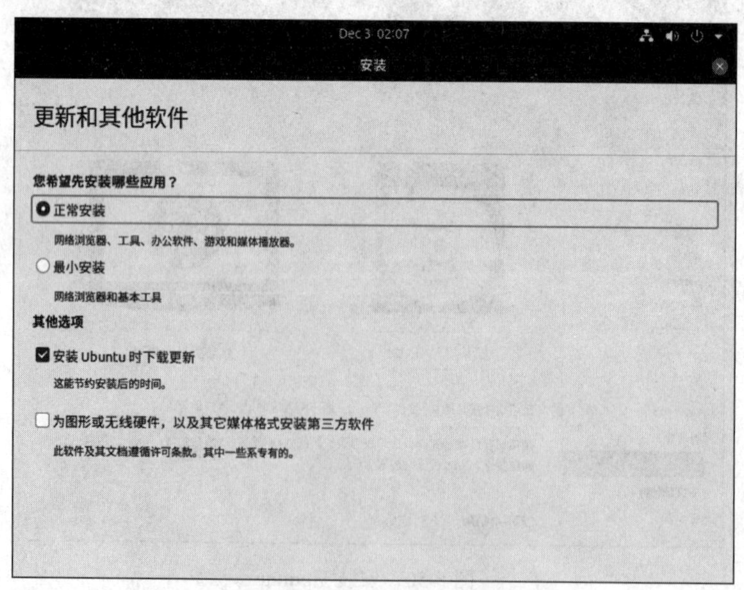

图 5-52　准备安装 Ubuntu

接下来窗口变大，如图 5-53 所示，安装对话框能正常显示。作为初学者，建议由安装程序进行自动分区操作，选中“清除整个磁盘并安装 Ubuntu”单选按钮后单击“现在安装”按钮。如果是在物理机上安装 Ubuntu，除非特殊情况，一般不建议选中该单选按钮，这样的操作会清除硬盘中的全部数据。

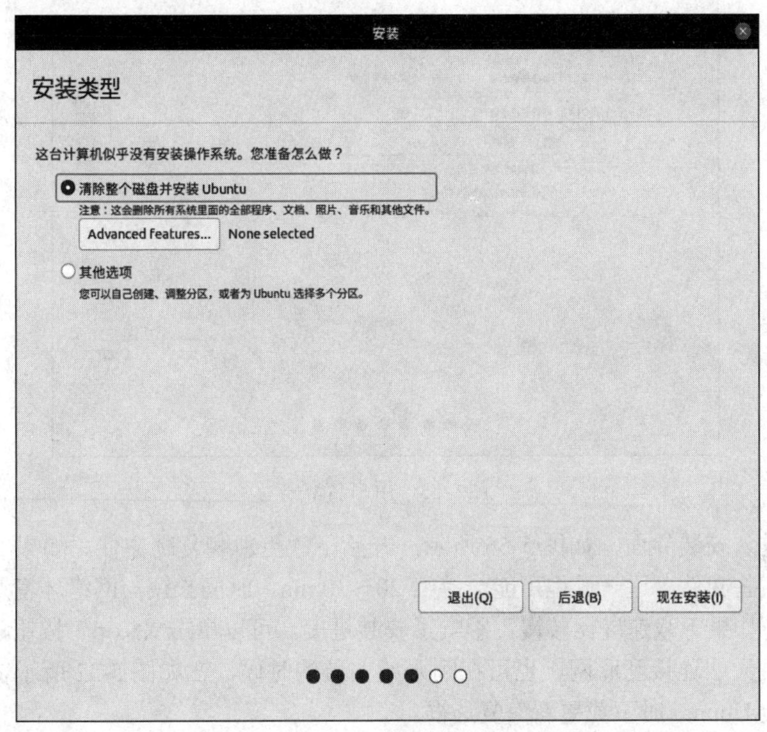

图 5-53　安装类型

接下来弹出如图 5-54 所示的对话框，提醒是否对整个硬盘（虚拟机创建的 20GB 硬盘）进行重新分区操作，确认无误后单击“继续”按钮。

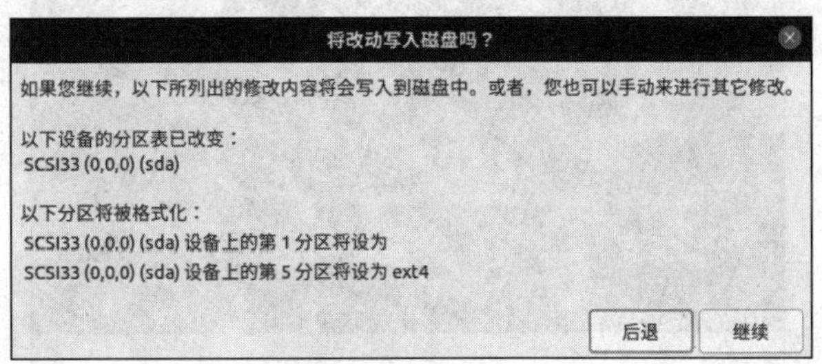

图 5-54　安装类型分区

在安装窗口中，选择时区。在地图中单击中国所在位置，当文本框中显示“Shanghai”后单击“继续”按钮。

在如图 5-55 所示的窗口中，依次输入“您的姓名”、“您的计算机名”、“选择一个用户名”、“选择一个密码”和“确认您的密码”等信息。在这里选中“自动登录”单选按钮，每次开机使用当前用户自动登录，非常方便。最后单击“继续”按钮。

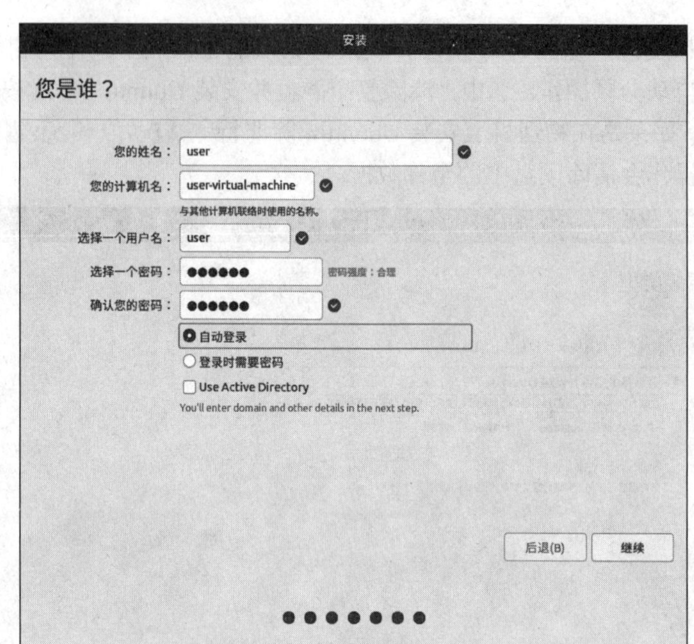

图 5-55 用户名密码

正式进入安装界面，如图 5-56 所示，开始下载更新和复制文件。如果安装过程中提示下载某些文件，这一过程可能会持续 20～30min，时间长短与网络环境及文件下载速度有关。如果下载速度比较慢，影响了安装进度，可以单击“Skip”按钮跳过。如果计算机主机无法连接互联网，也可在刚开始安装的时候，在如图 5-52 所示窗口中取消选中“安装 Ubuntu 时下载更新”复选框。

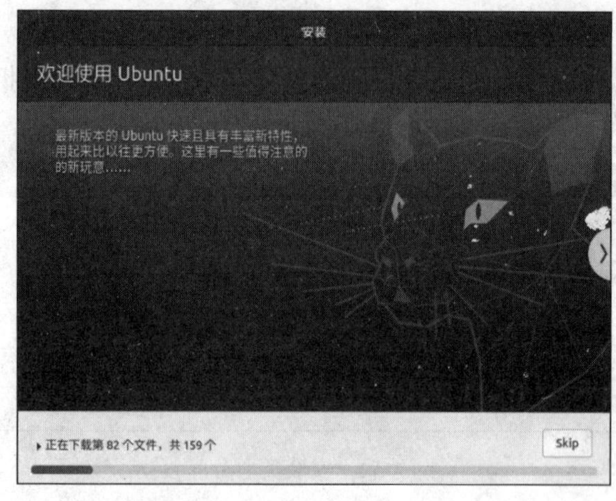

图 5-56 正在安装系统

安装完毕后，弹出如图 5-57 所示对话框，单击“现在重启”按钮重新启动计算机，完成安装。

重新启动后，建议将启动顺序修改为硬盘引导，具体操作不再一一介绍。重启后进入 Ubuntu 桌面，如图 5-58 所示。

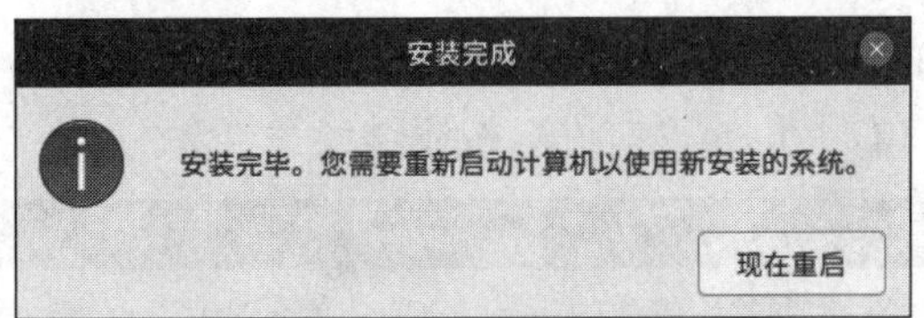

图 5-57　安装完成等待重启

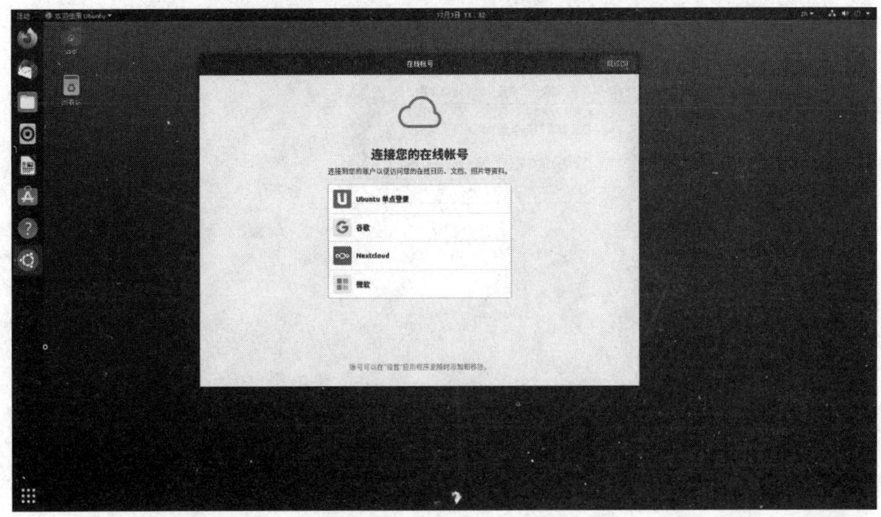

图 5-58　Ubuntu 桌面

图 5-58 中的“在线账号”可以暂时不设置，直接单击窗口右上角的“跳过”按钮。

接下来如图 5-59 所示的 Livepatch 也可以暂时不设置，单击窗口右上角的“前进”按钮。

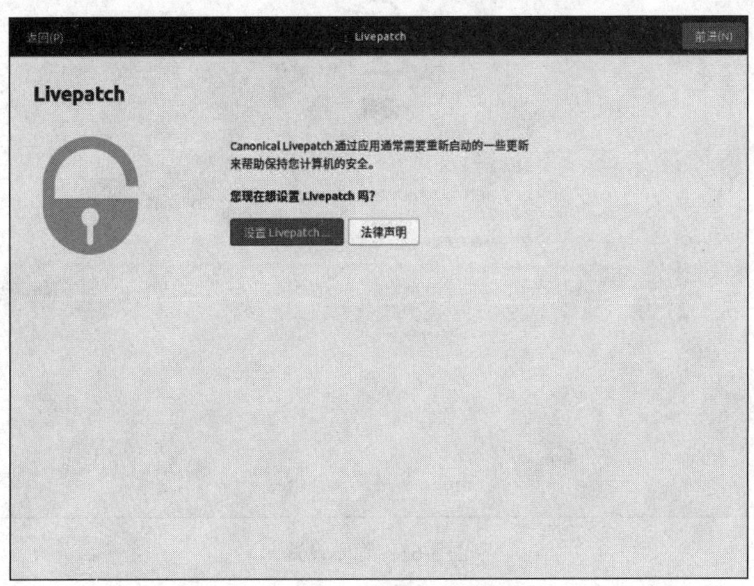

图 5-59　Livepatch

在如图 5-60 所示的帮助改进 Ubuntu 设置中，建议选中“否，不发送系统信息”单选按钮，然后单击窗口右上角的“前进”按钮继续。

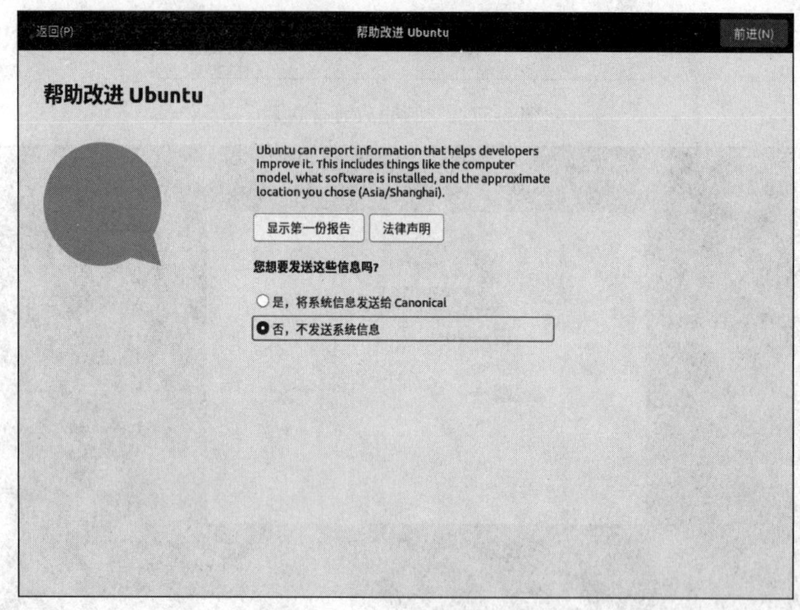

图 5-60　帮助改进 Ubuntu

接着是隐私设置，如图 5-61 所示，不建议打开“位置服务”。直接单击窗口右上角的“前进”按钮继续。

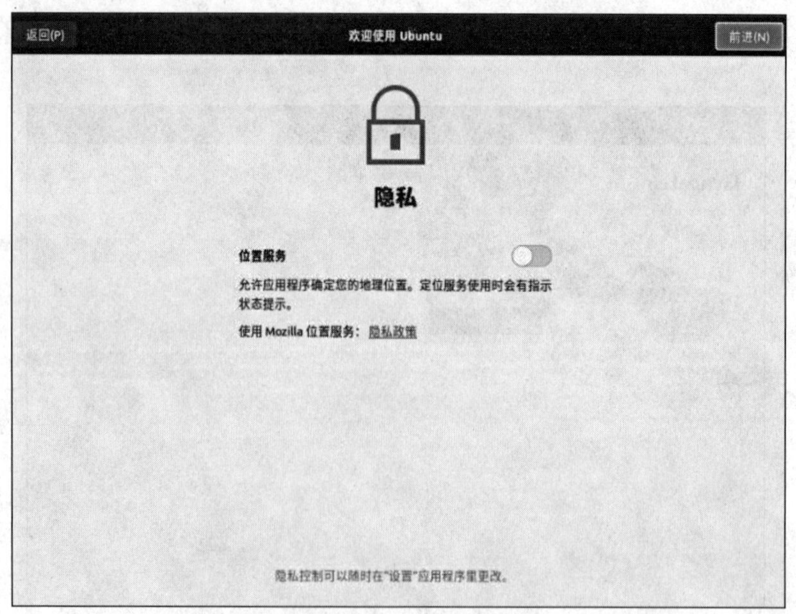

图 5-61　隐私设置

准备就绪，如图 5-62 所示，单击“完成”按钮。

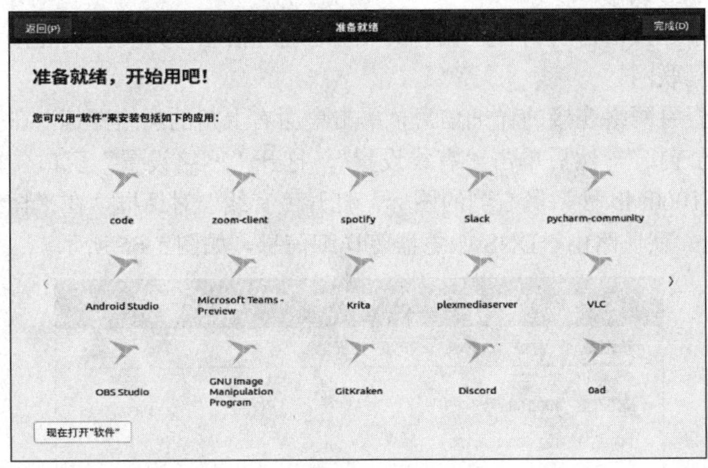

图 5-62　软件安装

弹出如图 5-63 所示的“软件更新器”对话框，提示更新软件。如果计算机联网且有时间可以单击“立即安装”按钮。也可以单击“稍后提醒”按钮关闭对话框，以后再安装软件更新。

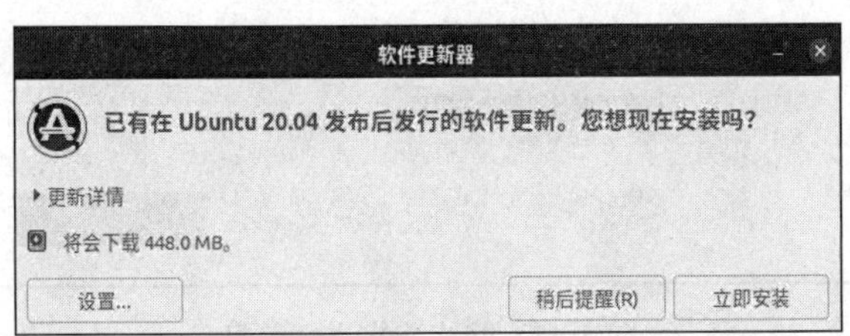

图 5-63　软件更新器

至此，Ubuntu 20.04 基本安装完成。下面再进行一些收尾工作即可。

5.6.4　安装 Ubuntu 20.04 收尾工作

1. 检查和安装 VMware Tools

在主机上，从 Workstation Pro 菜单栏中选择“虚拟机”，打开下拉菜单，如图 5-64 所示，发现“重新安装 VMware Tools”命令为灰色状态，无法执行该操作；同时在虚拟机窗口中使用 Ctrl+Alt+Enter 组合键可以全屏显示 Ubuntu 20.04 桌面，可以正常显示就表明显卡驱动程序已安装，不需要重新安装 VMware Tools。

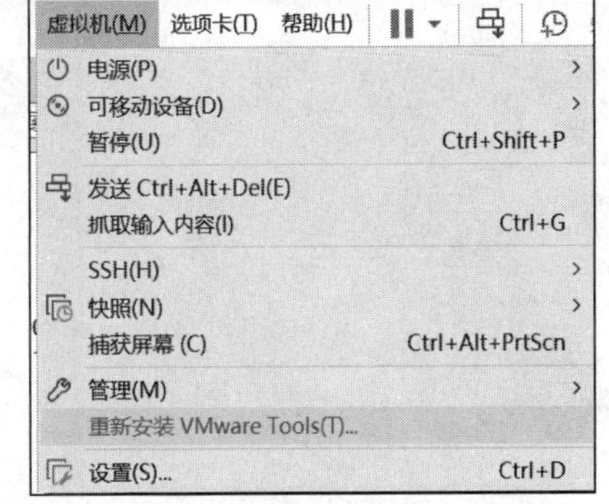

图 5-64　“虚拟机”菜单

2. 设置和查看网络连接

创建虚拟机时使用的是默认设置，网络连接默认使用的是 NAT 模式。前面也介绍过，NAT 就是共享主机的网络连接，自动给客户机分配 IP 地址等信息。只要主机连接互联网，客户机也就连上了互联网。

如果需要查看网络连接的详细信息，单击桌面右上角的网络图标，在弹出的菜单中单击“有线 已连接”，然后单击“有线设置”，打开“网络设置”窗口，单击“有线”下方“已连接-1000Mb/秒”最右侧的图标，打开“有线”对话框，在“详细信息”中可以看到 IP 地址、默认路由、DNS 服务器等详细信息，如图 5-65 所示。

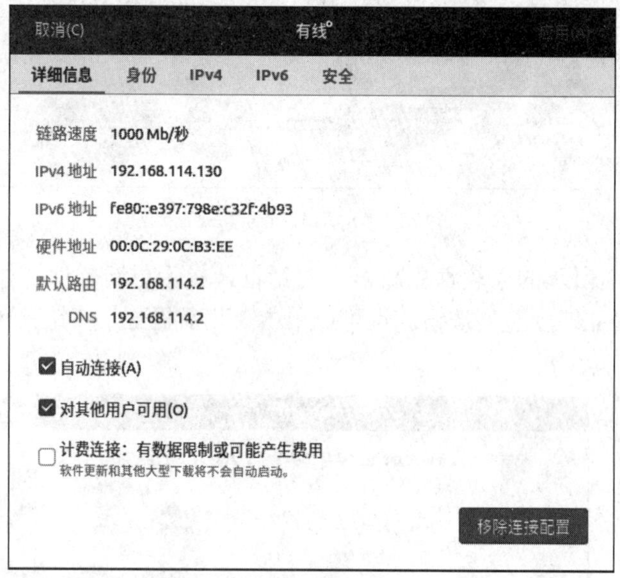

图 5-65　网络连接详细信息

第 6 章　计算机软件管理与系统优化

安装好操作系统后，还需要安装一些常用工具软件和办公软件来满足日常工作和学习的需要。系统运行一段时间后会变慢，如何优化系统来提高系统的运行效率也是我们要学习的内容。多数计算机使用 Windows 操作系统，本章以 Windows 为例进行介绍。

通过本章的学习和实践操作，读者可以掌握软件的管理和系统优化方法。

6.1　软 件 概 述

6.1.1　软件的概念和分类

什么是软件？软件（software）是一系列按照特定顺序组织的计算机数据和指令的集合。也可以将软件定义为：与计算机系统操作有关的计算机程序、规程、规则，以及可能有的文件、文档及数据。从开发者角度可以这样理解软件：软件=程序+数据+文档+知识。对于普通用户来说，软件是用户与硬件之间的接口界面，用户主要是通过软件与计算机进行交流的。

软件按照应用范围来划分，一般分为系统软件和应用软件两大类。

1. 系统软件

系统软件为计算机提供最基本的功能，包括操作系统和支撑软件，其中操作系统是最基本的软件。

操作系统是管理计算机硬件与软件资源的程序，同时也是计算机系统的内核与基石。操作系统负责诸如管理与配置内存、决定系统资源供需的优先次序、控制输入与输出设备、操作网络与管理文件系统等基本事务。操作系统是用户和计算机之间的接口。前面也介绍过，目前主流的操作系统有 Windows、Linux、macOS 和 UNIX 四大类。

支撑软件是支撑各种软件的开发与维护的软件，又称为软件开发环境。它主要包括环境数据库、各种接口软件和工具组，如 IBM 公司的 Web Sphere 和微软公司的 Microsoft Visual Studio 等。

2. 应用软件

应用软件是为了某种特定的用途而被开发的软件。它可以是一个特定的程序，如一个音乐播放器，也可以是一组功能联系紧密、互相协作的程序的集合，如微软的 Office

软件，还可以是一个由众多独立程序组成的庞大的软件系统，如数据库管理系统（学校的信息门户）。

安装好操作系统后一般需要安装以下软件。

- 办公软件一般选择 Office 或者 WPS；
- 压缩解压缩工具可选的有 WinRAR、7-ZIP 和好压等；
- 浏览器有 Edge、Chrome、Firefox、Safari 几类，Windows 10 操作系统默认使用 Edge，建议安装 Chrome；
- 图形图像处理软件有 Photoshop、证照之星、光影魔术手等，可根据需要选择安装；
- 音频视频软件比较多，常用的有爱奇艺、优酷、QQ 音乐、百度音乐等；
- 网络交流软件也必不可少，常用的有微信、QQ、腾讯会议等。

除了计算机上使用的软件外，还有一类运行在手机上的应用软件，称为手机软件，也称为 App，主要是为了弥补原始系统的不足与满足个性化需求，使手机的功能更完善，为用户提供更丰富的使用体验。手机软件的运行需要有相应的手机系统，手机主流系统有苹果公司的 iOS、谷歌公司的安卓系统、华为的鸿蒙系统。

6.1.2 软件授权类别

不同的软件一般都有对应的软件授权，用户只有在同意该软件的许可条款的情况下才能够合法地使用软件。当然，特定软件的许可条款也不能与法律相违背。依据许可方式的不同，大致可将软件分为以下几类。

1. 专属软件

专属软件通常不允许用户随意复制、研究、修改或传播软件。软件一般收费，违反此类授权通常要承担相应的法律责任。传统的商业软件公司会采用此类授权，如微软的 Windows 和 Office。

2. 自由软件

自由软件赋予用户复制、研究、修改和传播该软件的权利，并提供源代码供用户自由使用，仅给予些许其他限制。Linux、Firefox 和 OpenOffice 是此类软件的代表。

3. 免费软件

免费软件可免费取得和转载，但并不提供源代码，也无法修改。

商业软件多使用以下几种授权方式。

- 软件序列号授权：支持单机，输入序列号即可使用。
- 网络注册激活：在联网情况下输入软件序列号，连接后台服务器激活，不支持单机。
- 加密狗授权：多数加密狗外观类似 U 盘，直接插到计算机 USB 接口即可，支持单机，但占用一个硬件接口。

6.1.3 安装软件及注意事项

首先要根据自己的需求选择合适的软件，并且确保计算机硬件能满足软件的安装需求，然后获取软件的安装文件和安装序列号，最后选择安装方式、按步骤来安装软件。

1. 检查软件的运行环境

软件能否顺利安装并正常工作，受硬件配置和系统软件两方面的限制。

硬件配置主要是看硬件的性能是否达到软件的最低配置要求，一般软件尤其是大型软件的正常安装运行，对硬件配置是有要求的。例如，某款战术竞技型射击类游戏软件建议内存容量不小于 8GB、硬盘可用空间大于 30GB，要求独立的中高端显卡等。硬件配置达到软件的最低配置要求就可以进行软件的安装，但是为了保证软件的流畅使用，硬件配置最好能满足软件的推荐配置要求。

软件运行在操作系统之上，所以不同的操作系统对软件是有影响的。Linux 和 Windows 操作系统上安装的软件分别使用不同的安装程序，Linux 操作系统上可使用的软件的数量要低于 Windows 操作系统。即使是同一操作系统也分 32 位和 64 位不同的版本。一般来说，32 位操作系统是不支持 64 位软件的，而现在很多的软件只有 64 位的版本，没有 32 位的版本，这就导致软件无法安装在 32 位操作系统上。不过现在大多数人使用的是 64 位操作系统，64 位操作系统兼容 32 位软件，除了个别的软件运行时可能会有一些小的问题，大多数可以正常使用。操作系统上的支撑软件对于软件的使用也是有一定的影响的，一些小软件特别是绿色软件，要想正常运行就需要操作系统提前安装好某些支撑软件，如 Visual C 运行库等。

2. 获取软件安装文件的途径

要想安装软件，必须先获得软件的安装程序，也称为软件安装包。获得软件安装包的方式主要有以下几种。

1）购买软件安装光盘或 U 盘等物理介质。

2）从网上下载安装包。建议去软件官方网站下载；尽量不要通过搜索引擎（如百度）获取下载链接，多数下载链接有大量的广告且需要先安装下载器才能下载需要的软件，个别站点提供的软件安装包甚至还有病毒和木马程序。

3）使用应用商城下载软件安装包，如微软应用商城、360 软件管家等。

3. 安装方式和步骤

下载软件安装包之后，就可以安装软件。若软件安装包是一个独立可执行的文件，则双击该文件，打开安装向导界面，根据提示进行操作。若软件安装包是压缩文件，则需要先解压缩，然后在解压目录下找到可执行文件“Setup”或者“Install”，双击该文件，打开“安装向导”界面，根据提示进行操作。

安装软件时主要考虑的是确定安装位置和确定组件或功能，一般多数软件提供默认安装和自定义安装两种方式。

默认安装方式比较简单，整个过程基本不需要进行设置，按提示信息不断单击“下一步”就可以完成安装。大多数软件默认安装在“C:\Program Files\”文件夹中，安装的都是默认的组件功能。

自定义安装方式在安装过程中可以自己指定安装位置，建议将软件安装在“D:\Program Files\”文件夹中，保留软件创建的文件夹；同时可根据需要选择要安装的组件或功能。例如，安装 Office 2016 时，只选择 Word、Excel、PowerPoint 等常用组件。

4. 安装时要注意插件问题

插件最早是指会随着 IE 浏览器的启动自动执行的程序。插件程序能够帮助用户更方便地浏览因特网或调用上网辅助功能。后来随着网络的发展，也有部分程序被人称为广告软件或间谍软件，此类恶意插件程序监视用户的上网行为，并把所记录的数据报告给插件程序的创建者，以达到投放广告、盗取游戏或银行账号和密码等非法目的。

插件程序多了之后很可能与运行中的其他程序发生冲突，从而导致各种页面错误、运行时间错误等现象，阻塞正常浏览。

现在多数软件在安装过程中会默认安装插件，有的软件还会安装其他的推广软件和广告链接。所以在安装软件的过程中一定要注意取消插件或推广软件的安装，如果不能取消，则建议不要安装该软件程序，重新下载正规软件。

6.1.4 软件管理的方法

随着计算机的使用，安装的软件越来越多，系统也会越来越慢，而且软件之间的冲突也越来越多，那么该如何管理软件呢？下面简单介绍软件管理的方法。

1. 尽量避免同类型软件之间的冲突

很多软件安装完往往会和某类型的文件进行关联，同类型软件会对同类型文件进行关联操作，有时候会影响文件的正常打开。例如，计算机上先安装了 Office 2016，默认对 Word 文档进行关联，双击 Word 文档时，使用的是 Word 程序；接着安装 WPS，WPS 也会对 Word 文档进行关联，这时双击 Word 文档时，可能的就是 WPS 程序。如果在同一台计算机上安装了两个杀毒软件，而且都运行，可能系统就无法正常工作了。

2. 升级软件要有一定的规则

没有必要每次都升级到最新版本，升级前先评估新版本的功能是不是自己所需要的。对于一些小型软件或者应用频率比较高的软件，则可以定期升级，以便使用一些最新的功能。对于一些大型的软件或者是新旧版本差别比较大的软件，升级新版本前最好先将旧版本卸载干净，这样可以避免一些不必要的冲突或者错误。建议初学者使用 360 软件管家之类的软件管理程序升级软件。

3. 卸载软件、定期整理硬盘空间

不用的软件应及时卸载，以减少硬盘空间的占用，而且软件数量少也可以减少软件之间的冲突问题。定期整理硬盘空间、清除无用文件可提高硬盘的使用效率，也可提升开机速度。

4. 根据需要设置是否开机自动运行

开机自动运行是指计算机进入桌面后，软件会自动运行。很多软件开机会自动运行，这就会影响开机速度。一般使用频率比较高的软件，建议将其设置为开机自动运行；而使用频率较低的软件，建议关闭其开机自动运行，以提高系统效率。例如，每次用计算机都要使用微信，设置其自动运行后就不需要每次手动运行微信程序，而偶尔使用的视频软件，如果开机自动运行，只会影响开机速度，而且还需要手动关闭，这样的软件就建议关闭其开机自动运行。

最后一定要记住，软件不是越多越好，软件多了系统运行速度会变慢，甚至有时软件之间的冲突可导致系统不能正常工作。

6.1.5　卸载软件的方法

当软件不用或者需要升级时就要先卸载旧软件，下面介绍几种常用的软件卸载方法。

1. 运行软件自带卸载程序

很多软件自带卸载程序，在“开始”菜单中可以找到卸载程序。如图 6-1 所示，福昕阅读器就自带卸载程序（卸载福昕阅读器），单击“卸载福昕阅读器”按钮就可以运行该程序，按照提示信息操作就可完成软件卸载。如果在“开始”菜单中找不到软件的卸载程序，也可以到该软件的安装目录中寻找，一般卸载程序的文件名用“卸载”两个字开头，或者是 uninstall 开头的可执行文件。双击运行该文件就可开始卸载。

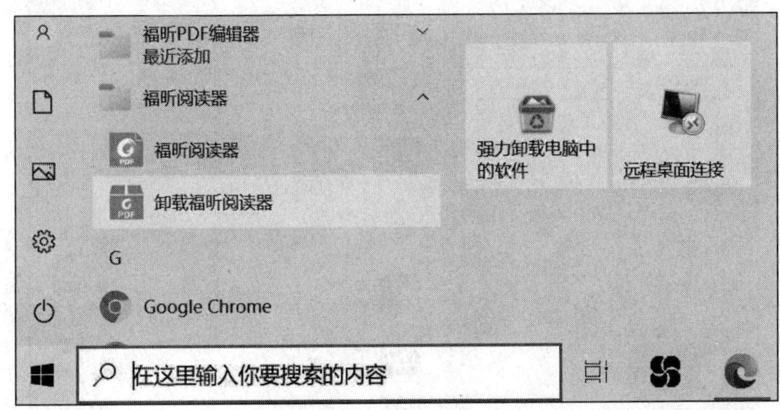

图 6-1　软件自带卸载程序位置

卸载软件时只要按照提示信息进行操作就可以了。但是有些软件的选项比较隐蔽，不容易发现，操作时稍不注意就会选错选项，导致卸载失败。所以在执行卸载程序时，每一步都要仔细看，要选对选项。

2. 使用操作系统卸载软件

操作系统也提供了卸载软件的方法。以 Windows 10 为例，单击开始菜单中的“设置”按钮，打开如图 6-2 所示的“Windows 设置”界面。

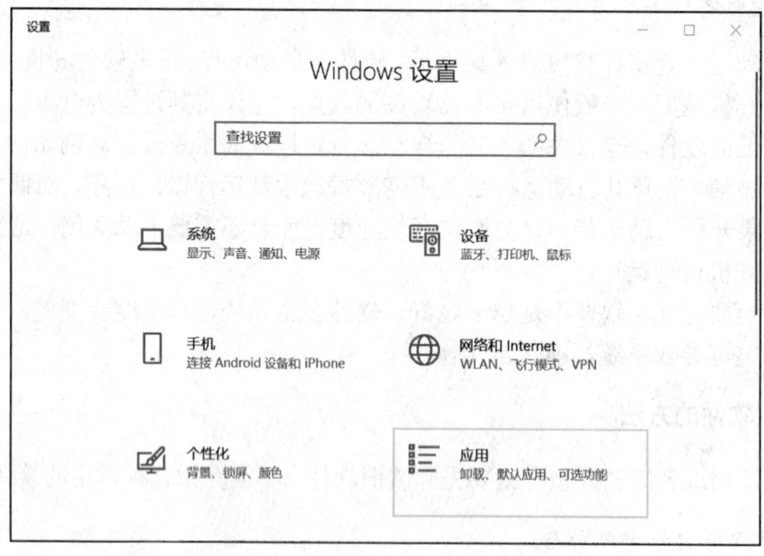

图 6-2 “Windows 设置”界面

单击“应用”按钮，打开“应用和功能”窗口，单击要卸载的软件，再单击其下的“卸载”按钮（图 6-3），打开“卸载软件”窗口，接下来按照提示信息操作即可。其实这种卸载方式也是调用软件自带的卸载程序进行卸载的。

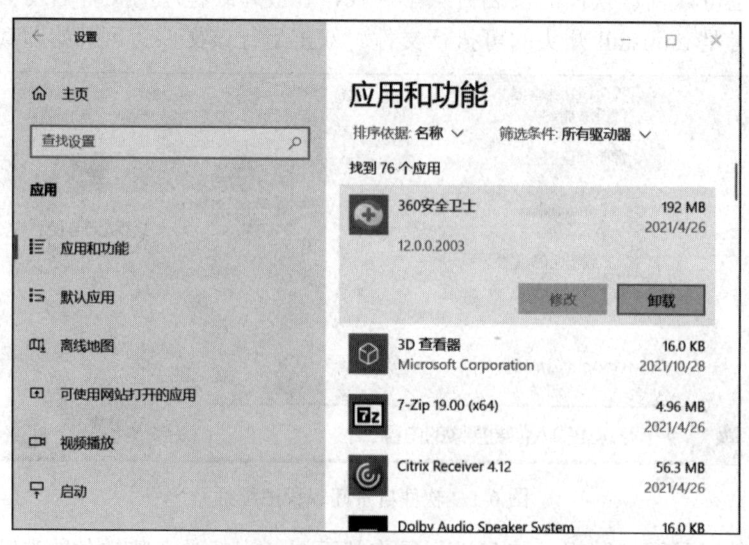

图 6-3 “应用和功能”窗口

3. 使用软件管理程序进行卸载

初学者可以使用软件管理程序来卸载软件，这样操作简单，卸载完成之后还可以清理残留的文件，卸载比较彻底。例如，使用 360 软件管家，单击“卸载”按钮后在列表中显示计算机已安装的软件，如图 6-4 所示。直接单击要卸载的软件后面的“一键卸载”按钮或“卸载”按钮进行卸载操作。卸载完成后如果提示有残留文件，可以选择清除。如果一次性卸载多个软件，则先把要卸载的软件都选中，然后单击界面右下角的“一键卸载”按钮开始自动依次卸载各软件。

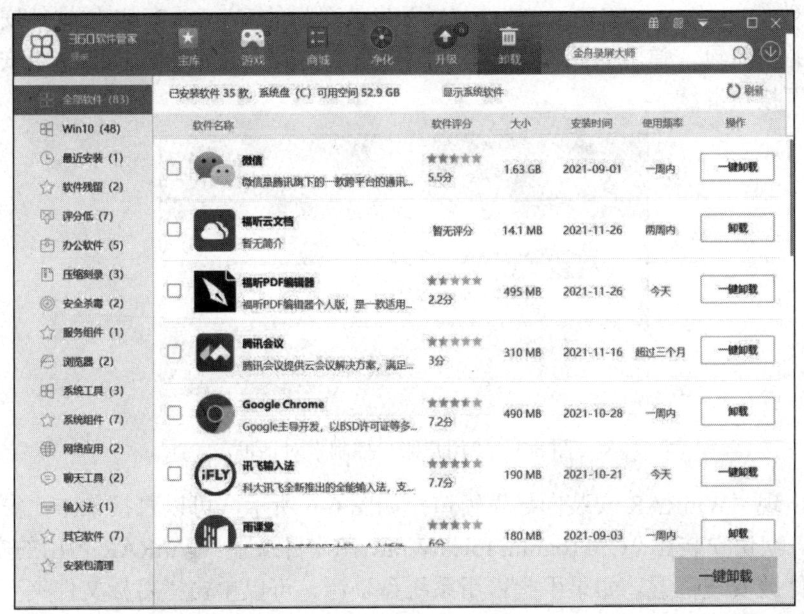

图 6-4 “360 软件管家卸载”界面

4. 手工清除流氓软件

上面介绍的三种软件卸载方法均属于常规卸载方法，可以卸载绝大多数软件，但是对于少部分流氓软件来说，在软件列表中是找不到的，所以无法用这三种方法卸载。针对流氓软件，可以查找其安装位置，直接删除文件夹，同时需要删除注册表中的相关信息。建议在操作之前，针对具体的流氓软件上网搜索具体的删除操作方法。

6.2 装机必备软件的安装

6.2.1 安装 WinRAR

在使用计算机的过程中，经常会用到压缩软件。从网上下载的文件一般多数是压缩文件，需要使用解压缩软件进行解压才可以正常使用。通过网络给别人发送文件时，特别是一些零碎的文件，发送起来比较麻烦，最好是将其进行压缩打包，生成单个文件后再发送，这样效率会提高很多。一些容量比较大或者比较零碎的文件，放在计算机中会占据比较大的空间，也不利于计算机中文件的管理，此时可以使用压缩软件对文件进行压缩，以便查看和管理。

压缩软件有很多，常用的有 WinRAR、7-Zip、WinZip、360 压缩等。这些软件都具备基本的压缩和解压缩功能，同时又各有优缺点。

WinRAR 是一款功能非常强大的压缩包管理器，支持多种主流压缩格式，如 RAR、ZIP、7-Zip 等类型。WinRAR 操作简单，界面友好，个人版免费，唯一的不足是使用的时候有广告。下面介绍如何安装 WinRAR。

在官网（https://www.winrar.com.cn/）下载最新版的 WinRAR 64 位软件安装包，双击下载好的安装包，弹出如图 6-5 所示“用户账户控制”对话框，提醒是否安装软件，单击“是”按钮继续。

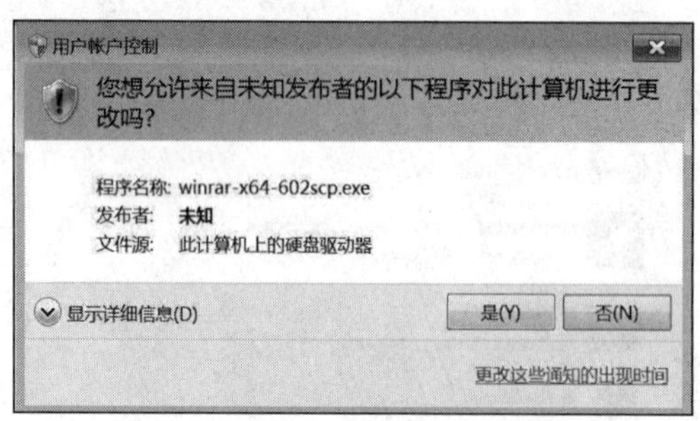

图 6-5 “用户账户控制”对话框

接着出现“WinRAR 安装向导”窗口，如图 6-6 所示，可以直接单击“安装”按钮开始安装，默认安装在“C:\Program Files\WinRAR”目录下。WinRAR 占用的空间不大，建议无须修改安装位置。如果不想占用系统盘资源，可以单击“目标文件夹”路径后面的“浏览”按钮，为 WinRAR 解压缩工具选择一个合适的安装位置。

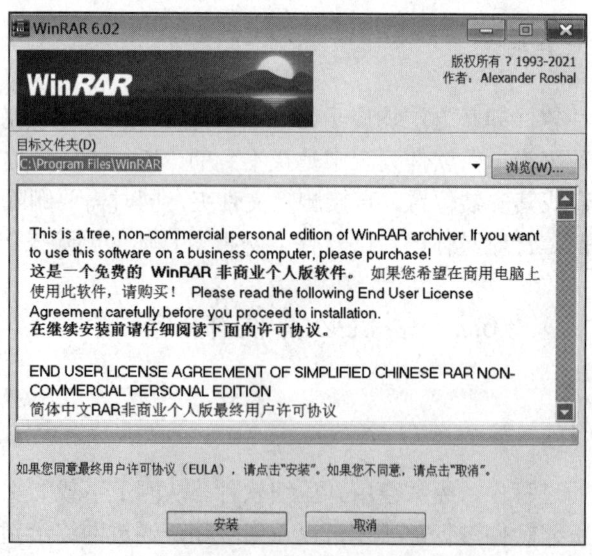

图 6-6 “WinRAR 安装向导”窗口

在如图 6-7 所示窗口中，对软件的使用进行相关的设置，包括“WinRAR 关联文件”“界面”“外壳集成”等设置内容。如果想了解更多相关内容，可以单击窗口下方的“帮助”按钮，查看详情。这里选择默认选项即可。单击“确定”按钮继续。

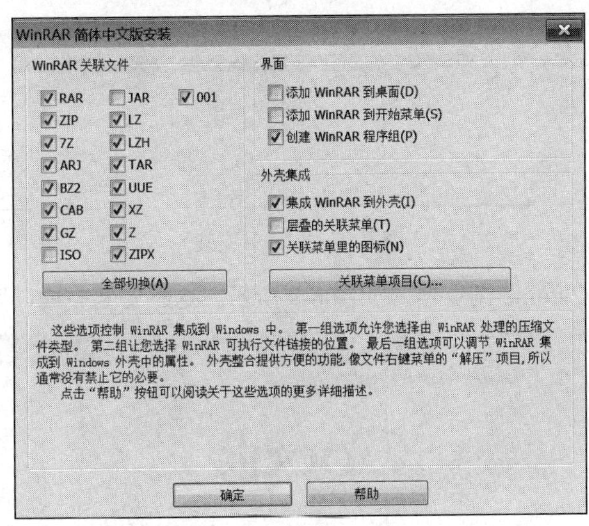

图 6-7　WinRAR 安装选项

等待安装程序运行，最后在“安装完成”窗口单击“完成”按钮退出安装向导。这样 WinRAR 软件就安装完成，可以使用它解压缩文件了。

6.2.2　安装 Chrome 浏览器

浏览器是访问网络资源的主要工具，一款安全、稳定、兼容性好的浏览器是必不可少的软件。一直以来 Windows 操作系统自带 IE 浏览器，且版本不断更新，但是 IE 浏览器的稳定性和性能已经有些跟不上发展需求了，打开网页的速度比较慢。Edge 浏览器是 Windows 10 上市之后微软新推出的浏览器，全新的 UI（user interface，用户界面）设计以及在插件的支持、网络引擎和内核上都有很大的提升，与 IE 浏览器相比，运行更流畅、颜值更高。

根据有关研究机构的调查报告，2020 年谷歌浏览器依据其简约的设计风格、较快的页面访问速度和丰富的拓展功能，占据了市场 58.52%的份额，居国内第一，而第二名 Microsoft Edge 浏览器市场占比仅为 15.84%。如今很多网站特别是一些网络学习平台都建议使用 Chrome 浏览器访问，由此可见，Chrome 浏览器是装机必备软件之一。接下来介绍如何来安装 Chrome 浏览器。

打开官网（https://www.google.cn/chrome/）下载最新版的 Chrome 浏览器安装包，下载好的安装包为 ChromeSetup.exe，文件大小只有 1.27MB，安装过程中需要连接网络下载程序。如果计算机已经连接互联网，直接双击安装文件，会弹出“用户账户控制”对话框，提醒是否安装软件，单击“是”按钮继续。

接着出现安装窗口，如图 6-8 所示。注意：安装程序需要先连接网络，接着下载文件。整个过程需要几分钟，全部自动完成，不需要进行任何设置。

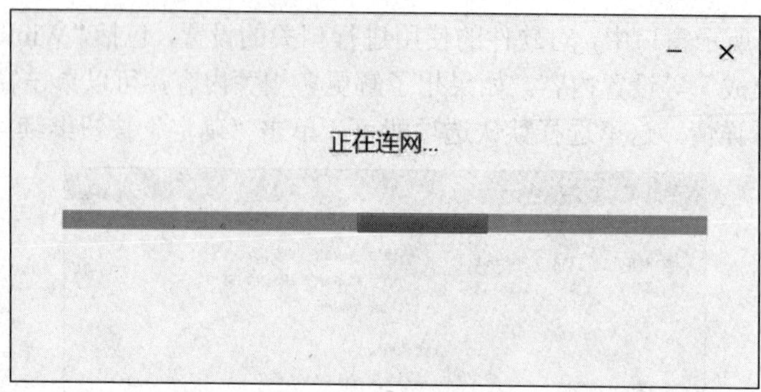

图 6-8　Chrome 安装

最后自动打开 Chrome 浏览器，如图 6-9 所示。这时安装完成，可以正常使用。

图 6-9　Chrome 浏览器

单击图 6-9 中右下角的“自定义 Chrome”按钮，可以修改背景、快捷键、颜色和主题，如图 6-10 所示。

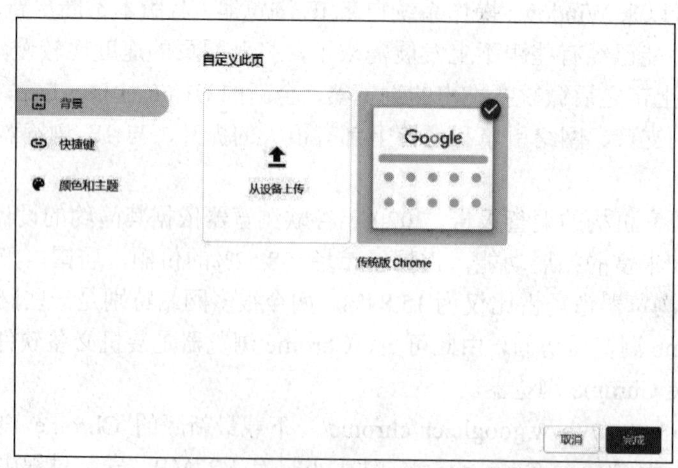

图 6-10　Chrome 自定义

如果要修改浏览器的设置，可以单击图 6-9 中最右侧的列表图标，在弹出的下拉列表中选择“设置”命令（图 6-11），打开“设置”界面，如图 6-12 所示。在此界面中可以对浏览器进行设置操作。单击“高级”按钮，在弹出的下拉列表中可以显示更多设置选项。

图 6-11 Chrome 设置

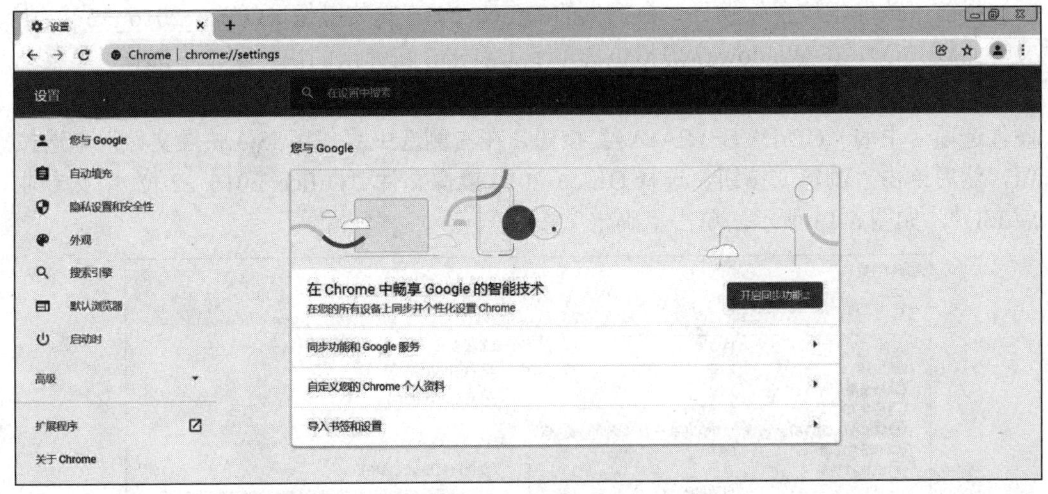

图 6-12 “设置”界面

还可以在进入浏览器首页后，在地址栏中输入“chrome://settings/”快速打开“设置”界面。

如果安装 Chrome 浏览器时计算机无法联网，建议先去其他下载站点下载完整版的安装包进行安装，一般安装文件大小为 70MB 左右。

6.2.3 安装 Office 2016

Office 2016 是微软的一个庞大的办公软件集合，其中包括 Word、Excel、PowerPoint、OneNote、Outlook、Skype、Project、Visio 以及 Publisher 等组件和服务。Office 2016 支持多种操作系统，Office 2016 For Mac 于 2015 年 3 月 18 日发布，Office 2016 For Office 365 订阅升级版于 2015 年 8 月 30 日发布，Office 2016 For Windows 零售版、For iOS 版均于 2015 年 9 月 22 日正式发布。

Windows 系统中最适合的办公软件就是 Office 了。接下来介绍 Windows 系统下

Office 2016 的安装步骤。

1. 安装之前的准备工作

1）检查 C 盘的剩余空间。Office 2016 默认安装在 C 盘，占用几 GB 的空间，如果 C 盘剩余空间太小，要先删除一部分文件，否则可能因为空间不足而安装失败。

2）查看操作系统是 32 位还是 64 位。Office 2016 提供了 64 位和 32 位的安装程序。32 位的操作系统装不上 64 位的 Office 2016。一定要确保 Office 安装包的位数跟操作系统位数一致，否则可能会安装失败。

3）如果之前有低版本 Office，则先卸载它。如果是新装的 Windows 系统，那么系统中没有 Office，可以直接安装 Office 2016。

2. 安装 Office 2016 的步骤

提前下载好学校正版软件平台提供的 Office 2016 安装镜像（Office_2016_32 位_中文专业版.ISO）。在 Windows7 虚拟机选项卡上右击，在弹出的快捷菜单中选择“可移动设备”→“CD/DVD（SATA）”→“设置”命令，在“虚拟机设置”窗口中，单击左侧硬件选项卡中的“CD/DVD（SATA）”按钮，在右侧选中“使用 ISO 映像文件”单选按钮，然后单击“浏览”按钮，选择 Office 2016 镜像文件“Office_2016_32 位_中文专业版.ISO”，如图 6-13 所示，单击“确定”按钮。

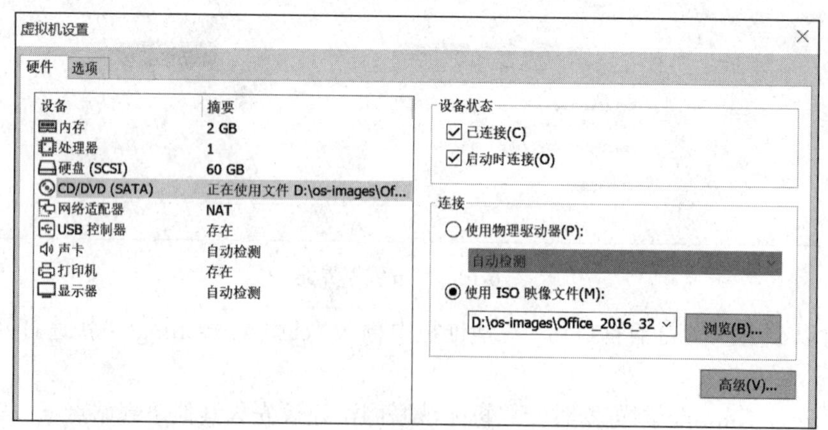

图 6-13 “虚拟机设置”窗口

在 Windows 7 系统中双击光驱图标，自动运行安装程序（如果不是在虚拟机中安装，更简单的操作是将镜像文件解压到硬盘上的一个文件夹中，解压完成后在文件夹中找到 Setup.exe 文件，双击该文件即可运行安装程序），会弹出“用户账户控制”对话框，提醒是否安装软件，单击“是”按钮继续。

在如图 6-14 所示的“软件许可证条款”窗口中，选中“我接受此协议的条款”复选框，然后单击“继续”按钮。

在如图 6-15 所示的窗口中选择安装类型，单击“立即安装”按钮即可开始安装。该安装方式直接将 Office 2016 安装在默认位置“C:\Program Files（x86）\Microsoft Office”

下，各功能组件以默认的方案进行安装，无法根据自身需要进行选择安装。因此，一般建议选择“自定义”安装。

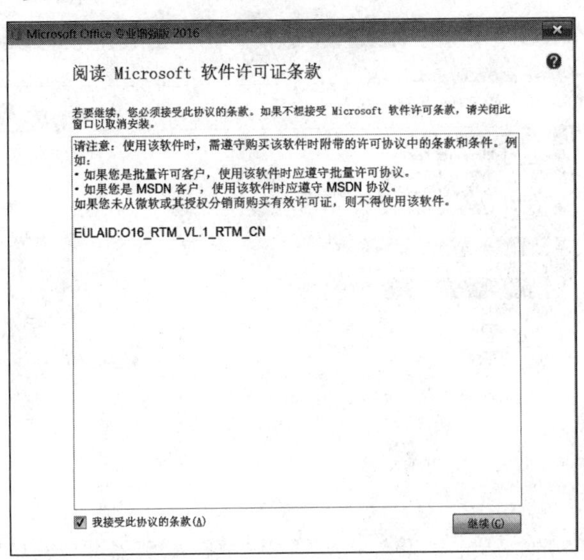

图 6-14　软件许可证条款

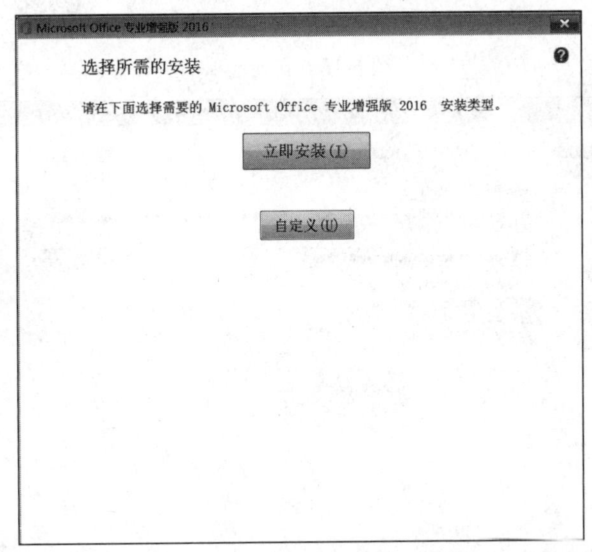

图 6-15　安装类型

单击“自定义”按钮，打开自定义窗口，在“安装选项”选项卡中可以选择要安装的组件，如图 6-16 所示。在需要安装的组件上单击下拉箭头，在弹出的下拉列表中选择“从本机运行全部程序”；对不使用的组件选择“不可用”，即不安装该组件。右下角提示所需驱动器空间总大小以及可用驱动器空间。一般建议 Word、Excel、PowerPoint 全部安装，Office 共享功能和 Office 工具使用默认设置，其他组件可根据实际需要来选择。

如图 6-17 所示，在“文件位置”选项卡可以修改安装位置。单击“浏览”按钮，选择要安装的目标位置。也可以在文本框中直接修改，如改为“D:\Program Files（x86）\

Microsoft Office”。一定要注意所选位置是否有足够空间。如果计算机的 C 盘空间较大，可用空间足够，建议不修改默认安装位置。

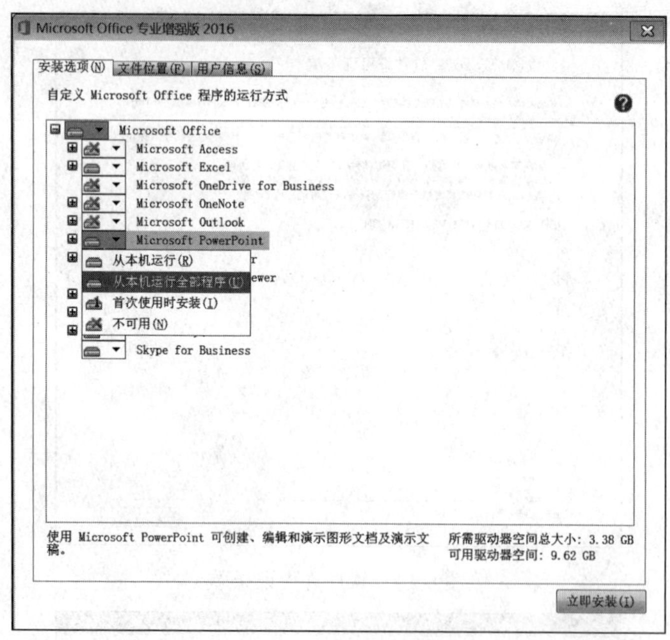

图 6-16　安装选项

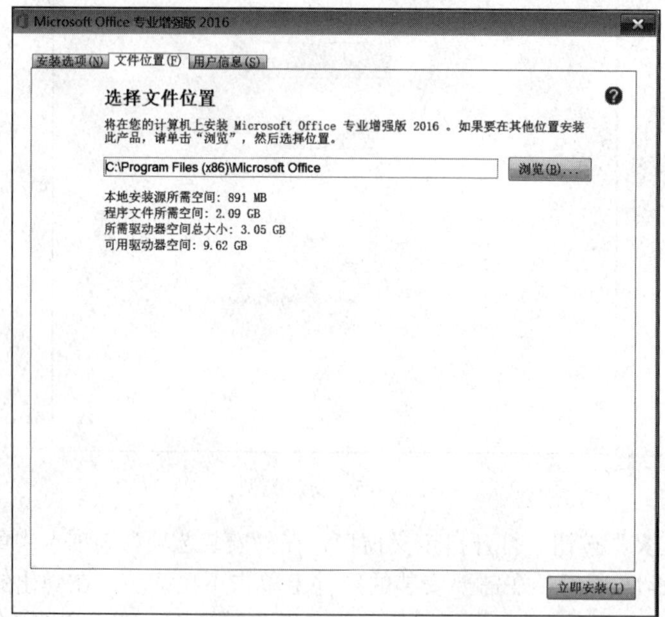

图 6-17　文件位置

在“用户信息”选项卡中输入“全名”“缩写”“组织”等个人信息。也可以不输入，直接忽略。

设置好后单击“立即安装”按钮开始安装。

在如图 6-18 所示的窗口中显示安装进度，稍等片刻后安装完成。如果进度条长时间不动，如 10 多分钟没有任何反应，则有可能安装出现问题，建议再等几分钟后重新启动计算机，重新安装。

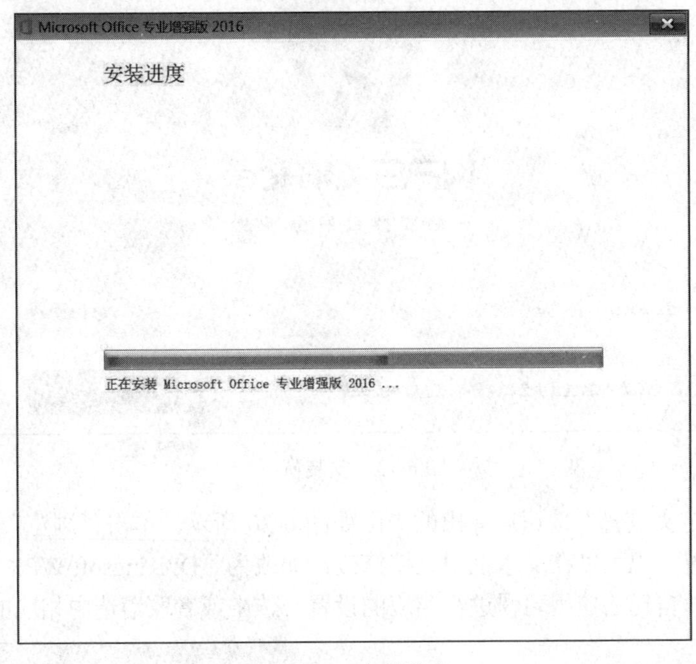

图 6-18 安装进度

在安装完成窗口，单击“关闭”按钮。当需要使用 Office 的时候，从“开始”菜单中找到 Word、Excel、PowerPoint 等程序打开即可。

6.2.4 安装 WPS Office

WPS Office 是由北京金山办公软件股份有限公司自主研发的一款办公软件套装，可以实现办公软件最常用的文字、表格、演示、PDF 阅读等多种功能；具有内存占用低、运行速度快、云端功能多、强大插件平台支持、免费提供在线存储空间及文档模板的优点；支持阅读和输出 PDF 文件、兼容微软 Office 97～2010 格式（doc/docx/xls/xlsx/ppt/pptx 等）。WPS Office 支持桌面和移动办公，覆盖 Windows、Linux、Android、iOS 等多个平台。

WPS Office 一般被称为 WPS，是专门为中国人开发的软件，所以 WPS 使用起来更加符合中国人的使用习惯。下面介绍 WPS 的安装方法。

先从 WPS 官方网站（https://www.wps.cn/）下载最新版的 WPS 安装包。不同的操作系统安装包是不一样的，一定要选择正确的版本，这里选择下载 Windows 版本的 WPS 安装包。

下载成功后，双击下载好的安装包（W.P.S.11115.12012.2019.exe），弹出“用户账户控制”对话框，提醒是否安装软件，单击“是”按钮继续。

弹出如图 6-19 所示的安装窗口。默认安装在 C 盘，如果不需要修改安装位置，单击“立即安装”按钮即可。一般不建议将 WPS 安装在 C 盘，而是单击“自定义设置”

按钮修改安装位置。

图 6-19 安装窗口

单击“自定义设置”按钮后弹出的界面如图 6-20 所示，单击“浏览”按钮，选择要安装的目标位置，也可以在文本框中直接修改，如改为“D:\Kingsoft\WPS Office”。在此界面还可以根据自己的使用习惯进行相应的设置，选中或者取消选中相应的复选框即可。

图 6-20 自定义设置

设置完成后，单击“立即安装”按钮，弹出如图 6-21 所示的窗口。安装过程大概需要 3～5min，可以根据进度条查看产品的安装进度。

安装成功后，会自动打开 WPS 程序，这时提示 WPS 账号登录，可以先关闭提示，结果如图 6-22 所示，至此 WPS 的安装完成。

当需要使用 WPS 时，可以双击桌面上的 WPS 图标或者从“开始”菜单中找到该程序，根据需要选择 WPS 表格、文字等。

图 6-21　安装进度

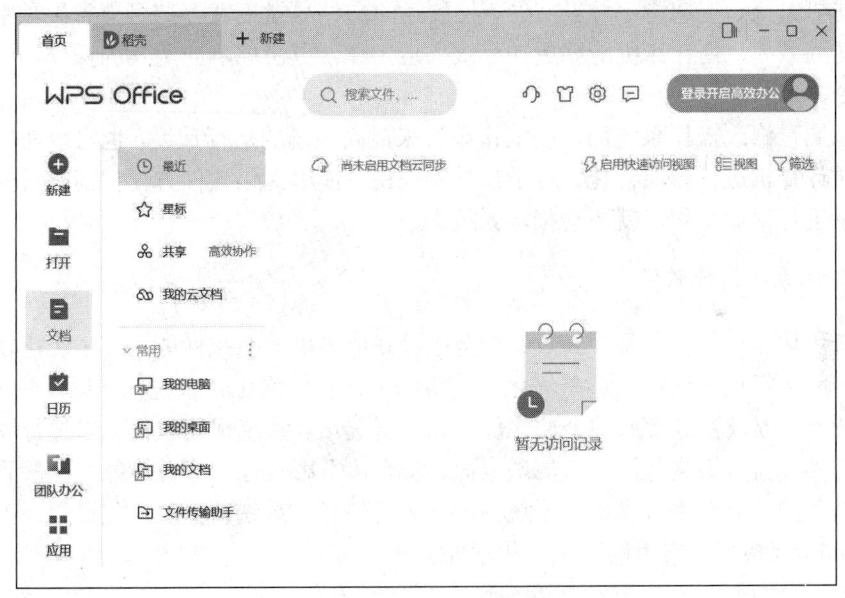

图 6-22　WPS 安装成功

WPS 大部分功能免费使用，基本能满足日常工作需求，美中不足的是总有弹出的广告，成为其会员后没有广告，同时可使用一些专业模板和高级功能，可根据自己的情况选择是否成为其会员。

6.3　使用软件优化计算机系统

6.3.1　为什么要优化计算机系统

一般安装操作系统时采用的是默认设置，无法完全发挥计算机的性能，可以根据计算机硬件基础和应用场景对计算机系统进行一定的优化设置，这样能够有效地提升计算机的性能。例如，对于内存小的计算机，可以增加虚拟内存的容量。

有些软件在安装后，会将自己的启动程序加入到开机启动项，随着系统的启动自动运行，这样虽然方便用户直接使用软件，但是会占用系统资源，并影响系统的启动速度。其实很多软件不是每次开机都会用到，可以通过设置将不需要的软件开机启动项禁止，从而在不影响使用的情况下提高系统的开机速度。

计算机运行一段时间后，开机速度变慢，软件运行越来越迟钝，偶尔打开网页的时间也很长。一般遇到这种情况也需要对计算机进行优化。

计算机系统在长时间使用过程中，必然会产生很多的垃圾文件，这些垃圾文件留在系统当中，会导致计算机系统越来越慢。例如，很多软件会产生缓存、日志和注册表信息，但是这些产生的垃圾文件，计算机系统不会自动删除；以前的机械硬盘空间分配方式是随机的，有时候写入文件不连续，导致计算机系统在调取文件时速度变慢；平时安装或卸载软件时，会保留一些无用的垃圾文件，时间长了就会使计算机系统越来越臃肿。优化计算机系统、定期清除垃圾文件、使硬盘的文件尽量连续存储可节省硬盘空间，提高硬盘访问效率，使计算机能够更加有效率地工作，更快地响应用户的操作，更高效地执行指令。

可以通过修改操作系统的一些默认设置来提高系统的运行速度，也可以使用各种优化软件对计算机进行智能优化。对于初学者来说，使用优化软件方便快捷，只要按照软件的提示进行常规操作，就不会损坏系统。

6.3.2 常用系统优化软件

系统优化软件可全方位、高效、安全地提高计算机的系统性能。系统优化软件使用简单，一般包括桌面优化、菜单优化、网络优化、软件优化、系统优化以及禁用设置、选择设置、更改设置等一系列个性化优化和设置选项。系统优化软件可以进行高速的注册表清理和硬盘垃圾文件清理，清理全面、安全，不影响任何运行性能。一般系统优化软件都具备的功能有系统保护、系统清理、系统信息、系统维护、优化设置。下面介绍几款 Windows 系统下常用的系统优化软件。

1. 360 安全卫士

360 安全卫士是一款由 360 公司推出的功能强、效果好的安全软件，具有查杀木马、清理插件、修复漏洞、计算机体检、计算机救援、保护隐私、计算机专家、清理垃圾、清理痕迹等多种功能。360 安全卫士独创“木马防火墙”“360 密盘”等功能，依靠抢先侦测和云端鉴别，可全面、智能地拦截各类木马，保护用户账号、隐私等重要信息。

360 安全卫士还具备优化软件的功能，如图 6-23 所示。“电脑清理”功能可以清理系统运行时产生的垃圾文件和清除插件痕迹；“优化加速”功能可以优化操作系统默认设置，提高开机速度；“软件管家”功能可以实现软件的安装和卸载操作。

图 6-23　360 安全卫士

2. Windows 优化大师

Windows 优化大师是一款功能强大的系统辅助软件，它提供全面有效且简便安全的系统检测、系统优化、系统清理、系统维护四大功能模块及数个附加的工具软件。Windows 优化大师能够有效地帮助用户了解自己的计算机软硬件信息，简化操作系统设置步骤，提升计算机运行效率，清理系统运行时产生的垃圾，修复系统故障及安全漏洞，维护系统的正常运转。

Windows 优化大师发布于 2000 年，在当时是装机必备软件之一。2010 年 6 月 24 日，Windows 优化大师 7.99.10.624 发布（图 6-24），免费版与收费版已合并，开始全部免费。2013 年 6 月 5 日，Windows 优化大师 V7.99 B13.604 发布之后就不再更新了。Windows 优化大师对 Windows 10 之前的系统进行优化的效果还是不错的。

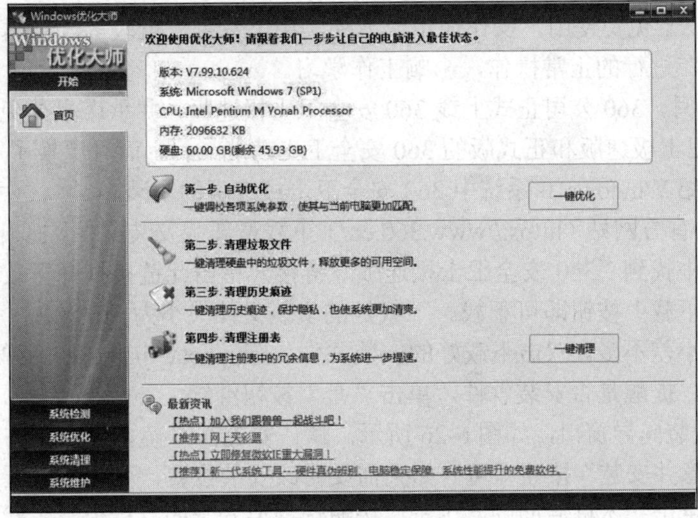

图 6-24　Windows 优化大师

3. CCleaner

CCleaner（图 6-25）是一款免费的系统优化和隐私保护工具。CCleaner 的主要功能是清除 Windows 系统的垃圾文件，以腾出更多硬盘空间。它的另一大功能是清除用户的上网记录。CCleaner 体积小，运行速度极快，可以对文件夹、历史记录、回收站等进行垃圾清理，并可对注册表进行垃圾项扫描、清理；附带软件卸载功能；支持 Firefox 等浏览器；免费使用，不含任何间谍软件和垃圾程序；支持包括简体中文在内的 26 国语言界面。

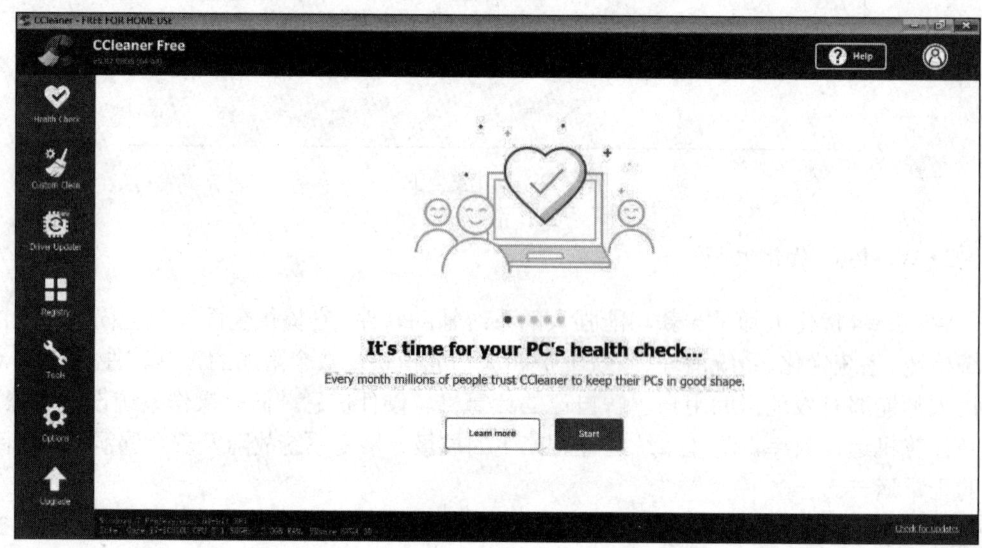

图 6-25　CCleaner

6.3.3　360 安全卫士极速版的安装

360 安全卫士免费使用，操作简单，方便实用，只是广告较多，经常突然出现广告弹窗，中断正在进行的正常操作，影响工作学习。

2021 年 7 月，360 公司正式上线 360 安全卫士极速版，并承诺永久免费、无广告弹窗。360 安全卫士极速版和正式版的 360 安全卫士功能一样，而且更换了 UI，让人眼前一亮。下面介绍 Windows10 系统中 360 安全卫士极速版的安装。

1）从 360 官方网站（https://www.360.cn/）下载最新版安装文件。打开官网，在“电脑软件”栏目中找到“360 安全卫士极速版”链接，单击此链接打开下载页面，在页面中单击“立即下载”按钮即可下载。下载好的安装文件大小为 80.8MB，和 360 安全卫士安装文件大小差不多。双击下载好的安装文件（setupbeta_jisu.exe），弹出“用户账户控制”对话框，提醒是否安装软件，单击“是”按钮继续。

2）弹出安装向导窗口，如图 6-26 所示。默认安装在 C 盘，如果不需要修改安装位置，单击“同意并安装”按钮即可。如果需要修改安装位置，可在文本框中直接输入安装路径，或者单击文本框后面的“浏览”按钮选择要安装的目标位置。然后单击“同意并安装”按钮。

图 6-26　360 安装向导

3）开始安装 360 安全卫士，同时弹出 360 安全卫士安装许可使用协议窗口，如图 6-27 所示。可以在等待安装时详细阅读许可使用协议。

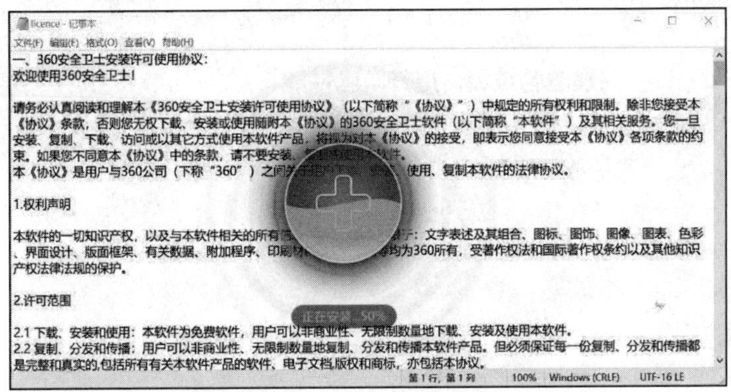

licence - 记事本

文件(F) 编辑(E) 格式(O) 查看(V) 帮助(H)

一、360安全卫士安装许可使用协议：
欢迎使用360安全卫士!

请务必认真阅读和理解本《360安全卫士安装许可使用协议》（以下简称“《协议》”）中规定的所有权利和限制。除非您接受本《协议》条款，否则您无权下载、安装或使用随附本《协议》的360安全卫士软件（以下简称“本软件”）及其相关服务。您一旦安装、复制、下载、访问或以其它方式使用本软件产品，将视为对本《协议》的接受，即表示您同意接受本《协议》各项条款的约束。如果您不同意本《协议》中的条款，请不要安装、[illegible]软件。
本《协议》是用户与360公司（下称“360”）之间[illegible]使用、复制本软件的法律协议。

1.权利声明

本软件的一切知识产权，以及与本软件相关的所有[illegible]：文字表述及其组合、图标、图饰、图像、图表、色彩、界面设计、版面框架、有关数据、附加程序、印刷[illegible]均为360所有，受著作权法和国际著作权条约以及其他知识产权法律法规的保护。

2.许可范围

2.1 下载、安装和使用：本软件为免费软件，用户可以非商业性、无限制数量地下载、安装及使用本软件。
2.2 复制、分发和传播：用户可以非商业性、无限制数量地复制、分发和传播本软件产品。但必须保证每一份复制、分发和传播都是完整和真实的,包括所有有关本软件产品的软件、电子文档,版权和商标，亦包括本协议。

第1行，第1列　100%　Windows (CRLF)　UTF-16 LE

图 6-27　360 开始安装

4）等待安装完成，系统自动打开 360 软件界面，如图 6-28 所示。接下来就可以正常使用软件了，单击“立即体检”按钮对计算机进行体检。

图 6-28　360 安全卫士极速版

6.3.4 360 安全卫士极速版的应用

下面应用 360 安全卫士极速版对 Windows 10 系统进行优化。

1. 清理垃圾文件

打开安装好的 360 安全卫士极速版，在如图 6-28 所示窗口中单击“清理加速”按钮，打开如图 6-29 所示窗口。单击“立即清理”按钮开始扫描系统文件，稍等片刻，扫描结果如图 6-30 所示，共发现 15.3GB 垃圾，已选中 2.2GB。360 安全卫士软件为了避免出现因删除文件而影响用户使用的情况，不会将所有扫描出来的垃圾文件都默认选中，而是采取比较保守的方案选择部分垃圾文件，这些文件对计算机的使用毫无影响；同时给出详细列表，用户可以根据自己的需要选中要删除的文件，要是不想删除已选中

图 6-29　清理加速

图 6-30　扫描结果

的文件，只要取消选中即可。建议初学者使用软件默认选择操作，不清楚的文件不要轻易删除，以免造成损失。例如，图 6-30 中“微信清理”项下有 4.3GB，默认已选中 44.2MB，如果要将其都选中进行清理，微信程序之前默认下载到计算机上的所有文档、图片和视频等都将被清理，可能会影响实际的工作，但如果总不删除，占用的硬盘空间就会越来越多。建议先将需要的文件复制到其他位置保存，然后全部选中这些文件进行清理。

选择好要清理的文件后，单击“一键清理”按钮，弹出“风险提示”窗口，列出清理后可能会有风险的内容，如果确认这些内容可以删除，单击“清理所有”按钮即可；如果不想清理列表中的某些内容，可以先单击其后面的“不清理”按钮，以确保这些内容不被清理；如果不太清楚列表中的内容是否可以清理，建议单击“仅清理无风险项”按钮。

开始清理文件，稍等片刻清理完成，结果如图 6-31 所示，已清理 1.8GB，还可以深度清理 13.2GB。这时，如果对清理效果不满意，还想接着清理一些文件，可以直接在列表中选中要清理的文件，然后单击“深度清理”再次清理文件。如果不清楚这些文件是否可以删除，建议单击“跳过”按钮完成清理。

图 6-31 清理完成

2. 一键优化

在如图 6-29 所示窗口中单击“一键加速”按钮，软件开始智能扫描可优化项目，结果如图 6-32 所示，共发现 35 个优化项。和清理操作一样，软件默认选择一些项目优化，用户也可以根据自己的实际需要选中要优化的项目。例如，在“开机可提速”列表中选中一些开机不常使用的软件，使其开机不再自动运行，从而提高开机效率。选择好后单击“立即优化”按钮。

执行完智能优化后，弹出如图 6-33 所示的“一键优化提醒”对话框，提示还有哪些选项可以优化，同时每个选项后面还有选择该选项进行优化的用户百分比，一般出于从众心理，人们会选择多数人选择的已优化选项进行优化。如果要选的项目较多，可以先选中“全选”复选框，再取消选中不优化的项目。

图 6-32　一键优化

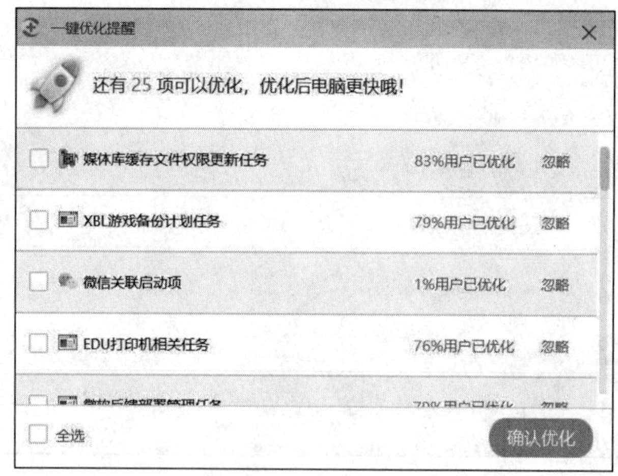

图 6-33　一键优化提醒

选好要继续优化的项目后，单击“确认优化”按钮继续优化。

如果想恢复某一项的优化操作，在如图 6-29 所示窗口中，单击“立即清理”下方的“更多”按钮，在弹出的下拉列表中选择“优化记录”命令，打开如图 6-34 所示“优化记录”界面。在列表中显示优化过的记录，找到要恢复的记录，单击记录后面的“恢复启动”按钮即可恢复该选项的优化操作。如果要全部恢复，可单击右下角“一键恢复”按钮，一般不建议全部恢复。

360 安全卫士极速版对计算机系统的优化主要是这两项操作，当然还有其他的一些操作，这里就不再逐一介绍。

图 6-34　优化记录

6.4　硬件检测软件

6.4.1　硬件检测工具软件的功能

在买到笔记本计算机或者购买了由配件组装的台式计算机，又或者想知道某台计算机的硬件信息，如主板、CPU、内存等信息时，往往需要借助一些硬件检测工具来检测。除了专项检测外，大部分硬件检测工具软件具备以下功能。

- 列出硬件基本信息，帮助用户辨别硬件设备的真伪；
- 显示硬件设备详细信息，便于用户升级硬件；
- 推荐硬件驱动程序；
- 实时监控硬件运行状态（温度）；
- 测试硬件性能，给出硬件升级建议；
- 检测部分硬件稳定性。

6.4.2　常用硬件检测工具软件

硬件检测工具软件一般也称为硬件检测软件，既有对计算机整体情况进行检测和分析的综合性硬件检测软件，也有只对单个硬件进行检测和测试分析的专项硬件检测软件。

1. 常用综合性硬件检测软件

（1）EVEREST Ultimate Edition

EVEREST Ultimate Edition 是一款世界范围内名气大、广受好评的计算机硬件检测工具，可以帮助用户很好地检测计算机的硬件信息，支持几千种主板和几百种显卡，支持对并口、串口、USB 等设备的检测，支持对各式各样的处理器的侦测。软件运行界面如图 6-35 所示。

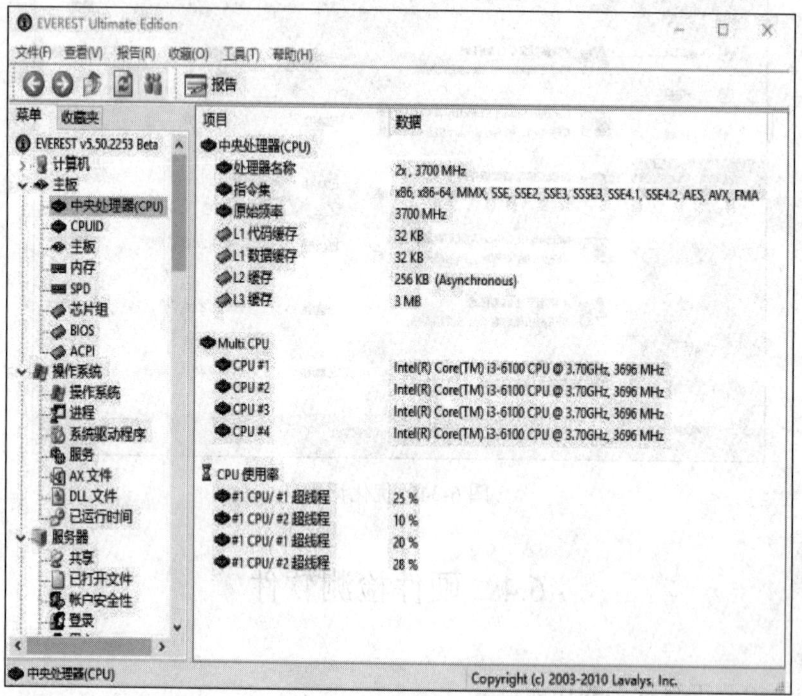

图 6-35 EVEREST Ultimate Edition

（2）鲁大师

鲁大师是一款个人计算机系统工具，支持 Windows 2000 以上的所有 Windows 系统版本，它能轻松辨别计算机硬件真伪，测试计算机配置和温度，保护计算机稳定运行；清查计算机病毒隐患，优化系统，提升计算机运行速度。

鲁大师提供国内领先的计算机硬件信息检测技术，包含全面的硬件信息数据库。与 EVEREST Ultimate Edition 相比，鲁大师为用户提供更加简洁的报告，而不是一大堆连很多专业级别的用户都看不懂的参数。与 CPU-Z（主要支持 CPU 信息）、GPU-Z（主要支持显卡信息）相比，鲁大师提供更为全面的检测项目，并支持最新的各种 CPU、主板、显卡等硬件。

鲁大师能定时扫描计算机的安全情况，为用户提供安全报告，有相关资料的悬浮窗，可以显示“CPU 温度”“风扇转速”“硬盘温度”“主板温度”“显卡温度”等。鲁大师会下载安装最适合机器的漏洞补丁，并支持下载的同时安装，大幅提高补丁安装速度。

（3）Windows 优化大师

前面提到的 Windows 优化大师不仅能优化系统，还能全面有效且简便安全地进行系统检测。Windows 优化大师比鲁大师所显示的信息要简单一些，只是已多年不更新，对于近些年的新硬件不完全支持，检测出来的信息有可能不准确。

2. 常用专项硬件检测软件

（1）CPU-Z

CPU-Z 是一款权威的 CPU 处理器检测工具。它支持的 CPU 种类相当全面，能够准确地检测出 CPU、主板、内存、显卡、SPD 等相关信息，以及它们的制造厂及处理器名称、核心构造及封装技术、内部和外部频率、最大超频速度侦测、处理器相关可以使用的指令集等。软件运行界面如图 6-36 所示。

（2）GPU-Z

GPU-Z 和 CPU-Z 类似，是一款主要针对显卡硬件的测试工具。GPU-Z 提供当前计算机安装的显卡的基本信息、系统传感器实时数据，以及显卡驱动信息。GPU-Z 绿色免安装，界面直观，还提供 ROG 皮肤版。软件运行界面如图 6-37 所示。

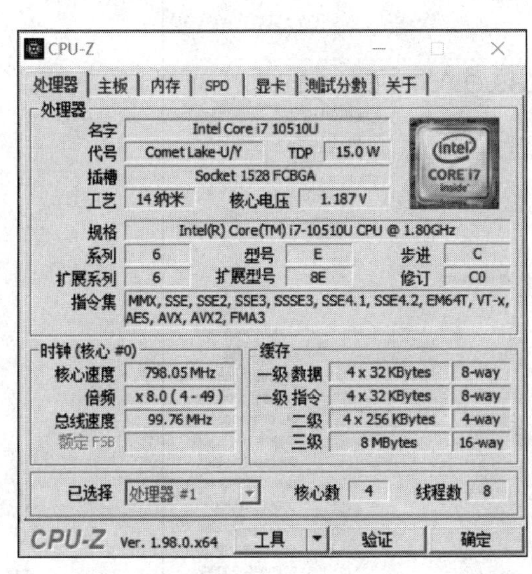

图 6-36　CPU-Z

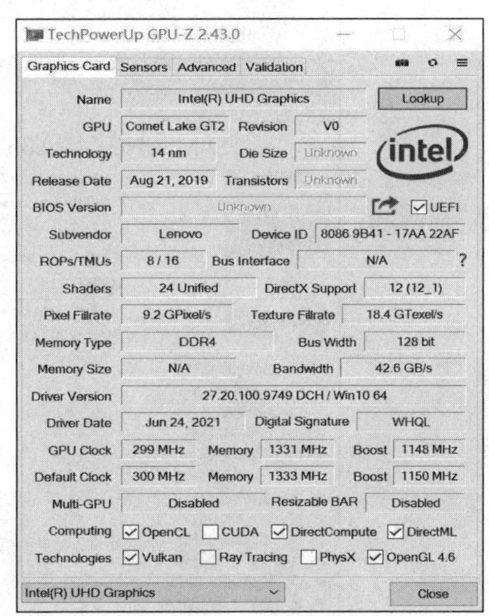

图 6-37　GPU-Z

如同 CPU-Z 一样，GPU-Z 也是一款维护系统的必备工具，其主要功能如下。

- 检测显卡 GPU 型号、步进、制造工艺、核心面积、晶体管数量，渲染器数量及生产厂商。
- 检测光栅和着色器处理单元数量及 DirectX 支持版本。
- 检测 GPU 核心、着色器和显存运行频率、显存类型（生产厂商）、大小及带宽。
- 检测像素填充率和材质填充率速度。
- 实时检测 GPU 温度、GPU/视频引擎使用率、显存使用率及风扇转速等相关信息。
- 检查显卡插槽类型、显卡所支持的附加功能、显卡驱动信息和系统版本。
- 显示显卡功率以及 CPU 温度等系统信息。
- 高级界面提供详细的显卡系统信息以及支持的编程接口（DirectX、Vulkan、OpenGL 等）特性。

（3）CrystalDiskInfo

硬盘里的数据至关重要，因此时常检查硬盘健康状况是有必要的。CrystalDiskInfo 硬盘检测工具通过 S.M.A.R.T（self-monitoring analysis and reporting technology，自我监测、分析及报告技术）了解硬盘健康状况，可以迅速读到本机硬盘的详细信息，包括接口、转速、温度、使用时间等。CrystalDiskInfo 还会根据 S.M.A.R.T 的评分做出评估，当硬盘快要损坏时发出警报。

CrystalDiskInfo 支持简体中文，方便使用。打开软件，其顶部显示硬盘识别的型号，一般以品牌+型号+硬盘容量来命名，如图 6-38 所示。左侧显示的是硬盘当前的温度和健康状态，右侧则是硬盘的固件版本、传输模式、标准以及通电次数和通电时间等信息。可以通过通电次数和通电时间来判断硬盘的新旧程度。对于新硬盘来说，通电次数和通电时间数值很小为正常。

图 6-38 CrystalDiskInfo 8

（4）AS SSD Benchmark

AS SSD Benchmark 是一款 SSD 固态硬盘传输速度测试工具。此软件可以测出固态硬盘持续读写等的性能。一般一块固态硬盘的好坏，可以很容易通过数据看出来。很多人在购买了硬盘之后，也会用这个软件测试硬盘的实际表现。

打开软件之后，先选择要进行测速的硬盘，再选择要测试的数据读写容量（测试容量越低，测试速度越快）。选择好之后，单击下方的“Start”按钮即可开始测试。稍等片刻，测试结果如图 6-39 所示。各参数的意义如下。

- Seq：连续读写速度（越高越好）。
- 4K：4K 随机读写速度（越高越好）。
- 4K-64Thrd：64 队列 4K 随机读写测试（越高越好）。
- Acc.time：平均访问时间（越低越好）。
- Score：总评分（越高越好）。

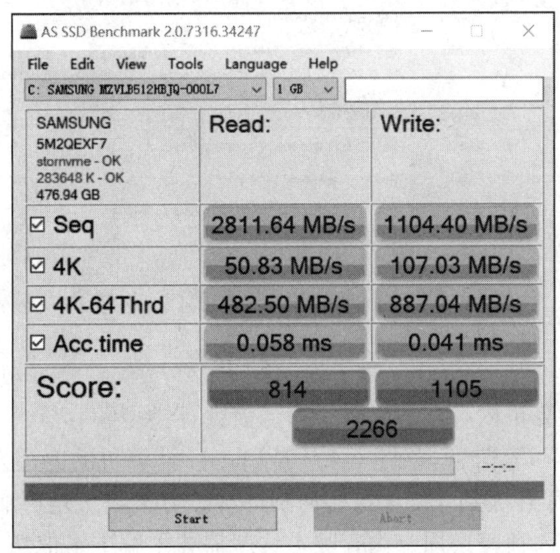

图 6-39　AS SSD Benchmark

硬件检测软件除了上述介绍的外，还有很多，如硬盘检测工具 HD Tune Pro，显示器检测软件 DisplayX、Nokia Monitor Test，光驱检测软件 Nero CD-DVD Speed，键盘检测软件 Keyboard Test，电池检测软件 Battery Mon，等等，用户可以根据自己的来选择。

6.4.3　鲁大师的应用

鲁大师适合各种品牌台式计算机、笔记本计算机、DIY 兼容机的硬件测试，能够提供实时的关键性部件的监控预警和全面的计算机硬件信息，有效预防硬件故障。

如何安装鲁大师这里就不做介绍，安装方法比较简单，建议去官网（www.ludashi.com）下载最新版的鲁大师。鲁大师的功能比较多，使用鲁大师可以完成以下一些工作。

1. 查看硬件基本信息

查看硬件基本信息是硬件检测软件的主要功能。打开鲁大师软件，单击左侧列表中的“硬件参数”按钮，稍后显示计算机配置信息，如图 6-40 所示，硬件厂商信息、计算机配置一目了然，用户可以查看计算机处理器、内存、显卡、主板、硬盘等核心硬件的品牌型号等信息，方便辨别计算机硬件真伪。

有时更换硬件或者是升级硬件，需要了解硬件更多的信息，可以在图 6-40 中单击该硬件，打开详细信息查看。

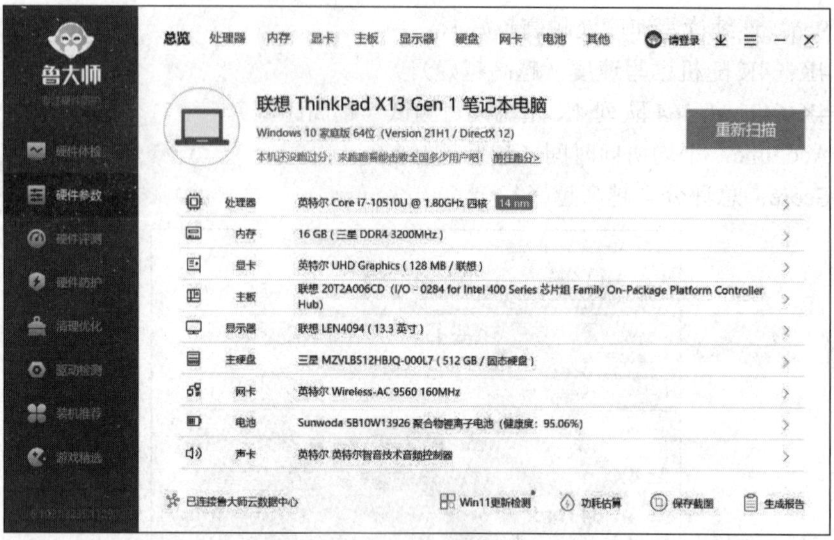

图 6-40 硬件参数

例如，要升级计算机内存，不仅要了解当前内存类型和容量，还需要了解内存的个数和主板支持几条内存等信息。从图 6-40 可以看出，计算机的内存为 16GB（三星 DDR4 3200MHz），要将内存升级到 32GB 该如何制订升级方案呢？是再加一条 16GB 内存还是用两条新的 16GB 内存替换原有内存呢？这就需要了解更多信息。单击“内存”按钮，显示内存详细信息，如图 6-41 所示。通过图 6-41 中信息进一步了解到计算机 16GB 内存是由两条 8GB 内存组成的，说明主板上至少有两个内存插槽可使用。接下来就可以制订方案了，最佳方案是选择购买两条 16GB 内存替换原有的两条 8GB 内存，将内存升级到 32GB，内存的类型是 DDR4 3200MHz。

不用打开计算机机箱就可以了解计算机的硬件情况，还可以辨别硬件设备的真伪，这就是硬件检测软件的作用。

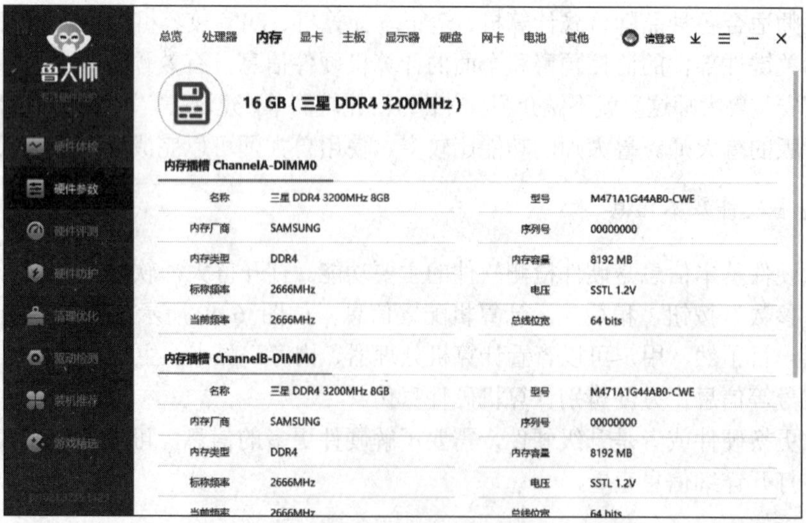

图 6-41 内存参数

2. 计算机性能评测

计算机性能评测是指通过精准算法对计算机硬件进行测评，了解硬件性能情况。当购买一台新计算机，或者更换一个新硬件的时候，可以对计算机的性能进行评测。打开鲁大师软件，单击左侧列表中的“硬件评测”按钮，接着单击“开始评测”按钮。开始测评后不要移动鼠标、操作键盘或者访问其他软件，这些操作可能会影响测评的结果。一般测评需要 8～10min，耐心等待后出现测评结果，如图 6-42 所示。图中显示了综合性能得分，以及处理器、显卡、内存和硬盘的单项得分。通过分数可以对计算机性能有一个大致的了解。这里需要注意的是，不同软件的测评分数是没有可比性的，即使是同一软件的不同版本，其测评分数也可能不同，有时是由于版本升级后测试算法有改进，导致测试分数不一致。只有使用同一软件同一版本测评，得到的分数才有可比性，高分和低分之间才能体现出性能的差别。建议不要太纠结分数的高低，只要计算机能流畅使用即可。

图 6-42　测评结果

3. 计算机硬件温度实时检测

计算机在使用过程中有时会出现重新启动或死机的情况。如果计算机外壳比较热，特别是在夏天，可以使用鲁大师对计算机的各个硬件温度进行检测，判断是否由于温度过高导致计算机死机或者重新启动。

打开鲁大师软件，单击左侧列表中的“硬件防护”按钮，显示计算机各类硬件温度的变化曲线图表，如图 6-43 所示。硬件温度监测包含 CPU 温度、CPU 核心、CPU 封装、硬盘温度，温度数据大多来自该计算机上的温度传感器，很多计算机还有显卡温度（GPU 温度）和主板温度等。通过观察温度变化曲线图可以了解计算机是否温度偏高，是否需要加强散热。

计算机硬件温度与硬件工作状况也有关系，日常使用时温度一般不高，看视频和玩游戏时温度会升高。为了在正常状态下测试得更准确，可以单击“散热压力测试”按钮进行压力测试，这会让硬件瞬间全力工作，散热不好或者硬件本身有问题就会显现出来。如果此时硬件温度太高就需要加强散热。

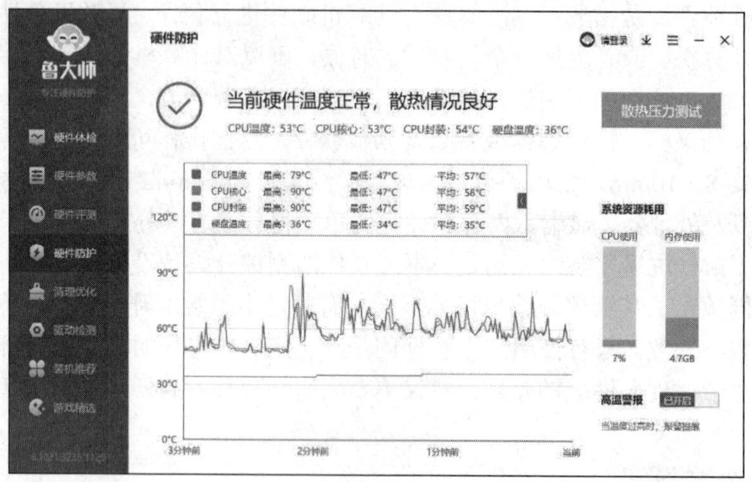

图 6-43 硬件防护

4. 驱动检测管理

打开鲁大师软件，单击左侧列表中的“驱动检测”按钮，打开“驱动检测”界面，如图 6-44 所示。当鲁大师检测到计算机硬件有新的驱动时，“驱动安装”选项卡将显示硬件名称、设备类型、驱动大小、已安装的驱动版本、可升级的驱动版本。如果要升级某个驱动程序，单击后面的“升级”按钮即可。

图 6-44 驱动检测安装

笔记本计算机和品牌机更建议使用官方提供的驱动程序。可以使用鲁大师备份驱动程序。单击“驱动管理”按钮，结果如图 6-45 所示，提示有 50 个驱动没有备份，建议备份。默认选中所有设备，单击“开始备份”按钮对所有设备的驱动程序进行备份。如果只备份单个设备的驱动程序，单击要备份的设备后面的“备份”按钮完成备份。

图 6-45　驱动管理

当计算机的驱动程序出现问题或者想将驱动程序恢复至上一版本时，“驱动还原”就派上用场了，当然前提是先前已经备份了该驱动程序。升级硬件驱动与备份对用户很有帮助，建议使用鲁大师对计算机的硬件驱动程序进行备份。

6.4.4　专项检测软件 CPU-Z 的应用

CPU-Z 是一款比较常用的 CPU 检测软件，它不仅支持检测 Intel 或 AMD 全系列处理器，还支持检测主板、内存等信息。软件小巧，文件大小不足 5MB，启动速度快，可以快速、准确地检测出处理器、缓存、主板、内存以及显卡等硬件的详细信息。

从官网（https://www.cpuid.com/）下载软件包，打开 CPU-Z 下载页面，有多个下载链接，建议下载中文版 ZIP 免安装的软件包，下载后将文件解压缩就可以使用。下载的安装包解压后有两个应用程序：cpuz_x64.exe 和 cpuz_x32.exe。64 位操作系统使用 cpuz_x64.exe，32 位操作系统使用 cpuz_x32.exe。

1. 查看 CPU 信息

CPU-Z 不需要安装，在 64 位 Windows 10 中直接双击 cpuz_x64 .exe 运行。等待几秒，在软件窗口中可看到 CPU 相关信息，如图 6-46 所示。下面介绍这些相关信息。

名字：即计算机中的处理器的型号，有时候名字不一定准确，要看规格。

代号：即核心代号，用于区分处理器的核心架构，如 8 代酷睿的核心代号是 coffee lake，10 代酷睿的核心代号是 comet lake。越先进的架构执行效率越高，同频率单核性能越强。

TDP：散热设计功耗，主要供计算机系统厂商、散热片/风扇厂商，以及机箱厂商等进行系统设计时使用。CPU TDP 值对应系列 CPU 的最终版本在满负荷（CPU 利用率为 100%）可能会达到的最高散热量，散热器必须保证在处理器 TDP 最大时，处理器的温度仍然在设计范围之内。

图 6-46 CPU-Z

插槽：封装形式。通俗地讲，LGA 就是通常所说的触点式接口的处理器，包括绝大部分的 Intel 桌面处理器以及 AMD 的皓龙系列处理器；PGA 就是通常所说的针脚式处理器，包括可以更换的移动版处理器以及绝大部分的 AMD 桌面处理器；BGA 封装是焊接在主板上的形式，无法更换。

工艺：制造工艺数越小，代表工艺越精细，处理器也就越先进。第四代 Haswell 处理器为 22nm 制造工艺，而六代 Skylake 处理器为 14nm 制造工艺。

核心电压：同一架构处理器的核心电压在同一主频率的对比中，电压越低，代表处理器的体质越好。

规格：这是重点要看的内容，一款正式版的处理器会在规格栏显示出完整的处理器型号以及主频大小。

指令集：CPU-Z 所列出来的指令集都是扩展指令集。MMX 是 x86 处理器首个加入的扩展指令集，于 1997 年首次出现在奔腾 MMX 处理器中，是处理器中最重要的提升多媒体性能的扩展指令集；SSE 指令集家族本质上是 MMX 的延伸，主要是提升了处理器的多媒体能力以及运算性能；具备 EM64T（Intel）/x86-64（AMD）这两种扩展指令集的处理器就是 64 位处理器，可以安装 64 位操作系统；VT-X（Intel）/AMD-V（AMD）为虚拟化技术指令集；AES 为加密运算指令集；AVX/AVX2 为浮点运算扩展指令集，这一指令集极大地提升了处理器的浮点运算能力；FMA3 指令集可以看作是 AVX 的补充集或者子集。

核心速度：指的是当前处理器的核心速度。有时远低于处理器的主频，因为 Intel 处理器支持 EIST 增强型节能技术，处理器会根据当前任务量（负载高低）而在最低频率（0.8GHz）和最大睿频之间自由切换频率。AMD 同样有类似节能技术，叫“凉又静”。

倍频和总线速度：倍频×总线速度=主频。处理器节能技术实现的关键就是倍频一直在变。

额定 FSB：是一种淘汰的总线技术，应用在奔腾 4 至酷睿 2 期间的处理器中，其频率与外频的关系式为：FSB=外频×4。

缓存：其大小是 CPU 的重要指标之一，其结构与大小对 CPU 速度的影响非常大。现在的处理器缓存又分为一级缓存、二级缓存和三级缓存，个别的处理器还有四级缓存。

一级数据和一级指令：Intel 所有的处理器每一个核心都同时具备一级指令缓存以及一级数据缓存。AMD 处理器自采用模块化架构以来，其每个核心单独拥有一级数据缓存，但是指令缓存则是一个模块中的两个核心共享的。

二级缓存：Intel 处理器现在一般都是每个核心分配 256KB 二级缓存。AMD 的二级缓存是每个模块共享的。

三级缓存：不论 Intel 处理器还是 AMD 处理器，其三级缓存都是所有核心共享的。

核心数/线程数：核心数就是代表物理核心的数目，这里显示 4 表示是 4 核处理器，支持超线程技术。线程数是核心数的 2 倍，千万不要把线程数当作核心的数目来看待，两者存在本质区别。

2. 查看内存信息

在软件运行界面单击“内存”选项卡，就可以看到内存条的内存频率等信息，如图 6-47 所示。这里主要关注类型、大小、通道数和内存频率等信息。

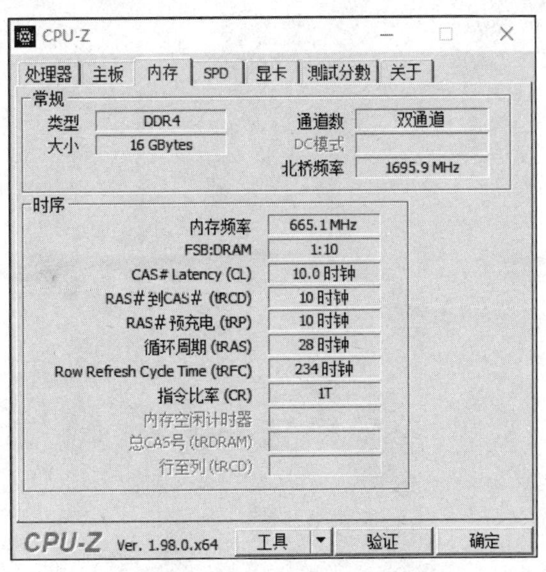

图 6-47　CPU-Z 内存信息

类型：不同类型内存的传输类型各有差异，在传输率、工作频率、工作方式、工作电压等方面都有不同。目前市场中主要的内存类型有 DDR4 和 DDR5。

大小：指计算机全部内存容量总和。

通道数：实际上是一种内存的带宽加速技术，带宽倍增。最常见的是双通道，普通计算机都支持，服务器还有 3 通道和 4 通道。一般至少需要 2 个内存条组建双通道。

内存频率：内存主频和 CPU 主频一样，用来表示内存的速度，它代表该内存所能达到的最高工作频率。内存主频是以 MHz 为单位来计量的。内存主频越高，在一定程度上代表内存所能达到的速度越快，内存主频决定该内存最高能在什么样的频率正常工作。

通过对图 6-47 中的内存信息进行分析，可以得出该计算机由 2 个 8GB 的 DDR4 内存条组成双通道的结论。

CPU-Z 除了查看 CPU 和内存的信息，还可以查看主板、显卡、SPD 等相关信息，但主要还是用来检测 CPU，检测显卡还是使用 GPU-Z 更合适。

第 7 章　计算机系统安全维护

对于计算机安全，国际标准化委员会给出的解释是为数据处理系统所建立和采取的技术以及管理的安全保护，保护计算机硬件、软件、数据不因偶然的或恶意的原因而遭到破坏、更改、泄露。通常来讲，计算机安全包括计算机系统安全、硬件安全、存储安全、信息安全和网络安全等内容。

通过本章的学习和实践操作，读者可以掌握 Windows 10 安全设置和杀毒软件的使用。

7.1　计算机系统安全概述

要从总体上理解什么是计算机安全，有必要考虑安全在日常生活中意味着什么，日常生活中的一般安全规则同样适用于计算机安全。

计算机安全的局限性决定了没有绝对计算机安全这样的事情。术语安全系统是一个不恰当的名称，因为它暗示了系统要么是安全的，要么是不安全的。安全实际上是一种平衡。如果提供的资源是无限的，则任何形式的安全都能遭到破坏。尽管攻击者可用来实施攻击的资源越来越多，但在现实世界中，这些资源仍然是有限的。考虑到这一点，就应该这样来设计所有系统：让攻击者为破坏这些系统所付出的，远远大于破坏之后所能得到的。

7.1.1　计算机系统安全问题

1. 计算机安全的类型

计算机安全所涵盖的内容从技术上讲，主要包括以下几个方面。

（1）实体安全

实体安全又称物理安全，主要指主机、计算机网络的硬件设备、各种通信线路和信息存储设备等物理介质的安全。

（2）系统安全

系统安全是指主机操作系统本身的安全，如系统中用户账号和口令设置、文件和目录存取权限设置、系统安全管理设置、服务程序使用管理以及计算机安全运行等保障安全的措施。

（3）信息安全

信息安全中的信息仅指经由计算机存储、处理、传送的信息，而不是广义上泛指的所有信息。实体安全和系统安全的最终目的是实现信息安全。所以，从狭义上讲，计算机安全的本质就是信息安全。信息安全要保障信息不会被非法阅读、修改和泄露，它主要包括软件安全和数据安全。

2. 影响计算机安全的因素

影响计算机安全的因素很多，既包含人为的恶意攻击，也包含天灾人祸和用户偶发性的操作失误。概括起来主要有以下几类。

1）影响实体安全的因素：电磁干扰、盗用、偷窃、硬件故障、超负荷、火灾、灰尘、静电、强磁场、自然灾害以及某些恶性病毒等。

2）影响系统安全的因素：操作系统存在的漏洞，用户的误操作或设置不当，网络的通信协议存在的漏洞，作为承担处理数据的数据库管理系统本身安全级别太低等。

3）对信息安全的威胁有两种：信息泄露和信息破坏。信息泄露是指由于偶然或人为因素，一些重要信息被未授权人所获，造成泄密。信息泄露既可发生在信息传输的过程中，也可发生在信息存储过程中。信息破坏则是指由于偶然事故或人为因素故意破坏信息的正确性、完整性和可用性。具体可归结为输入的数据被篡改，输出设备由于电磁辐射包含的电子信息的破译造成信息泄露或被窃取，系统软件和处理数据的软件被病毒修改，系统对数据处理的控制功能还不完善，病毒和黑客攻击等。

7.1.2 操作系统安全更新

对于操作系统安全更新，主要是利用更新系统补丁的办法进行的。Windows 10 系统更新补丁有两种方式：一种是系统自动更新，另外一种是人工手动更新。下面介绍系统自动更行。

第一步，登录 Windows 10 系统桌面，单击“开始”菜单中的“设置”按钮，如图 7-1 所示。

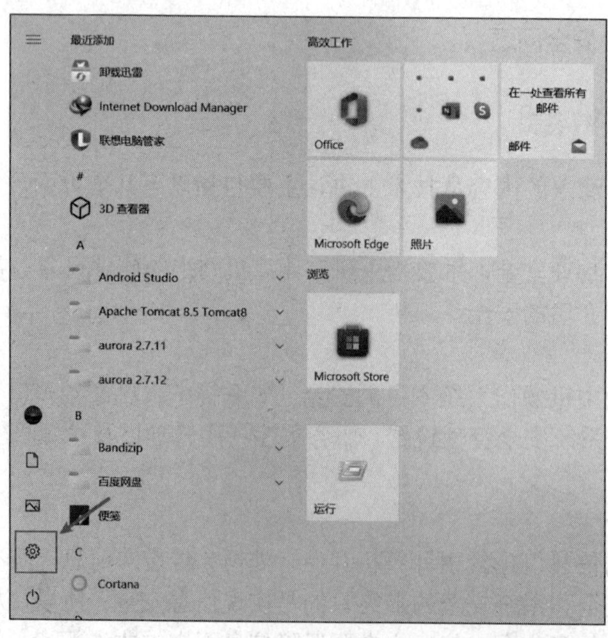

图 7-1 进入设置界面

第二步，在打开的“Windows 设置”界面中，单击“更新和安全”按钮，如图 7-2 所示。

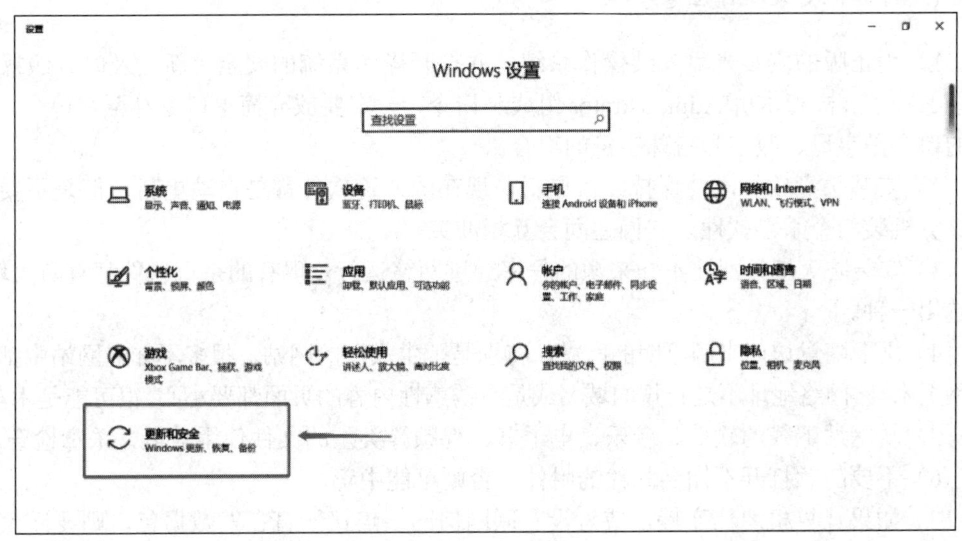

图 7-2　安全设置界面

第三步，在弹出的界面中单击“Windows 更新”按钮，结果如图 7-3 所示。

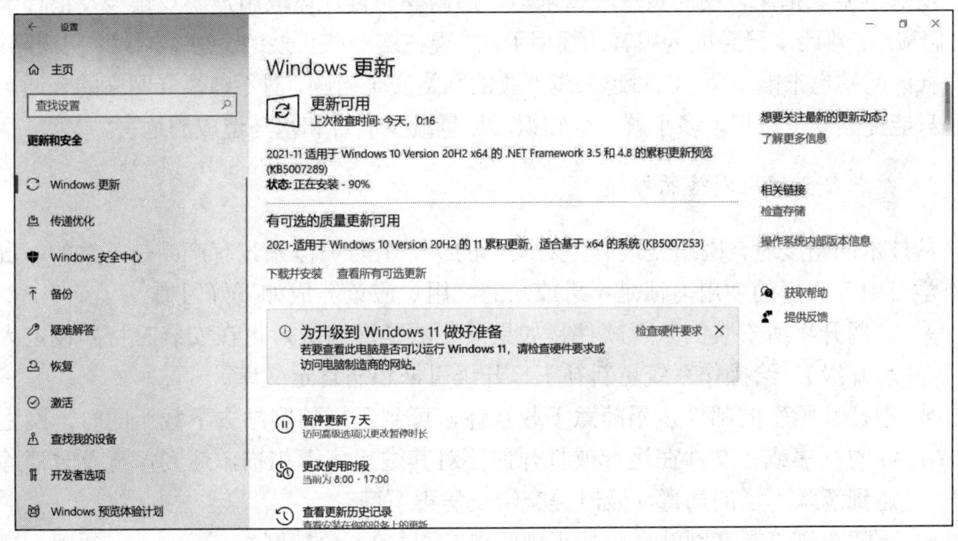

图 7-3　Windows 更新界面

7.1.3　网络安全防范

在科学技术日益发展的今天，计算机和计算机网络正在逐渐改变人们的工作和生活方式，尤其是 Internet 的广泛使用为人们的生活和学习等带来了前所未有的高效和快捷，但同时计算机网络的安全隐患亦日益突显。例如，各种网络交易经常受到病毒和木马的侵扰，轻则系统瘫痪，重则银行账号被盗。个人计算机中毒通常是因为打开过带病毒的邮件或者带木马病毒的网页，这些病毒代码都很简单且很容易预防。

1. 计算机安装操作注意事项

1）用正版的安装光盘安装操作系统，并打开操作系统的安全更新，及时升级操作系统的补丁。检查本机 Administrator 组成员口令，一定要放弃简单口令甚至空口令，安全的口令是字母、数字和特殊字符的组合。

2）安装杀毒软件，并保持经常更新。现在的杀毒软件都是自动更新，但是不要一台计算机装两个杀毒软件，它们之间会互相冲突。

3）安装防火墙，别让不知来源的程序通过网络运行。现有的杀毒软件都有防火墙，可选用一种。

4）不要随意访问来源不明的网站，特别是陌生人发的网站，很多不知名网站中都夹着网页木马。网络地址不是正规的域名或是有诱惑性内容的页面都要小心，很可能是木马。

5）从网站下载的软件、音乐、电子书、视频等类型的文件使用前最好杀毒检查。

6）不要随意打开不知名邮件的附件，否则可能中毒。

7）如果计算机忽然变慢，或者没有联网但网络连接一直在发数据包，则要谨慎使用网银业务，应立即断网，执行全盘杀毒。

8）建议每周在安全模式下运行一次全盘杀毒，这样有可能查出病毒木马。

反病毒专家指出，在网页上种植木马、后门等病毒，盗取用户游戏账号及银行卡密码、偷窥用户隐私，已经成为黑客的惯用手法，现在连一些正规的金融类网站、门户网站、热门社区网站也未能幸免。面对越来越严峻的网络安全问题，对不能离开网络的普通用户来说只能提高安全意识，多了解安全知识，尽量减少病毒和木马造成的危害。

2. 养成安全使用网络的习惯

从技术的角度看，网络是没有绝对安全的，一个防护体系光有产品是不够的，日常工作学习中养成好的使用习惯是不可或缺的。用户应该养成如下好习惯。

- 定期升级所安装的杀毒软件（如果安装的是网络版，可在安装时将其设定为自动升级），给操作系统更新补丁、升级引擎和病毒定义库。
- 不打开陌生的邮件，不随意下载软件，可到正规的网站去下载。同时，网上下载的程序或者文件在运行或打开前要对其进行病毒扫描，遇到病毒及时清除，遇到清除不了的病毒，及时提交给反病毒厂商。
- 不随意浏览黑客网站（包括正规的黑客网站）、色情网站。
- 定期备份。其实备份是最安全的，尤其是重要的数据，很多时候，其重要性高于安装防御产品。
- 每个星期对计算机进行一次全面的杀毒、扫描工作，以便发现并清除隐藏在系统中的病毒。
- 尽量不使用同一个密码，否则被黑客猜测出来，一切个人资料都将被泄露。输入密码时，尽量用输入法自带的软键盘或者 Windows 系统软键盘。
- 不轻易听信他人通过电子邮件或者聊天软件发来的消息。

- 对于经常使用点对点类下载软件的用户，推荐每个月整理一次磁盘碎片，只要不是频繁地整理碎片是不会对硬盘造成伤害的。另外，注意不要轻易使用低级格式化。
- 当不慎感染上病毒时，立即将杀毒软件升级到最新版本，然后对整个硬盘进行扫描操作，清除一切可以查杀的病毒。如果病毒无法清除，或者杀毒软件不能做到对病毒体进行清晰的辨认，则将病毒提交给杀毒软件公司，杀毒软件公司一般会在短期内给予答复。面对网络攻击时，立即拔掉网线，或使用杀毒软件断开网络连接。

网络安全是一个永远都说不完的话题，今天的网络安全已被提到重要的议事日程。一个安全的网络系统的保护不仅和系统管理员的系统安全知识有关，而且和决策、工作环境中每个安全操作等都有关系。网络安全是动态的，新的 Internet 黑客站点、病毒与安全技术在不断地增加和发展变化。如何才能持续停留在知识曲线的最高点，把握网络安全的大门，将是对新一代网民的挑战。

7.2 杀毒软件和防火墙的使用

计算机病毒一直是计算机用户和安全专家的重点防范对象，虽然计算机反病毒技术不断更新和发展，但是仍然不能改变被动、滞后的局面，计算机用户必须不断应付计算机新病毒的出现。互联网的普及更加剧了计算机病毒的扩散。那么，计算机病毒究竟是什么？如何防范计算机病毒？

7.2.1 计算机病毒

计算机病毒是指能够对计算机正常程序的执行或数据文件造成破坏，并能自我复制的一组计算机指令或者程序代码。病毒之所以让人惧怕，是因为它具有传染性、隐蔽性、潜伏性、寄生性、破坏性、不可预见性等特征。病毒具有把自身复制到其他程序中的能力，以它或者自我传播或者将感染的文件作为传染源，并借助文件的复制再传播。传染性是计算机病毒的最大特征。病毒一般附着于程序中，当运行该程序时，病毒就乘机执行程序。许多计算机病毒在感染时不会立刻执行病毒程序，它会等一段时间，等满足相关条件后才执行病毒程序，所以很多人在感染病毒后是不知情的，当病毒执行时为时已晚。寄生性是指计算机病毒必须依附于所感染的文件系统中，不能独立存在，它是随着文件系统的运行而传染给其他文件系统的。任何病毒程序，入侵文件系统后都会对计算机产生不同程度的影响，有些影响微弱，有些影响严重。计算机病毒还具有不可预见性，随着技术的提高，计算机病毒也在不断发展，病毒种类千差万别，数量繁多。

尽管计算机病毒种类繁多，按照其大方向还是可以对计算机病毒进行分类。

1. 按计算机病毒的链接方式分类

（1）源码型病毒

源码型病毒主要攻击高级语言编写的程序，这种病毒并不常见，它不是感染可执行的文件，而是感染源代码，使源代码在编译后具有一定的破坏、传播或者其他能力。

（2）嵌入型病毒

嵌入型病毒是将自身嵌入现有程序当中，把计算机病毒的主体程序与其攻击的对象以插入的方式链接。一旦被这种病毒入侵，程序体就难以消除它了。

（3）外壳型病毒

外壳型病毒是将自身包围在程序周围，对原来的程序不做修改。这种病毒最为常见，最易编写，也最易发现，一般测试文件的大小即可。

（4）操作系统病毒

操作系统病毒在运行时，用自己的逻辑部分取代操作系统的合法程序模块，破坏力极强，可致系统瘫痪。

2. 按计算机病毒的破坏性分类

（1）良性计算机病毒

良性与恶性是相对而言的，良性并不意味着无害。良性病毒为了表现其存在，不停地进行扩散，从一台计算机转移到另一台计算机，并不破坏计算机的内部程序，但若其取得控制权后，就会导致整个系统运行效率降低，系统可用内存减少，某些程序不能运行。

（2）恶性计算机病毒

恶性计算机病毒在其代码中含有损伤和破坏计算机系统的操作，在其传染或发作时会对系统产生直接的破坏作用。这类病毒很多，如图 7-4 中系统中的“熊猫烧香”病毒。

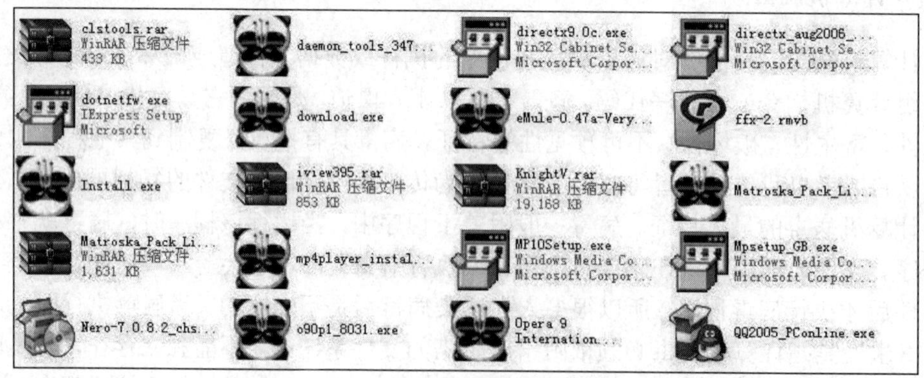

图 7-4　中了“熊猫烧香”病毒后界面

7.2.2　杀毒软件

为了防止与控制计算机病毒，许多软件公司纷纷推出不同的杀毒软件以满足需求。

1. 杀毒软件介绍

杀毒软件，也称反病毒软件或防毒软件，是用于消除计算机病毒、特洛伊木马和恶意软件等计算机威胁的一类软件，主流的杀毒软件有金山毒霸、卡巴斯基、百度杀毒、

360安全卫士、瑞星杀毒等。

杀毒软件通常集成监控识别、病毒扫描和清除、自动升级、主动防御等功能，有的杀毒软件还带有数据恢复、防范黑客入侵、网络流量控制等功能，是计算机防御系统（包含杀毒软件、防火墙、特洛伊木马和恶意软件的查杀程序、入侵预防系统等）的重要组成部分。

Windows 10系统自带安全中心，实际上可以直接使用Windows安全中心，不用安装其他的杀毒软件。

目前，杀毒软件推荐使用360、腾讯管家。对于那些只想要一个杀毒软件而不要其他功能的用户，推荐使用火绒、McAfee。

一款好的杀毒软件应该具备如下条件。

- 多个且先进的扫描器；
- 完善且时常更新的病毒库；
- 拥有沙箱技术；
- 强大的脱壳技术；
- 强大的自我保护技术；
- 强大的修复技术；
- 强大的主动防御技术。

简单来讲，即要达到如下效果。

- 良好的杀毒效果；
- 不占用过多的资源；
- 快速的杀毒速度；
- 美观的交互界面。

杀毒软件不是越多越好，安装一个足矣。因为如果安装多个杀毒软件可能会出现冲突，过多占用主机资源，导致主机越来越慢甚至系统崩溃。另外，杀毒软件不可能查找并杀掉所有病毒（因为病毒库的更新总是慢于病毒发展的），而且杀毒软件能查到的病毒，不一定能杀掉。

目前，杀毒软件可通过清除、删除、禁止访问、隔离、不处理等方式对被感染的文件进行杀毒。

- 清除：清除被感染的文件中的病毒，清除病毒后的文件恢复正常。
- 删除：删除病毒文件。这类文件不是被感染的文件，本身就含病毒，无法清除，可以删除。
- 禁止访问：禁止访问病毒文件。在发现病毒后如果用户选择不处理，则杀毒软件将禁止计算机访问病毒。
- 隔离：文件被转移到隔离区。用户可以从隔离区还原文件。隔离区的文件不能运行。
- 不处理：不处理该病毒文件。如果用户暂时不知道是不是病毒文件，可以先不处理。

大部分杀毒软件是滞后于计算机病毒的。所以，除了及时更新、升级软件版本和定期扫描外，还要注意充实自己的计算机安全以及网络安全知识，做到不随意打开陌生的文件或者不安全的网页，不浏览不健康的站点，注意更新自己的隐私密码，配套使用安全助手和个人防火墙等，这样才能更好地维护好自己的计算机以及网络安全。

2. 杀毒软件的安装和使用

下面以 360 杀毒软件为例介绍杀毒软件的安装和使用。

第一步，如图 7-5 所示，到 360 官网下载软件。

图 7-5　下载 360 安装包界面

第二步，双击安装程序，出现如图 7-6 所示界面。选择好安装路径和目录后，单击“立即安装”按钮进行安装。安装完成后出现如图 7-7 所示界面。

图 7-6　“360 杀毒 5.0” 安装界面

图 7-7　安装后“360 杀毒”主界面

在图 7-7 中，可以使用快速扫描或者全盘扫描两种杀毒模式。首先介绍快速杀毒模式。单击“快速扫描”按钮，出现如图 7-8 所示界面。

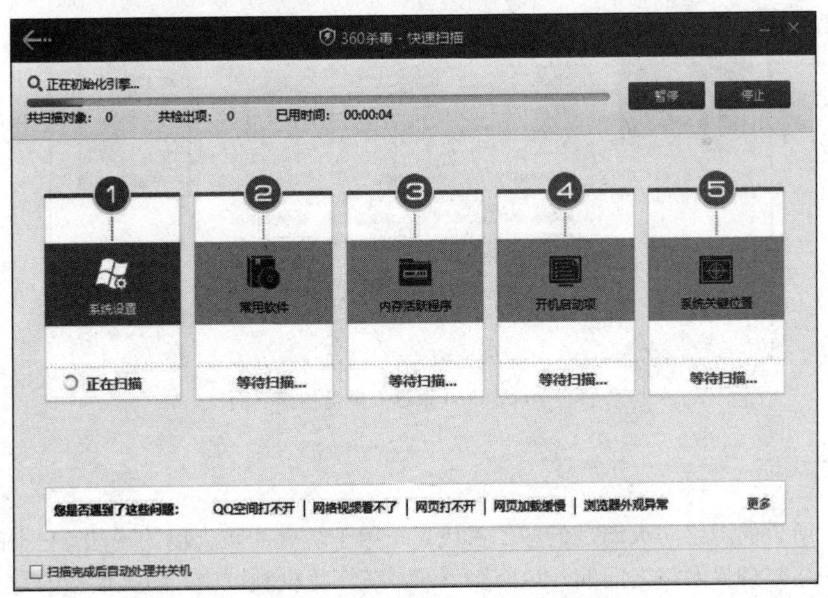

图 7-8　“360 杀毒-快速扫描”主界面

快速扫描主要是进行五个关键部分的扫描，最后将结果汇总呈现给用户并提出解决方案，如图 7-9 所示。

使用全盘扫描，出现的界面和快速扫描类似，只是最后一步会将整个硬盘进行扫描并杀毒，结果如图 7-10 所示。

图 7-9 “360 杀毒”快速扫描结果界面

图 7-10 “360 杀毒”全盘扫描界面

7.2.3 防火墙

通常所说的网络防火墙是借鉴了古代真正用于防火的防火墙的说法，它指的是隔离在本地网络与外界网络之间的一道防御系统。在计算机领域中，防火墙指的是一个由软件和硬件设备组合而成、在内部网和外部网之间、专用网与公共网之间的界面上构造的保护屏障，是一种获取安全性方法的形象说法，它是一种计算机硬件和软件的结合，使 Internet 与 Intranet 之间建立起一个安全网关（security gateway），从而保护内部网免受非法用户的侵入。

个人防火墙是一种个人行为的防范措施，不需要特定的网络设备，只要在用户所使用的计算机上安装软件即可。由于网络管理者可以远距离地进行设置和管理，终端用户在使用时不必特别在意防火墙的存在，因此个人防火墙适合小企业和个人使用。

个人防火墙把用户的计算机和公共网络分隔开，它检查到达防火墙两端的所有数据包，无论是进入的数据包还是发出的数据包，是保护个人计算机接入互联网的安全有效措施。

常见的个人防火墙有 Windows 10 自身防火墙、天网防火墙个人版、瑞星个人防火墙、360 木马防火墙、费尔个人防火墙和江民黑客防火墙等。下面介绍 Windows 10 自身防火墙的使用方法。

1. 打开防火墙

1）在搜索位置搜索“控制面板”，出现“控制面板”界面，单击上面的“控制面板”按钮，如图 7-11 所示。

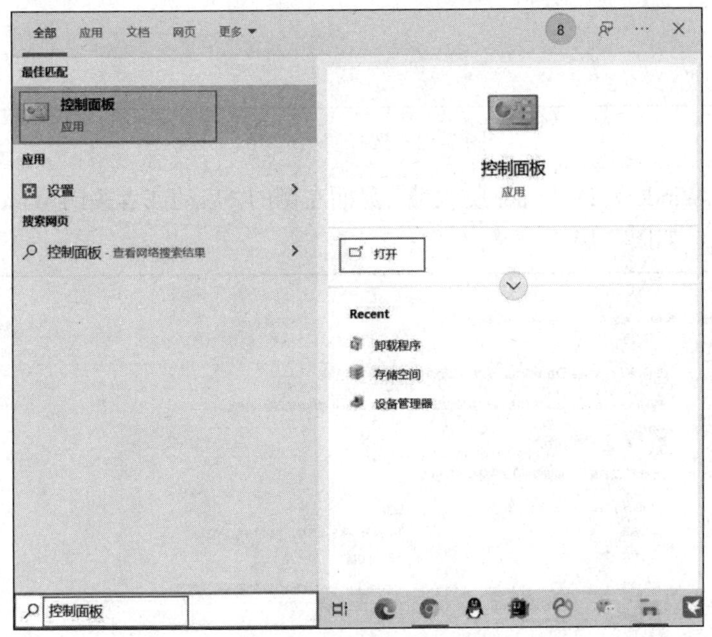

图 7-11　进入控制面板

2）在“调整计算机的设置”界面单击右上角的“类别”按钮，在下拉列表中选择“小图标”按钮，如图 7-12 所示。

图 7-12　“调整计算机的设置”界面

3）在弹出的界面中单击“Windows Defender 防火墙”按钮，如图 7-13 所示。

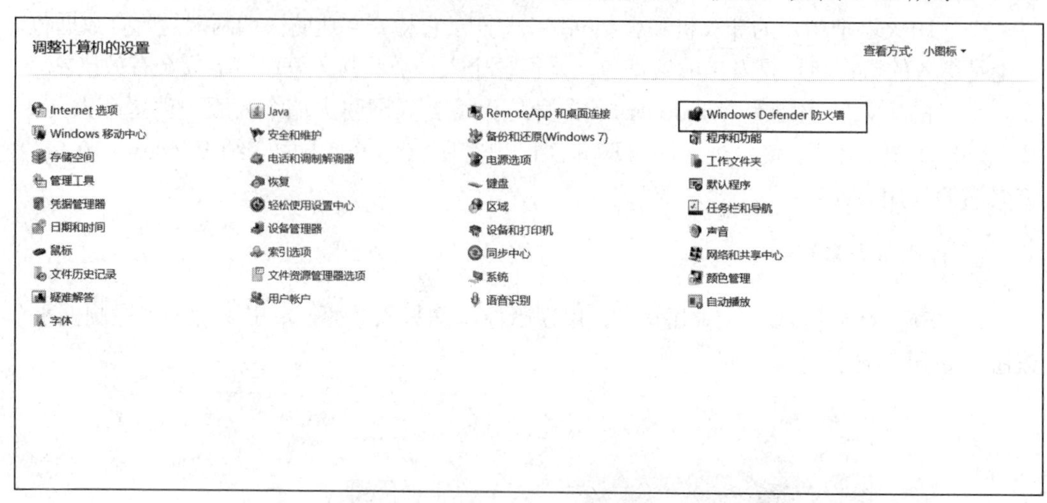

图 7-13　选择防火墙功能

4）单击“Windows Defender 防火墙”界面左侧的“启动或者关闭 Windows Defender 防火墙”按钮，如图 7-14 所示。

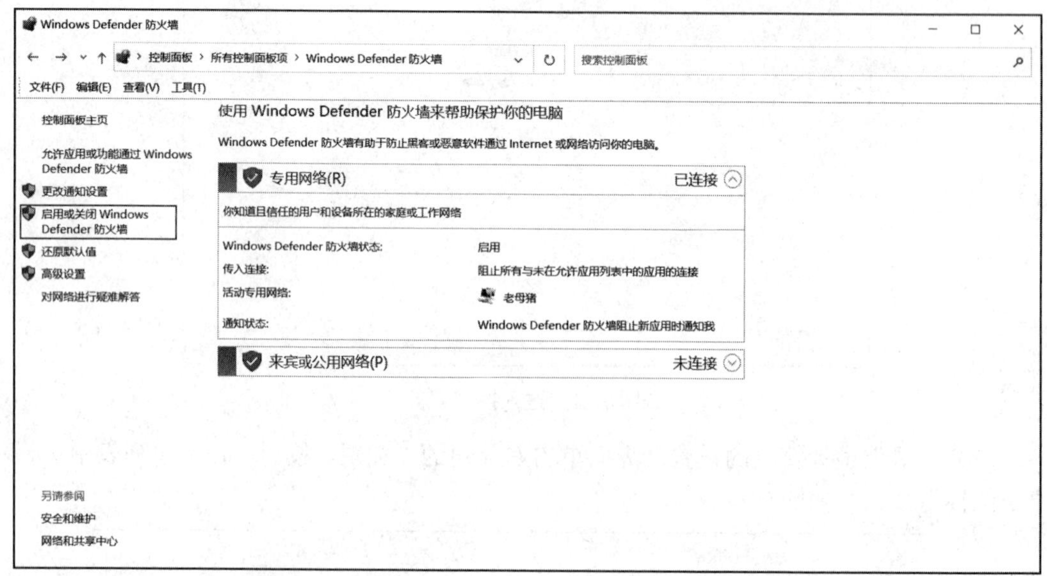

图 7-14　“Windows Defender 防火墙”界面

5）将专用网络和公用网络都设置为“启用 Windows Defender 防火墙”，然后单击“确定”按钮，如图 7-15 所示。

2. 关闭防火墙

如果需要关闭防火墙，前四步操作和开启防火墙一样，只是在第五步选中“关闭 Windows Defender 防火墙”单选按钮，然后单击“确定”按钮，如图 7-16 所示。

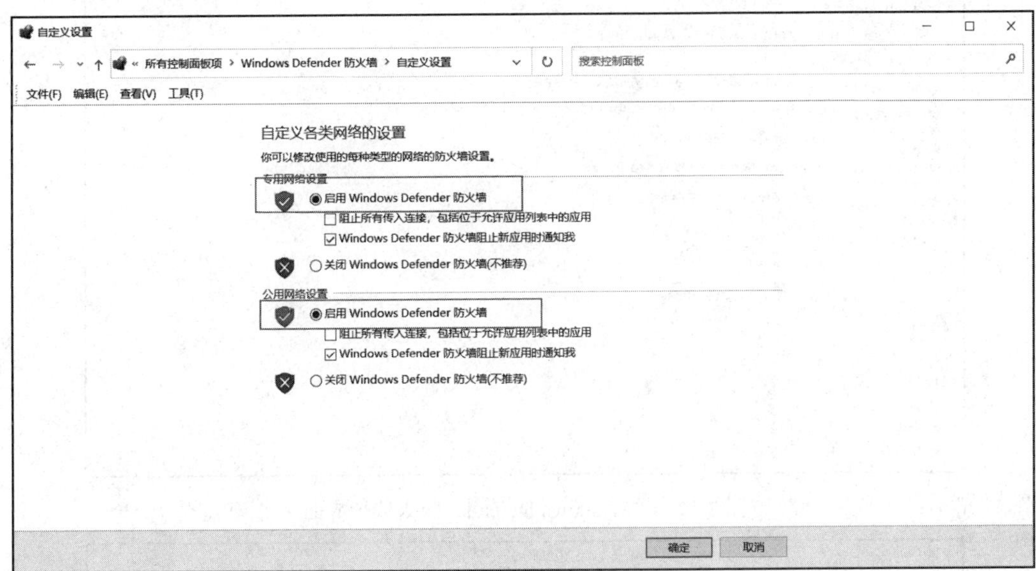

图 7-15 启动 Windows Defended 防火墙

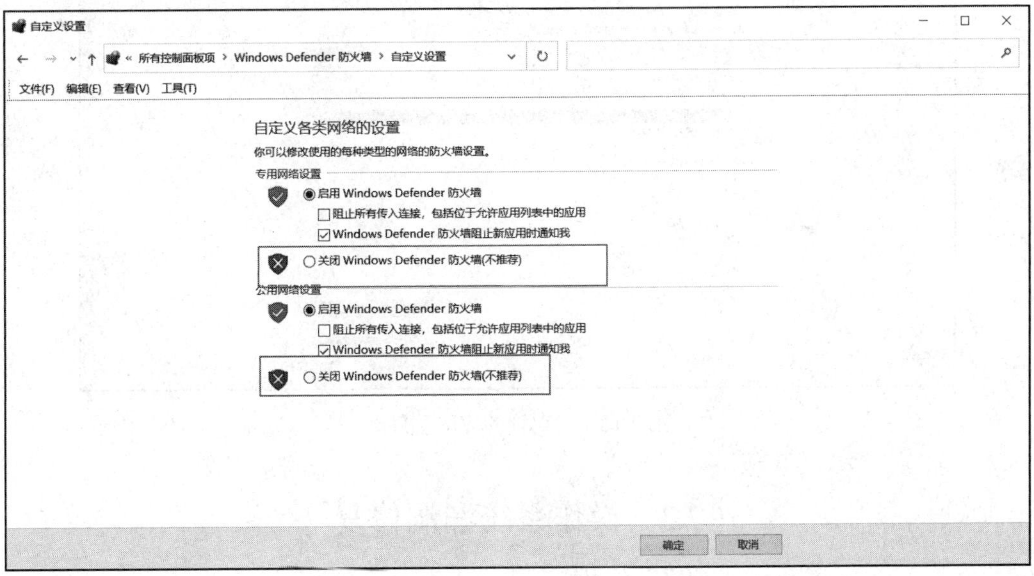

图 7-16 关闭 Windows Defended 防火墙

3. 允许应用或功能通过 Windows Defender 防火墙

如图 7-17 所示，在“Windows Defender 防火墙”界面中，单击“允许应用或功能通过 Windows Defender 防火墙”按钮，出现如图 7-18 所示的界面。

在该界面可以更改允许的应用和功能，也可以允许其他应用。

如果有具体程序需要通过防火墙，可以在应用列表中添加，或单击“浏览”按钮添加想要允许的程序。最后单击“添加”按钮，完成操作。

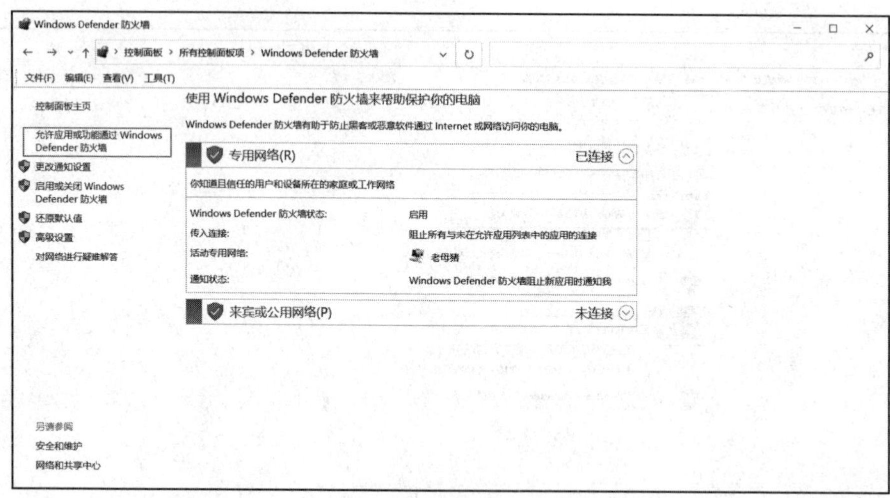

图 7-17 “Windows Defender 防火墙”界面

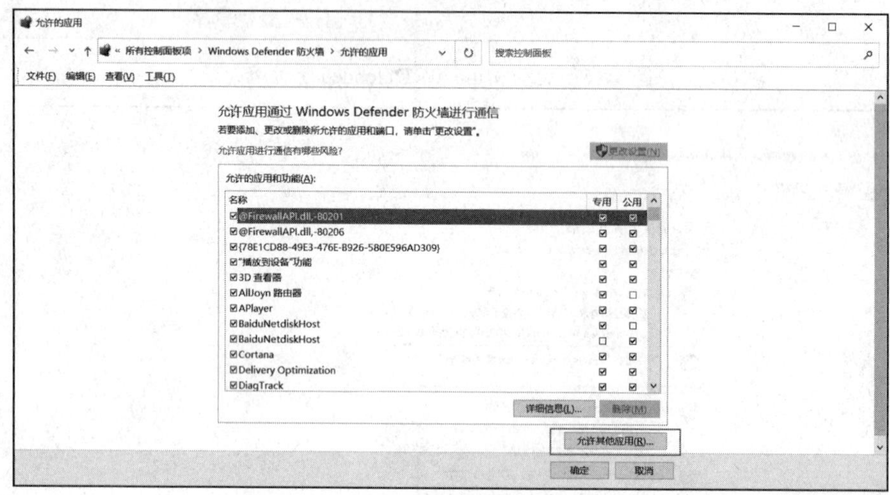

图 7-18 “允许的应用”界面

7.3 操作系统漏洞修复

7.3.1 操作系统漏洞概述

操作系统漏洞是指计算机操作系统（如 Windows 10）本身所存在的问题或技术缺陷，操作系统产品提供商通常会定期对已知漏洞发布补丁程序，提供修复服务。

系统漏洞往往会被病毒利用，侵入并攻击用户的计算机。Windows 操作系统定期对已知的系统漏洞发布补丁程序，用户只要定期下载并安装补丁程序，就可以保证计算机不会轻易被病毒入侵。系统漏洞的基本来源是 Windows 操作系统在逻辑规划上的缺陷或在编写时产生的错误，这个缺陷或错误可以被不法者或者计算机黑客利用，通过植入木马、病毒等方式来攻击或控制整个计算机，从而窃取计算机中的重要资料和信息，甚至破坏系统。

所以一般应该对 Windows 提示的系统漏洞进行更新（也就是俗称的打补丁），以此保护计算机系统。

在“程序和功能”界面中单击“已安装更新”按钮，就能看到这台计算机安装过哪些补丁，如图 7-19 所示。

图 7-19 “Windows 已安装补丁”界面

7.3.2 操作系统漏洞的修复方法

补丁是系统开发者们的心血，是专门针对计算机系统漏洞的，当然根据系统漏洞的危害程度，补丁也分重要补丁和非重要补丁、反盗版补丁等。更新补丁影响计算机速度的说法也不完全正确，补丁只是系统程序的补充，对系统的影响程度很低。

一般安装补丁的来源有两种：一种是 Windows 系统的提示，定期推送系统需要更新的补丁；另一种是由第三方软件公司提供的工具修复，如 360、火绒、百度、计算机管家、金山毒霸等，它们都会不定期地推送系统补丁。

1. Windows 系统补丁更新

Windows 系统自动更新的办法已经在 7.1.2 节中介绍过了，这里不再重复。除了自动更新外，Windows 系统还可以通过手工更新补丁的方式升级系统。首先需要下载补丁，官方网站地址及下载页面如图 7-20 所示。

单击界面中的“安全更新指南”按钮，进入“安全更新程序指南”界面，如图 7-21 所示，然后根据 Windows 系统下载相应补丁。

一定要按照准备更新的系统的版本信息下载相应补丁。例如，图 7-22 所示方框中的补丁是为 Windows10 20H2 版本进行升级的两个补丁，其中第一个是 32 位系统补丁，第二个是 64 位系统补丁。

图 7-20 “Microsoft 安全响应中心”界面

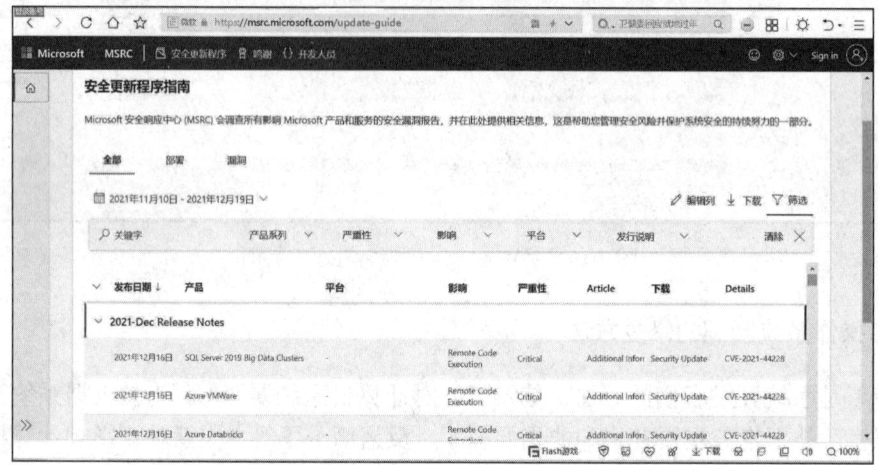

图 7-21 “安全更新程序指南”界面

发布日期 ↓	产品	平台	影响	严重性	Article	下载	Details
2021年12月14日	Windows 10 Version 1607 for x64-based Systems	-	Elevation of Privilege	Important	5008207	Security Update	CVE-2021-43238
2021年12月14日	Windows 10 Version 1607 for 32-bit Systems	-	Elevation of Privilege	Important	5008207	Security Update	CVE-2021-43238
2021年12月14日	Windows 10 for x64-based Systems	-	Elevation of Privilege	Important	5008230	Security Update	CVE-2021-43238
2021年12月14日	Windows 10 Version 20H2 for 32-bit Systems	-	Elevation of Privilege	Important	5008212	Security Update	CVE-2021-43237
2021年12月14日	Windows 10 Version 20H2 for x64-based Systems	-	Elevation of Privilege	Important	5008212	Security Update	CVE-2021-43237
2021年12月14日	Windows Server, version 2004 (Server Core installation)	-	Elevation of Privilege	Important	5008212	Security Update	CVE-2021-43237
2021年12月14日	Windows 10 Version 2004 for x64-based Systems	-	Elevation of Privilege	Important	5008212	Security Update	CVE-2021-43237

图 7-22 选择补丁类型

下载后，双击补丁程序按钮，进行更新，如图 7-23～图 7-25 所示。

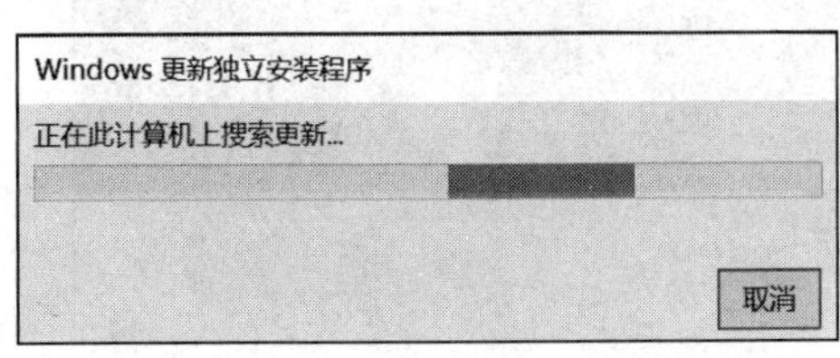

图 7-23　“Windows 更新独立安装程序”界面（一）

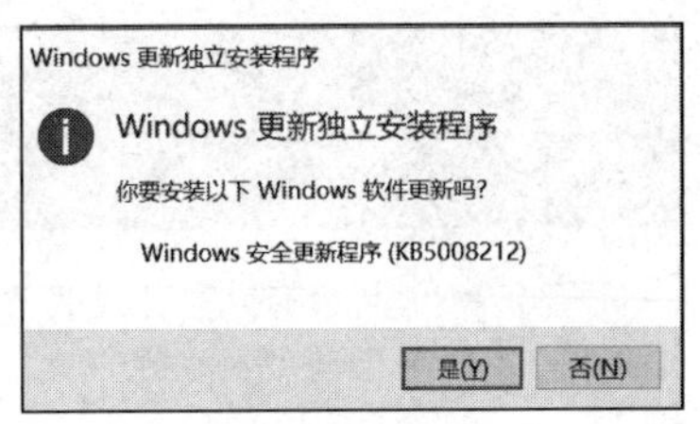

图 7-24　“Windows 更新独立安装程序”界面（二）

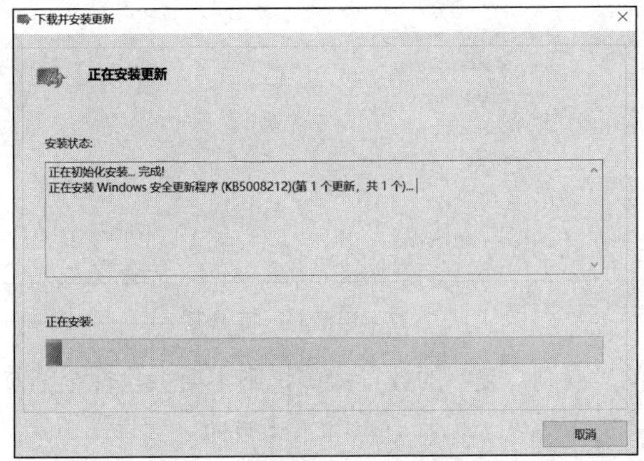

图 7-25　“下载并安装更新”界面

2. 用工具升级补丁

下面以 360 安全卫士为例介绍如何通过工具更新系统补丁。

打开 360 安全卫士，单击“系统修复”→“单项修复”→“漏洞修复”按钮，如图 7-26 所示。

图 7-26　360 安全卫士漏洞修复

待安全卫士自动扫描完成后，直接单击“一键修复”按钮，如图 7-27 所示。

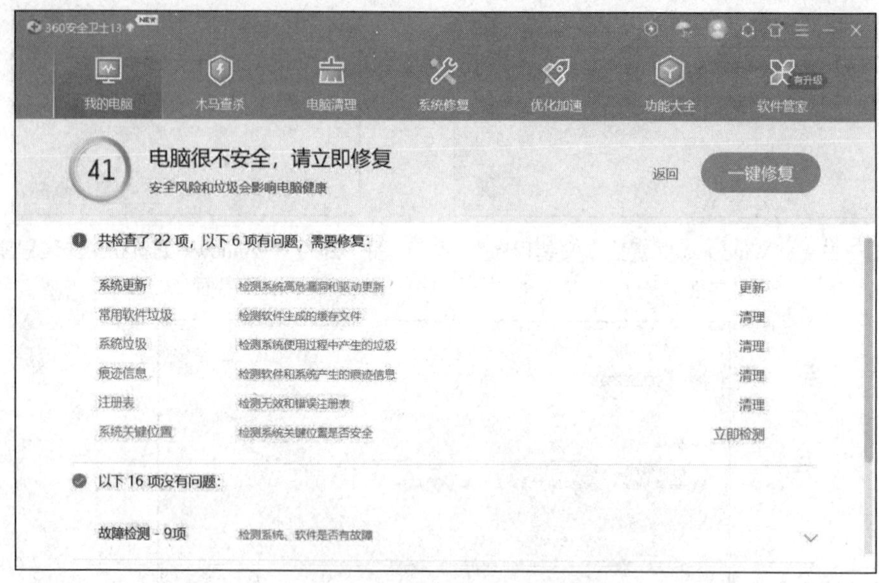

图 7-27　扫描后一键修复

如果扫描出来的“漏洞修复”的数量太多，则不要一次性全部修复，否则容易造成漏洞修复完成之后无法关机或关机之后系统无法启动、一直停留在“Windows Update”界面上、系统启动完成之后提示系统未激活等故障。

正确的做法是：每次只修复少量的漏洞补丁，一般不宜超过 9 个（图 7-28）；在本次漏洞修复完成之后，立即重新启动计算机；让计算机正常启动两遍之后，再继续按照这样的方法更新补丁，直至全部漏洞修复完毕。

图 7-28　选中修复补丁界面

等待360安全卫士将系统漏洞全部修复完毕（图7-29）之后，就可以重启计算机了。

图7-29　补丁修复完毕

漏洞补丁修复完毕之后，如果系统启动时，长时间停留在某个界面，可以拔掉计算机网线或者关闭无线路由器，然后强行关闭计算机电源，再重新启动计算机，一般来说，这样是可以正常进入启动系统的。正常多次进入启动系统之后，再将网线插上或打开无线路由器电源开关，然后重新启动计算机，确定没有问题之后，再重新进行漏洞修复。

除了360工具外，也可以用其他工具如火绒升级系统补丁。

7.4　操作系统的备份和还原

7.4.1　Windows 10系统还原

稳定安全的操作系统是计算机正常运行的基础。以前系统出了问题或者系统崩溃后一般只能重装系统。但是装系统很费时费力，安装系统、驱动、工具软件、应用软件，设置系统环境等都要重新操作，非常麻烦。因此，有必要在装完系统（安装系统、驱动、工具软件、应用软件，设置系统环境等）之后对操作系统进行备份，这样当系统出现问题时，就不需要重复装系统的过程，只需要进行系统恢复就可以了。

系统还原可在Windows 10图形界面下进行，如果进入不了图形界面，也可以在命令行模式下进行。下面介绍Windows 10系统还原功能。

单击计算机桌面左下角的“开始”菜单中的“设置”按钮，如图7-30所示。

在“Windows 设置”界面中，单击“更新和安全”按钮，如图7-31所示。在弹出的界面中单击左侧的“恢复”按钮，进入如图7-32所示的界面。单击第一个“开始”按钮，进入如图7-33所示的界面。

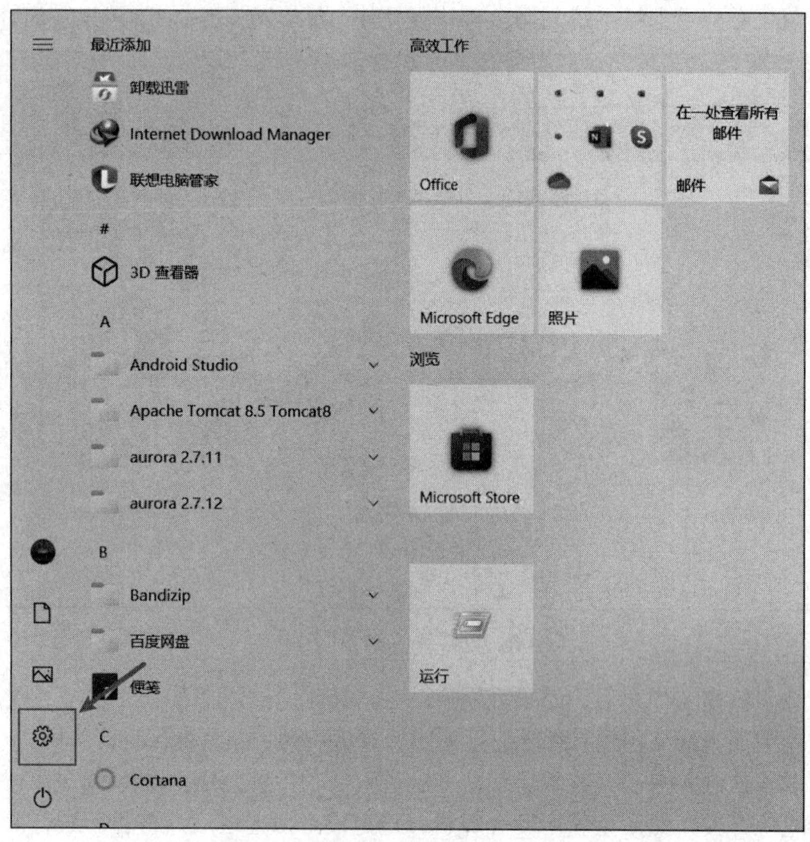

图 7-30　选择设置

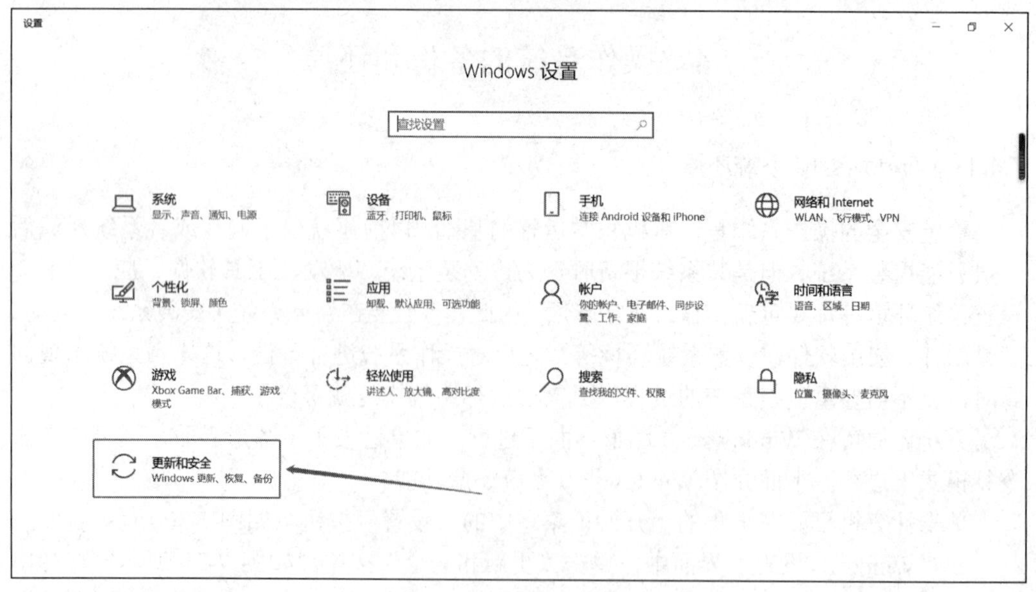

图 7-31　“Windows 设置”界面

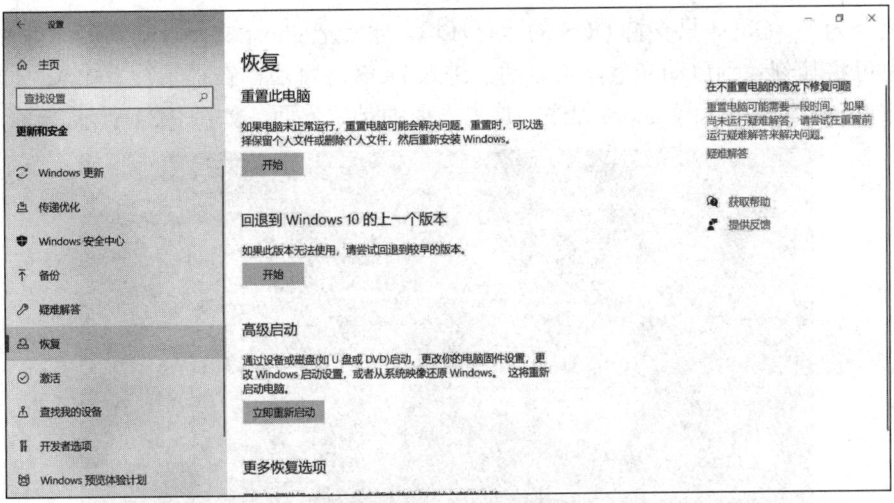

图 7-32 “恢复”界面

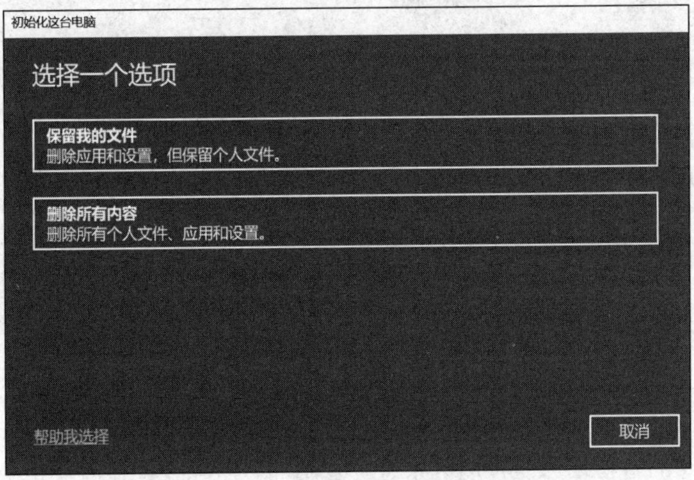

图 7-33 “初始化这台电脑”界面

单击“保留我的文件”按钮，等待初始化完毕，单击“重置”按钮即可。

7.4.2 利用 Ghost 的备份和还原版

1. Ghost 简介

Ghost（幽灵）软件是美国赛门铁克公司推出的一款出色的硬盘备份还原工具，可以实现 FAT16、FAT32、NTFS、OS2 等多种硬盘分区格式的分区及硬盘的备份还原，俗称克隆软件。

既然称为克隆软件，说明 Ghost 的备份还原是以硬盘的扇区为单位进行的。也就是说，可以将一个硬盘上的物理信息完整复制，而不仅仅是数据的简单复制。Ghost 支持将分区或硬盘直接备份到一个扩展名为.gho 的文件里，也支持直接备份到另一个分区或硬盘里。

至今为止，Ghost 只支持 DOS 的运行环境。通常把 ghost 文件复制到启动盘（U 盘）里，也可将其刻录到启动光盘，用启动盘进入 DOS 环境后，在提示符下输入“ghost”，然后按 Enter 键即可运行 ghost 程序，首先出现的是主界面，如图 7-34 所示。

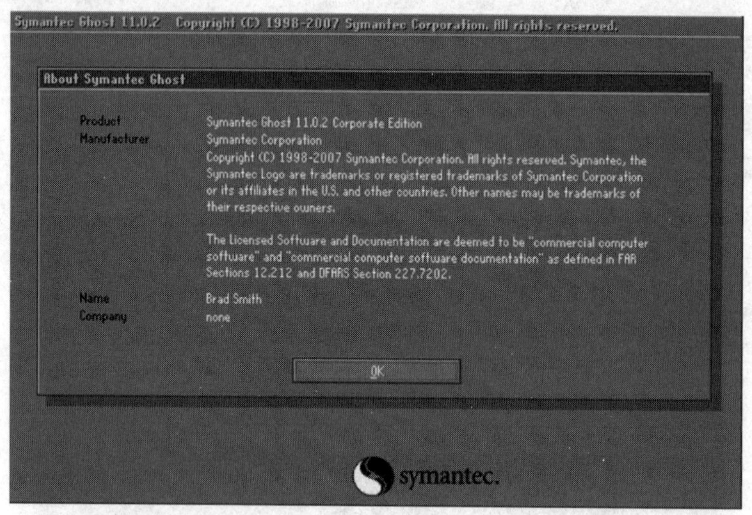

图 7-34 ghost 主界面

按任意键进入 ghost 操作界面，出现 ghost 菜单，主菜单共有 6 项，从下至上分别为 Quit（退出）、Help（帮助）、Options（选项）、GhostCast（网络克隆）、Peer to Peer（点对点，主要用于网络中）、Local（本地）。一般情况下只用到 Local 菜单项，其下有三个子项，即 Disk（硬盘备份与还原）、Partition（磁盘分区备份与还原）、Check（硬盘检测），前两项功能用得最多，下面的操作讲解就是围绕这两项展开的。

2. 用 Ghost 备份

由于 Ghost 的备份还原是按扇区来进行复制的，所以在操作时要小心，不要选错目标盘（分区），选错了将会把目标盘（分区）的数据全部清除。

运行 Ghost 程序后，用光标方向键选择“Local”→“Partition”→“To Image”命令，如图 7-35 所示，然后按 Enter 键。

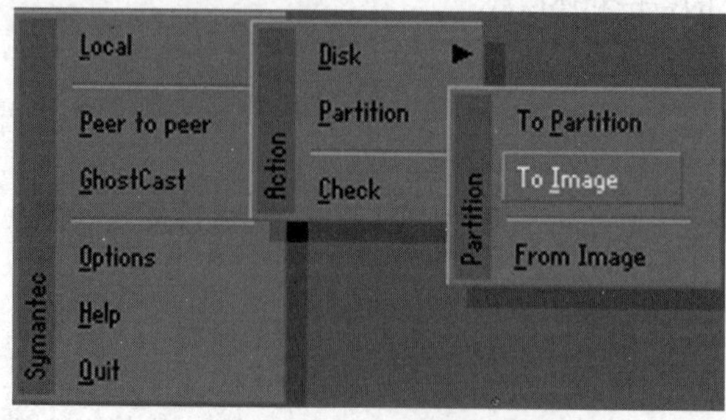

图 7-35 分区备份

出现“选择本地硬盘”界面，如图 7-36 所示，再按 Enter 键。

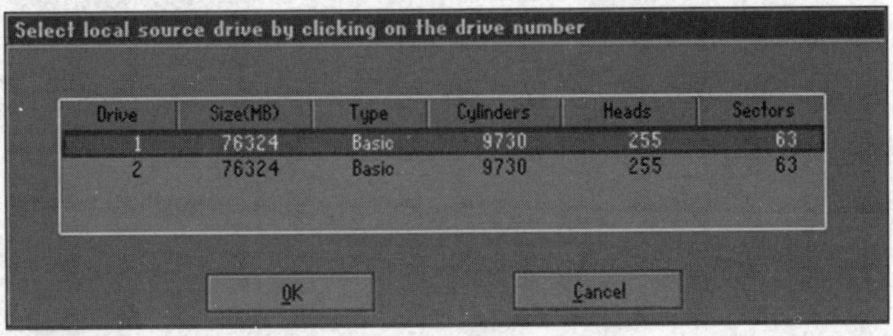

Select local source drive by clicking on the drive number

Drive	Size(MB)	Type	Cylinders	Heads	Sectors
1	76324	Basic	9730	255	63
2	76324	Basic	9730	255	63

OK　　Cancel

图 7-36　选择备份驱动器

出现“选择源分区”界面（源分区就是要制作镜像文件的分区），如图 7-37 所示。

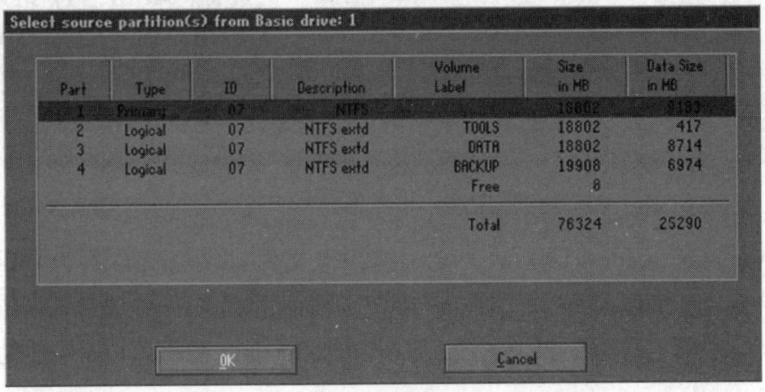

Select source partition(s) from Basic drive: 1

Part	Type	ID	Description	Volume Label	Size in MB	Data Size in MB
1	Primary	07	NTFS		18802	9183
2	Logical	07	NTFS extd	TOOLS	18802	417
3	Logical	07	NTFS extd	DATA	18802	8714
4	Logical	07	NTFS extd	BACKUP	19908	6974
				Free	8	
				Total	76324	25290

OK　　Cancel

图 7-37　选择备份分区

用上、下光标键将蓝色光条定位到要制作镜像文件的分区上，按 Enter 键确认要选择的源分区，再按 Tab 键将光标定位到“OK”按钮上（此时“OK”按钮变为白色），如图 7-38 所示，再按 Enter 键。

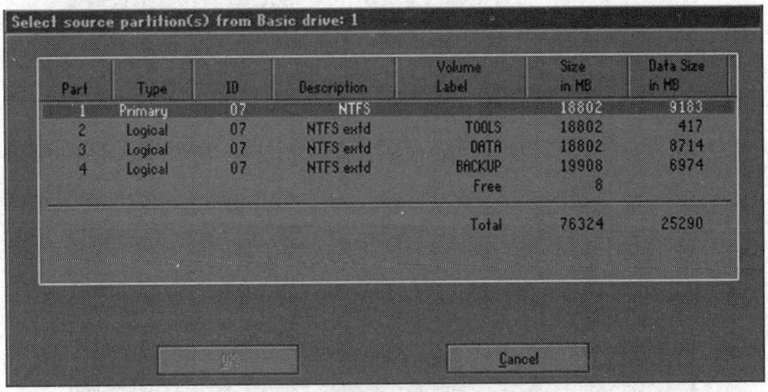

Select source partition(s) from Basic drive: 1

Part	Type	ID	Description	Volume Label	Size in MB	Data Size in MB
1	Primary	07	NTFS		18802	9183
2	Logical	07	NTFS extd	TOOLS	18802	417
3	Logical	07	NTFS extd	DATA	18802	8714
4	Logical	07	NTFS extd	BACKUP	19908	6974
				Free	8	
				Total	76324	25290

OK　　Cancel

图 7-38　选择备份文件存放位置

进入镜像文件存储目录，默认存储目录是 ghost 文件所在的目录，在“File name”文本框中输入镜像文件的文件名，也可带路径输入文件名（此时要保证输入的路径是存在的，否则会提示非法路径），如输入“D:\sysbak\win7”，表示将镜像文件“win7.gho”保存到“D:\sysbak”目录下，如图 7-39 所示。输好文件名后，再按 Enter 键。

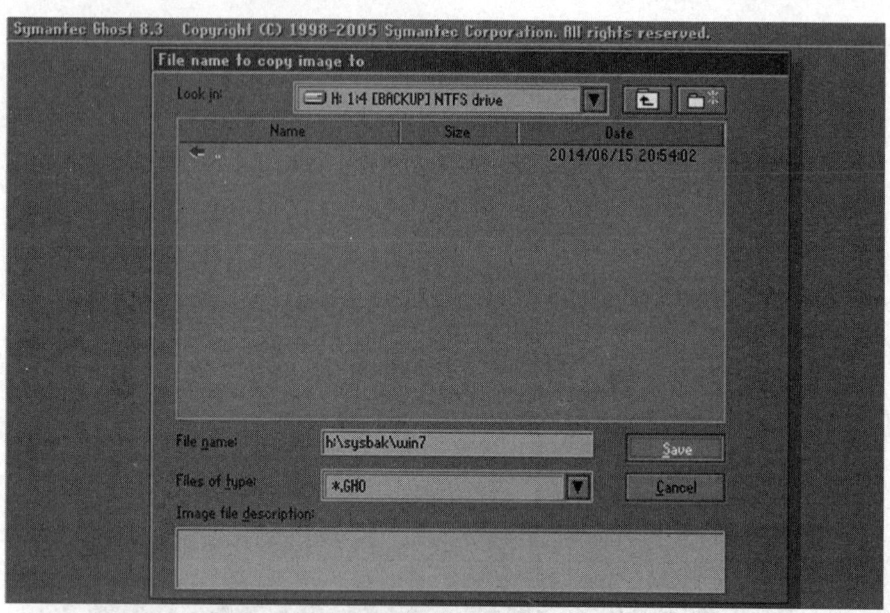

图 7-39 设置备份文件名

出现“Compress image file?（是否要压缩镜像文件）”界面，如图 7-40 所示，有“No”（不压缩）、“Fast”（快速压缩）、“High”（高压缩比压缩）三种选项，压缩比越低，保存速度越快。一般选“Fast”即可，用向右光标方向键移动到“Fast”按钮上，按 Enter 键确定。

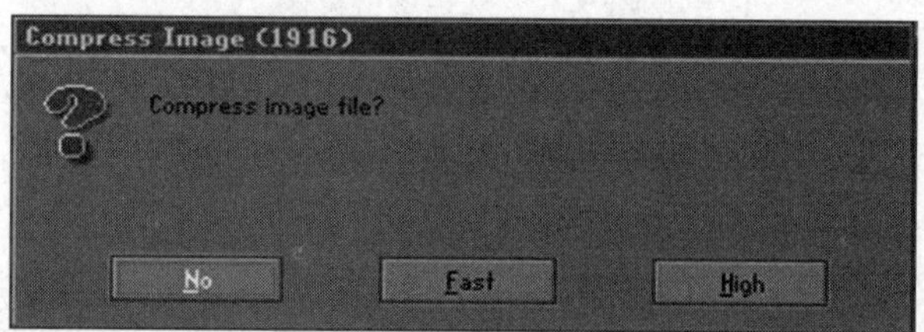

图 7-40 选择压缩镜像文件类型

出现一个提示界面，如图 7-41 所示，用光标方向键移动到“Yes”按钮上，按 Enter 键确定。

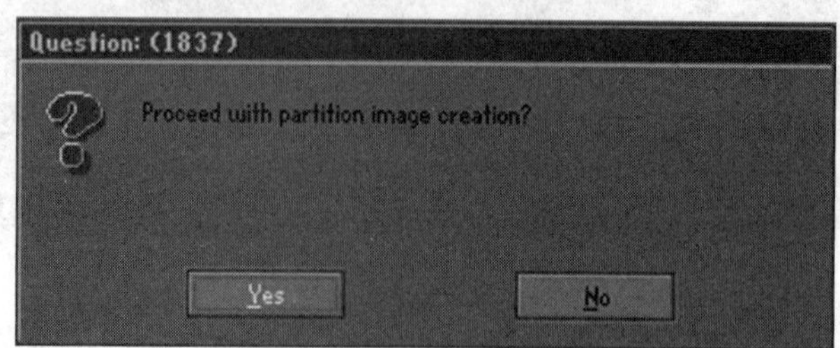

图 7-41 确认压缩镜像文件

Ghost 开始制作镜像文件，如图 7-42 所示。

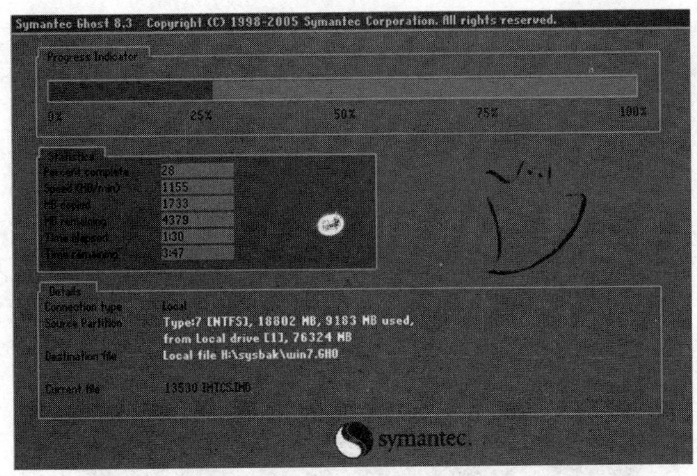

图 7-42　备份过程中

建立镜像文件成功后，会出现提示创建成功窗口，如图 7-43 所示。

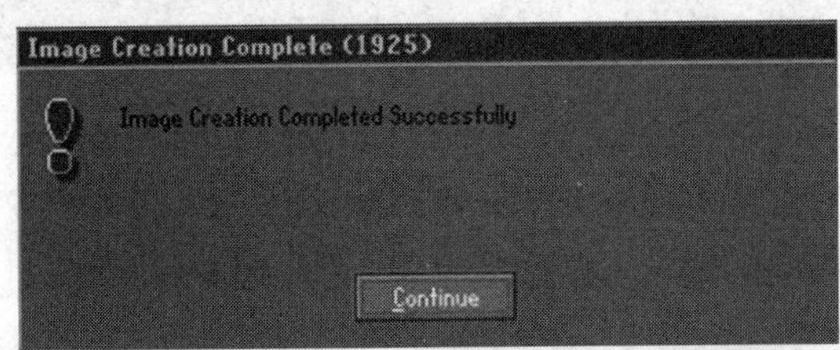

图 7-43　镜像备份完成

至此，备份分区镜像文件制作完毕。

3. 用 Ghost 还原

系统崩溃后，可以利用制作好的镜像文件进行还原（也可以称为安装），恢复到制作镜像文件时的系统状态。

在 DOS 状态下，进入 Ghost 程序所在目录，输入“Ghost”后按 Enter 键即可运行该程序。出现“Ghost”主菜单后，用光标方向键选择“Local”→“Partition”→“From Image”命令，如图 7-44 所示，然后按 Enter 键。

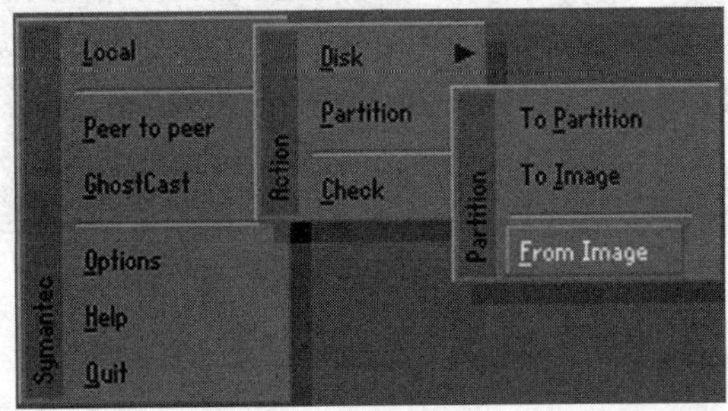

图 7-44　选择从镜像还原

出现“镜像文件还原位置”界面，如图 7-45 所示，在“File name”文本框中输入镜像文件的完整路径及文件名（也可以用光标方向键配合 Tab 键分别选择镜像文件所在路径、输入文件名，但比较麻烦），如“d:\sysbak\win7.gho”，再按 Enter 键。

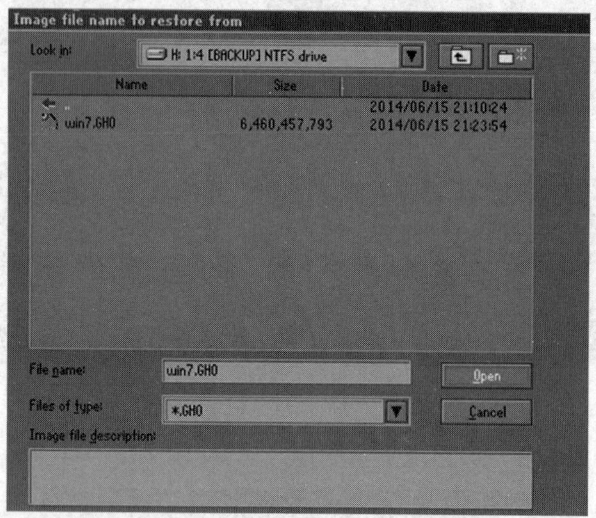

图 7-45　选择镜像文件

出现“从镜像文件中选择源分区”界面，按 Enter 键后出现“选择本地硬盘”界面，如图 7-46 所示，再按 Enter 键。

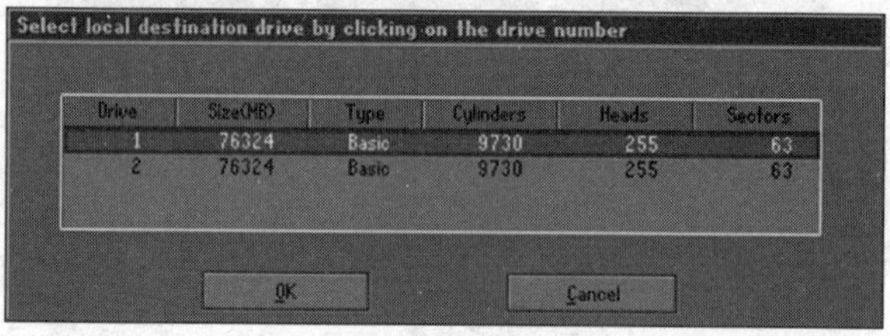

Select local destination drive by clicking on the drive number

Drive	Size(MB)	Type	Cylinders	Heads	Sectors
1	76324	Basic	9730	255	63
2	76324	Basic	9730	255	63

OK　Cancel

图 7-46　选择恢复硬盘

出现“选择从硬盘选择目标分区”界面，用光标键选择目标分区（即要还原到哪个分区），如图 7-47 所示，按 Enter 键。

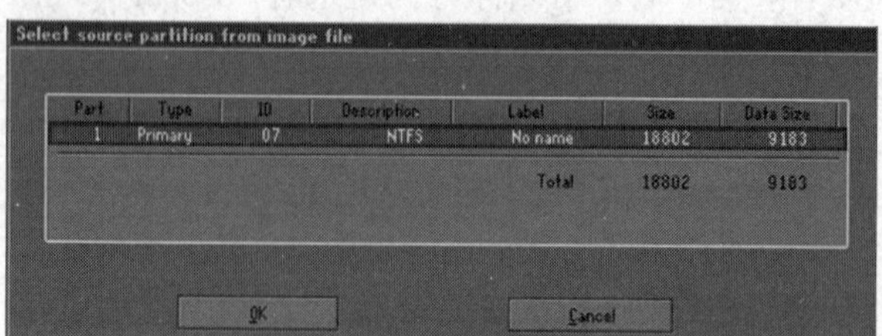

图 7-47　选择恢复分区

出现“提问”界面，如图 7-48 所示，选择“Yes”按钮，按 Enter 键确定，ghost 开始还原分区信息。

出现“还原完毕”界面，如图 7-49 所示，选择“Reset Computer”按钮，按 Enter 键重启计算机。

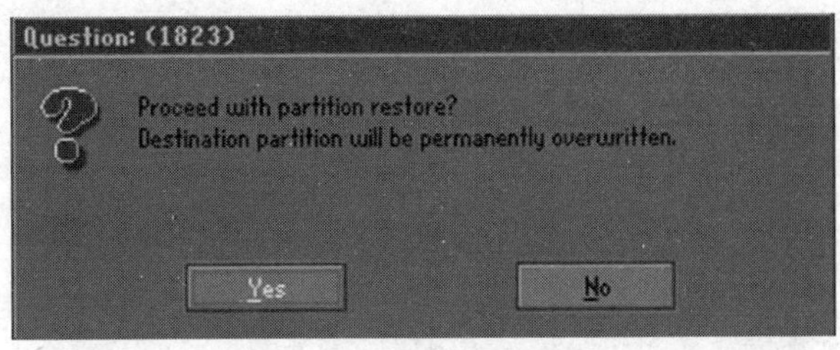

图 7-48　确认是否还原

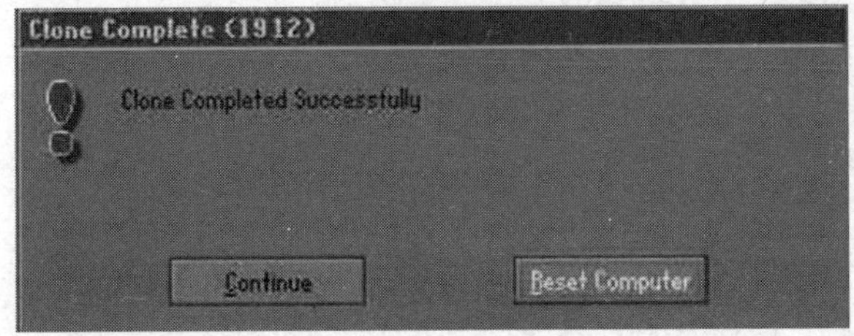

图 7-49　成功还原提示

特别注意：选择目标分区时一定要选对，否则目标分区原来的数据将被全部清除。有时会出现多个分区，不容易分辨，可以记住要还原的分区容量，通过容量来判断要还原到哪个分区。

Ghost 除了可以对分区进行备份和还原，还可以对硬盘进行备份和还原。Ghost 的“Disk”菜单下的子菜单项可以实现硬盘到硬盘的直接复制（Disk-To Disk）、硬盘到镜像文件（Disk-To Image）、从镜像文件还原硬盘内容（Disk-From Image）。

在多台计算机配置完全相同的情况下，可以先在一台计算机上安装好操作系统和软件，然后用 Ghost 的硬盘对拷功能将系统完整地“复制”到其他计算机，这样装操作系统比传统方法快得多。

Ghost 的“Disk”菜单中的各项使用方法与“Partition”菜单大同小异，而且“Disk”菜单的使用也不是很多，在此就不赘述了。

7.5　增强系统安全的设置

7.5.1　Windows 10 用户密码设置

1. 取消 Windows 10 系统的开机密码

1）右击“开始”菜单，在弹出的快捷菜单中选择“运行”命令，如图 7-50 所示。

2）在“运行”对话框中输入“netplwiz”，然后单击“确定”按钮，如图 7-51 所示。

3）在弹出的“用户账户”对话框中可以看到“要使用本计算机，用户必须输入用户名和密码”被选中，如图 7-52 所示。

4）取消选中“要使用本计算机，用户必须输入用户名和密码”复选框，然后单击“确定”按钮，如图 7-53 所示。

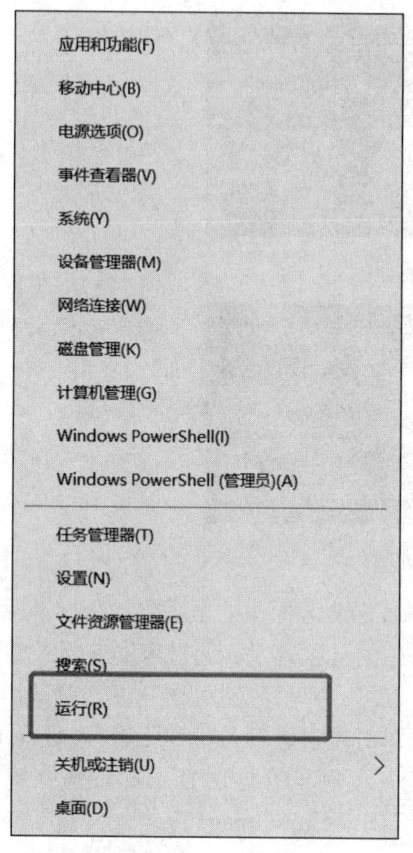

图 7-50　选择“运行”命令

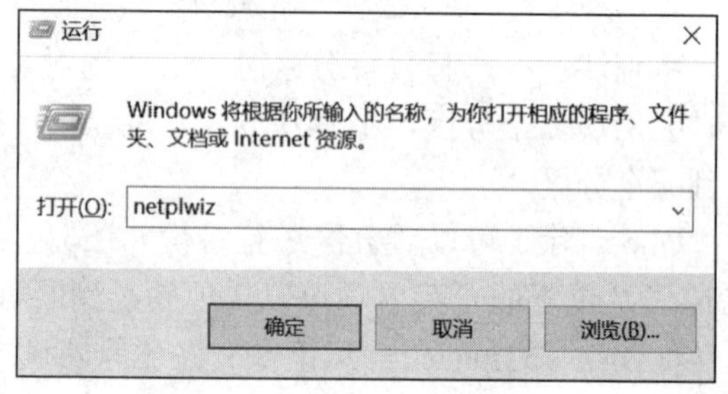

图 7-51　“运行”对话框

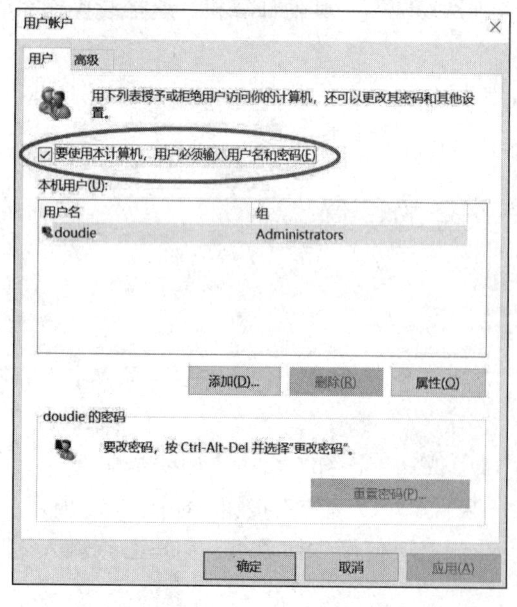

图 7-52　“用户账户”界面

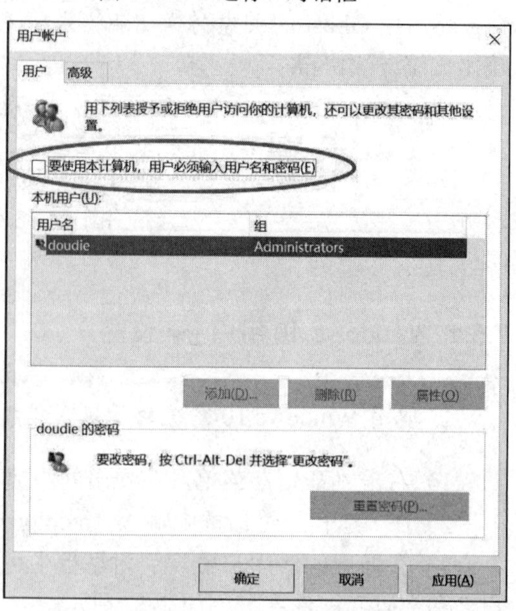

图 7-53　取消选中

5）弹出“自动登录”对话框，输入用户名和密码，单击“确定”按钮，如图 7-54

所示，下次开机登录时就不需要输入密码了。

2. 修改 Windows 10 系统的开机密码

1）打开计算机桌面，然后单击“菜单”中的“电脑设置”按钮，如图 7-55 所示。

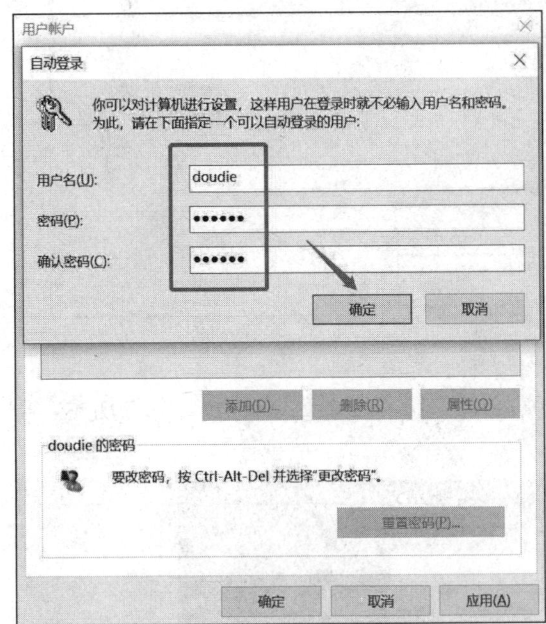

图 7-54 “自动登录”对话框

图 7-55 选择电脑设置

2）在弹出的“Windows 设置”界面中单击“账户”按钮，如图 7-56 所示。

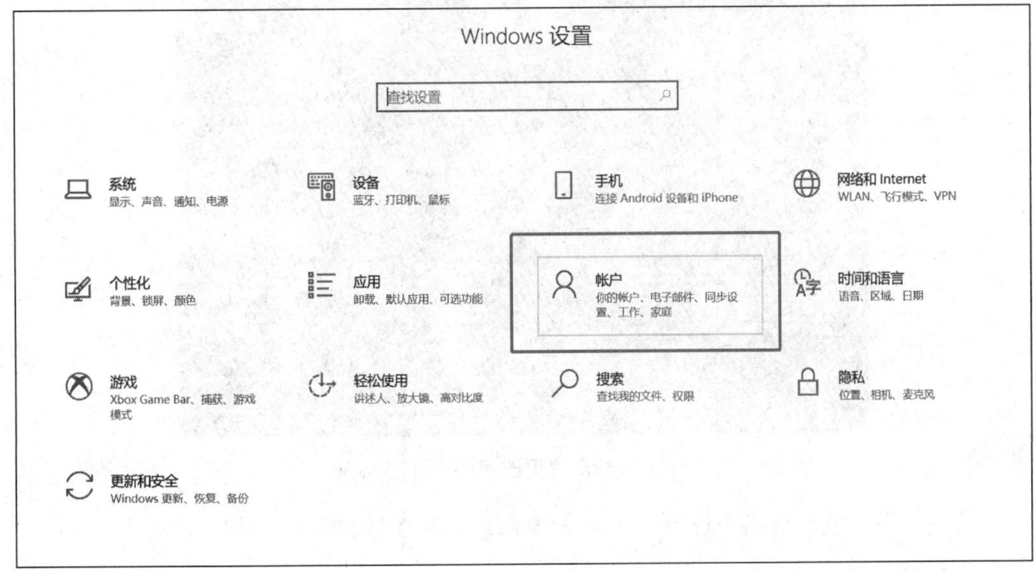

图 7-56 “Windows 设置”界面

3）单击右侧操作区下方的“更改”按钮，如图 7-57 所示。

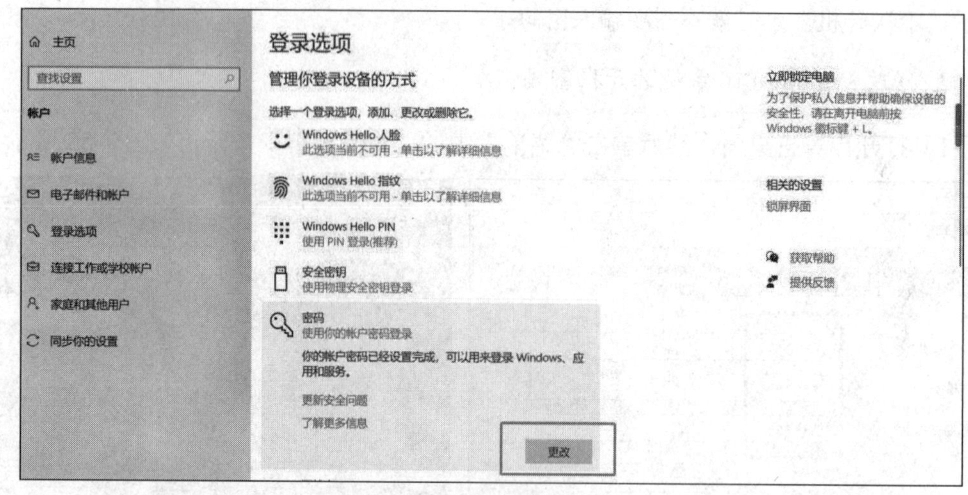

图 7-57 “账户”界面

4）系统会要求输入新密码、重新输入新密码、输入密码提示，如图 7-58 所示。单击“下一页”按钮，按提示操作就可以了。

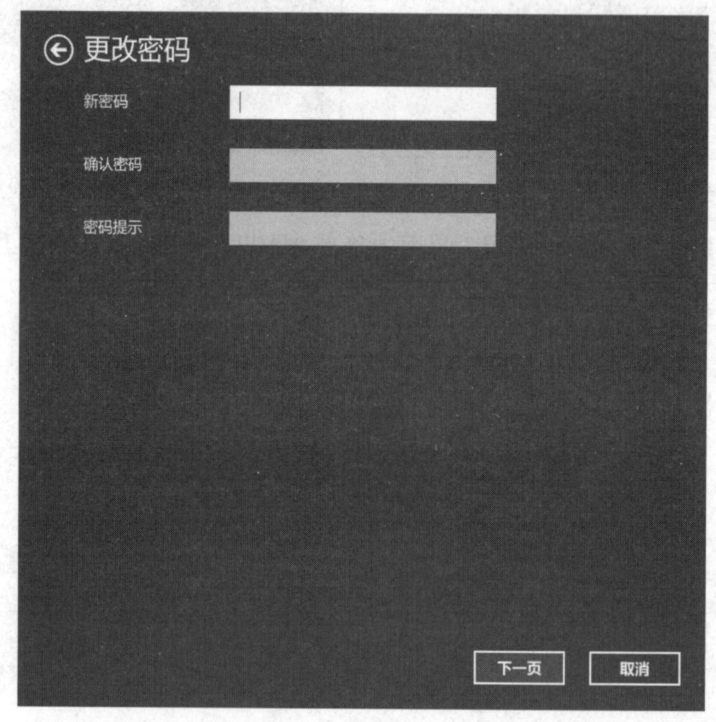

图 7-58 “更改密码”界面

最后一步系统会提示下次开机使用新密码，这样密码就修改成功了。

7.5.2 组策略

策略（policy）是 Windows 的一种自动配置桌面设置的机制。

顾名思义，组策略（group policy）就是基于组的策略。它以 Windows 中的一个 MMC 管理单元的形式存在，可以帮助系统管理员针对整个计算机或是特定用户来设置多种配置，包括桌面配置和安全配置。例如，组策略可以为特定用户或用户组定制可用的程序、桌面上的内容，以及“开始”菜单选项等，也可以在整个计算机范围内创建特殊的桌面配置。简而言之，组策略是 Windows 中的一套系统更改和配置管理工具的集合。

组策略对象（group policy object，GPO）实际上就是组策略设置的集合。组策略的设置结果是保存在 GPO 中的。

1. 组策略与注册表

注册表是 Windows 系统中保存系统、应用软件配置的数据库。随着 Windows 的功能越来越丰富，注册表里的配置项目也越来越多。很多配置是可以自定义设置的，但这些配置散布在注册表的各个角落，手工配置比较繁杂。组策略则将系统重要的配置功能汇集成各种配置模块，供管理人员直接使用，从而达到方便管理计算机的目的。

简单来说，修改组策略就是修改注册表中的配置。组策略可以对各种系统对象中的设置进行管理和配置，远比手工修改注册表方便、灵活，功能也更强大。

2. 组策略编辑器的命令行启动

按 WIN+R 快捷键调出“运行”命令，在“运行”对话框的“打开”栏中输入“gpedit.msc”，然后单击“确定”按钮即可启动组策略编辑器。

组策略程序位于本地路径“C:\WINNT\SYSTEM32”中，文件名为“gpedit.msc”，所有在命令行中输入的命令，其实质就是启动了本地 Windows 路径下已有的命令程序。

如果未成功启动组策略编辑器，如 Windows 10 home 版提示找不到文件，则可以按以下办法解决启动问题。

首先，需要写一个文本文件，内容如下：

```
@echo off

pushd "%~dp0"

dir /b
C:\Windows\servicing\Packages\Microsoft-Windows-GroupPolicy-C
lientExtensions-Package~3*.mum >List.txt

dir /b
C:\Windows\servicing\Packages\Microsoft-Windows-GroupPolicy-C
lientTools-Package~3*.mum >>List.txt

for /f %%i in ('findstr /i . List.txt 2^>nul') do dism /online
/norestart /add-package:"C:\Windows\servicing\Packages\%%i"

pause
```

其次，将该文件扩展名改为.bat，然后以管理员身份运行，会出现如图 7-59 所示的界面。

图 7-59　组策略部署映像过程

都配置成功后，按 Win+R 快捷键，弹出“运行”对话框，在“打开”栏中输入“gpedit.msc”，弹出如图 7-60 所示的界面。

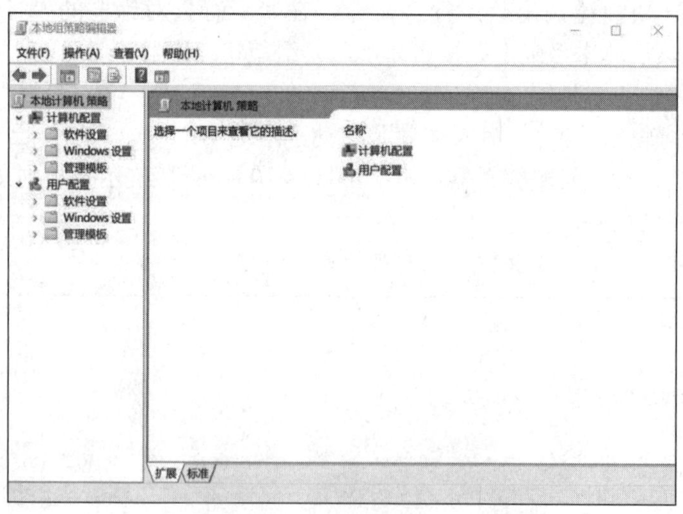

图 7-60　“本地组策略编辑器”界面

在图 7-61 中，左侧窗格中是以树状结构给出的控制对象，右侧窗格中则是针对左侧某一配置可以设置的具体策略。另外，左侧窗格中的“本地计算机”策略是由“计算机配置”和“用户配置”两大部分构成的，并且这两者中的部分项目是重复的，如两者下面都含有“软件设置”“Windows 设置”等。

那么在不同部分下进行相同项目的设置有何区别呢？这里的“计算机配置”是对整个计算机中的系统配置进行设置的，它对当前计算机中所有用户的运行环境都起作用；而“用户配置”则是对当前用户的系统配置进行设置的，它仅对当前用户起作用。例如，两者都提供了“停用自动播放”功能的设置，如果在“计算机配置”中选择该功能，那么所有用户的光盘自动运行功能都会失效；如果在“用户配置”中选择该功能，那么仅仅是该用户的光盘自动运行功能失效，其他用户则不受影响。

将组策略作为独立的 MMC 管理单元打开，若要在 MMC 控制台中通过选择 GPE 插件来打开组策略编辑器，具体方法如下。

选择“开始”→“运行”命令，在弹出的对话框中键入“mmc”，然后单击“确定”按钮。打开 Microsoft 管理控制台窗口，如图 7-61 所示。

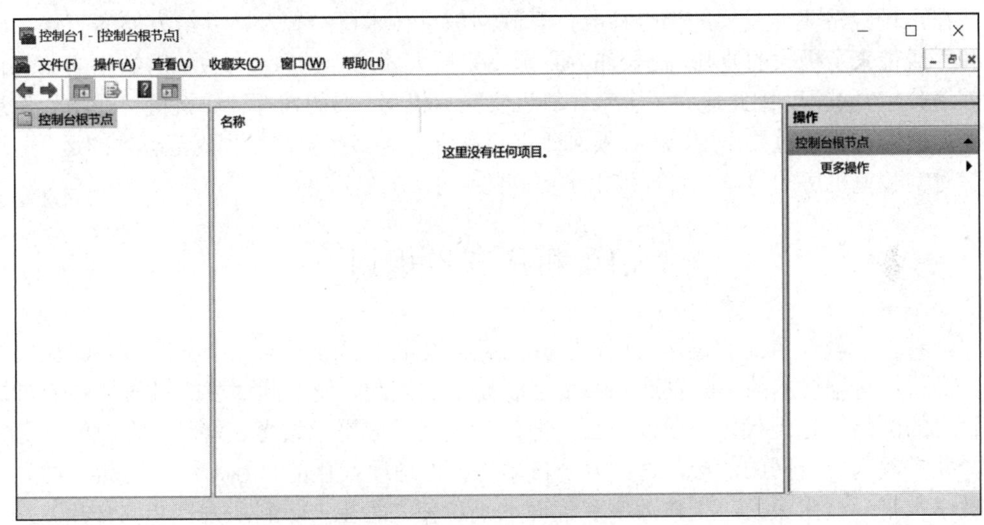

图 7-61 管理控制台窗口

第 8 章　机房建设与管理

在市场经济飞速发展的当今社会，互联网信息技术已经普及，并给人们的工作、学习和生活带来了极大的便利。高校作为我国高素质人才培养的重要场所，对学生的信息化素养培养越发重视，因此建立了多个计算机实验室机房。要想发挥计算机机房在学生信息化能力培养方面的重要作用，就必须保证实验室机房能够在学校得到规范有效的运用，这显然对实验室机房的建设与管理提出了更高的要求。

8.1　机房建设规划

随着现代教育事业的飞速发展，学校机房建设水平已经成为一个学校实力的重要体现。特别是科学技术的不断发展和网络互联技术的兴起，使不同环境的机房能够通过快速稳定的网络进行现代化科研及办公，把计算机技术应用于教育、科研、管理信息等领域，并实现与因特网的汇接，达到办公自动化、管理现代化的目标，从而提高教学人员的教学水平、技术素质、工作效率和管理水平，使之为生产、科研发挥更大作用。

8.1.1　机房建设整体工程结构、设计原则和目标

1. 机房建设整体工程结构

根据学校需求及网络发展，在设计建设学校整个机房建设的过程中要细致、严谨，并遵循相应规律。因为涉及范围比较广，机房建设整体工程结构简单总结如图 8-1 所示。

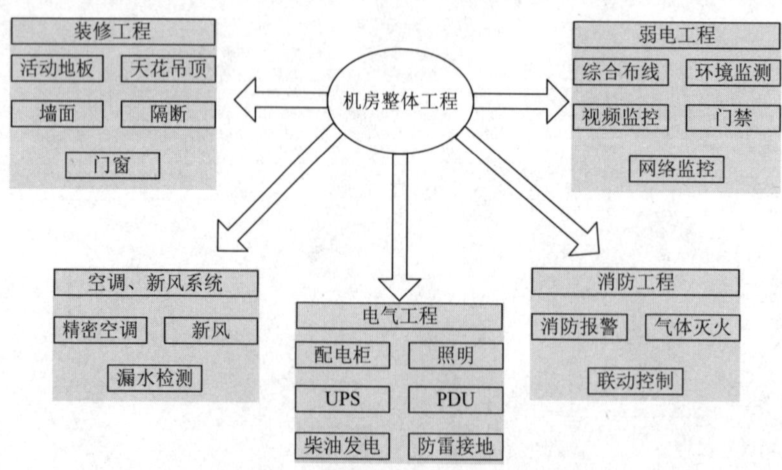

图 8-1　机房整体工程结构图

2. 机房建设整体设计原则

机房建设整体设计原则如下。

（1）先进性原则

网络建设应适应目标管理自身发展的特点及网络通信技术更新换代，主机系统选择、网络结构设计、网络管理和连接方式具有一定的先进性。

（2）标准性原则

网络总体建设应遵循国际统一标准，采用业界流行的通用通信协议和接口，要为系统顺利接入国际互联网提供一个良好的环境。

（3）开放性原则

建成多协议、多网络操作系统网络平台，真正实现开放式的网络体系结构。

（4）可靠性原则

网络是系统集成的关键，要求系统中的任何设备的故障都不会影响整个系统连续、可靠地运行。首先要考虑设备的稳定性、可靠性，使其具有必要的冗余容错能力，特别是主干通信线路和核心设备，如中心交换机，可采用电源冗余备份系统，以提高可靠性。

（5）安全性原则

实现网络的合理配置，利用授权及软件防火墙技术，能阻止非法用户访问网络资源，保证数据传输、存储的安全。

（6）可管理性原则

对整个网络系统提供管理软件，实现网络的动态管理、流量控制及故障诊断。

（7）经济实用性原则

整套应用系统应能方便用户的使用和管理，以实际工作的业务模式为基础，实现业务处理的计算机化，并能做到用户界面的友好统一、应用平台的简单化和标准化。

3. 机房建设整体设计目标

整个网络建成之后，将达到如下目标。

- 网络运行稳定、速度快。
- 整个网络完成后具有良好的扩展性，为以后升级预留空间。
- 实现所有计算机接入因特网，并能与更多的教育网站进行互联，实现网上资源共享。
- 整个教学网可以通过因特网或其他连接方式访问其他城域网。
- 每一台工作站都可以运行各种各样的应用软件。
- 网络管理容易，可操作性强，实用性强。

8.1.2　机房综合布线设计

机房综合布线是整个网络系统的核心所在，也是网线的集中处。规划综合布线是整个布线工程中最复杂的，因为每个机房都有成百上千条电缆，其中包括电源线和网线，在大型的网络中，还可能有上万条甚至几十万条电缆。机房管理员在网络出现故障时，不得不经常在成堆的电缆中寻找故障位置。这就要求在布线之初就应做好前期工作，包括选址图样设计，将各种设备摆放整齐，将各种电缆有序地分类扎好，并做好标识。在机房综合布线方面，从安全性、实用性、美观性、全面性、便于维护与升级等原则出发，要特别注意以下几点。

1. 机房位置选择要适当

机房位置的选择非常重要，这关系到机房计算机的使用寿命。按照条件选择位置，尽量避免选择一楼，因为一楼通常比较潮湿，对计算机会造成很大影响。如果该栋楼总共六层，机房最好选三层到六层之间。机房尽量与工业区分开，以免铁屑类物质进入计算机机箱，造成主板短路、生锈、硬件老化等问题。

2. 设计机房计算机桌椅摆放图样

机房规格决定了计算机桌椅摆放的数量。按照实用原则先拟定草图，再决定计算机摆放的数量。机房双人计算机桌的大小一般为 120cm×60cm×75cm，椅子大小一般为 26cm×26cm×44cm。按照标准位置摆放，墙面与讲台间距为 120cm，讲台与第一排计算机桌间距为 80cm，第一排和第二排计算机桌间距为 80cm，人行过道为 80cm。机房布局可如图 8-2～8-5 所示。

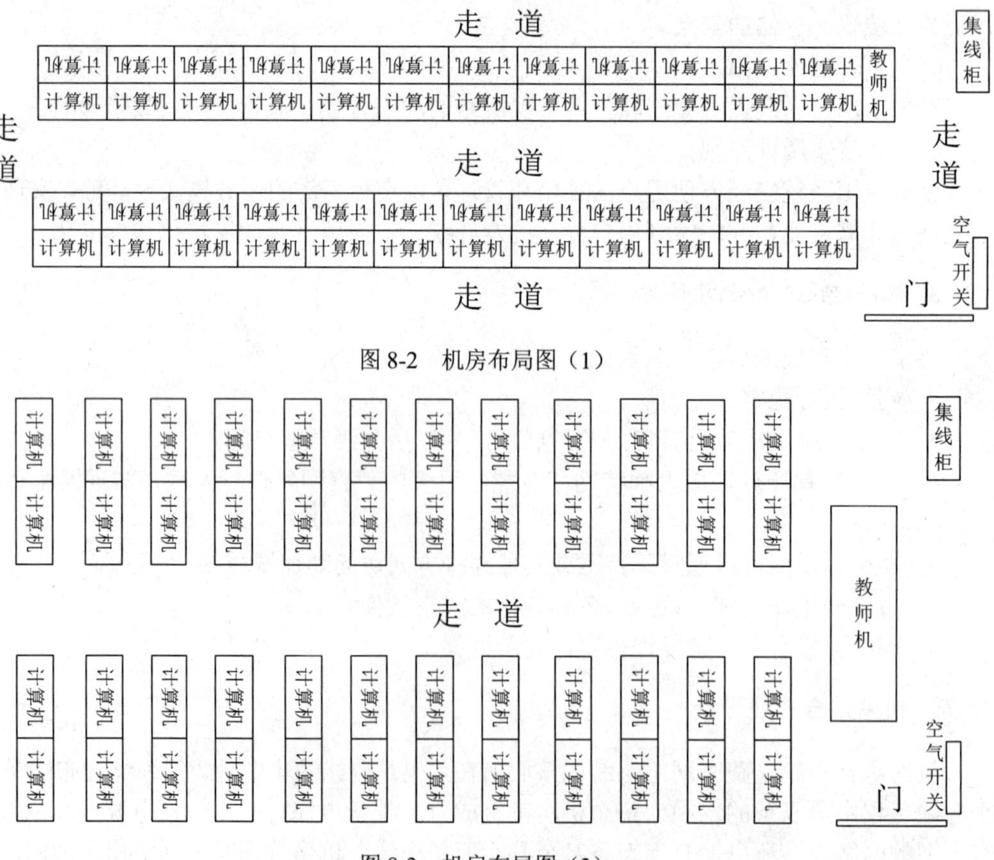

图 8-2 机房布局图（1）

图 8-3 机房布局图（2）

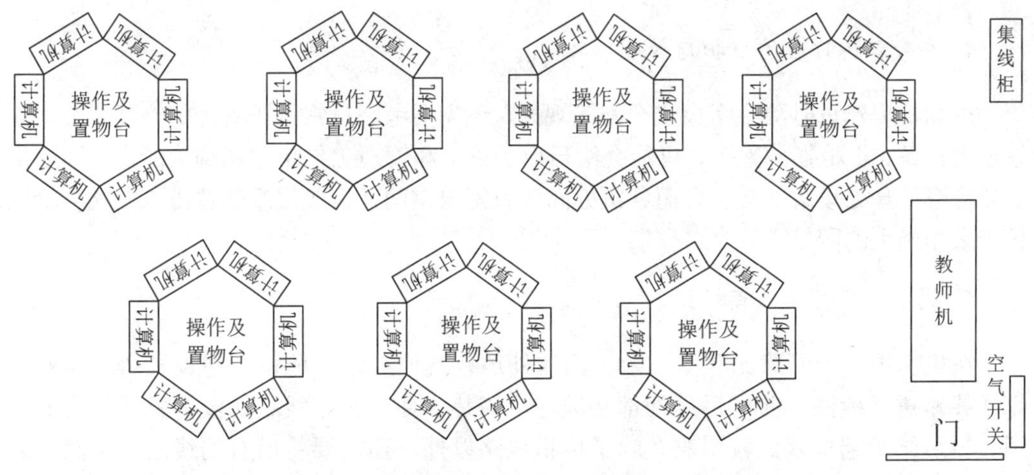

图 8-4　机房布局图（3）

图 8-5　机房实景图

3. 选择适当的布线方式

目前一般选择地板下隐藏式布线，将所有的网线和电线通过线槽和线管工具固定在架高的静电地板（图 8-6）下面，这样不会影响机房的美观，整体效果做到进机房不见一根外露线路。

图 8-6　机房静电地板

4. 充分考虑日后的维护与管理

规划机房建设时除了考虑安全与美观外，还需要考虑日常维护管理的方便。如果刻意追求设备、机柜摆放整齐，可能会给日后的维护和管理工作带来相当大的麻烦。如果需要检查某一处设备的接口，而各机柜间没有留出空间，造成很难随意出入，就会给维护带来相当大的困难。

5. 线路整齐有序、有标识

在机房中由于线路比较多，除了网线外还有其他线路，所以在建设机房时需要对每条线路进行标注，前、后尾处都必须标注清楚。如果在布线之初没有做好相应的标识，日后维护起来就比较困难。除了标识线路以外，还需要将所有的线用扎带固定起来，这样既美观又有序，便于日后维护。另外，从地面到主机机箱的网线一定要留出空余，这样日后挪动主机机箱会比较方便。一定要剪除多余的网线，不要留有过多的余量。然后分门别类地将网线用扎带固定在机箱后方。在捆扎网线之前一定要先做好标识，否则到时维护起来就分不清具体每根线对应的连接设备了。图 8-7 为标准机柜布线示意图（含标签）。

图 8-7 标准机柜布线示意图（含标签）

6. 重点考虑电源设备

新机房内都是高性能的计算机和网络设备，对接地有严格的要求。插座地线主要是保护人的安全。设备绝缘异常时，设备外壳会带有一定的危险电压，通常的解决办法是通过地线把电压泄到大地中去。除此之外，也有把插座底线与零线相连的，不过这样的保护不算好，假如零线断了，就会很危险。因此，零线一般可以进开关，而地线不许进开关。接地是消除公共阻抗、防止电容耦合干扰、保护设备和人员的安全、保证计算机系统稳定和可靠运行的重要措施。

在机房布局中的电源线和弱电都应放置在金属布线槽内，具体的金属布线槽尺寸可根据线量的多少，并考虑一定的可扩展空间而定。电源线槽和弱电线槽之间的距离应保持在 5cm 以上，互相之间不能穿越，以防止相互之间的电磁干扰。

综合布线系统采用统一的布线材料及设备，将数据通信设备、网络设备和其他信息管理系统彼此相连，同时还可以实现网络教学、监控和其他信息共享，其实用性、灵活性、兼容性和可靠性已得到各个领域用户的认可，并已在各行业得以广泛应用。

8.1.3 机房供电系统设计

机房供电系统设计应充分考虑所设计的机房系统的工作性质和任务，以电源供配电的质量，电气装置工作的可靠性、安全性和技术上的先进性、人员工作环境的舒适性为设计原则。

1. 机房供电设计基础

机房内用电设备供电电源均为三相五线制及单相三线制，采用双回路供电。用电设备作接地保护，并入土建大楼配电系统。机房用电设备、配电线路装置采用过流过载两段保护，同时配电系统各级之间有选择性地配合，以放射式向用电设备供电。机房供电系统所用电线为绝缘导线，敷设喷塑桥架、镀锌铁管及金属软管。

机房的设备供电和空调照明供电一般分为两个独立回路，其中设备供电由 UPS（uninterruptible power system，不间断电源）提供并按设备总用电量的两倍进行预留，而空调和照明用电由市电提供并按空调设备的要求供配。机房内照明装置宜采用机房专用无眩光灯盘，照明亮度大于 300lx，事故照明亮度应大于 60lx。同时，应考虑机房内的配电系统与应急照明系统的自动切换。

机房需设计一个市电配电箱（图 8-8），对机房的市电进行控制。市电配电箱为机房专用标准配电箱，配备低压开关，箱内配有市电备用回路，安装防雷保护器。

图 8-8 配电箱外观

机房还应设计一个 UPS 配电箱，对机房的 UPS 电路进行配电。UPS 配电箱为机房专用标准配电箱，箱内配有 UPS 电源备用回路。

机房供电配电箱详图见图 8-9。

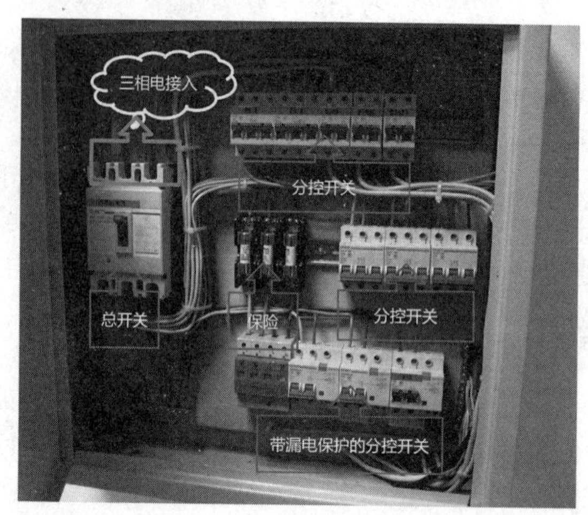

图 8-9 机房供电配电箱详图

2. 电源设计要求

机房负荷容量的计算包括计算机设备用电，空调、新风设备用电，照明及辅助设备用电，机房扩展备份设备用电。电源的容量应保障计算机设备、空调、新风设备的用电。市电与市电间、市电与 UPS 的切换应在配电间完成。

机房配电间应设置动力配电柜和照明配电箱。动力配电柜负责空调、照明、机房内设电源插座及机房扩展备份用电控制；照明配电箱负责机房内所有区域照明。

配电柜进线采用上进下出方式，具有如下特点：操作、维护互不干扰；端子接线保障设备安全。

3. 配电系统设计

市电部分一般采用机房专用配电箱来完成，它接到总配电室送过来的市电电源，通过总电源开关输出到分支回路中。

UPS 电源部分一般采用机房专用配电箱来完成，它接到 UPS 送过来的单路电源，通过总电源开关输出到分支回路中。

8.1.4 机房消防系统设计

机房集强电、弱电与换气设备、制冷设备于一身，是每个单位的重点防火区域，如果管理不到位，就会出现重大消防事故。机房消防系统一般由火灾报警系统、气体灭火系统、防排烟及泄压装置共同组成，具有自动报警、人工报警、启动气体灭火装置等功能。

1. 机房的火灾危险源

1）机房内供配电系统、用电设备引起的电气火灾。由于机房内用电设备多，供电线路布线集中、复杂，且设备一般为连续工作，因此机房内的供电线路发热量较大，时间长了线路容易老化，引起火灾。

2）人为事故引起的火灾。由于机房内部工作人员缺乏防火意识，其操作违反有关安全防火规定引起火灾。

3）机房外部的其他建筑物起火蔓延到机房引起的火灾。由于机房建筑与其他房间之间的距离较近，其他区域发生火灾，火势通过通风管道、门窗等蔓延至机房，引起机房内部火灾。

2. 机房的防火措施

由于机房与其他用途的房间合用一幢大楼，根据建筑设计防火规范及机房设计规范规定，当数据中心机房与其他建筑物合建时，应当单独设防火区，这样可以有效地防止来自机房外部的火灾危害。在机房选址时应该注意机房要远离易燃易爆物存放区域（如气体灭火系统的气瓶等）。

机房应为独立的防火区域，机房的墙体应采用非燃烧材料，机房区域的门采用国家防火标准的钢制或玻璃防火门，穿越墙体的送、回（排）风管，设置电动防烟防火阀。进出机房的电管、风管、桥架等，以及内部的供电用电设备的箱、柜进出线做好防火封堵。

机房建设采用防火材料。机房内部的建筑材料应选用非燃烧材料（A 级）或难燃烧材料（B 级）。防火区域均可设置微型消防站（图 8-10）。

图 8-10　微型消防站

3. 机房火灾自动应急系统设计

机房灭火区域内，设置任意一个感烟（或感温）探测器探测到火灾报警时，火灾自动报警系统只发出火灾信号，启动防护区内的声光报警器，通知人员撤离；同一个防火区内另外一个感温（或感烟）探测器探测到火灾报警时，火灾自动报警系统才发出火灾信号，切断非消防电源，给气体灭火系统发出火灾信号。

（1）火灾探测器

火灾探测器（图 8-11）是火灾报警系统中具有早期探测火灾信号功能的关键设备。火灾探测器是将火灾发生的参量——烟、光、热做出有效响应，并转换为电信号，向火灾报警控制器发送信号报警的一种自动火灾探测装置。

图 8-11 火灾探测器

机房内采用的火灾探测器一般为感烟探测器、感温探测器。感烟探测器的功能是在初燃生烟阶段，自动发出火灾报警信号，以期将火扑灭在未成灾害之前。感温探测器是对警戒范围内的温度参数敏感响应的火灾探测器。

（2）火灾报警控制器

安装有火灾报警控制器的机房能够准确并及时地进行火灾自动报警，它包括报警显示、故障显示和发出控制指令等功能。当火灾报警控制器接收到火灾探测器、手动报警按钮等触发式器件发送来的火灾信号时，能发出声光报警信号，记录时间，自动打印火灾发生的时间、地点，并输出控制其他消防设备的指令信号，组成自动火灾报警控制系统。

4. 灭火系统设计

机房由于环境特殊，一般采用气体灭火系统和水基灭火器灭火。

（1）气体灭火系统

气体灭火系统由控制部分和管网部分组成。控制部分由声光报警器、放气指示灯、手自动转换开关、手自动状态指示灯、紧急气体按钮、钢瓶控制盘组成；管网部分由 IG541 储存瓶、钢瓶架、单向阀、选择阀、安全溢流阀、汇集管、启动瓶、压力开关、电磁阀和喷头等组成。IG541 是由氮气、氩气和二氧化碳三种气体混合而成的一种灭火剂，它的三个组成成分均为大气基本成分，使用后以其原有成分回归自然，臭氧耗损潜能值（ozone depletion potential，ODP）为零，温室效应潜能值（global warming potential，GWP）为零，是一种绿色灭火剂。IG541 无色无味，不导电、无腐蚀，无环保限制，在灭火过程中无任何分解物。IG541 的无毒性反应浓度为 43%，有毒性反应浓度为 52%。IG541 的设计浓度一般小于 40%，对人体安全。图 8-12 为气体灭火器。

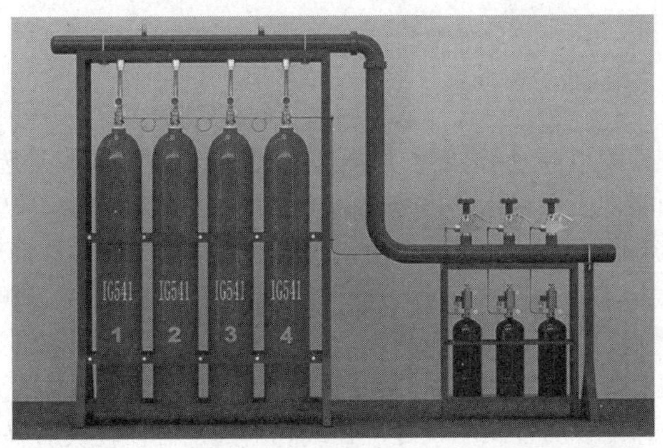

图 8-12　气体灭火器

（2）水基灭火器

水基灭火器（图 8-13）适用于扑救易燃固体或液体的初起火灾，广泛应用于油田、油库、轮船、工厂、商店等场所，是预防火灾发生、保障人民生命财产的必备消防装备。水基灭火器内部装有 AFFF 水成膜泡沫灭火剂和氮气，具有操作简单、灭火效率高、使用时无须倒置、有效期长、抗复燃、双重灭火等优点，能扑灭可燃固体、液体的初起火灾，是机房灭火的重要手段。

图 8-13　水基灭火器

8.1.5　机房不间断电源系统设计

UPS 是一种含有储能装置、以逆变器为主要组成部分的恒压恒频的不间断电源。主要为单台计算机、计算机网络系统或其他电力电子设备提供不间断的电力。当市电输入正常时，UPS 将市电稳压后供应给负载使用，此时的 UPS 就是一台交流市电稳压器，同时它还向机内电池充电；当市电中断（事故停电）时，UPS 立即将机内电池的电能通过逆变转换的方法向负载继续供应 220V 交流电，使负载维持正常工作并保护负载软、硬件不受损坏。

1. UPS 概述

UPS 作为保护性的电源设备，它的性能参数具有重要意义，应是选购时的考虑重点。市电电压输入范围宽，表明对市电的利用能力强（减少电池放电）。输出电压、频率范围小，则表明对市电调整能力强，输出稳定。波形畸变率用以衡量输出电压波形的稳定性，而电压稳定度则说明当 UPS 突然由零负载加到满负载时，输出电压的稳定性。

另外，UPS 效率、功率因数、转换时间等都是表征 UPS 性能的重要参数，决定对负载的保护能力和对市电的利用率。性能越好，保护能力越强。总的来说，离线式 UPS 对负载的保护最差，在线交互式略优之，在线式则几乎可以解决所有的常见电力问题。当然，成本也随着性能的增强而上升。因此用户在选购 UPS 时，应根据负载对电力的要求程度及负载的重要性来选取不同类型的 UPS。

（1）UPS 的种类

UPS 大致可分成三种：离线式（off line）、在线式（on line）和在线交互式（line interactive）。

1）离线式 UPS 如图 8-14 所示。平常市电通过旁路直接向负载供电，只有在停电时，才通过逆变器将电池能量转换为交流电向负载提供电力。离线式 UPS 的特点如下：当市电正常时，离线式 UPS 对市电没有任何处理而直接输出至负载，因此对市电噪声以及浪涌的抑制能力较差；存在转换时间；保护性能最差；结构简单、体积小、重量轻、控制容易、成本低。

图 8-14 离线式 UPS

2）在线式 UPS 平常由逆变器输出为负载供电，如图 8-15 所示。电网输入的电压经过噪声滤波器去除干扰，以得到纯净的交流电。

3）在线交互式UPS平常由旁路经变压器输出给负载，逆变器此时作为充电器。当断电时逆变器则将电池能量转换为交流电输出给负载。

图8-15 在线式UPS

（2）UPS供电时间

UPS能在电力异常时有足够的时间实施应急措施。一般而言，5～10min的后备时间就足够了。如果需要较长的后备时间，可以购买具有长延时功能的UPS。

（3）延长UPS供电时间的方法

1）增加电池容量。可以根据所需供电的时间长短增加电池的数量，但是采用这种方法会造成电池充电时间相对增加，同时也会增加相应的维护设备的数量、增大产品体积，造成UPS整体成本提高。

2）选购容量较大的UPS。采用这种方法可以降低维修成本，如果需要扩充负载设备，较大容量的不间断电源仍可正常工作。

（4）电源监控软件

电源监控软件与UPS配合使用，可以提高UPS的效能。用户在使用UPS过程中，通过电源监控软件能够准确地掌握UPS的工作状态，记录市电的稳定状况，供技术人员进行分析。电源监控软件在市电中断或电池供电终止时可以自动储存文档、关闭系统以及关闭UPS等。新一代电源监控软件还具有UPS远端监控和UPS定时开关机等功能。

为了提高并有效地发挥UPS的全部效能，选择一套UPS监控软件是必需的。一般用户最希望知道的是市电输入及电池状态是否正常。当市电发生异常，又未安装相应的电源监控软件时，如果用户在现场，可以利用UPS提供的电源采取应急措施，如存储文档、关闭系统等。但是如果市电发生异常，既未安装监控软件，用户又不在现场，当UPS电池供电耗尽时，轻则造成资料的流失，重则造成计算机与周边设备内部元件的损坏。因此购买UPS时，最好同时购买电源监控软件来实现全面保护。

（5）UPS使用的电池及其寿命

目前，市场上销售的UPS绝大多数采用密封式免维护铅酸电池。UPS的供电来源于其内部的电池放电。电池老化的原因除了外部环境因素以外，还有电池内部化学变化等因素。即使是将电池长期放置不用，电池也会出现老化现象。电池的使用寿命为2～3年。

2. UPS的使用

（1）正常开机程序

由于一般负载在启动瞬间存在冲击电流，而 UPS 内部功率元件都有一定的安全工作范围，尽管人们在选用器件时都留有一定的余量，但是过大的冲击电流还是会缩短元器件的使用寿命，甚至造成元器件损坏，因此在使用时应尽量减少冲击电流带来的损害。一般 UPS 在旁路工作时抗冲击能力较强，可以利用这个特点在开机时采用以下方式进行：先送市电给UPS，使其处于旁路工作，再逐个加载负载；先加载冲击电流较大的负载，再加载冲击电流较小的负载，然后通过UPS面板开机（图8-16），使其处于逆变工作状态。开机时千万不能同时加载所有负载，也不可超载开机。

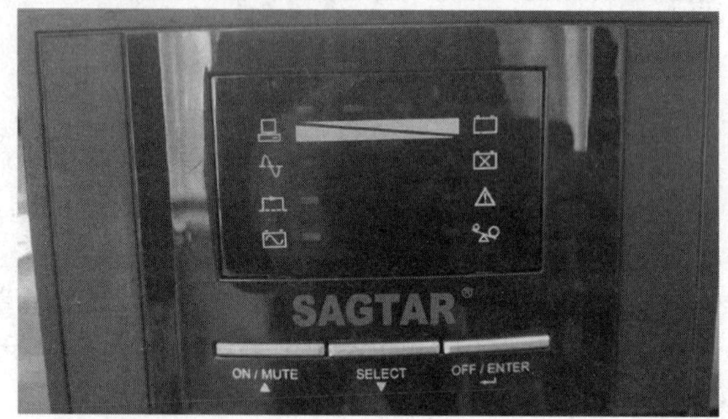

图8-16 UPS正面截图

（2）关机顺序

关机顺序如下：先逐个关闭负载，再通过UPS面板关机，使UPS处于旁路工作而充电器继续对电池组充电。如果不需要UPS输出，则将UPS完全关闭，再将输入市电断开即可。

（3）后备式UPS的使用

后备式 UPS 在市电正常情况下，皆为旁路供电，只靠输入保险丝起保护。如果用户使用时不注意这点而超载使用，虽然市电状态下 UPS 还可继续工作，但是当市电异常转电池逆变工作时，就会因过载保护而关机，严重时会造成 UPS 损坏。以上情况都会造成输出中断，给用户带来一定的损失，因此在使用后备式 UPS 时应特别注意不要超载使用。

（4）长效型UPS的使用

长效型UPS由于采用外接电池组以延长供电时间，外接电池的好坏直接影响到UPS的放电时间，因此在使用长效型UPS时应特别注意电池的使用和保养。由于长效型UPS外置电池与UPS主机是分开的，相互间由电池连线相连，一般正常使用时不会有问题，但是当用户在装机或移机时就需要重新连线，在连线时应注意以下问题：电池连接时电池极性要正确；电池与主机之间的连线先不要连接，等 UPS 市电输入产生充电电压后再连接，即 UPS 先上市电，再接电池。

8.1.6　机房监控和门禁系统设计

1. 机房视频监控系统设计

视频监控系统是机房安全技术防范体系中的一个重要组成部分。它是一种先进的防范能力极强的综合系统，能够通过遥控摄像机及其辅助设备（镜头、云台等）直接观看被监视场所的一切情形，把被监控场所的图像内容、声音内容同时传递到监控中心，使被监控场所的情形一目了然。同时，视频监控系统还能够与防盗报警等其他安防技术防范体系联动运行，使防范能力更强大。近年来，多媒体技术的发展和计算机图像文件处置技术的发展，使视频监控系统在实现自动跟踪、实时处置等方面有了长足进展，从而使视频监控系统在整个安防技术防范体系中具有举足轻重的作用。

视频监控系统还能够把被监控场所的图像及声音全部或部分地记录下来，这就为以后对某些事件的处置提供了方便条件及重要依据。高清摄像头、视频服务器和视频存储器等计算机技术，能够实现对多个被监控画面长达几天的持续记录，使监控手段更加先进、方便。总之，视频监控系统已成为各高校机房管理工作中不可缺少的重要组成部分。

学校机房监控系统设计，需要结合校园实际地理情形，同时依据设备的特点，本着安全、可靠、利用方便、保护简单、升级容易等原则，设计出一个较完善的设备分布拓扑图（图 8-17），然后根据实际需要选择摄像头设备、视频处理服务器和视频存储服务器等。

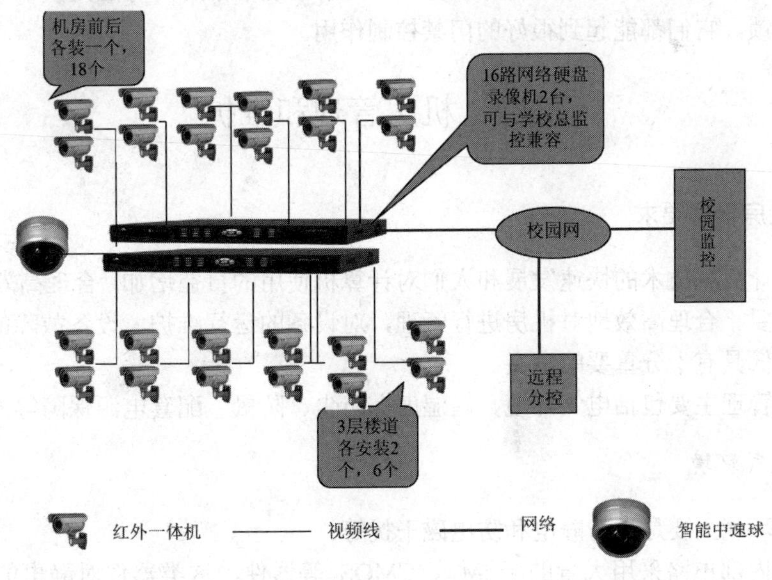

图 8-17　机房监控拓扑图

2. 机房门禁系统设计

在机房建设过程中，为了实现设备安全管理、业务安全防范，机房门禁系统应运而生。虽然机房门禁系统在整个建设过程中的占比不是很大，但却是不可或缺的，也是相当重要的。一般门禁系统包括如下功能。

（1）统计刷卡记录

机房门禁系统由计算机、门禁控制器、读卡器、门禁锁、电子卡等组成，可以记录人员出入情况，在出现非系统授权人员强行进入时能报警并通知管理人员及时处理，同时将刷卡信息、日期、时间等数据保存在计算机中。

（2）扩展人群分类

机房门禁系统的扩展性非常好，可以针对工作人员建立不同的人群分类，建立工作人员资料库，如技术部等，还可以定期采集每个机房的进出资料，方便管理以及设置人群权限，这样可以限制或者允许工作人员出入机房。

（3）多级管理

机房门禁系统能很方便地实现多级管理功能，控制中心可通过计算机设置每张卡（即每个人）的进出权限、时间范围、节假日限制等，如高级管理者可随时进出任何一扇门，部门管理者可进出本部门所有的门，而一般工作人员只能在上班时间内进出本部门的门，超出上班时间将无法进出，还可以结合密码输入来确认持卡者的合法性，然后决定是否开门。各种权限可由用户自由设置。

（4）门禁控制

门禁控制器是整套机房门禁系统的大脑，可以针对大门起到门禁控制的作用，包括控制输出、数据存储、权限分配等皆由它实现。门禁控制器读取电子钥匙，把数据传送至门禁控制服务器，来决定是否可以打开。门禁系统中常用的有磁力锁、电插锁、电控锁、电动锁，它们都能起到很好的门禁控制作用。

8.2 机房管理和维护

8.2.1 机房管理要求

随着计算机技术的快速发展和人们对计算机使用的日益增加，合理高效的机房管理越来越重要。合理高效地对机房进行管理，对设备的运行维护、设备故障的快速处理、成本的降低具有十分重要的意义。

机房管理主要包括电气环境、温湿度、防尘、防鼠、配套电源保障等方面。

1. 电气环境

电气环境主要是指防静电和防电磁干扰等。

设备内部电路采用大量的半导体、CMOS 等器件，这类器件对静电的敏感范围为25～1000V，而静电产生的静电电压往往高达数千伏甚至上万伏，足以击穿各种类型的半导体器件，因此机房应铺设抗静电活动地板，地板支架要接地，墙壁也应做防静电处理，机房内不可铺设化纤类地毯。工作人员进入机房内要穿防静电服装和防静电鞋，避免穿着化纤类服装进入机房。机柜门平常应关闭，工作人员在机房内搬动设备和拿取器件时动作要轻，并尽量减少在机房内来回走动的次数，以免物体间运动摩擦产生静电。

电磁干扰对电子设备的硬件和软件都有可能造成损害，电子设备本身产生的电磁辐射也会对邻近的电子设备产生影响。因此，设备在安装时，应与邻近用电设备保持一定的距离，必要时机房应采取屏蔽措施，以免邻近电子设备之间相互产生干扰。

2. 温湿度

电子设备尤其是交换机和磁盘阵列等设备对机房的温度有较高的要求。温度偏高，易使机器散热不畅，使晶体管的工作参数产生漂移，影响电路的稳定性和可靠性，严重时还可造成元器件的击穿损坏。电子设备在长期工作期间，温度控制在 18～25℃较为适宜。湿度对设备的影响也很大。空气潮湿，易引起设备的金属部件和联结位置产生锈蚀，并使电路板、接插件和布线的绝缘性降低，严重时还可造成电路短路。空气太干燥又容易引起静电效应，威胁设备的安全。为了使机房的相对湿度符合标准，可视机房具体情况配置加湿器或抽湿机。加湿器工作时不要离设备太近，且喷雾口不要正对着设备，以防喷出的雾气对设备有影响。加湿器和抽湿机可根据机房内温度计的显示数据随时调整。一般来说，机房内的相对湿度保持在 40%～60%范围内较为适宜。

3. 防尘

电子器件、金属接插件等部件积有灰尘可引起绝缘性降低和接触不良，严重时还会造成电路短路。空气中存在着大量悬浮物质，在这些悬浮物质中，对设备形成危害的污染物不计其数。污染物一旦进入机房，就会吸附在线路板上，形成人们肉眼能够发现和不能够发现的带电灰尘。随着时间的推移，线路板上吸附的灰尘越来越多，灰尘就会通过不同方式不同程度地影响设备的正常运行。因此，防尘非常重要。

4. 防鼠

在机房内，数据的传输都是靠线路连接完成的，而这些线路大都裸露在地板下面，非常容易让老鼠咬断。一旦发生线路故障，就会危及整个机房的正常运转。因此，防鼠也非常重要。

5. 配套电源保障

随着电源设备的智能化和高度集成化，在一体化方案设计里，各种动力设备应具有良好的电磁兼容性和电气隔离性能，不影响其他设备的正常工作。一体化供电方案在统筹设计保证主设备不间断供电的同时，也应在动力设备之间的数据通信上保证有良好的兼容性和通用性。各种数据协议能良好地兼容以组成一个完整的动力监控网络系统。

8.2.2　传统机房维护

计算机如果维护得好，就会一直处于比较好的工作状态，能充分地发挥作用；相反，维护得不好的计算机，可能会处于不好的工作状态，如计算机的操作系统经常出错，导致预定的工作无法完成。在上课时遇到机器故障，教师一般不会停下来维修机器。因此，机房的日常维护就显得尤其重要。

1. 硬件的维护

硬件的维护包括计算机使用环境和各种器件的日常维护以及工作时的注意事项等。在加强对计算机机房电源、防尘等管理的基础上，还要学会简单的计算机故障排除方法，以迅速地解决故障问题。

（1）插拔法

插拔法是把有故障的计算机关机后拔出一块插件板后再开机，如果故障依旧，则插回插件板，再拔出另一块插件板。一旦拔出某块插件板后故障消失，就说明故障点在该插件上。

（2）替换法

替换法是用好的插件板替换可疑的插件板，若故障消失，说明原插件板的确有问题。此方法的优点是方便可靠。

2. 软件的维护

在计算机实践活动过程中，经常出现学生误操作，不小心删除某些程序，或者机器感染病毒后使机器不能正常使用的情况。在实际工作中，主要采取以下两种方法保护计算机。

（1）硬件卡保护法

硬件卡保护法是指利用硬盘卡进行保护。它能防止对硬盘的删、写操作，退出系统后完全恢复到上机前的状态。采用这种方式可使计算机的管理更加方便和省心。当计算机系统发生问题时，只要重新启动计算机，就能立刻恢复到原来的正常状态。

（2）软件保护法

软件保护法是指使用具有类似“硬盘保护卡”功能的软件进行保护。通过软件提供的功能，可以有选择性地设置存储器的防删、防写、隐藏功能，也可以禁止使用安全模式进入系统，还可以禁止使用控制面板等。另外，教师还可以使用一些教学软件加以控制，如 Lanstar、伽卡他卡等。这类软件既能在上课的过程中全程监控学生的实践活动情况，又能保证机器的正常使用。

3. 利用网络进行机房维护

随着网络技术的发展，计算机机房的维护也步入网络管理和维护的时期。教师可以将教师机上的图像、声音等传到每一台学生机上，有效地控制学生机，防止学生在上课时做与课堂无关的事。

4. 利用网络克隆功能实现快速安装或恢复局域网络机房微机操作系统和应用软件

这种快速、大批量安装操作系统的方法越来越受到欢迎，已经成为维护机房的主流方法，因为它脱离了以前那种逐台拆开机箱，然后安装光驱或者是用硬盘对拷的麻烦，况且以前的方式稍不注意就有可能因为机器组件插拔错误造成设备的损坏。网络方式所需要做的工作就是在一台计算机（客户机）上安装系统，然后把这台客户机做成服务器，其他客户机从网络引导，即可连接到服务器，轻松地进行系统的安装，其中网络引导指的是从网卡启动，这个需要网卡的支持，现在主流的品牌计算机网卡都集成了这个功能。

以上措施和方法可以大大提高计算机机房的资源利用率，减轻机房管理人员的工作强度，提高工作效率。计算机机房的安全保障是保证教学工作顺利进行的前提，因此在机房建设过程中要充分考虑安全问题，基础设施的建设一定要做到细致、周密、科学、合理。机房的管理和维护又是学校整体教学实践的关键环节，机房管理人员应根据机房的实际情况进行维护。

8.2.3　基于云桌面的信息化机房管理

目前，很多机房信息化主要采用云桌面。云桌面是指使用云终端设备通过网络运行远端服务器桌面的计算机解决方案。与传统计算机不同的是，云桌面所有数据的计算和存储都集中在远端服务器，云终端仅仅显示桌面图像和负责键盘、鼠标等外设的输入输出操作。

云桌面的特点是服务器集中运行。集中管理使云终端不运行软件、不存储数据。云桌面不是所有场合都适合，不同的技术各有优缺点。从技术上讲，目前市场上主要的云桌面包括 RDS、VDI、IDV 和 VOI。

1. RDS

RDS（remote desktop services，远程桌面服务）俗称共享云桌面，其原理是基于多用户操作系统。首先把 N 个人的应用放到服务器上，根据用户数量配置服务器，然后在已安装了操作系统的服务器上安装共享云桌面的管理软件，再批量创建用户，通过云桌面传输协议分发到各个客户端上。每个登录用户都可以分享一套系统和软件，一人一份，独立操作，互不影响，如 vCloudPoint 共享云桌面。图 8-18 为 RDS 共享云桌面架构。这种架构，客户端本地不运行软件，也不存储数据，全部由服务器集中运行，集中管理。

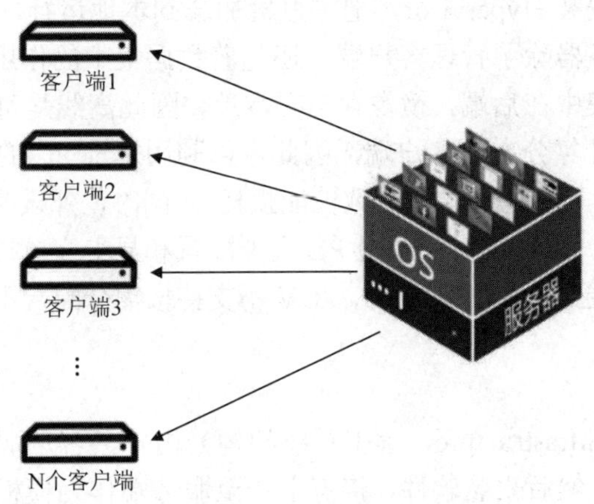

图 8-18　RDS 共享云桌面架构

2. VDI

VDI（virtual desktop infrastucture，虚拟桌面架构）俗称虚拟云桌面。VDI 的核心是云桌面的计算存储网络在服务器端完成，通过专有协议连接云桌面。VDI 先在服务器中安装 Hypervisor，再虚拟成 N 个不同的虚拟机，然后安装不同需求的操作系统和软件。每个人都可以使用自己喜欢的系统。基于其架构特性，VDI 的计算和存储自然都集中在服务器端。

VDI 的优点如下。

- 灵活：可按需给每个终端分配 CPU、硬盘、内存。
- 安全：数据安全性较高。
- 便捷：支持多终端访问，PC、手机、平板、瘦客户机，只要通过网络，可随时随地云上办公。

VDI 的缺点如下。

- 断网不可用。
- 性能与 PC 相比有一定的差距，因为当虚拟系统数量过多，服务器可分摊的计算能力就有限。
- 在外设兼容方面，略差于 PC，可兼容市场上 95%的外设。
- 在 3D 应用和高清视频方面，需要 GPU 显卡支持，可完成简单的 3D 渲染。

这种架构，客户端不运行软件，也不存储数据，所有工作在服务器集中运行，集中管理。

3. IDV

IDV（intelligent desktop virtualization，智能桌面虚拟化）是在服务器上虚拟出多个不同的操作系统，在客户端安装 Hypervisor，然后根据实际需求把服务器上的虚拟机加载到客户端本地使用。最后，IDV 还要利用镜像技术把各个客户端数据同步到服务器上。

每个客户端都要安装 Hypervisor，把虚拟机加载到本地运行。客户端本地可以运行软件和存储数据。服务器除了管理客户端，还起着数据集中的作用。

IDV 的数据存储集中在后端，镜像存储在本地，因此离线是可用的，但是安全性会略低于 VDI。IDV 的计算分布在客户端，因此可以利用本地 PC 的性能，整体性能优于 VDI，但仍逊于 PC（基于虚拟化层，导致性能损耗）。同时，外设兼容性表现优秀，胜于 VDI。在 3D 应用方面，IDV 同时受本地 PC 显卡配置和显卡穿透技术影响，性能略低于物理 PC，但可满足普通办公需求。此外，IDV 不支持按需分配，不支持多终端接入。

4. VOI

VOI（virtual OS infrastructure，虚拟系统架构）由一名客户端代表把服务端的系统加载到客户端本地上，然后安装软件，接着上传至服务端作为模板。服务端再把模板通过镜像技术下发到各客户端上，客户端本地运行软件和存储数据。

VOI 也是要在客户端运行软件和存储数据。可以把 VOI 理解为升级版的无盘工作站，只不过 VOI 的客户端和服务端多了虚拟磁盘（virtual disk）来存储数据。VOI 的核心是 PXE 无盘+缓存技术，在架构上类似 IDV，但是没有虚拟化层。

VOI 架构带来的最大优势是规避了虚拟化层的开销，因此，性能零损耗，等同于 PC。但 VOI 不支持多终端接入，主要支持 PC，相对依赖网络，终端需要从 PXE 网卡启动。此外，VOI 硬件配置种类多、系统兼容性不好，管理维护不方便。

8.2.4　机房管理制度

如何利用现有资源把机房维护好、提高机房的利用率、创造出良好的学习和使用环境，已经成为机房管理人员面临的重要问题。制定好机房管理制度就是必需的、首要的工作。机房管理制度涉及人员、设备、财产和环境等各方面，主要包括人员管理、机房财产设备管理、机房设备维护管理、任课教师岗位职责管理和学生上机管理。

1. 人员管理

一个好的机房管理人员，首先应该有过硬的技术，能够及时处理机房中软件、硬件和网络等突发情况，并能对未发生的状况有一定的预见性。机房的管理人员要有高尚的道德情操和责任心，要在学生离开后检查计算机软、硬件设备，防止出现恶意损坏、盗窃等情况。

2. 机房财产设备管理

机房财产设备由学校后勤或教务处集中统一管理，并建账登记。教学使用者要爱护机房的各类设备，发现损坏和丢失要立即向学校报告，配合调查原因，并追查责任。

3. 机房设备维护管理

机房值班教师为机房计算机软硬件管理的具体负责人。设备出现故障较小时可由值班教师自行解决，较大故障要及时向相关人报告，争取在最短时间内查明故障原因。因值班教师疏忽发现问题而不及时上报，对正常教学造成影响时要追究值班教师责任。在计算机资源相对紧张的情况下，各机房软件安装应首先满足各专业教学大纲规定的要求，在有余力的情况下，再考虑安装其他软件。对专业教师和学生提出的其他软件安装要求，在不影响正常教学的前提下，经有关部门批准，可由机房值班教师统一组织安装。未经许可私自从网上下载、安装任何软件，若引起系统故障，由当事人承担相关责任。

4. 任课教师岗位职责管理

上机过程中要保证出口畅通，加强防火防漏电意识，发现异常情况要及时采取措施，并报知相关领导。每天上机课前 10min 到达机房，开启教师机，做好上机准备，并检查机房设备是否有损坏现象。上课时间要在机房中巡查，认真负责地指导学生上机操作，不中途离开机房。教育、监督学生不随意挪动机房设备，并督促学生打扫卫生、保持机房清洁。上机时如果学生做与学习无关的事情（如上网、聊天、玩游戏、讲话、看其他书籍），要及时制止，情节严重的必须做好记录并上交教务处。发现计算机故障应做好记录并及时通知机房管理人员，和机房管理人员一道重新调整和安排上机事宜。上机结束后应全面检查机房设备，做到心中有数，关好教师机并组织学生关好门窗、风扇、电源等。

5. 学生上机管理

学生上机时要带齐学习用具，在教师指导下安静、认真地上机，不得喧哗吵闹，更不准随意走动。不得随意进出机房，进入机房要严格按教师指定的机位就座。爱护机房卫生，雨具、仪器等不得带入机房，不乱扔果皮、纸屑等，实习用纸要自行带走。不得在机房的任何位置涂抹乱画。开机时发现机器故障，应立即报告指导教师，等待重新安排和调整机位；如果发现故障而未及时上报，涉及的一切责任自负。严禁修改客户机系统设置和入侵服务器，若练习需要，在教师的许可下修改后必须改回，否则视作人为破坏。严禁擅动设施，即使是耳机等简单设备也必须在值班教师的指导与监督下方可拆卸与安装。严禁随意安装、删除、卸载计算机内已经安装的各种软件；严禁上机时间不按教师要求操作；严禁上机时打游戏、上网聊天、浏览有不健康内容的网站；凡因操作不当或故意违规操作造成硬件损坏，除照价赔偿外，视情节轻重核收维修费用并给予相应处分。违犯上述规定且不听教育劝导者，取消上机资格，并由学校按校规进行处理。

8.3 数 据 中 心

8.3.1 传统数据中心

数据中心（data center）通常是指在一个物理空间实现信息的集中处理、存储、传输、交换、管理，而计算机设备、服务器设备、网络设备、存储设备等通常认为是网络核心机房的关键设备。数据中心主要有四种类型：计算中心机房、电信机房、控制机房、屏蔽机房等。这些机房既有电子机房的共性，也有各自的特点，其所涵盖的内容不同，功能也各异。

1. 计算中心机房

计算中心机房放置重要的数据处理设备、存储设备、网络传输设备及机房保障设备。计算中心机房的建设应考虑以上设备的正常运行，确保信息数据的安全性以及工作人员的身心健康。

大型计算中心机房一般由无人区机房（图 8-19）和有人区机房组成。无人区机房一般包括小型机机房、服务器机房、存储机房、网络机房、介质存储间、空调设备间、UPS设备间、配电间等；有人区机房一般包括总控中心机房、研发机房、测试机房、设备测试间、设备维修存储间、缓冲间、更衣室、休息室等。

中、小型计算中心机房可将小型机机房、服务器机房、存储机房等合并为一个主机房。

图 8-19 无人区机房示例

2. 电信机房

电信机房是每个电信运营商的宝贵资源，合理、有效、充分地利用电信机房，对于运行维护设备、快速处理设备故障、降低成本、提高企业的核心竞争力等具有十分重要的意义。

电信机房一般按不同的功能和专业来区分和布局，通常分为设备机房、配套机房和辅助机房。

设备机房是用于安装某一类通信设备，实现某一种特定通信功能的建筑空间，便于完成相应专业的操作、维护和生产，一般由传输机房、交换机房、网络机房等组成。

配套机房是用于安装保证通信设施正常、安全和稳定运行设备的建筑空间，一般由计费中心、网管监控室、电力电池室、变配电室和油机室等组成。

辅助机房是除通信设施机房以外，保障生产、办公、生活需要的用房，一般由运维办公室、运维值班室、资料室、备品备件库、消防保安室、新风机房、钢瓶间和卫生间等组成。

3. 控制机房

随着智能化建筑的发展，为实现对建筑中智能化楼宇设备的控制，必须设立控制机房。控制机房相对于计算中心机房、电信机房而言，机房面积较小，功能比较单一，对环境要求稍低，但却关系到智能化建筑的安全运行及设备、设施的正常使用。

控制机房包括楼宇智能控制机房、保安监控机房、消防控制室、卫星接收机房、视频会议控制机房等。这些控制机房的共同特点是机房均有操作人员工作，在保证电子设备运行的同时还要保证操作人员的身体需要。根据设备及操作的要求，这些控制机房也有其相应的特点。

4. 屏蔽机房

为了有效地防止电磁式噪声、辐射对电子设备和测量仪器的影响，并严防因电子信号泄漏而威胁到信息的安全，国家机关、军队、公安、银行、铁路等单位需要建立屏蔽机房。有要求的数据机房应建设屏蔽机房，确保数据在处理过程中，其信号不泄漏，从而满足数据的要求。一些对抗电磁要求较高的环境，如通信设备的测试试验室等场所，需要建设屏蔽机房，以防止外界电磁信号。有强电磁设备的机房应进行相应的电磁屏蔽处理，以避免干扰邻近机房设备的正常运行。

8.3.2 现代互联网数据中心

互联网数据中心（internet data center，IDC），就是电信部门利用已有的互联网通信线路、带宽资源，建立标准化的电信专业级机房环境，为企业、政府提供服务器托管、租用以及相关增值等方面的全方位服务。图 8-20 为 IDC 机房。

图 8-20 IDC 机房

IDC 为互联网内容提供商、企业、媒体和各类网站提供大规模、高质量、安全可靠的专业化服务器托管、空间租用、网络批发带宽以及 ASP（application service provider，应用服务提供商）、电子商务等业务。IDC 是对入驻企业、商户或网站服务器群托管的场所，是各种模式的电子商务赖以安全运作的基础设施，也是支持企业及其商业联盟（分销商、供应商、客户等）实施价值链管理的平台。

IDC 不仅是一个网络概念，还是一个服务概念，它构成了网络基础资源的一部分，提供了一种高端的数据传输服务和高速接入服务。

简单地说，IDC 就是指大型机房，就是电信部门利用已有的互联网通信线路、带宽资源，建立标准化的电信专业级机房环境，为企事业单位、政府机构、个人提供服务器托管、租用业务以及相关增值等方面的全方位服务。通过使用电信的 IDC 服务器托管业务，企业或政府单位无须再建立自己的专门机房、铺设昂贵的通信线路，也无须高薪聘请网络工程师，即可解决自己使用互联网的许多专业需求。

IDC 伴随着互联网不断发展的需求而迅速发展起来，成为 21 世纪中国互联网产业中不可或缺的重要一环。它为互联网内容提供商、企业、媒体和各类网站提供大规模、高质量、安全可靠的专业化域名注册查询主机托管（机位、机架、机房出租）、资源出租（如虚拟主机业务、数据存储服务）、系统维护（系统配置、数据备份、故障排除服务）、管理服务（如带宽管理、流量分析、负载均衡、入侵检测、系统漏洞诊断），以及其他支撑、运行服务等。

IDC 行业为了解决南北互通问题，研发了电信网通双线路接入技术，电信网通双线路自动切换七层全路由 IP 策略技术彻底解决南北电信网通互联互通数据互载平衡方案，使以前两台服务器各放置电信和网通机房供用户选择访问，现在只需一台服务器放置双线路机房，真正实现全自动达到电信网通互联互访问。单 IP 双线路彻底解决了南北互通这一关键问题，使电信与网通、南北互通不再是问题，而且大大降低了投资成本，更加有利于企业的发展。

8.3.3 数据中心机房建设要素和常见问题

1. 数据中心机房建设的几个重要的因素

1）数据中心机房的性能和能耗比是数据中心机房评估的一个重要指标。随着节能意识的加强，各种节能措施将被实施，如高效率 UPS（尤其在负载率的运行状态）、围护结构的绝热处理、低传热系数玻璃的采用等。另外，针对目前采用的房间开放式制冷模式的“冷库式”机房，在有些应用场合将被采用房间密闭空间的封闭式制冷模式的“冰箱式”机房所替代，用以减少或消除能耗、提高制冷效率。

2）“机架（机柜）就是机房”的概念将被接受。这是从“IT 微环境”或机柜是模块化的机房环境这方面考虑机房的作用，并以此为出发点来规划、设计数据中心机房的模式，“选址—布局—机房设备（指 UPS、空调等）摆放—机柜摆放”的设计逻辑将完全逆转。

3）“一体化机房”或“整体机房”概念将被实施。标准化的、定制化的、预生产的、组件式（或称积木式）的、整体设计的机房构（搭）建模式越来越普及，尤其是针对中小型机房用户。

2. 数据中心机房建设中存在的常见问题

随着数据中心机房应用需求的不断发展，数据中心机房建设的一些问题也逐渐显露出来。

（1）数据中心机房建设概念上存在各种问题

有人将数据中心机房建设归结为机房装修工程，也有人将数据中心机房建设归属到大楼弱电工程的一个分支专业。这些问题的存在导致无法抓住数据中心机房建设的重点，而将数据中心机房建设引入误区。数据中心机房工程是多专业、多学科、技术含量高的综合工程，在智能建筑工程中处于核心的位置。因此，必须明确数据中心机房工程的重要性才能做好建设。

（2）数据中心机房各系统的均衡问题

数据中心机房工程是一个系统工程，是由多个系统协同工作来实现的。但有的用户无限制地抬高某一系统的可靠性，而忽视数据中心机房整体性能的平衡问题，最终导致数据中心机房因其他系统的薄弱而出现问题，从而影响数据中心机房系统的稳定运行。所以不能过分强调某一系统的可靠性，而无限度地抬高整个数据中心机房建设的费用。

（3）数据中心机房的通用性问题

在数据中心机房规划初期，计算机及其他设备还没有确定，如果不认真做好用户需求分析，只根据经验进行组建，那么所进行的规划设计往往带有一定的盲目性，无法针对功能需求、设备数量进行相关设计，容易造成难以弥补的缺憾。这样通常导致数据中心机房建成后不久就要进行机房改造来满足新增设备的需要。

鉴于以上这些问题的存在，数据中心机房建设者不仅要有正确的数据中心机房建设理念，而且要考虑其可扩展性。

8.3.4 贵州和内蒙古的数据中心

未来世界离不开大数据，大数据蕴含了未来科技发展的诸多内涵。各国都非常重视大数据建设，我国在大数据建设方面也精心布局。贵州成为首个国家大数据中心建设的重点省份。在这之后，内蒙古又成为第二个国家级重点建设的大数据基地。

继 2017 年 7 月苹果公司宣布在贵州建立中国南方数据中心后，2019 年 3 月 15 日，苹果（乌兰察布）数据中心项目举行了开工仪式，这是苹果在中国建立的第二个数据中心。

除了苹果以外，包括华为、阿里巴巴、腾讯以及谷歌、英特尔、微软等在内世界知名企业均先后在贵州和内蒙古建设大数据中心，规划部署的服务器规模高达数百万台。图 8-21 为乌兰察布华为云数据中心。

图 8-21 乌兰察布华为云数据中心

除了乌兰察布市外，内蒙古还有很多地方建设了数据中心。例如，内蒙古和林格尔新区已成为内蒙古重点打造的云计算产业基地（图 8-22）。截至 2020 年，中国移动、中国联通、中国电信三大运营商在此建设了国内最大规模的云计算数据中心基地，三大运营商已累计完成投资上百亿元，服务器装机能力达到 70 万台，远期规划规模 368 万台，居全国第一。如今，内蒙古和林格尔新区已建成全国大数据基础设施统筹发展类综合试验区的核心区，具备发展 5G、数据中心、工业互联网、人工智能等“新基建”项目的巨大优势，已吸引了一批填补内蒙古行业空白的专精特新项目，成为内蒙古战略性新兴产业发展的技术高地、产业高地和应用高地。

大数据中心里不仅有大量的服务器，还包括计算机系统和其他与之配套的设备，以及数据通信连接、环境控制设备、监控设备以及各种安全装置。为了保证数据可以 24h 随时调取，数据中心内的服务器必须提供 7×24h 全天候服务。

据统计，能耗成本占数据中心总运营成本的 50%。能耗成本又分为两大部分，一是机柜的耗电成本，二是机柜散热带来的空调耗电成本。

图 8-22　内蒙古和林格尔新区云谷数据中心

贵州和内蒙古能成为中国大数据中心产业重镇，核心要点还是其丰裕的电力资源和适宜的气候条件带来的用电成本的低廉。贵州和内蒙古都是电力产出大户，电力资源丰裕，是国内主要的电力输出省份。贵州煤炭资源和水力资源丰富，电力生产“水火”相济，除了供应省内之外，还大量输出至广东、广西。内蒙古煤炭资源极为突出，火力发电量排全国第三，同时也是国内最大的风力发电省份和第三大太阳能发电省份。

除了丰裕的电力供应带来低廉的电费，贵州和内蒙古的气候适宜。贵州年均气温为 14～16℃，夏季平均气温 22.5℃，冬季平均气温 6～8℃；内蒙古乌兰察布市全年平均气温 4.3℃，盛夏平均气温 18.8℃。凉爽的气候，大幅减少了空调耗电量。全国最便宜的电价加上适宜的气候，双管齐下，带来的是数据中心电费成本的大幅节省，吸引着众多知名企业慕名前往。

第 9 章　计算机常见故障分析与处理

计算机的使用离不开硬件环境的支持，只有在稳定的硬件环境中才能确保操作系统和各种应用软件的安全运行。同样，稳定的软件环境也是系统正常工作所必需的。当计算机在使用过程中出现异常时，意味着其出现了故障，这可能是由于电源或接插件接触不良、硬件损坏引起的，也可能是由于软件出现错误而引起的。如何诊断并排除故障，就成为用户和系统维护人员经常需要面对的问题。

通过本章的学习和实践操作，读者可以了解计算机系统常见的故障，学会分析故障现象，熟悉计算机机房常见故障，掌握处理方法。

9.1　判断计算机故障常用的方法

9.1.1　故障判断流程

计算机故障千差万别，如何才能知道是由硬件还是软件引起？在分析和处理故障时，通常遵循“先软后硬、先外后内”的原则。“先软后硬”是指首先从软件着手（包括操作不正确和病毒破坏等），尝试用软件的办法来处理，确实无法解决后，再从硬件上找原因；“先外后内”是指首先排除电源、插座的电器连接以及外设的机械和电路等故障，再针对机箱内部进行检查。

由于计算机系统本身的复杂性以及故障发生现象的多样性，在实际操作中需要灵活处理。一般情况下，硬件的故障率要大大低于软件的故障率，但对于硬件故障大多数用户往往不知道如何下手，而且处理硬件故障带有一定的危险性，因此应按一定的流程来判断。通常判断系统故障可按下列流程进行。

1. 计算机加电启动时能否出现自检画面

如果未能出现自检画面，则说明可能是显卡、主板、CPU、内存、电源方面的故障，即属于硬件故障。如果计算机加电时，不能出现自检画面但可听到扬声器发出的“一长两短”的“嘀”声，则说明可能是显示器或显卡的故障。

2. 自检时是否出现错误信息

如果在计算机自检的过程中出现各种错误信息，如“HDD Controller Failure”，表示硬盘控制器错误，一般是硬盘电源线与硬盘连接不正确、硬盘数据线与主板连接不正确等原因引起的，此类故障仍然属于硬件故障。出现此类故障后，可以根据错误信息上网搜索解决方案。

3. 能否正常引导操作系统

如果能正常引导操作系统，基本上可以说明是软件方面的故障。即使未能正常引导，一般也是系统文件丢失、病毒破坏等原因造成的，也属于软件故障。

4. 计算机在系统启动运行过程中是否出现问题

大部分计算机的故障是在系统运行过程中出现的，如死机、程序非法操作关闭、系统资源急剧减少、文件丢失等，这类故障一般属于软件故障。但也不能完全排除硬件方面的故障，如机械硬盘介质划伤、内存性能不稳定、某些芯片热稳定性差、某些硬件之间存在兼容性问题等都可能造成程序运行错误。

9.1.2 硬件故障判断方法

计算机出现故障以后，一定要具体问题具体分析。在基本排除了软件方面的原因或者用软件方法不能解决问题的情况下，可以按照下面介绍的一些硬件故障判断方法进行处理，最终确认硬件故障部位并找出原因。插拔机箱内部硬件时要确已关机断电，操作过程中要防止静电，可以穿戴防静电设备，也可以先洗手放掉身上的静电。

1. 观察法

观察法即用手摸、眼看、鼻嗅、耳听的方法检查。一般发热组件的外壳正常温度不应超过50℃，CPU温度也不应超过75℃，手摸上去有点热。如果手摸上去发烫，则可能内部电路有短路现象，因电流过大而发热，此时应将该组件换下来。一般机器内部芯片烧毁时，会散发出一种焦煳味，用眼仔细观察会发现芯片表面颜色有些异样，千万不能再加电使用。

对电路板要用放大镜仔细观察有无断线和虚焊，是否残留金属线、锡片、螺丝、杂物等，发现后应及时处理。观察组件的表面有无焦色、龟裂，字迹颜色有无变黄等现象，若有则更换此组件。听有无异常的声音，特别是驱动器更应仔细听，如果与正常声音不同，则应立即找出异常声音产生的部位并着手进行检修。

2. 清洁法

可用毛刷轻轻刷去主板上的灰尘。主板上的一些插卡、芯片采用插脚形式，常会因引脚氧化而造成接触不良。可以用橡皮擦去表面氧化层，重新连接；也可以用一些专用的主板清洁液来清洁。清洁时动作一定要慢，不要把器件或设备损坏，也要防止在清洁时产生静电而把器件或设备击穿损坏。

3. 拔插法

拔插法就是将插件板拔出或插入，采用该方法一般能迅速找到故障发生的部位，从而查到故障的原因，此操作必须在关机切断交流电的情况下进行。操作步骤为：依次拔出插件板或设备接口线及电源线，每次只能拔出一个插件板或设备，然后开机观察机器的开机自检过程。一旦拔出某个插件板或设备后，故障消失并且机器恢复正常，说明故障就在该部件上。拔插法不仅适用于接插类设备，也适用于带插座的芯片或其他集成电路。

4. 替换法

替换法是用好的插件板或设备替换有故障疑点的插件板或设备，该方法简单容易、方便可靠，对于扩充卡电路板和外设尤其适用，对初学者来说是一种十分有效的方法，可以方便而迅速地找到故障点。但此方法的使用需要大量同类备件的支持，一般适用于机房设备维修。

5. 敲打法

机器运行时好时坏，可能是由于某些元件的管脚虚焊或设备接口接触不良，也可能是由于金属表面氧化使接触电阻增大而造成接触不上或信号变弱。对于这种情况，可以用敲打法来进行检查，通过敲击插件板或设备，使故障点彻底接触不上或敲击某部位故障消失，再进行检查就容易发现故障。此方法常适用于对电源、主板、扩充卡和显示器的维修，但对机械硬盘严禁使用此方法。

6. 比较法

比较法就是用正确的参量（波形或电压等）与有故障机器的值进行比较，根据比较结果最终确定是哪一个组件的值与之不符，然后更换失效的组件或元器件，从而排除故障。在实际操作中应根据电路图逐级测量，逐步检测，分析后确诊故障所在位置。

7. 升温法

计算机工作很长时间或者当环境温度升高以后出现故障，而关机检查却正常，再开机工作一段时间后又出现故障，此时可用升温法来检查。所谓升温法，就是人为地把环境温度升高。计算机在恶劣环境下工作会加速元器件的老化，使那些质量较差的元器件过早失效，以便找出故障。同样，可以采用局部升温的办法，针对有疑点的组件或元器件重点观察，尽快找出故障点。

8. 程序测试法

硬件检测卡是一款专门检测计算机硬件故障的软件，能识别各种硬件代码并加以解释，以帮助用户更好地判断故障点，并迅速解决。将硬件检测卡插到 PCI 插槽上使用，显示代码由 16 进制组成，具体显示代码和问题代码要看主板的 BIOS 芯片。另外，前面提到的硬件检测软件也可以帮助判断硬件故障，主要是测试硬件的稳定性。

9.1.3 故障判断综合方法

计算机的故障有时候比较复杂，单纯采取某一种方法不一定能找到原因。如果遇到这样的疑难故障，就有必要采用综合方法，即综合运用多种多样的方法来分析、查找故障，从而获得解决问题的方案。基于以上方法可推演出下列几种常用的综合方法。

1. 最小系统法

出现故障时无法正常开机，此时将计算机的所有外设及内部扩展卡全部拔下来，仅保留主机电源、主板、CPU、内存、PC扬声器和键盘，加电仔细观察键盘上的三个LED灯的状态，听扬声器发出的声音。正常时会得到如下信息：加电时可以看到键盘上的三个LED灯同时亮一下；接着会听到扬声器发出一长两短的“嘀”报警声；会看到Num Lock LED指示灯变亮（一般系统默认）。若能得到这些信息，则表示计算机电源、主板、CPU、内存、PC 扬声器和键盘都是好的，若得不到此信息，则表示上述部件中有故障，需要进一步更换检查。

2. 最优化系统法

出现故障时基本能开机，此时将计算机的所有外设及内部扩展卡全部拔下来，仅保留主机电源、主板、CPU、内存、显卡、显示器、PC 扬声器和键盘，然后加电仔细观察键盘上的三个 LED 灯的状态，听扬声器发出的声音和看显示器上显示的检测信息。正常时会得到如下信息：加电时可看到键盘上的三个 LED 灯同时亮一下；接着会听到扬声器发出一短的“嘀”报警声；会看到 Num Lock LED 指示灯变亮（一般系统默认）；同时可看到显示器显示显卡的 BOOT ROM 信息；接着换屏显示主板 BIOS BOOT ROM 启动信息，如 CPU 类型、内存容量等；接着换屏显示设备类表并同时引导进入操作系统启动界面。若得不到这些信息，则表示此方法保留下的设备和部件中存在故障，最好再用最小系统法来检查，以确定最小化保留下的设备完好，再用后面的方法发现故障设备。

3. 逐渐扩容法

当确认电源、主板、CPU、内存、显卡、显示器、PC 扬声器和键盘都正常时，逐渐增加扩展卡和设备，每增加一块扩展卡或设备后都要加电检查，直至故障出现，所增加的扩展卡或设备即为故障位置，更换即可排除故障。

9.1.4 BIOS 报警声含义

BIOS 的报警声是计算机故障排除的最好诊断工具。一般来说，对 BIOS 报警声的含义清楚了，也就了解了故障所在。对于 Award、AMI 和 Phoenix 这三种常见的 BIOS 来讲，通过 PC 喇叭，BIOS 会根据不同故障部位发出不同的报警声，可以通过这些不同的报警声对一些开机型的故障进行诊断。

开机加电自检时，若检测出故障，系统通常会用不同的响声和屏幕提示说明故障的存在及其类型。自检时发现故障一般以初始化显示器为界限，在此之前出现的故障为致命性故障，之后出现的故障（有屏幕显示）为非致命性故障。

如果系统在执行加电自检程序期间发现非致命性故障，则屏幕会显示如下错误信息：

ERROR Message Line1（错误信息行 1）

ERROR Message Line2（错误信息行 2）

Press<F1>to Resume（按<F1>键继续）

这种格式指出了错误信息，并提示按 F1 键继续引导。

出现致命性故障时，一般不能显示提示信息，系统不能继续启动，通过扬声器发出长短各异的、有规则的响声来报警，用户可以通过这些响声来判断故障所在，以便及时排除。表 9-1 和表 9-2 分别列出了 Award BIOS 和 AMI BIOS 的不同报警声所反映的故障以及操作建议。

表 9-1　Award BIOS 报警说明

报警声	反映故障	操作建议
1 短	系统正常启动	无
2 短	常规错误	进入 CMOS 设置修改，或装载缺省设置
1 长 1 短	内存或主板出错	重新插拔内存，更换内存或者主板
1 长 2 短	显卡或显示器错误	检查显卡
1 长 3 短	键盘控制器错误	使用替换法检查
1 长 9 短	主板 BIOS 损坏	尝试更换 Flash RAM
不断地长声响	内存问题	重新插拔内存，否则更换内存
不断地短声响	电源、显示器或显卡没有连接	重新插拔所有插头
重复短声响	电源故障	更换电源

表 9-2　AMI BIOS 报警说明

报警声	反映故障	操作建议
1 短	内存刷新失败	更换一条质量好的内存条
2 短	内存 ECC 校验错误	关闭 CMOS 中的 ECC 校验选项
3 短	基本内存（第一个 64KB）失败	更换一条质量好的内存条
4 短	系统时钟出错	维修或者直接更换主板
5 短	CPU 故障	检查 CPU（可用替换法检查）
6 短	键盘控制器错误	插上键盘，更换键盘或者检查主板
7 短	系统实模式错误	维修或者直接更换主板
8 短	显卡故障	更换显卡
9 短	ROM BIOS 检验错误	更换 BIOS 芯片
1 长 3 短	内存错误	更换内存
1 长 8 短	显卡测试错误	检查显示器数据线或者显卡是否插牢

总之，通过采用上述各种手段进行判断、检查和处理，基本上可以解决计算机常见的硬件故障。

9.2 硬件设备常见故障及解决办法

9.2.1 电源常见故障及解决办法

1. 电源接触不良产生的故障

由于移动或运输颠簸造成电源接口松动或接触不好，开机后计算机没有任何反应，计算机实际上没有加电，此时将电源接口取下来重新插到位即可排除故障。

2. 主板短路造成的故障

如果主板上存在短路故障，则计算机加电启动时电源可检测到逻辑短路，同时电源产生保护动作并停止供电，此时应立刻关机检查并排除故障，以免造成更大的损失。

3. 电源输出功率不足产生的故障

如果计算机原本工作正常，当增加扩展卡或设备时产生故障，把扩展卡或设备取下来以后故障消失，再把扩展卡或设备换到其他计算机上使用也都正常，则说明电源功率不足，只有更换大功率电源才能解决问题。

4. USB 接口短路导致的故障

正常工作的计算机，当增加移动设备连接到 USB 接口上，显示器立即黑屏，而且 CPU 风扇和计算机内部的其他风扇同时像开机时那样突然高速运转起来，偶尔会有淡淡的焦煳味道，主机不能正常开机，或有些计算机重新启动后，USB 接口不能识别 USB 设备，这样的故障往往是因为有些主板用料简陋，没有保护电路，造成主板损坏，或者主板 USB 接口的保险丝损坏，仅仅出现 USB 接口失效，而主板其他功能正常。这些说明主板设计和制造有问题，只要更换主板或保险丝就能解决问题。

5. USB 供电不足产生的故障

计算机原本工作正常，当增加扩充 USB 设备时产生故障。这个问题比较常见，移动硬盘表现出来的现象是，移动硬盘连接到 USB 接口上后，会显示有移动设备连接的信息，并同时听到移动硬盘发出“咔咔”的声响；其他 USB 设备表现出的现象是，当原有的 USB 设备在使用的时候，额外增加其他 USB 设备，可能造成原来的 USB 设备出现故障，或后增加的 USB 设备不能正确被识别。这些主要是主板的 USB 接口供电不足造成的，可以通过使用带辅助供电的 USB 线来解决，也可以使用带供电的 USB 集线器来解决。

9.2.2 CPU和内存常见故障及解决办法

1. CPU和内存散热不良

CPU和内存条一般会贴上厂商的标签，有些产品经过多个商家后会在上面贴上多个标签，就好像给器件穿上了一件“保护衣”，不利于散热，可能会产生过热的故障。

现在为了提高内存条的稳定性，有些厂商给内存穿上“马甲”来提高散热效果。如图9-1所示，国产的光威8G DDR4 3000台式计算机内存就加装了1mm的铝制高效散热片，散热效果更好。

图9-1 光威台式计算机内存

2. 出现提示“Memory parity error detected”后死机

此故障常与计算机内存条的质量有关，如果使用低于标准的器件就可能出现此故障，有可能是内存条本身的品质问题，还有可能是使用了不同类型的内存条造成的，更换一条高品质的内存条或更换为相同类型的内存条，即可排除此故障。

3. 计算机频繁死机

计算机使用了一段时间后经常死机，打开机箱检查发现，CPU上面的散热器温度较高，并且风扇转速较低，未达到正常转速，则有可能是CPU风扇的问题，可通过更换CPU风扇使故障消失。

9.2.3 主板常见故障

按不同的分类方法，可以将主板故障分为多种类型。

1. 根据故障对计算机系统的影响分类

根据故障对计算机系统的影响，主板故障可分为非关键性故障和关键性故障。非关键性故障也发生在系统加电自检期间，一般给出错误信息，可根据错误信息并结合所学过的知识判断故障位置，此类故障一般较容易判断和处理；关键性故障也是发生在系统加电自检期间，一般会导致计算机死机，不能显示自检信息，此时判断故障较为困难，可结合前面介绍的方法来判断故障位置。

2. 根据故障的影响范围分类

根据故障的影响范围，主板故障可分为部分故障和整体故障。部分故障是指系统某一个或几个功能运行不正常，如主板上某个接口损坏，仅造成部分工作不正常，不影响其他功能，这时可以考虑使用转接卡，通过其他正常的接口转换出受损的接口功能；整体故障往往会影响整个系统的正常运行，使其丧失全部功能，如主板芯片组损坏将使整个系统瘫痪。

3. 根据故障现象是否稳定分类

根据故障现象是否稳定，主板故障可分为稳定性故障和不稳定性故障。稳定性故障往往是由于元器件或集成电路功能失效引起的，其故障现象稳定重复出现；不稳定性故障往往是由于接触不良、元器件性能降低，使系统时而正常，时而不正常，如主板或显卡插槽变形造成显卡与插槽接触不良。

主板出现故障时，一般小故障可以自己动手解决，如更换 BIOS 电池解决电池没电问题、重新安装各类板卡解决接触不良问题、使用接口转换多功能卡解决接口故障等。如果故障较严重，需要专业维修，维修成本较高，一般建议更换新主板。

9.2.4 硬盘常见故障及解决办法

硬盘故障在计算机故障中所占的比例相对较高。硬盘故障一般可以分为硬件故障和软件故障。简单来说，硬件故障是指物理属性的损坏，而软件故障是指系统程序出错。由于传统硬盘驱动器是机械硬盘驱动器，因此它们更容易因震动或使用不当导致故障。

1. 开机检测硬盘出错

开机时检测硬盘有时失败，出现“primary master hard disk fail”，有时能检测成功正常启动。检测失败后有时在 BIOS 中能通过 AUTO DETECT 重新设置，有时 AUTO DETECT 又找不到硬盘。此时可按以下顺序检查：检查硬盘线是否松动；换一根好的硬盘线测试；把硬盘换到其他计算机上测试；换一块主板确认 IDE 口有无问题；也有可能是电源导致的问题，换一块质量好一些的电源；认真检查硬盘的 PCB，如果 PCB 板有烧坏的痕迹，则须尽快送修。

如果主板检测到了硬盘，则先确认检测到的硬盘参数是否与实际的硬盘参数相同。若检测到的硬盘容量和实际不同，说明系统一定出现故障了，可能是硬盘、主板甚至硬盘数据线的问题，可以用替换法加以确认。

2. 硬盘容错提示

现在硬盘都采取了多项容错技术，其中最常用的是 S.M.A.R.T 技术。如果屏幕显示“SMART Failure Predicted on Primary Master:ST310210A”，然后出现警告“Immediately back-up your date and replace your hard disk drive. A failure may be imminent.”，必须按 F1 键才能继续。这时 S.M.A.R.T 技术诊断会检测到硬盘驱动器可能出现故障或不稳定，并警告需要备份数据、立即更换硬盘驱动器。出现此提示后，除更换新磁盘外，没有其他解决方案。

3. 加电后硬盘有异响

硬盘只要一加电，就不停地高速运转，这些机械结构难免会出现故障。可以在 BIOS 检测硬盘时，听一下硬盘发出的声音，如果发出“嗒……嗒……嗒……”的声音后就恢复了平静，就有比较大的把握判断硬盘没有问题；如果先发出“嗒……嗒……嗒……”，又连续几次发出“咔嗒……咔嗒”的声音，则有很大的可能是硬盘出问题了。最坏的情况是自检时硬盘出现“嗒、嗒、嗒”之类的周期性声音，表明硬盘的机械控制部分或传动臂有问题，或者盘片有严重损伤。为了进一步判断，可以将硬盘拆下来接在其他计算机上，然后进入 BIOS 设置中检测，如果仍然检测不到，就可以断定是硬盘的问题。

4. BIOS 时而能检测到硬盘，时而检测不到

先检查硬盘的电源连接线及数据电缆线是否存在接触不良的问题，通常此故障会在使用移动设备后或计算机长时间使用后出现。另外，供电电压不稳定或者与标准电压值相差太大，也有可能引起这种现象，这时可以更换满足功率要求的电源测试。

5. 硬盘出现坏道

先尽可能备份硬盘中的数据，再对硬盘进行低级格式化处理。如果坏道仍然无法完全修复，就只能使用 DM 等工具软件将这些坏道标识出来，系统以后不再使用这些区域；如果坏道比较集中，则可以在分区过程中安排跳过这一段区域，此操作可以用 DiskEditor 软件来完成。如果坏道较多，则及时更换为好。

6. 固态硬盘故障问题

机械硬盘会出现坏道，固态硬盘也会出现“坏块”，表现为系统读取某个文件或者保存数据时，用时特别久，最终放弃此操作。

（1）文件无法读取或写入

如果发现系统中有文件无法读取，说明系统已经检测到数据在坏块中，这时就需要专业人员的帮助了，如果数据不重要，可以直接更换固态硬盘。无法写入不会对数据造成影响，可以更改文件数据的保存位置。

（2）无法访问或者运行缓慢

从固态硬盘读取或写入文件时，如果有错误信息，说明固态硬盘出现坏块，在这种情况下打开大型应用软件时，可能会出现计算机卡顿、变慢甚至崩溃等现象。如果发现固态硬盘读取速度有问题，可以使用磁盘检测工具测试固态硬盘是否损坏，若损坏则及时更换，防止重要数据丢失。

（3）多次出现蓝屏死机

运行计算机时蓝屏死机的原因有很多种，固态硬盘损坏是其中之一。如果计算机在启动过程中崩溃，那么必然是固态硬盘的问题，此时需要格式化固态硬盘，重装系统。

（4）文件系统要修复

出现文件系统修复问题，使用 Windows 自带的文件系统修复工具就可以，当然这也

表明硬盘肯定出现了问题。机械硬盘需要整理碎片文件，但是固态硬盘不需要这样处理。

（5）拒绝写入

如果固态硬盘在没有任何修改的情况下变成只读，那么表明该固态硬盘已经“寿终正寝”，出现这种情况，应尽快备份数据，更换一块固态硬盘。

无论是机械硬盘还是固态硬盘，建议一定要经常备份重要数据。

9.2.5 光驱常见故障及解决办法

1. 开机检测不到光驱或者检测失败

- 光驱连接接口插接不良，重新插好、插紧。
- 硬盘数据线由于鼠咬、虫蛀等原因损毁，更换数据线。
- 跳线错误，重新设置。

2. 进出盒故障

- 进出盒电机插针接触不良或电机烧毁，重插或更换。
- 进出盒机械结构中的传动带（橡皮圈）松动打滑，更换尺寸小一些的传动带。

3. 步进电机故障

出入盒正常，但放入光盘后光驱做几次加速读盘动作（可以从声音上判断出来），然后就一直高速旋转读盘，但仍读不出信息。这种情况一般是由于步进电机插针接触不良或者是电机烧毁。

4. 激光头故障

有的光盘能读，有的光盘不能读或者读盘能力差。光驱使用时间长，使激光头物镜变脏或者老化，用棉花擦干净激光头物镜可改善读盘能力，而对于激光头老化则可通过调节激光电路上的可调电阻以增大激光的发射功率来解决。

5. 激光信号通路故障

激光信号通路指的是激光头与电路板之间的连接线，一般为一条扁平、硬直的塑料导线，它是激光与其他电路信息交换的通道。此处产生的故障较多，但维修却很简单，只要更换这条导线即可。激光信号通路故障通常有以下表现。

1）加电后，指示灯闪动约 10s 后停止，按出盒键，盒能伸出，但放入盘片后又马上被弹出。

2）加电后，指示灯闪动约 3s 后停止，出入盒正常，盘片入盒后，旋转一下就停止，读不出数据。

3）放入盘片后，指示灯快速闪动不停，但读不出数据。

4）放入盘片后，光驱做几次加速动作，尝试读出数据（由声音可辨别出来），稍后停止，读不出数据。由于机型不同可能尝试读盘的次数不同。

9.2.6 显卡常见故障及解决办法

1. 开机无显示

注意有无小喇叭的报警声，如果有报警声，则显卡的问题可能性更大。可以从报警声的长短和次数来判断具体的故障。

注意面板的显示灯状态，如果无报警声又检查过内存，则可能是显卡接触不良的问题，往往伴随硬盘灯长亮；还可以看显示器的状态灯，如果黑屏伴随显示器上各状态调节的指示灯在不停地闪烁，则可能是连接显卡到显示器的电缆插头松了，或是显卡没有插紧。

此类故障一般是显卡与主板接触不良造成的，清洁显卡的金手指和主板插槽即可。如果显卡出现物理或电气损坏，只能更换新产品或者请专业维修人员。对于那些集成显卡的主板，必须将主板上的显卡选项关闭以后，才能使用独立显卡。

2. 显示颜色不正常

这种故障一般是因为连接显卡与显示器的信号线接触不良或显示器故障引起的，需要重新安装信号线或者更换新的信号线，如果故障依然存在就需要更换显示器。

3. 出现异常的竖线或不规则的小图案

这种故障一般是显卡的显存部分出现故障或显卡与主板接触不良造成的，可以取下显卡，用橡皮清洁显卡接口（金手指），然后重新安装显卡，故障可能会消失，如果未排除就需要更换显卡进行测试。

4. 显存共享引起的集成显卡故障

一块集成显卡、声卡的主板，在安装好 CPU、内存等其他配件后，加电屏幕黑屏无反应，无意间更换了内存条的位置后，屏幕出现开机界面。经检查发现芯片组集成的显卡，若为共享主存类型的主板，要求内存条插在第一个内存插槽中。

5. 电源功率或设置产生的故障

主板提供的高级电源管理功能很多，有节能、睡眠、On Now 等，但有些显卡和主板的某些电源功能有冲突，会导致进入 Windows 花屏的现象。因此在显示不正常时，应注意 CMOS 中电源管理的设置，如果改动了出厂设置，最好调整为出厂默认设置；如果就是出厂的默认设置，则可以通过把某些项目禁用来排除冲突。

9.2.7 声卡常见故障及解决办法

1. 声卡无声

如果装上声卡无声，查看 Windows 设备管理器中声卡正常，桌面音量控制正常，播放声音文件操作也正常，将声卡驱动程序删除，重新安装驱动程序还是无声，机器运行数分钟很容易死机，但将声卡取下后再开机就不再死机，则说明声卡损坏，更换声卡故障就可以排除。

2. 声卡的IRQ与其他设备的IRQ发生冲突

声卡一般要占用一个IRQ值，这样就有可能和其他扩充设备的IRQ值发生冲突，此时最好用MSD或其他工具软件检查系统IRQ占用情况，然后把发生冲突的设备设定为空闲即可解决冲突故障。

3. 声卡驱动程序安装不正确

多数计算机声卡集成在主板上，声卡驱动程序虽然已经安装，但声卡依旧不能正常使用，有可能是驱动程序版本不对，建议重新安装主板厂商提供的驱动程序；也可能是主板芯片组驱动程序安装有问题，造成声卡无法正常工作，需要重新安装正确的主板芯片组驱动程序。

9.2.8 显示器常见故障及解决办法

1. 开机图像模糊

开机图像模糊，需要等十几分钟后才逐渐清晰，这是由于机器受潮漏电导致聚焦电压跌落。如果用加热烘干的方法或调聚焦电压的方法来处理这种故障，虽然能应付当时，但是不能从根本上解决问题，只有更换显像管管座才能彻底解决问题。

2. 显示缺色或图像上下滚动

用户操作不当或紧箍件松动使得显示接口松动，可造成显示器显示缺色或图像上下滚动，检查后将松动的接口插紧，故障即可排除。

3. 显示器不亮或显示器信号指示灯不正常

当显示器电源接触不良或显示器电路损坏时，显示器不会亮；当显示器电源接触不良时，显示器的LED也不会正常变绿。出现此类故障时，先检查电源插头和插座连接是否正常，接着检查电源线和显示器之间的连接，重新插紧电源线插头，故障消失。如果不行则需要维修或者更换显示器。

4. 图像在屏幕上偏移

这种情况往往出现在玩游戏时。这是由于游戏所使用的显示分辨率和刷新率与显卡当前的显示模式不同。可以通过调节显卡或显示器来解决问题，现在大多数显示器是数控调节的，可自动记录当前分辨率与刷新率下的屏幕位置，从而可以解决图像在屏幕上偏移的故障。

9.2.9 键盘、鼠标常见故障及解决办法

1. 键盘击键和鼠标移动不灵活

使用一段时间后发现键盘击键不良和鼠标移动不灵活，这往往是由于使用时间久了污垢太多所造成的，一般情况下用脱脂棉蘸无水酒精清洗后即可排除故障。

2. 计算机不识别有线鼠标

当移动有线鼠标时发现计算机不识别，此时要检查鼠标接口，看是否接触良好，然后检查 BIOS 设置是否正确，若以上都正确则有可能是鼠标连线断了，更换鼠标即可。如果主板接口出现问题，可以更换其他接口类型的鼠标。

3. 计算机不识别无线鼠标

当增加无线鼠标时发现计算机不识别，可检查鼠标无线发射接口模组，看是否接触良好，然后检查无线鼠标与接口模组是否做过对码操作，再到设备管理器中检查无线模组的驱动是否正确。也可更换鼠标电池测试。若以上都正确则有可能是无线鼠标损坏，更换即可。

9.3 机房常见故障及解决办法

机房故障一般可以分为机房基础故障、设备硬件故障，软件系统故障、网络故障等几种类型。

9.3.1 机房基础故障及解决办法

机房基础故障主要是指基础环境设施带来的问题，主要是供电方面和温度、湿度对计算机的影响以及地板的安全问题。

1. 供电电压不稳导致计算机无法正常工作

供电电压偏高，容易损坏设备；供电电压偏低，设备频繁重启，无法正常工作。如果机房用电环境供电电压不稳，建议安装稳压电源。

2. 电源插头松动导致计算机无法开机

计算机开不了机，一般多是电源插头松动所致，找到电源插头重新插好即可解决。如果电源插座插孔有问题或插不紧，建议及时更换电源插座，或者使用新的电源插座扩展，但是不可多级串接电源插座。机房一定要定期检查电源插头是否插好。

有的学生带笔记本计算机上课，拔掉计算机电源插头，插上笔记本计算机充电，下课后拔了笔记本计算机电源就走，没有把拔下来的电源插头复原，导致部分计算机无法开机。这种情况更为多见，如图 9-2 所示。一般机房都严禁插拔电源，更多的是为了安

全考虑。机房应严格执行相关规章制度，避免随意插拔电源。若需使用笔记本计算机最好去专门提供电源的教室或自主机房。

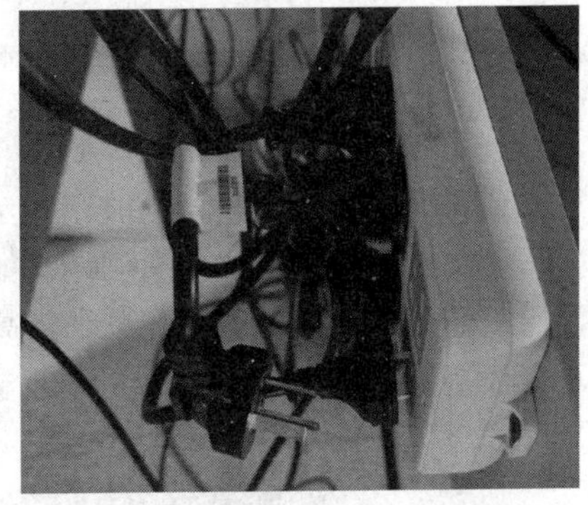

图 9-2 电源插头松动或被拔

3. 线路老化

机房使用多年后，可能会存在线路老化的问题。一定要注意检查电源主干线的外皮是否老化脱落。老化严重容易短路发生火灾，因此一定要及时更换。有的电源插座塑料外壳时间长了也会老化（图 9-3）、变脆，一碰就坏，插座上的金属弹片无法夹紧插头，导致接触不良或虚接。有的插座不符合新国标，有安全隐患。这些都应该及时更换。

插座新国标与旧国标的主要区别如下。

1）新国标对插孔进行了统一规范，只支持扁头的二、三头插孔和圆头的双头插孔。

2）被淘汰的万能插座都标有“按 GB 2099.3—1997 标准生产”或“按 GB 2099.3—1996 标准生产”字样。旧国标的产品在包装上标有“按 GB 2099.3—2008 标准生产”字样，而新国标则标有“GB 2099.3—2015”或“GB 2099.7—2015”字样。

3）采用旧国标的万能插座三相插孔与两相插孔是合在一起的，总共 3 个孔；新国标的三相与两相是分开的，有 5 个孔，如图 9-4 所示。旧国标的插座是一孔多用，新国标的插座是一孔一用。

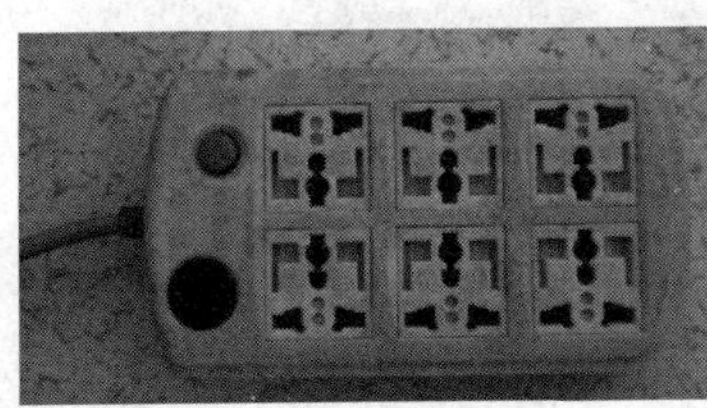

图 9-3 老化的插座

图 9-4 新国标插座

4）2017 版插座新国标要求插座必须设置保护门，即日常说的安全门，避免儿童因为手指或金属物体误触导致触电事故。

5）2017 版插座新国标新增了针焰测试项目，要求针焰明火与插座接触 30s 后不起燃，或者起燃后 30s 自动熄灭。这一改变使传统 ABS 材质外壳的插座不再符合要求。

6）2017 版插座新国标还对电源线的直径规定了相应标准，额定 10A 延长插座线从原来的 $0.75mm^2$ 提高到 $1mm^2$；额定 16A 的则从 $1mm^2$ 提高到 $1.5mm^2$，从而提高了插座的承载能力，能够减少由于线缆过载引发的安全事故。

7）2017 版插座新国标对产品命名和 3C 认证有了新要求，统一将带电源线的产品称为“延长线插座”，将不带电源线的产品称为“移动插座转换器”，并且要求插座必须经过国家 3C 认证，产品的外包装上也需在显著位置标明“3C 认证”。

4. 机房空气开关合不上或跳闸

按照机房管理规定，每天晚上机房设备都要断电，关闭配电箱中的电源空气开关，第二天再合上。合空气开关时，偶尔由于瞬间电流太大，超过空气开关负载，导致合不上，再次操作时一般都没有问题。如果频繁合不上或者跳闸，应考虑是否空气开关负载不足，合理计算负载大小，适当提高空气开关负载；若是负载没问题则考虑是否有接触不良或短路的地方，建议联系专业电工进行排查维修。建议机房使用带漏电保护功能的空气开关以提高安全性，同时预留备用开关，方便及时更换，如图 9-5 所示。

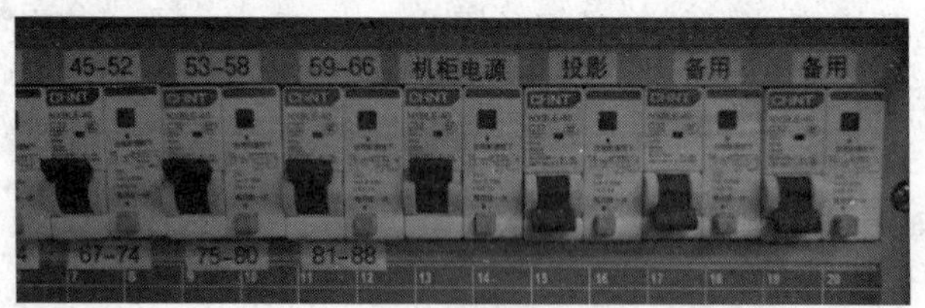

图 9-5 机房配电箱内空气开关（1）

如果空气开关拨不下来（如图 9-6 中的第 4 个空气开关），断不了电，也应该及时更换新的空气开关，最好更换成图 9-5 中带漏电保护功能的空气开关。

图 9-6 机房配电箱内空气开关（2）

5. 机房温度偏高导致计算机死机或重启

计算机长时间开机，如果散热不好，就容易导致死机或重新启动。机房一般使用空调进行温度调节，如果空调制冷量不足，特别是夏天机房坐满人，计算机都工作的情况下，环境温度偏高，这时更容易发生计算机死机或重新启动。一是在机房建设时设计空调台数和功率时要保证机房有足够的制冷量；二是每年入夏前要对机房空调进行检修保养，补充制冷剂，保证空调能正常工作。

空调对于机房来说是非常重要的，特别是服务器机房，服务器数量较多，而且 24h 工作，因此产生的热量也比较多，如果服务器机房无法及时降温，机房的环境温度就会很快上升到 50℃以上，出现服务器死机情况。建议服务器机房安装专业空调以提高可靠性，确保环境温度保持在合理的范围。

6. 防静电地板塌陷影响安全使用

机房一般都铺设有防静电地板，防静电地板下面是空的，使用钢架支撑。由于支撑是独立的，长时间使用，有些地板（特别是门口和边角的地方）下面的支撑可能会发生形变或者移位，起不到支撑作用。这样表面看上去没问题，踩在上面就容易导致地板塌陷，如图 9-7 所示。地板塌陷容易带来人员安全问题。使用多年的机房地板一定要认真检查，发现安全问题及时维修。

图 9-7　机房地板塌陷

9.3.2　机房硬件故障及解决办法

硬件故障是指主机和外设硬件物理损坏所造成的故障。

- 电源故障：系统和部件没有供电，或者只有部分供电。
- 元器件与芯片故障：器件与芯片失效、松动、接触不良、脱落或者因温度过高而不正常工作。
- 跳线与开关故障：系统与各部件及印制板上的跳线连接脱落，错误连接，开关设置错误等，构成不正常的系统配置。
- 联机与接插件故障：计算机外部和计算机内部的各个部件间的连接电缆或者接插头松动及至脱落，或者错误连接。
- 部件工作故障。
- 系统硬件兼容性故障：各硬件部件和各种计算机芯片不能相互配合，在工作速度、频率、温度等方面不一致。

机房计算机硬件故障和普通办公或家用计算机的硬件故障还是有差别的。机房采购的计算机一般都有三年质保，在三年之内出现故障的概率是比较小的，只有偶发性的一些故障，个别计算机会出现问题，直接联系计算机生产厂商的售后维修即可。计算机使用五年以上后，会陆续出现一些批量性的故障，主要是设备的使用年限较长，有些元器件老化导致的。例如，主板电容老化导致不稳定甚至无法开机；电源功率下降，有时无法开机；开机识别不了网卡；等等。前面已经介绍过硬件设备常见故障，下面主要介绍机房中出现频率较高的硬件设备故障。

1. 鼠标故障

鼠标故障在机房中是最常见的。鼠标的故障分析比较简单，大部分故障为接口松动或按键接触不良以及断线。少数故障为鼠标内部元器件或电路虚焊，这主要存在于某些劣质产品中，其中尤以发光二极管、IC 电路损坏居多。

鼠标故障主要表现为计算机不识别鼠标或者鼠标指针无法移动，还有的是按键无法正常使用。当鼠标指针无法移动时，有时候是由于 USB 接口的静电导致的，将鼠标拔下后再换一个 USB 口插上，可能故障就消失了。如果是鼠标按键无法正常使用，就检查是否有东西卡到按键下导致按键无法下压或弹起，若有则清理干净即可。如果还不能使用，就需要更换新鼠标了。找不到鼠标的情况一般多见于鼠标线没有插好，重新将其插好即可，有时是鼠标彻底坏了，这时更换新鼠标即可。

最麻烦的是鼠标一会儿能用一会儿不能用，这种情况多数是因为机房使用计算机的人多，个别学生有不良的使用习惯，经常将鼠标线缆拽来拽去，导致线缆内部折断，时通时不通，这种情况一般要更换新鼠标。

2. 键盘故障

键盘故障在机房中也是比较常见的，比鼠标故障要少一些，主要表现为键盘的个别按键失灵、按键错位、开机无法识别键盘等。

（1）键盘按键失灵

按键不灵，有时是键盘里掉进了东西，导致键盘按键按不下去，还有的是按下某个按键之后弹不起来。计算机启动时自检正常，但启动后，大多数按键可以正常输入，个别的按键不能输入，这种情况说明键盘上的电路、主机键盘控制接口是正常工作的。个别按键不能输入的原因可能是该按键座内的弹片失效或者是按键内被灰尘污染。这时需要打开键盘，用干的毛巾擦拭按键与金属接触的地方，如果弹片变形，就小心地拨正它，实在不行就换一个。

（2）键盘按键错位

当机器正常启动后，在输入框中输入某个按键的字符时，显示出来的并不是按键上的字符，而是其他键位的字符，这种情况大多数按键正常，有几个键位输入时不显示键位本身的字符，一般是按键的连线松动或脱落，造成按键码串位。只要打开键盘，查看键位连接线，查出故障位置，调整正确，然后拧紧螺丝即可。

（3）开机无法识别键盘

开机无法识别键盘，多数是键盘线缆损坏。机房键盘放在键盘托盘上，下课时学生将键盘托盘推回时用力过猛，将键盘摔在地上，或将键盘从前面放回键盘托盘上，键盘线缆被卡在键盘托盘两侧的轨道上（图 9-8），多次抽拉键盘就容易将线缆夹断。键盘和主机的连线应从键盘托盘后面、主机侧面的专用孔中通过，避免线缆受损。

图 9-8　键盘线被夹

开机无法识别键盘有时也是接口的问题，在实际工作中大多表现为起初启动计算机时偶尔报键盘错误，按 F1 键继续能够正常操作，后来键盘有时能用有时不能用，最后键盘完全不能用，即使更换键盘也是同样的故障。这种情况可以排除键盘的原因，进而断定主板上的键盘接口有问题。一般键盘是由南桥芯片通过专用的外设芯片控制的，也有的是直接通过南桥芯片控制的。如果外设芯片损坏，会表现为键盘不能使用；如果键盘、鼠标和 USB 接口的供电不正常，也会表现为键盘不能使用。也有因为键盘接口接触不良造成键盘时而能用时而不能用，这时可更换其他接口类型的键盘。

判断是键盘本身故障还是主板键盘接口故障，用一个好键盘在此计算机上试验，如果一切正常，说明主板接口良好，是键盘故障，更换键盘即可。如果更换后故障依然存在，则是接口的故障。

（4）人为故障

机房里还有一种情况属于人为原因导致的键盘故障。有个别学生故意将键盘上的键帽扣下，装错位置或将按键帽丢弃，如图 9-9 所示。这种情况键盘功能正常，只需要将键盘按键帽复原即可，若有丢失可使用报废键盘上的键盘帽替换。这类问题需要加强机房管理，与任课教师共同解决。

图 9-9 键盘帽丢失

使用久了，无论是键盘表面还是键盘的内部，都可能积满灰尘。怎么清理呢？可以把键盘反过来轻轻拍打，让其内的灰尘落出；可以用湿布清洗键盘表面，但注意湿布一定要拧干水分，以防水进入键盘内部；可以使用酒精湿巾擦拭，注意不要让酒精流入键盘内部；也可以用油漆刷或者油画笔刷来清洁键盘按键上的灰尘；还可以使用清洁软胶来进行清理。

3. 主板故障

（1）主板部分电容鼓包漏液

机房计算机的主板在三年质保期内一般很少会出现问题，多数是使用五年以上陆续出现问题，而且这种问题一般是批量性的，多由于主板上的部分电容鼓包（图 9-10）、漏液导致主板工作不稳定。当电解电容的容量下降时，CPU 工作的核心电压就会变差，其中会窜入周围电路产生的杂波和开关电源电路自身的波形，这时计算机就会表现出系统极端不稳定，运行速度下降，容易蓝屏死机，严重的甚至无法开机，只能更换主板。

图 9-10 主板电容鼓包

（2）静电影响主板芯片

有时主板会受到静电的影响。例如，经常插拔耳机接口或者 USB 接口等，静电随着这些接口传导到主板上，日积月累会对主板的南桥芯片造成损伤，导致无法开机。这种情况一般多出现在外语学院的机房，因为那里经常需要使用耳机。建议学生在插耳机时尽量不要手触摸金属部分和耳机接口。

图 9-11　主板电池

（3）主板电池没电

主板电池一般有五年甚至更久的保存期限，随着使用年限的增加，主板电池没电的可能性越来越大。主板电池也称为纽扣电池，如图 9-11 所示，常用型号规格为 CR2032。计算机关机后，由这颗电池给计算机主板的 CMOS 供电。

主板 BIOS 保存着计算机重要的基本的输入输出程序，CMOS 记录着系统硬件的一些基本设置信息，以及日期和时间。为什么计算机关机后再开机日期会更新？这就是 CMOS 的功劳，当然主板电池是功不可没的。如果没有主板电池，系统的时间就会恢复出厂设置。如果看到右下角日期显示为 2013-11-01（不同主板日期会有差异），那就是主板电池没电了，CMOS 没有电源供应，内部时钟无法计数，就只能显示厂家设置的日期。

大部分计算机使用五年以上才有可能出现主板电池没电的情况。当主板电池没电，开机后会显示如图 9-12 所示的界面，要求用户按 F1 键进入 BIOS 设置。

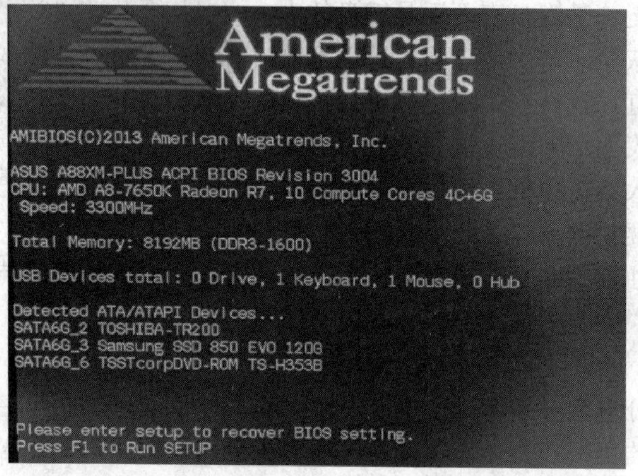

图 9-12　主板电池没电开机提示信息

按 F1 键进入 BIOS 设置，会发现左上角显示的系统日期变成 01/01/2011（图 9-13），恢复成了主板的出厂设置时间。要想系统正常使用，必须修改成正确的日期和时间。

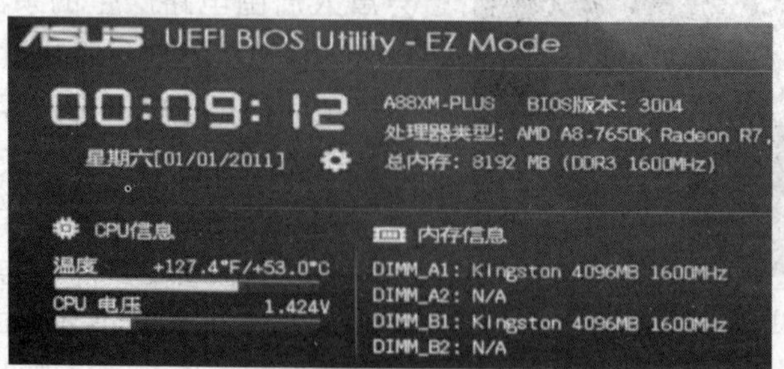

图 9-13　BIOS 日期和时间恢复出厂设置

即使更改过 BIOS 设置，纽扣电池没电，BIOS 系统也会自动恢复出厂设置。如果主板电池没电了，最好是更换新的纽扣电池，操作起来也不是特别麻烦，不过不要用力过猛，以免损坏电池卡座。

有的计算机主板电池没电后开不了机，按开机键时可能计算机无任何反应，但是电源灯是亮着的。

4. 显卡、显示器故障

机房计算机显卡、显示器的故障主要表现在以下几个方面。

（1）显卡与主板接触不良

独立显卡与主板接触不良导致计算机无法正常显示，这时打开机箱重新安装显卡即可。同时要清理显卡风扇上的灰尘，以提高散热效率。

（2）独立显卡与集成显卡的问题

有的计算机上会配有独立显卡和集成显卡两个显卡接口，如图9-14所示。应该将显示器的插头插在独立显卡上，而且CMOS中也都是设置好的。如果将显示器的插头插在集成显卡接口上，开机无法正常显示，则将显示器的插头换到独立显卡的接口上即可。如果想使用集成显卡，就需要修改CMOS中的相关设置。

图9-14 计算机有独立显卡和集成显卡双接口

（3）显示异常

显示器出现条纹状彩条，可能是显卡故障，也可能是显示器本身的故障。解决方案是：使用替换法更换部件，确认故障位置。

显示器无显示，检查电源线和视频线连接是否正常。

显示器偏色或缺色，检查或更换视频（信号）线，有时是由于显示器插头没有插好导致的，将显示器插头重新插好并拧紧固定螺栓也可以解决问题。如果还不行，建议更换一条新的视频线。

（4）显卡风扇停止工作

机房计算机使用独立显卡，使用的时间长了，显卡风扇上积累的灰尘会比较多。当灰尘达到一定的厚度，会严重影响风扇工作，进而影响显卡的散热，这时计算机就容易出现死机的情况。建议及时清理显卡风扇上的灰尘，如果还是不能正常工作，可以更换显卡风扇。

（5）显示器黑屏

机房经常会出现主机开机正常，而显示器黑屏无法显示的情况，多数是由于电源没有接好导致的。一种情况是电源插座上的显示器电源插头松动或者被拔，导致显示器不供电；另一种情况是学生在使用计算机时经常调整显示器的位置和角度，导致显示器背后的电源接口松动（图 9-15）或视频线松动。电源接口松动这种情况更普遍一些，有些显示器接口本身就插不紧，只要碰一碰电源线就容易造成接口松动无法正常供电。当显示器不亮时可以先试着插紧显示器背后的电源插头。还有一种情况其实算不上是故障，只是使用习惯问题。多数学生下课只关闭主机，不关显示器；部分学生下课关闭主机的同时关闭显示器；还有个别学生不关主机，只关显示器，后来的学生看到主机灯亮，显示器黑屏不亮，就会误认为是计算机故障，其实只要打开显示器的电源开关即可。

图 9-15　显示器电源接口松动

5. 内存和硬盘故障

机房中的内存和硬盘损坏的概率较小。开机出现“嘀嘀”的报警声，可能是由于内存接触不良导致的，可将内存拔下重新插好。也可能出现内存芯片故障，这时更换内存条即可。如果旧的计算机想要扩充内存条，一定要注意内存条的兼容性问题，有些老式主板对单个内存颗粒容量较大的内存条是不支持的。

硬盘如果是接口故障，可以重新安装；如果怀疑主板的硬盘接口损坏，可以换一个接口测试。如果是机械故障或者硬盘接口电路故障，就需要更换新的硬盘了。机房内的计算机一般都使用保护卡功能实现网络克隆，更换硬盘时需要注意，硬盘的参数类型，特别是容量大小最好一致，避免出现无法网络同传的问题。更换硬盘最好是找计算机生产厂商的售后来操作，换好硬盘后还需要安装保护卡的管理程序。

机房内同类设备较多，判断某个配件是否损坏其实很简单，一般使用替换法就可以轻松地判断。键盘、鼠标、显示器等都是非常容易判断故障的，只要将好的设备接到此计算机的接口上，工作正常则说明接口没问题，那么出故障的可能是设备。为了进一步确定设备是否有故障，可以将该设备接到其他正常工作的计算机上进行测试。

9.3.3 机房软件故障及解决办法

软件故障主要表现在操作系统和软件使用两方面。

操作系统是计算机必须安装的系统软件，驱动硬件正常工作，为其他应用软件提供运行环境。如果操作系统出现故障，就会导致各种工具软件或硬件运行失常。操作系统故障主要有以下几种。

- 启动、关闭操作系统故障。
- 系统运行故障。
- 应用程序故障。

软件使用故障是指错误设置或软件运行出现故障，导致计算机不能正常工作。软件使用故障主要有以下几种。

- 软件与系统不兼容引起的故障，软件的版本与运行的环境配置不兼容，造成不运行，系统死机，某些文件被改动或丢失等。
- 软件相互冲突产生的故障。
- 误操作引起的故障。
- 计算机病毒引起的故障。
- 不正确的系统配置引起的故障。

机房计算机一般都使用硬盘保护卡或硬盘还原软件，无论是硬件保护还是软件保护，都能起到保护硬盘分区数据的作用。当计算机出现软件故障时，只要重新启动计算机一般故障都可以解决。下面介绍几种机房常见的软件故障及解决办法。

1. 无法正常进入操作系统或提示系统文件缺失

前面提到过，机房计算机不是一台一台安装系统的，一般使用网络克隆软件来批量安装系统。一般先找一台计算机做样机，安装好操作系统和应用软件，测试没有问题后就可以执行网络同传系统操作了。同传完后所有计算机的操作系统和应用软件都是一样的，还可以统一自动分配主机名称、IP 地址等网络信息。只要样机的系统没有问题，其他计算机的系统一般是不会出现故障的。如果个别计算机出现故障进不去系统，可能是在网络同传系统的过程中网络不佳，导致个别系统文件未能正常复制到该计算机上。这种情况需要重新检查计算机的网络，重新使用网络同传系统同传即可。

在计算机使用过程中，也有可能由于硬盘的工作状态不稳定，导致系统文件缺失，开机进不了操作系统。计算机工作年限越长，出现此类情况的概率就越大。出现这种情况，重新使用网络同传系统同传即可解决。

2. 软件冲突兼容问题

机房计算机上需要安装的软件比较多，可能会导致软件冲突问题。例如，有的公共课需要使用中文版 Office 2016，有的专业课需要使用 WPS 或英文版 Office 2016。如果在一台计算机安装这三款软件，那么文档关联该如何设置？Word 文档应关联到哪款软件？默认使用哪款软件打开？一般解决办法就是使用硬盘保护卡安装多个操作系统，公共课的软件装在公共课操作系统中，专业课的软件装在专业课操作系统中，考试软件装在考试操作系统中。增加操作系统的数量，减少每个系统安装软件的数量，避免软件的冲突，可以提高操作系统的运行效率。

有一些最新版本的软件无法安装在机房的系统中。主要是老式的计算机一般使用32位操作系统，而这些软件最新版本是64位，需要运行在64位操作系统上，无法安装在32位操作系统上。这种问题一般不太好解决，因为在老式的计算机上安装64位操作系统，可能系统的运行效率会下降，操作起来也会很慢。建议将这些软件装到使用64位操作系统的计算机上。

3. 教师机无法广播

机房教师机都安装有教学广播软件，如伽卡他卡电子教室。有时候打开教师机后发现学生机连不上，如果都连不上，可能是由于教师机IP地址分配失败导致的，可以重新启动教师机。如果还是不行，需要检查网络是否正常。

如果只是个别学生机连不上，可能是学生机进错操作系统了，重新启动计算机选择正确的操作系统；或者是学生机的学生端被强制结束了，重新打开学生端即可；也可能是学生机的网络出现故障，IP地址冲突所致。

有时候教师机无法广播是由于教学广播软件运行不稳定导致的，可先关闭软件，再重新打开，设置广播的一些参数，增加学生机的机器数量，适当降低广播的分辨率和画面的帧数，再次进行广播一般问题会解决。

4. 保护卡底层丢失

计算机会偶尔出现如图9-16所示的情况，这是保护卡的底层管理程序出现了问题。这时需要联系计算机厂商售后重新安装保护卡程序，安装好之后再使用网络同传系统进行同传。计算机使用年限越久，出现此类故障的概率就越大。

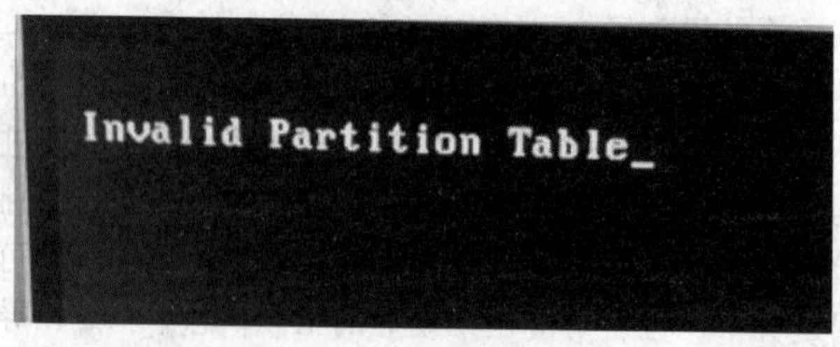

图9-16　保护卡底层错误

5. 感染病毒

机房计算机使用硬盘保护卡，一般是不会被感染病毒的。即使在使用的过程中感染病毒也不用担心，只要重新启动计算机即可解决。

由于实际使用的需要，有的系统没有保护全部分区，只保护了系统分区。这时如果感染了U盘病毒，即使新启动之后，其他分区中也依然存在病毒。这种情况下重新启动计算机之后直接打开磁盘管理工具，选择其他分区进行格式化操作。切记不要双击运行D、E等其他分区。

6. 系统时间错误导致无法打开网页

机房里个别计算机在使用Chrome浏览器时，弹出如图9-17所示界面，提示系统日期和时间不正确，导致无法正常使用浏览器。这种情况一般重新设置系统时间即可解决。

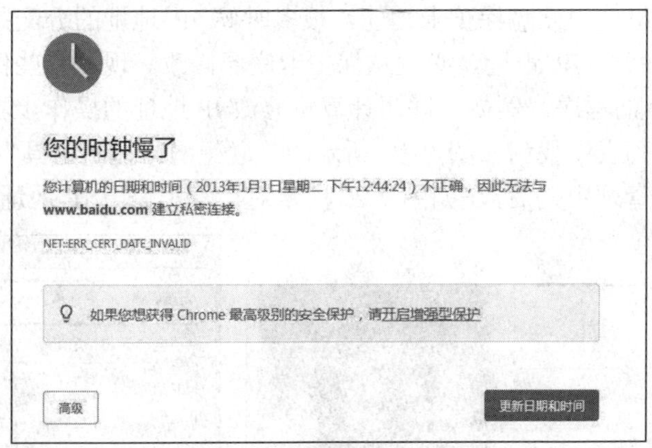

图9-17 系统时间导致浏览器问题

造成系统日期和时间被改的原因主要有两种：一是病毒之类的软件随意更改系统日期和时间，需要对系统进行全盘杀毒，并将系统日期和时间改正确；二是主板的电池没电，无法保存系统日期和时间，每次开机都是主板的默认出厂设置时间，应及时更换主板电池。

9.3.4 机房网络故障及解决办法

机房网络故障主要是指局域网、无线网等网络环境的故障，主要有网络设备故障和网络设置故障，具体又分以下几种情况。

1. 网络常规故障

（1）网络连接上有个红叉

出现网络故障时，如果桌面右下角的网络连接如图9-18所示，一般是网线没有连接好，检查网线是否插好，也可更换其他网线进行测试。如果更换其他网线故障消失，就说明网线或者交换机的网口有故障，具体判断和处理方法见后续介绍。

（2）网络连接正常，但无法获取到IP地址或提示网络连接受限

如果不是线路故障，则需要检查计算机的IP地址及子网掩码设置是否正确。机房内的计算机IP分配的

图9-18 网络连接故障

方式一般都采用静态设置，每台计算机的 IP 地址都是唯一的。如果机房计算机只打开一台时可以连接网络，但当打开两台以上时所有计算机都无法连接网络，检查发现所有计算机的 IP 地址相同，IP 地址冲突，则可能是由于保护卡分配 IP 地址失败导致的，需要重新分配 IP 地址。

如果只是两台计算机的 IP 地址不小心设置成一样，造成 IP 地址冲突，导致这两台计算机都无法正常联网，则将设置错误的 IP 地址修改正确即可。建议将计算机的 IP 地址和计算机的编号一一对应，方便及时发现问题。

由于机房计算机使用硬盘保护卡功能，很多时候 IP 地址的分配是基于保护卡自动设置好的，因此想修改 IP 地址，必须从保护卡底层修改。现在有些保护卡在操作系统中提供专用修改 IP 的程序。例如，联想计算机修改 IP 地址的操作步骤如下：打开“开始”菜单，在程序列表中找到如图 9-19 所示的“联想网络控制工具”下的“IP 修改工具”，打开软件输入管理密码后，在如图 9-20 所示对话框中修改 IP 地址等网络信息即可。

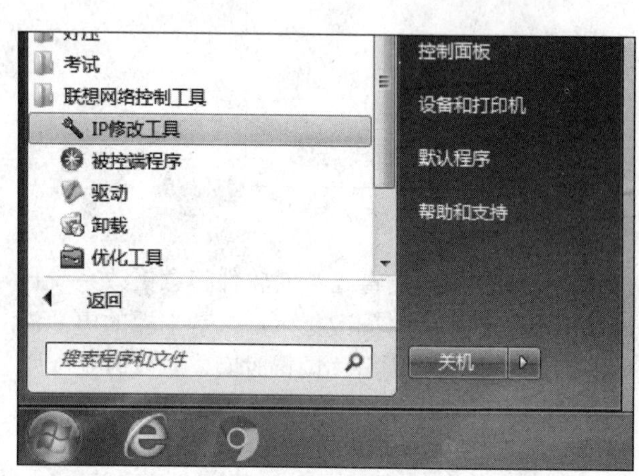

图 9-19　程序菜单

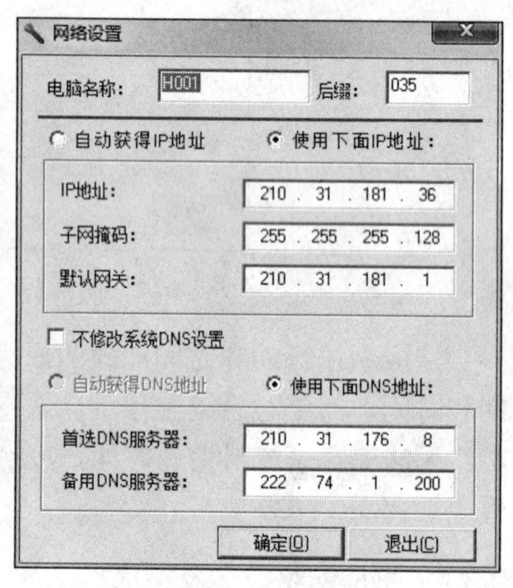

图 9-20　联想 IP 修改工具

（3）DNS 设置错误

有时会出现打不开网页，但是 QQ 能登录的情况。有时多数网页能正常打开，但是个别网页打不开，而使用无线网则可以打开。其实这些情况多是由于 DNS 设置错误导致的。学校网络服务一般是由信息中心提供的，如果信息中心的 DNS 服务器出现故障或者修改 IP 地址后未及时通知机房，机房还在使用旧的 DNS 服务器地址，机房中的计算机就会打不开网页。机房应及时更新 DNS，与学校同步。

2. 网线接触不良

当怀疑网线出现故障时，可以使用如图 9-21 所示的网络测线器对网线进行测试。如果测试显示网线个别线路不通，则有可能是网线的水晶头松动，可以使用如图 9-22 所示的网线压线钳重新压一下水晶头。如果水晶头金手指被氧化，可以用橡皮擦拭，最好是换一个水晶头。如果以上操作都解决不了问题，则将网线一端的水晶头掐掉，重新制作水晶头再进行测试，直到线路畅通为止。

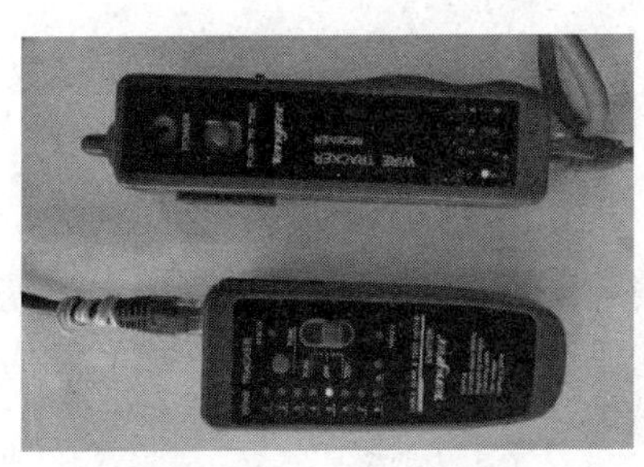

图 9-21　网络测线器

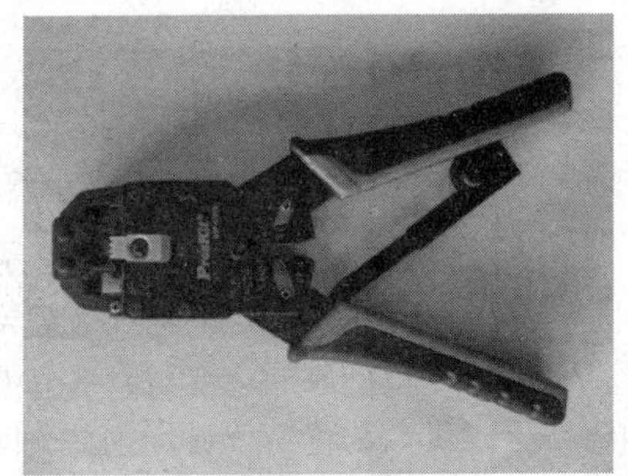

图 9-22　网线压线钳

网线水晶头有两种标准，分别为 TIA/EIA 568B 和 TIA/EIA 568A，现在一般使用 TIA/EIA 568B 标准。5 类线和 6 类线使用的水晶头是有差别的，一定要选择正确的水晶头类型。制作水晶头，首先将水晶头有卡扣的一面向下，金手指（有铜片）的一面朝上，有开口的一方朝向自己，从左至右，TIA/EIA 568B 网线线序为：白橙、橙、白绿、蓝、白蓝、绿、白棕、棕。网线两端的水晶头都照此标准制作。

3. 交换机接口故障

如果线路本身没有问题，但是插到交换机上网络还是不通，可以将网线一头插在交换机上，一头使用网络测线器测量。如果测试不通过初步怀疑交换机接口有问题，换一个接口测试。如果换了接口之后没有问题，那么可以判断该接口存在故障。如果交换机上有空余接口，可以将该网线插到空余接口上，或者插到同一网段的其他交换机上的空余接口上。如果网线不够长或者都没有空余接口，就需要再增加一台交换机进行扩展。将新交换机连接到旧交换机能正常工作的接口上，再将刚拔下来的网线和刚才出现接口故障的网线插到新的交换机上。

4. 无线 AP 故障

现在学校一般都覆盖了无线网络，每个机房也都安装了无线 AP，如图 9-23 所示。无线 AP 能够把有线网络转换成无线网络供人们使用。简单来说，无线 AP 就是无线网络和有线网络之间沟通的桥梁，可以扩大有线网络的传播范围，增加网络的覆盖范围。无线 AP 其实就相当于一个无线交换机。

无线 AP 正常工作时，指示灯状态是闪烁的。当指示灯不亮或者常亮不变时说明无线 AP 工作异常，出现故障，这时需要联系信息中心进行网络故障排除维修。

新机房设备出现故障多数是人为因素导致的，当设备使用五年以上，有些就会由于老化导致故障，一般会批量出现，日常维护中需要注意同类型的故障，掌握解决的方法。

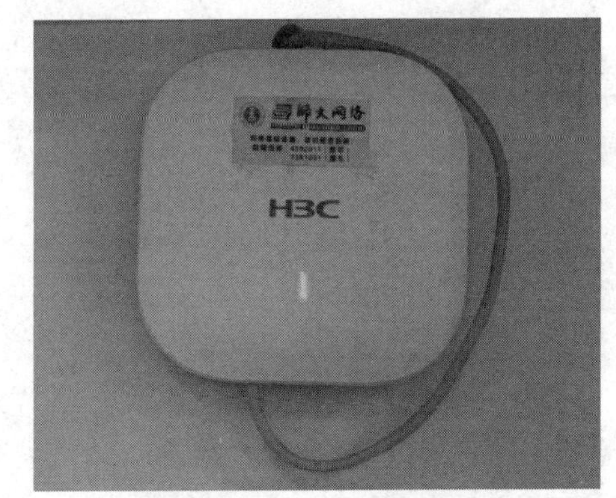

图 9-23　无线 AP

参 考 文 献

冯培禄，王胜，2015．微机组装与系统维护技术教程实验指导与习题解答[M]．北京：中国铁道出版社．

冯培禄，杨宝勇，2014．微机组装与系统维护技术教程[M]．北京：中国铁道出版社．

贾志伟，林勤，2021．浅谈高校模块化数据中心机房建设[J]．现代信息科技，5（8）：90-94．

李保成，2020．浅谈高校专业计算机机房建设与实验室计算机维护管理[J]．计算机产品与流通（11）：194．

刘保利，王胜，2002．微机组装与系统维护[M]．呼和浩特：内蒙古大学出版社．

王春海，2013．VMware 虚拟化与云计算应用案例详解[M]．北京：中国铁道出版社．

王正万，钟国生，李远英，2020．计算机组装与维护实用教程[M]．北京：清华大学出版社．

吴春艳，2014．浅谈学校机房建设与管理[J]．电子制作（7）：263．

夏魁良，于光华，李岩，2019．计算机组装与维护实例教程（微课版）[M]．4 版．北京：清华大学出版社．

邹晴枫，2007．浅谈高校计算机机房建设与管理[J]．内蒙古科技与经济（11）：276-278．